全国高等院校土建类专业实用型规划教材

土木工程CAD

第2版

主　编　张　英　刘爱芳
副主编　蒋冬蕾　张建华　朱兵见
参　编　李　颖　李素蕾　王玉琴
韩　剑　董　祥　郭树荣
陈长冰　喻　骁　陶　峰
饶静宜

中国电力出版社
CHINA ELECTRIC POWER PRESS

内 容 提 要

本书从实用的角度出发，严格按照CAD制图国家标准介绍各种基本设置，通过大量通俗易懂的实例，以生动简洁的语言和由浅入深、循序渐进的方式，全面而详细地介绍了AutoCAD在土木工程的应用。在认真学完本书所有的章节后，读者能够独立绘制出土木工程类各专业的施工图。全书共分11章，每章都有常见问题分析与解决一节，并且在每章的最后都安排了大量上机实验题，各章节的上机实验内容还具有连贯性，以帮助读者更好地通过实际操作及时全面掌握各章的内容。

本书可作为高等院校土木工程专业的教材，也可作为从事工程建设及相关专业的工作人员学习和研究的参考资料。

图书在版编目（CIP）数据

土木工程CAD/张英，刘爱芳主编．—2版．—北京：中国电力出版社，2015.8（2019.7重印）
全国高等院校土建类专业实用型规划教材
ISBN 978-7-5123-7803-2

Ⅰ.①土… Ⅱ.①张…②刘… Ⅲ.①土木工程-建筑制图-计算机制图-AutoCAD软件-高等学校-教材 Ⅳ.①TU204-39

中国版本图书馆CIP数据核字（2015）第143186号

中国电力出版社出版、发行
北京市东城区北京站西街19号 100005 http：//www.cepp.sgcc.com.cn
责任编辑：未翠霞 关 童 联系电话：010-63412611
责任印制：蔺义舟 责任校对：常燕昆
北京天宇星印刷厂印刷·各地新华书店经售
2009年8月第1版·2015年8月第2版·2019年7月第8次印刷
787mm×1092mm 1/16·17.25印张·420千字
定价：38.00元

前言

AutoCAD是美国Autodesk公司在20世纪80年代初推出的计算机辅助设计与绘图软件，自推出以来，广受各界的好评，在土木工程界的应用非常广泛，越来越多的建筑工程设计人员已经习惯和热衷于AutoCAD的术语、界面和操作方法。本书是在结合了近年来计算机在土木工程中的广泛应用，参考了国内外同类教材，总结了全体参编人员的教学经验，并融入了多年的教学改革成果的基础上编写而成的。

土木工程CAD（第2版）以AutoCAD 2016版本为主，从实用的角度出发，通过大量通俗易懂的实例，全面而详细地介绍了AutoCAD在土木工程中的应用，内容全面，叙述严谨，严格按照CAD制图国家标准介绍各种基本设置，以生动简洁的语言，由浅入深、循序渐进的方式，引导读者逐步学习掌握使用AutoCAD 2016绘制建筑施工图、道路工程图、土木工程类各专业图的使用方法和技巧。在学习完所有的章节后，读者能独立地绘制出土木工程类各专业的施工图。

本书的作者都是长期从事建筑制图与建筑CAD教学的高校教师，在多年的教学和实践过程中经常碰到用计算机绘图出现的各种类型的问题，针对于较为典型的CAD问题，我们在每章后面都安排了"常见问题分析与解决"一节，这是作者根据多次实验，加以总结后呈现出来的，在总结过程中，有个别问题可能分析得不够透彻，希望读者给予指正。在每章的最后都安排了大量的上机实验题，以帮助读者更好地通过实际操作及时掌握每章的内容。全书各章节的上机实验内容具有连贯性。

书中涉及的国家标准均采用最新标准。

全书共分为11章，授课学时为32至64学时，各院校可以根据实际情况决定取舍内容。在有些章节的习题中，个别建筑施工图尺寸可能不全，读者可以根据建筑规范自行确定相关的尺寸。

书中出现的"↵"表示回车符号。

参加本书编写的人员有：山东理工大学张英、刘爱芳、李颖、李素蕾、郭树荣，中国地质大学长城学院张建华，宁波工程学院蒋冬蕾，台州学院朱兵见，南京工学院董祥、喻骁，平顶山工学院韩剑和陕西理工学院王玉勤。全书由张英、刘爱芳统稿。

本书适用于高等院校土木工程、建筑工程各专业的CAD教材，也可以作为从事计算机辅助设计与绘图的土木工程、建筑工程的工程设计人员的参考用书。

编　者

第 1 版前言

AutoCAD 是美国 Autodesk 公司在 20 世纪 80 年代初推出的计算机辅助设计与绘图软件，自推出以来，广受各界的好评，在土木工程界的应用非常广泛，越来越多的建筑工程设计人员已习惯和热衷于 AutoCAD 的术语、界面和操作方法。本书是结合近年来计算机在土木工程中的应用，参考国内外同类教材，总结全体参编人员的教学经验，并融入多年的教学改革成果编写而成的。

本教材从实用的角度出发，通过大量通俗易懂的实例，全面而详细地介绍了 AutoCAD 在土木工程中的应用。全书内容全面，叙述严谨，严格按照 CAD 制图国家标准介绍各种基本设置，以生动简洁的语言，由浅入深、循序渐进的方式，引导读者逐步学习掌握用 AutoCAD2007 绘制建筑施工图、道路工程图、土木工程类各专业图的使用方法和技巧。在学完所有的章节后，读者能独立地绘制出土木工程类各专业的施工图。

本书作者都是长期从事于建筑制图与建筑 CAD 教学的高校教师，在多年的教学和实践过程中经常碰到用计算机绘图出现的各种类型的问题，针对于较典型的 CAD 问题，在每章后面都安排了常见问题分析与解决一节。这些问题都是作者根据多次实验加以总结出来的，可能在总结过程中有个别问题分析得不够透彻，希望读者给予指正。全书各章的最后都安排了上机实验题，且其内容具有连贯性以帮助读者更好的通过实际操作及时掌握每章的内容。

全书共分 12 章，授课学时为 32～64 学时，各院校可根据实际情况决定取舍内容。在第 4 章中为了配合 CAD 二维绘图与修改命令更好理解，在此章后面编写了大量的平面几何图形绘图题，这些题有助于读者对各种绘图命令的掌握。在有些章节中的习惯个别建筑施工图可能尺寸不全，读者可根据建筑规范自行确定相关的尺寸。

书中出现的“↵”表示回车符号。

参加本书的编写人员有：山东理工大学张英、郭树荣（第 1 章、第 4 章、第 9 章、第 11 章、第 12 章），江苏大学饶静宜（第 1 章部分），陕西理工学院王玉勤（第 2 章部分、第 7 章），合肥学院陈长冰（第 2 章部分），南京工程学院董祥（第 3 章、第 8 章），合肥学院陶峰（第 4 章部分），平顶山工学院韩剑（第 5 章、第 6 章、第 9 章部分）、南京工程学院喻骁（第 10 章），全书由张英统稿。

本书适用于高等院校土木工程、建筑工程各专业 CAD 教材，也适用于从事计算机辅助设计与绘图的土木工程、建筑工程的工程设计人员的参考用书。

由于编者水平有限，加之时间仓促，书中难免存在一些疏漏、不妥乃至错误之处，恳请各位读者批评指正。

本教材被教育部推荐为全国信息技术应用大赛指导用书。

编　者

目　录

第 1 章

AutoCAD 基础知识

本章主要以 AutoCAD 软件为基础，介绍土木工程 CAD 的基础知识和施工图形的画法。CAD 是 Computer Aided Design（计算机辅助设计）的缩写。

1.1 AutoCAD 概述

AutoCAD 是由美国 Autodesk 公司于二十世纪八十年代初为微机上应用 CAD 技术而开发的绘图程序软件包，经过不断的完善，现已经成为国际上广为流行的绘图工具。

AutoCAD 可以绘制任意二维和三维图形，并且同传统的手工绘图相比，用 AutoCAD 绘图速度更快、精度更高、而且便于实现个性化设计，它已经在航空航天、造船、建筑、机械、电子、化工、美工、轻纺等很多领域得到了广泛应用，并取得了丰硕的成果和巨大的经济效益。

AutoCAD 具有良好的用户界面，通过交互菜单或命令行方式便可以进行各种操作。它的多文档设计环境，让非计算机专业人员也能很快地学会使用，在不断实践的过程中更好地掌握它的各种应用方法和开发技巧，从而不断提高工作效率。

1.2 AutoCAD 用户界面

1.2.1 启动 AutoCAD

步骤 1：选择【开始】→【程序】→【AutoDesk】→【AutoCAD 2016-Simple Chinese】→【AutoCAD 2016】命令，或双击桌面 CAD 快捷方式，启动 AutoCAD。默认的界面布置如图 1-1 所示。

步骤 2：新建文件。选择【文件】→【新建】命令，出现【选择样板】对话框，在样板列表框中选定“acadiso. dwt”，如图 1-2 所示。然后单击【打开】按钮。也可以选择快速入门打开文件，进入到如图 1-3 所示的用户基本界面。

特别提示：AutoCAD 2016 用户界面最大的变化就是取消了传统经典界面的选择，可以自定义将经典界面和基本界面融合到一起，也可以只选择传统的经典界面，经典界面主要由标题栏、菜单栏、工具栏、状态栏、绘图窗口以及文本窗口等几部分组成，如图 1-4 所示。其中 viewcube 查看视图投射方向栏可关闭，执行 NAVVCUBE 命令后，输入选项［开(ON)/关(OFF)/设置(S)］<ON>：OFF。导航栏可执行 NAVBAR 命令，输入选项［开

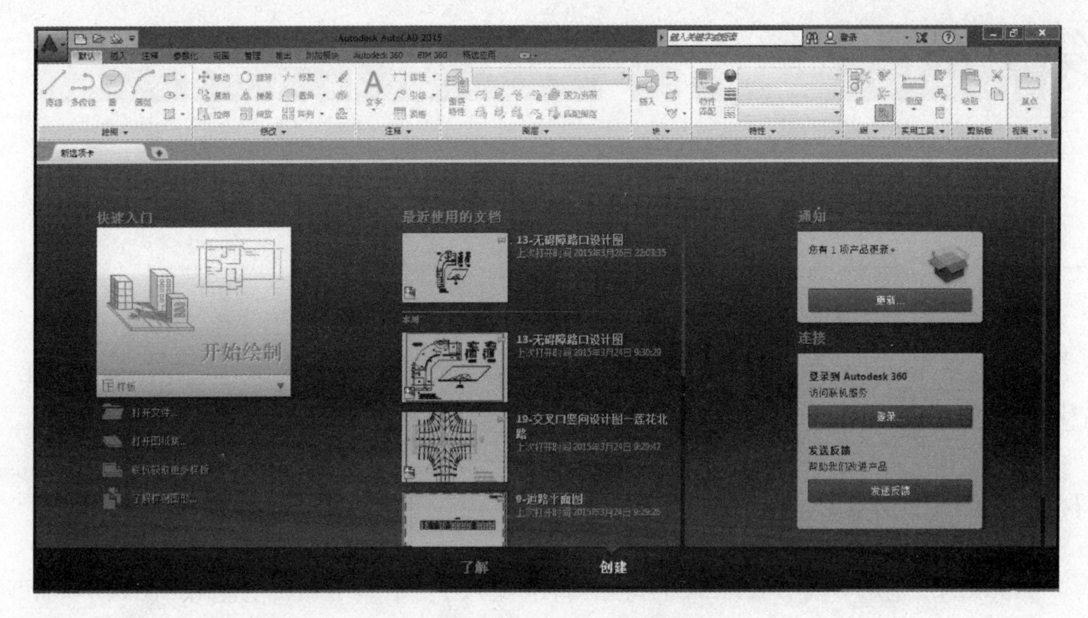

图 1 - 1　AutoCAD 2016 用户界面

图 1 - 2　【选择样板】对话框

(ON)/关(OFF)]<OFF>:OFF，可关闭。

1.2.2　用户基本界面和传统经典界面的转换操作

(1) 将鼠标移动到图 1 - 3 所示的功能区选项处，单击鼠标右键选择关闭，即将整个功能区关闭。可以将鼠标移动到草图与注释右边的自定义快速访问工具栏，单击后会出现快捷菜单，然后选择显示菜单栏，即可出现经典界面的菜单栏，如图 1 - 4 所示。在今后的案例

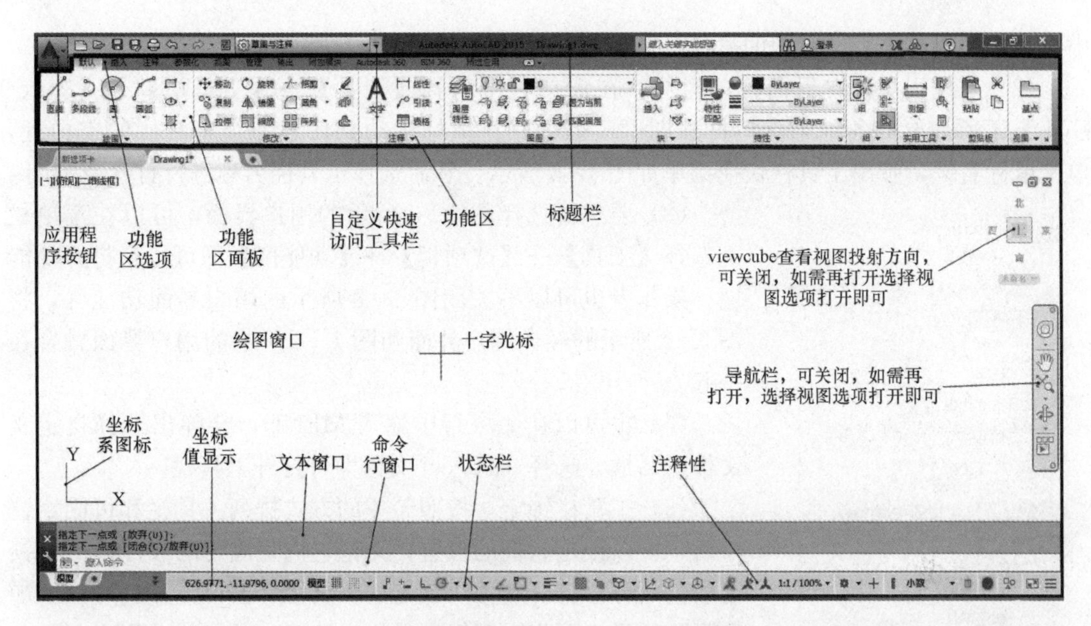

图 1-3　AutoCAD 2016 用户基本界面

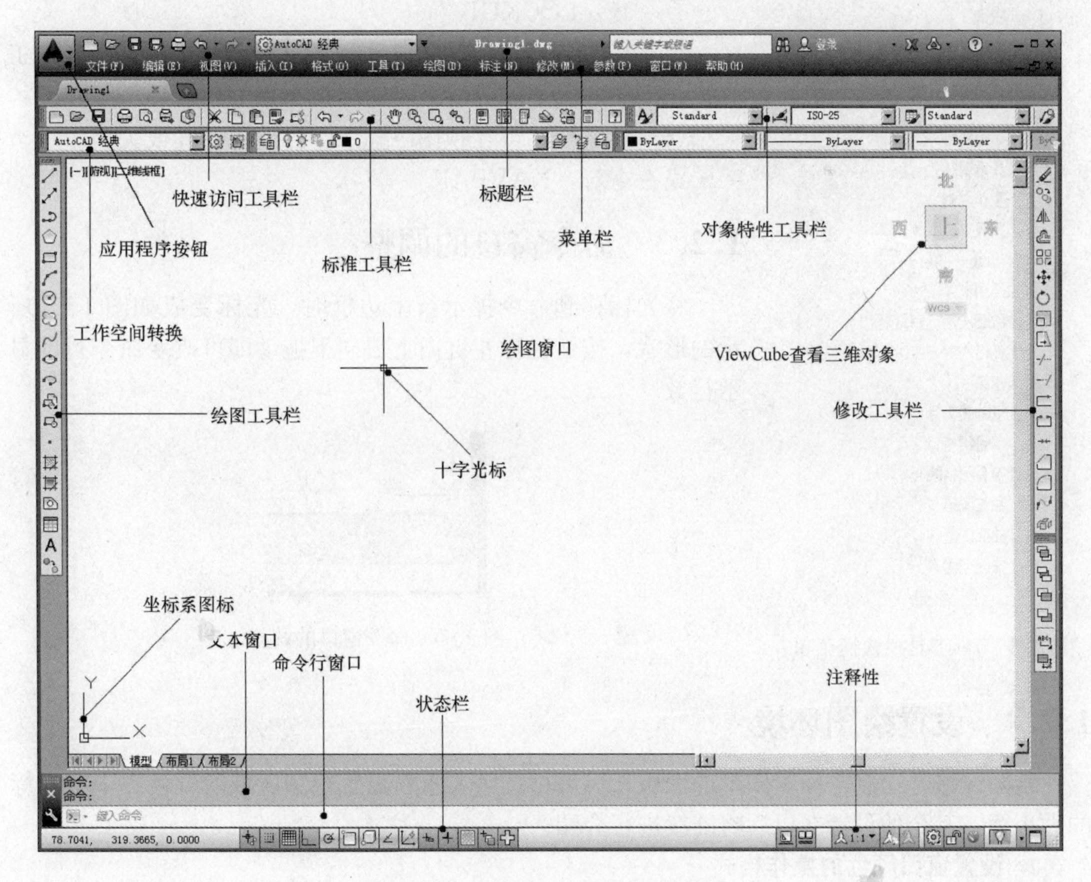

图 1-4　AutoCAD 2016 经典界面

中我们以经典界面介绍绘图的过程。

（2）出现用户经典界面菜单栏后，在菜单栏上选择【工具】→【工具栏】→【AutoCAD】下所需要的各种工具栏打开即可，也可以将鼠标移动到任意一个工具栏的空白处，单击鼠标右键，弹出工具栏快捷菜单如图 1-5 所示。然后选择工具栏名称进行打开或关闭。

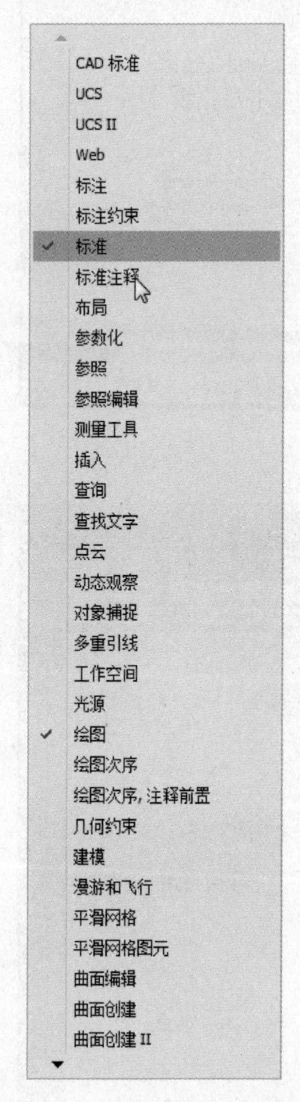

图 1-5 工具栏快捷菜单

（3）要想再选择图 1-3 所示的用户界面，可以在菜单栏上选择【工具】→【选项板】→【功能区】即可重新打开功能区，操作者也可以不关闭图 1-3 所示的用户界面功能区，将图 1-4 所示的经典用户界面和图 1-3 所示的用户界面融合在一起。

（4）也可以在命令行中输入 MENU，会弹出选择自定义文件对话框，选择 acad. cui 文件即可打开工具栏。

（5）工具栏锁定。按照希望的方式排列工具栏和可固定窗口后，可以锁定它们的位置，无论它们是固定的或浮动的。锁定后仍然可以打开和关闭锁定的工具栏和窗口，并且可以添加和删除项目。要临时解锁工具栏和窗口，需按住 CTRL 键。

命令行：LOCKUI

LOCKUI=1 时，锁定工具栏；LOCKUI=0 时，打开工具栏。

（6）导航栏：可在视图→显示→导航栏打开或关闭。

或命令行：NAVBAR

1.2.3 命令窗口的调整

将光标移到命令提示行上边框时，光标变成如图 1-6 所示的形状，按住鼠标左键向上或向下拖动即可改变命令行的显示行数。

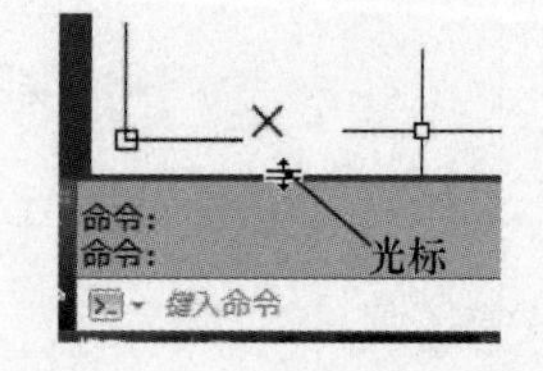

图 1-6 命令窗口的调整

1.2.4 设置绘图环境

绘图区域是绘制与编辑图形的区域，可以根据需要重新设置绘图区域的颜色、十字光标的大小等，其余的设置在以后将陆续进行介绍。

1. 设置窗口颜色的操作格式

（1）命令行：OPTIONS。

（2）下拉菜单：工具→选项→显示→颜色。

弹出如图 1 - 7 所示的对话框。

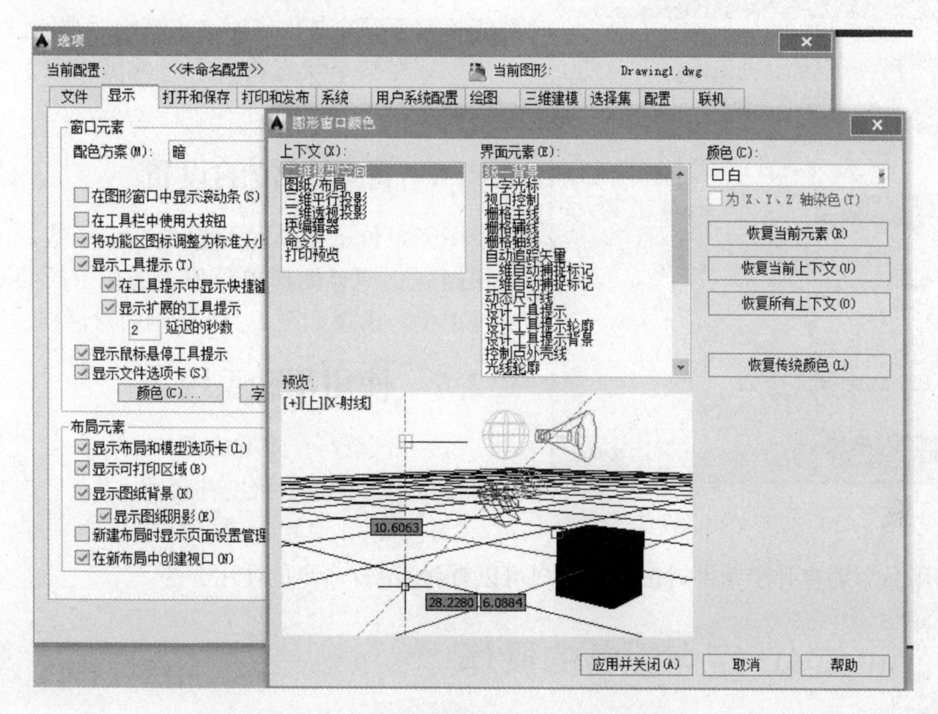

图 1 - 7　“选项”菜单中窗口颜色的设置

2. 十字光标大小的调整

下拉菜单：工具→选项→显示→十字光标大小。

1.2.5　状态栏

状态栏上包含着若干个功能按钮，它们是精确绘图重要的辅助工具，如图 1 - 8 所示。

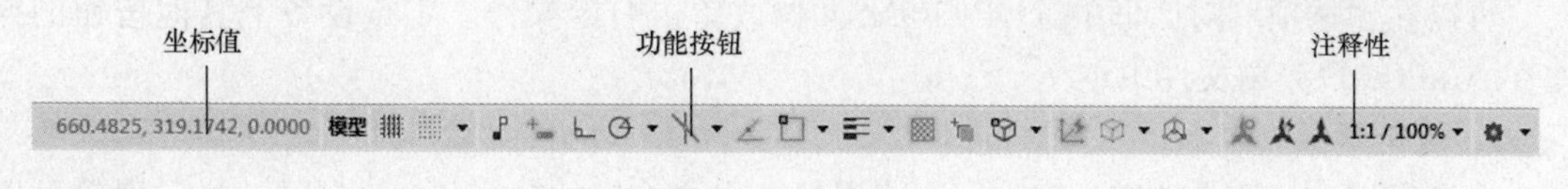

图 1 - 8　状态栏

操作格式如下：

（1）单击鼠标左键打开或关闭，将光标移动到某个按钮上就会出现此按钮功能的文字提示，如图 1 - 9 所示。

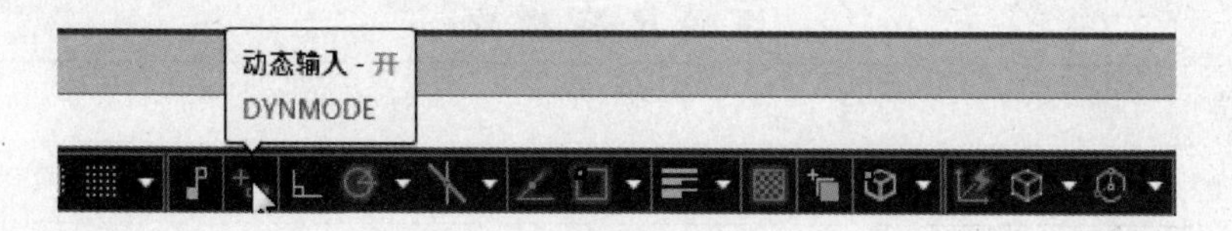

图 1 - 9　状态栏文字提示

（2）使用相应的功能键 F1～F12 打开或关闭。当光标移至某个按钮上时会出现提示功能。

（3）在某个状态按钮右边的黑三角上可以对该状态重新进行设置。

1.2.6 图形单位的设置

图形单位的默认值是保留四位小数，用户可以根据需要调整图形单位值。选择下拉菜单：格式→单位，出现如图 1-10 所示的对话框。

1.2.7 使用帮助系统

（1）命令行：? 或 HELP。

（2）下拉菜单：帮助→帮助。

（3）标准工具栏：？。

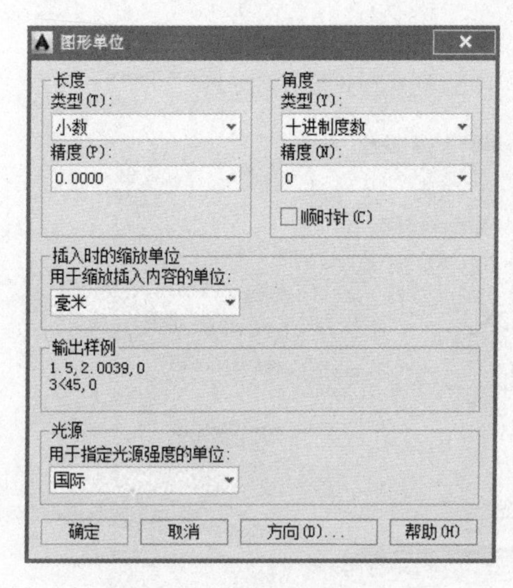

图 1-10 图形单位的设置

调用命令后将弹出帮助对话框，用户可以查看 CAD 命令的使用介绍。

1.3 AutoCAD 定点设备的操作

在不同的软件中，鼠标各功能键的定义是不一样的。

1. 双按钮鼠标

（1）左键是拾取键，一般用于：①指定位置；②选择编辑对象；③选择菜单选项、对话框按钮和字段。

（2）右键的操作取决于上下文，它可以用于：①结束正在进行的命令；②显示快捷菜单；③显示“对象捕捉”菜单；④显示“工具栏”对话框。

可以在“选项”对话框中（OPTIONS）修改单击右键操作。定点设备上其他按钮的操作在 AutoCAD 菜单文件中定义。

2. 滑轮鼠标

滑轮鼠标上的两个按钮之间有一个小滑轮。左右按钮的功能和标准鼠标一样。滑轮可以滚动或按下。不使用任何 AutoCAD 命令，直接使用滑轮即可缩放和平移图形。默认情况下，缩放比例设为 10%；每次滚动滑轮都将按 10%的增量改变缩放级别。ZOOMFACTOR 系统变量控制滑轮转动（无论向前还是向后）的增量变化。其数值越大，增量变化就越大。

表 1-1 列举了 AutoCAD 支持的滑轮鼠标操作。

表 1-1 滑轮鼠标操作

功　　能	操　　作
放大或缩小	转动滑轮：向前，放大；向后，缩小
缩放到图形范围	双击滑轮按钮

续表

功　　能	操　　作
平移	按住滑轮按钮并拖动鼠标
平移（操纵杆）	按住 CTRL 键以及滑轮按钮并拖动鼠标
显示“对象捕捉”菜单	将 MBUTTONPAN 系统变量设置为 0 并单击滑轮按钮

1.4　AutoCAD 图形文件的管理

1.4.1　图形文件的格式

AutoCAD 图形文件的常用格式有以下几种。

1. *.dwg 格式

这是图形文件的基本格式，一般 CAD 图形都保存为此格式。

2. *.dws 格式

这是图形文件的标准格式，为了维护图形文件的一致性，可以创建标准文件以定义常用属性。标准为命名对象（如图层和文字样式）定义了一组常用特性。为了增强一致性，用户或用户的 CAD 管理员可以创建、应用和核查图形中的标准。因为标准可使其他人容易对图形做出解释，在合作环境下，许多人都致力于创建一个图形，所以标准特别有用。

3. *.dxf 格式

这是图形输出为 DXF 图形的交换格式文件，DXF 文件是文本或二进制文件，其中包含可由其他 CAD 程序读取的图形信息。如果其他用户正在使用能够识别 DXF 文件的 CAD 程序，那么以 DXF 文件保存图形就可以共享该图形。

4. *.dwt 格式

这是样板图文件，用户可以将不同大小的图幅设置为样板图文件，画图时可以从新建中直接调用。

5. *.dwf 格式

这是电子文档格式，可以发布到 Internet 或 Intranet 上，DWF 格式不会压缩图形文件。完成图形后选择下拉下拉菜单：文件→打印→打印机/绘图仪（DWF6. eplot. pc3），然后单击“确定”保存。保存后的图形即可发布到 Internet 或 Intranet 上。

6. *.bak 格式

图形备份文件格式，也称为“自动保存”文件格式，当原始文件 dwg 格式丢失或者损坏时，可以将 bak 改为 dwg 格式即可打开文件。

1.4.2　新建文件

新建文件的方式有以下几种模式：

(1) 命令行：NEW。

（2）下拉菜单：文件→新建。

（3）标准工具栏：。

调用命令后弹出如图 1-11 所示的对话框，在右下角选择无样板打开—公制，AutoCAD 自动默认的公制绘图屏幕显示尺寸是 A3 图幅（420mm×297mm），选择无样板打开—英制，自动默认的英制绘图屏幕显示尺寸是 12in×9in。

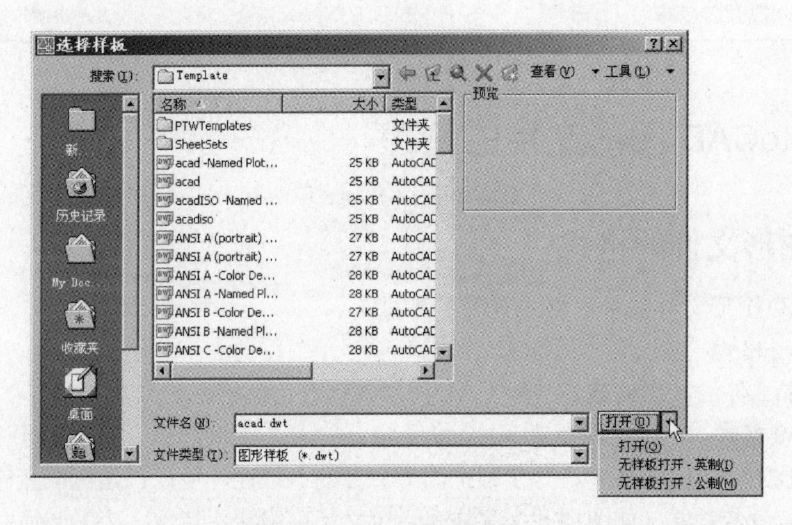

图 1-11 新建文件对话框一

当在命令行中将 STARTUP 系统变量设为 1，弹出如图 1-12 所示的对话框。用户可以从使用向导中对屏幕显示范围重新进行设置。

图 1-12 新建文件对话框二

1.4.3 保存文件

与使用其他 Microsoft Windows 的应用程序一样，保存图形文件是为了方便日后使用。可以设置为自动保存、备份文件以及仅保存选定的对象。

保存文件的方式有以下几种模式：

（1）命令行：SAVE。

（2）下拉菜单：文件→保存。

（3）标准工具栏：。

画好图形后可以选择单击保存，图形文件的文件扩展名为 .dwg，除非更改保存图形文件所使用的默认文件格式，否则将使用最新的图形文件格式保存图形。此格式适用于文件压缩和在网络上使用。DWG 文件名称（包括其路径）最多可以包含 256 个字符。保存为不同类型的图形文件时，可以将图形保存为图形格式（DWG）或图形交换格式（DXF）的早期版本或保存为样板文件。请从“图形另存为”对话框的“文件类型”中选择格式。

注意：当系统变量 FILEDIA 为 0 时，将不弹出保存对话框。

1.4.4　打开文件

在 AutoCAD 中可以打开和加载局部图形，包括特定视图或图层中的几何图形。在“选择文件”对话框中，单击“打开”旁边的箭头，然后选择“局部打开”或“以只读方式局部打开”选项即可。

打开文件的方式有以下几种模式：

（1）命令行：OPEN。

（2）下拉菜单：文件→打开。

（3）标准工具栏：。

1.5　AutoCAD 坐标的概念

在 AutoCAD 中要想精确地绘制图形，利用坐标对图形精确定位是非常重要的。在 AutoCAD中，有两种坐标系：一个称为世界坐标系（WCS）的固定坐标系和一个称为用户坐标系（UCS）的可移动坐标系。在 WCS 中，*X* 轴是水平的，*Y* 轴是垂直的，*Z* 轴垂直于 *XY* 平面。原点是图形左下角 *X* 轴和 *Y* 轴的交点（0，0）。可以依据 WCS 定义 UCS。实际上所有的坐标输入都使用当前 UCS。移动 UCS 可以使处理图形的特定部分变得更加容易。旋转 UCS 可以帮助用户在三维或旋转视图中指定点。“捕捉”、“栅格”和“正交”模式下都将进行旋转以适应新的 UCS。用户坐标系（UCS）的操作方法将在第 9 章三维建模中详细介绍。

AutoCAD 在窗口底部的状态栏中以坐标形式显示当前光标的位置。有以下三种坐标显示类型：

（1）在绘图区域移动光标时，动态显示会更新 *X*，*Y* 坐标位置。

（2）在绘图区域移动光标时，距离和角度显示会更新相对距离（距离<角度）。此选项只有在绘制需要输入多个点的直线或其他对象时才可以使用。

（3）仅在指定点时，静态显示才会更新 *X*，*Y* 坐标位置。

1.5.1　直角坐标（笛卡尔坐标）和极坐标

1. 直角坐标

直角坐标系（笛卡尔坐标），即 *X*，*Y*，*Z* 坐标，坐标原点为（0，0，0），当二维绘图时，*Z* 坐标为 0。

2. 极坐标

极坐标使用距离和角度来定位点，即距离<角度。

特别提示：如图 1 - 13 所示，当状态栏中动态输入打开和动态输入关闭，输入坐标值时有很大的区别。

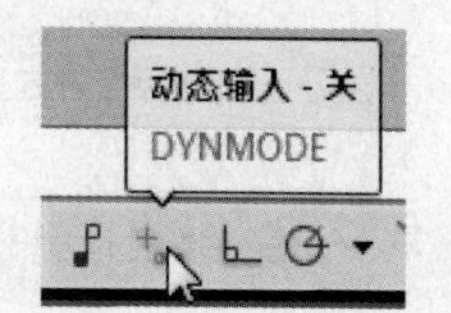

图 1 - 13　动态输入按钮

1.5.2 动态输入关闭时

1. 直角坐标

在 AutoCAD 中，绝对坐标系用以逗号相隔的 X 坐标和 Y 坐标来确定。

（1）绝对直角坐标。在绝对坐标系中，点是以原点（0，0）为参考点定位的。例如，一个坐标值为 $X=100$、$Y=80$ 的点，即在 X 轴上的水平距离为 100，在 Y 轴上的垂直距离为 80，如图 1-14 所示。

（2）相对直角坐标。在相对坐标系中，沿 X 轴与 Y 轴的距离（DX 与 DY）不是相对原点而言的，而是相对于前一点而言的。例如，确定第一点的位置为（120，100）后，若第二点的绝对坐标为（180，150），则相对坐标为（@60，50），如图 1-15 所示。在 AutoCAD 中，当动态输入未打开时，直角坐标的相对坐标是由在输入值之前加“@”符号来确定的。

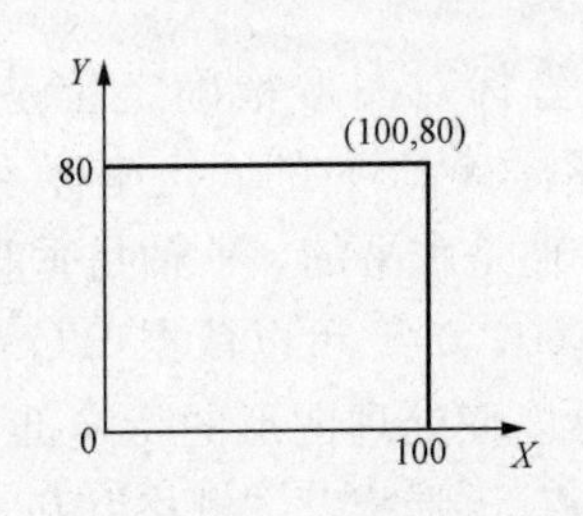

图 1-14 绝对坐标系的输入方式

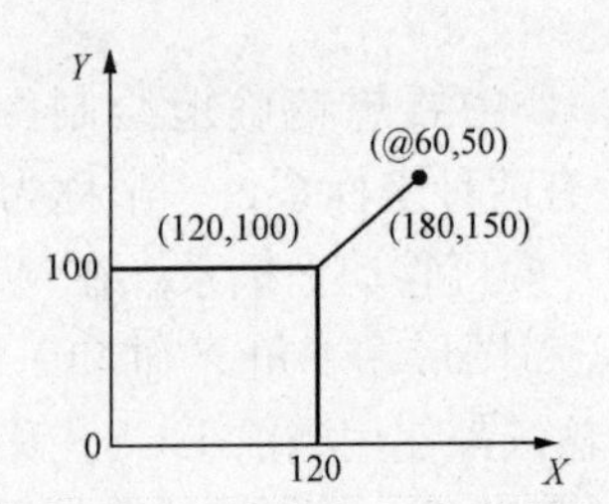

图 1-15 相对直角坐标

2. 极坐标

在 AutoCAD 中，极坐标是由“直线长度<极角”组成，即长度<角度。

（1）绝对极坐标。在极坐标系中，一个点的坐标由与当前点的距离及当前点连线和 X 轴正向的夹角来确定，绝对极坐标的起始点必须从原点（0，0）出发，例如，到离原点距离为 120、与 X 轴正向夹角为 30°的点的直线，则输入“120<30”，即可画出直线，如图 1-16 所示。

（2）相对极坐标。相对极坐标不是相对于原点，而是相对于前一个点。如图 1-17 所示，得到 A 点后，再画直线 AB 时，就必须用相对极坐标了，输入“@80<-30”即可。

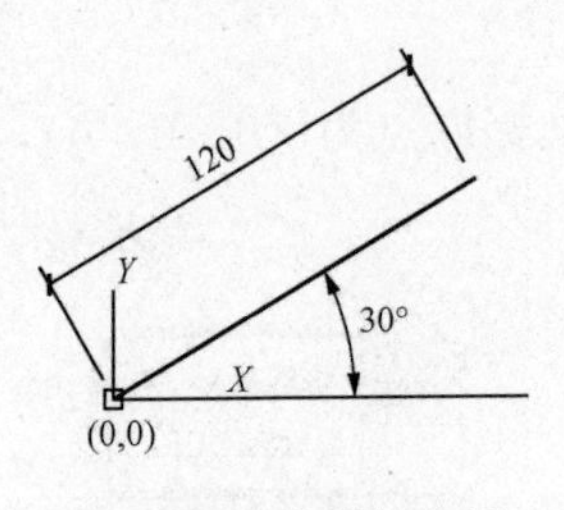

图 1-16 绝对极坐标

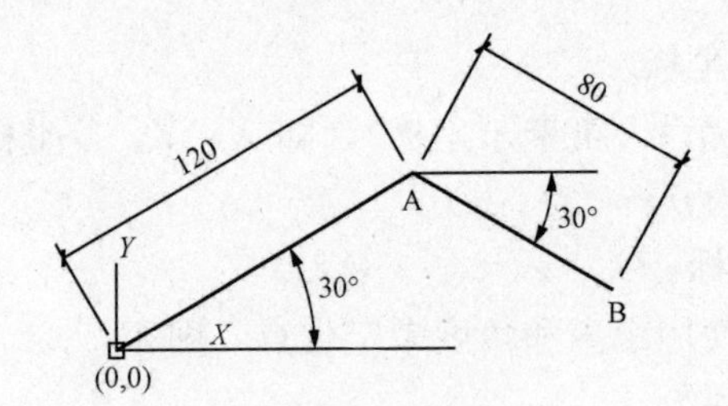

图 1-17 相对极坐标

角度是指相对于 0°水平线的夹角。默认逆时针旋转为正，顺时针为负。在以后的介绍中凡是与角度有关的旋转方向都是以逆时针方向为正，如图 1-18 所示。

1.5.3　动态输入打开时

当动态输入打开时，在操作的时候就会出现极轴和极角动态显示（AutoCAD 默认的是动态输入打开），如图 1-19 所示。

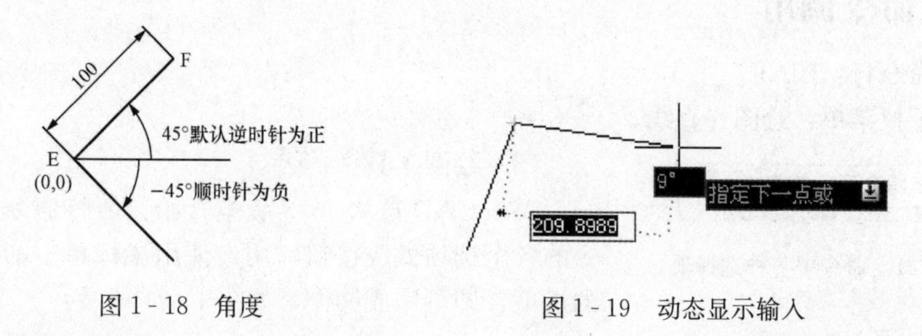

图 1-18　角度　　　图 1-19　动态显示输入

1. 绝对直角坐标值

此时不管是相对直角坐标还是极坐标，一律不再输入@符号，直接输入数据即可。但是要输入绝对直角坐标点时，就必须在数值前面加井号＃，如图 1-20 所示，已知 AB 两点距坐标原点的距离，画出 AB 直线，画 A 点时，输入＃50，30，画 B 点时，输入＃150，80 即可。

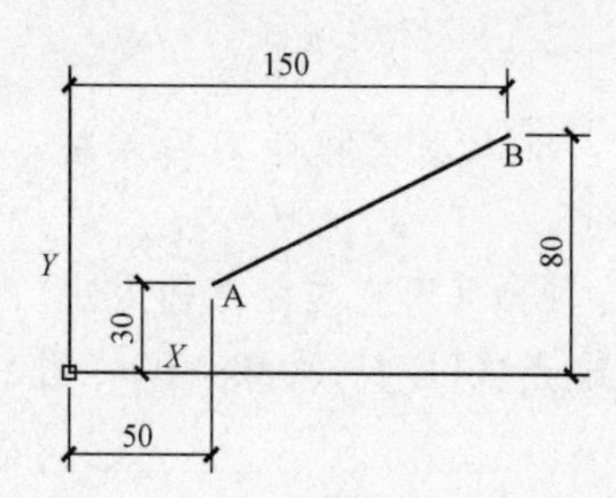

图 1-20　动态输入打开时绝对坐标点的输入

2. 直接距离输入

动态输入打开时，如果确定了极轴方向（即确定了极角），则可以通过移动光标指定方向，直接输入距离即可画出直线。此方法称为直接距离输入。在 CAD 中这种方法应用得非常广泛。

1.6　绘图命令的调用方式

AutoCAD 绘图命令的基本输入方式共有四种。在以后的介绍中主要讲述（1）、（2）、（3）的基本输入方式。这四种基本输入方式分别是：

（1）命令窗口输入命令。

（2）下拉菜单。

（3）工具栏。

（4）屏幕菜单（一般不用）。

按以上几种输入方式调用命令后，在命令窗口中会出现命令操作的提示，用户一定要根据命令行的提示信息进行绘图操作。

1.7 直线的绘制

1.7.1 命令调用

(1) 命令行：LINE。

(2) 下拉菜单：绘图→直线。

(3) 绘图工具栏：╱。

AutoCAD 自从 2013 版本开始，便将命令行显示命令的各个选项做成按钮，用户使用鼠标单击命令行显示的选项，即可完成操作，如图 1-21 所示。

图 1-21 命令中各种选择项

1.7.2 画直线的操作方法

【例 1-1】 (1) 绘制如图 1-22 所示的图形（动态输入关闭下操作），已知 A 点坐标值为（100，50）。

命令：LINE

指定第一点：100，50

指定下一点或［放弃（U）］：80（用直接距离输入法，这种输入方式一定要确定好方向）

指定下一点或［放弃（U）］：130（用直接距离输入法）

指定下一点或［闭合（C）/放弃（U）］：@80<90（用相对极坐标）

指定下一点或［闭合（C）/放弃（U）］：@－30，0（用相对直角坐标）

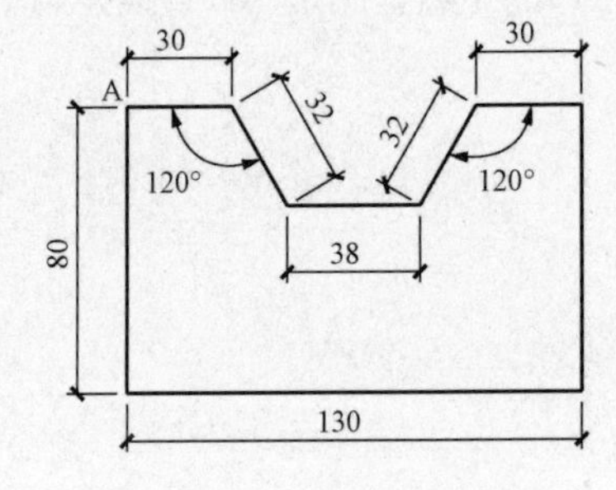

图 1-22 直线命令的操作

指定下一点或［闭合（C）/放弃（U）］：@32<－120（用相对极坐标）

指定下一点或［闭合（C）/放弃（U）］：38（用直接距离输入法）

指定下一点或［闭合（C）/放弃（U）］：@32<120（用相对极坐标）

指定下一点或［闭合（C）/放弃（U）］：C（选择闭合方式，即起点和终点闭合）

注意：放弃（U）是取消上一次画的直线。

(2) 绘制如图 1-22 所示的图形（动态输入打开下操作）。

命令：LINE

指定第一点：#100，50

指定下一点或［放弃（U）］：80（用直接距离输入法，这种输入方式一定要确定好方向）

指定下一点或［放弃（U）］：130（用直接距离输入法）

指定下一点或［闭合（C）/放弃（U）］：80<90

指定下一点或［闭合（C）/放弃（U）］：－30，0

指定下一点或［闭合（C）/放弃（U）］：32<－120

指定下一点或［闭合（C）/放弃（U）］：38（用直接距离输入法）

指定下一点或［闭合（C）/放弃（U）］：32<120（用相对极坐标）

指定下一点或［闭合（C）/放弃（U）］：C（选择闭合方式，即起点和终点闭合）

提示：如果没告诉A点坐标值，可以直接用鼠标任意单击确定一点即可。

1.8 AutoCAD图形的控制

1.8.1 图形重画与重新生成

1. 图形重画

（1）命令行：REDRAWALL（REDRAW）。

（2）下拉菜单：视图→重画。

当系统变量BLIPMODE命令打开（默认方式是关闭的）时，将从所有视口中删除编辑命令或操作留下点的标记。这时可以使用重画命令REDRAWALL清除屏幕上点的痕迹，REDRAW只能消除当前窗口的痕迹，如图1-23所示。

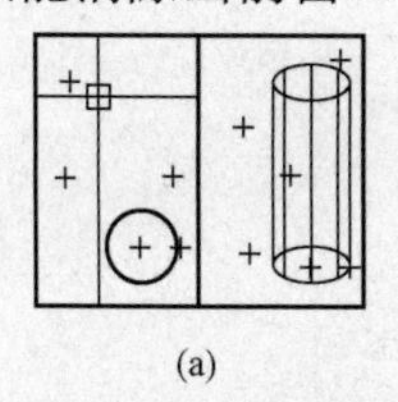

(a)

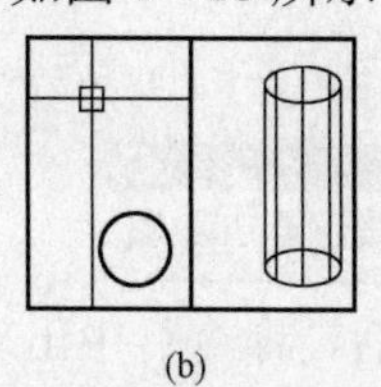

(b)

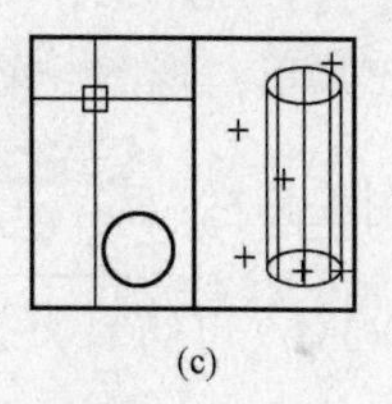

(c)

图1-23 重画命令REDRAWALL和REDRAW的操作

（a）使用REDRAWALL之前；（b）使用REDRAWALL之后；（c）使用REDRAW之后

2. 图形重新生成

（1）命令行：REGEN。

（2）下拉菜单：视图→重生成。

REGEN用于在当前视口中重新生成整个图形并重新计算所有对象的屏幕坐标，还可以重新创建图形数据库索引，从而优化显示和对象选择的性能。

（3）命令行：REGENALL。

（4）下拉菜单：视图→全部重生成。

REGENALL用于在所有视口中重新生成整个图形并重新计算所有对象的屏幕坐标，还可以重新创建图形数据库索引，从而优化显示和对象选择的性能。

1.8.2 图形的平移与显示缩放

由于屏幕的大小有限，因此在绘制和编辑图形时，有时为了对图形的细节进行编辑或绘制，需要将图形显示放大，有时需要全屏显示图形。

特别提示：图形缩放控制命令仅仅是起到观察图形的作用，可以通过放大和缩小操作改变视图的比例，类似于使用相机进行缩放。ZOOM不改变图形中对象的绝对大小，只改变视图的比例。AutoCAD提供了11种图形缩放的方式和6种图形平移的方式。

1. 图形平移

（1）命令行：PAN。

（2）下拉菜单：视图→平移。

（3）标准工具栏：。

1）使用鼠标。按住鼠标右键，选择“平移（A）”，鼠标指针将变为 ，按住鼠标左键在绘图窗口移动鼠标，则图形随光标一同移动，可将图形平移到屏幕不同的位置。松开鼠标左键，平移就停止。

2）使用缩放模式。单击【标准】工具栏的【实时平移】按钮，鼠标指针将变为 ，在绘图窗口按住鼠标左键移动鼠标，则图形随光标一同移动，可将图形平移到屏幕不同的位置；松开左键，平移就停止。

3）使用键盘。输入PAN后按Enter键或空格键，鼠标指针将变为 ，在绘图窗口按住鼠标左键移动鼠标，则图形随光标一同移动，可以将图形平移到屏幕不同的位置；松开左键，平移就停止。

2. 图形缩放

（1）命令行：ZOOM。

（2）下拉菜单：视图→缩放。

（3）绘图工具栏：。

输入ZOOM（可简写为Z）命令后，命令行中出现以下提示：

指定窗口的角点，输入比例因子（nX或nXP），或者

[全部（A）/中心（C）/动态（D）/范围（E）/上一个（P）/比例（S）/窗口（W）/对象（O）]<实时>：

各种提示的含义如下：

1）输入比例因子（nX或nXP）：①输入的值后面跟着x，根据当前视图指定比例，如输入.5x使屏幕上的每个对象显示为原大小的二分之一；②输入值并后跟xp，指定相对于图纸空间单位的比例，创建每个视口以不同的比例显示对象的布局，如输入.5xp以图纸空间单位的二分之一显示模型空间；③输入值，指定相对于图形界限的比例（此选项很少用），例如，如果缩放到图形界限，则输入2将以对象原来尺寸的两倍显示对象。

2）全部（A）：在当前视口中缩放显示整个图形。在平面视图中，所有图形将被缩放到栅格界限和当前范围两者中较大的区域中。在三维视图中，“全部缩放”选项与“范围缩放”选项等效，即使图形超出了栅格界限也能显示所有对象。

3）中心（C）：缩放显示由中心点和放大比例（或高度）所定义的窗口。高度值较小时增加放大比例。高度值较大时减小放大比例。

4）动态（D）：缩放显示在视图框中的部分图形。视图框表示视口，可以改变它的大小，或在图形中移动。移动视图框或调整它的大小，将其中的图像平移或缩放，使图像充满整个视口。

5）范围（E）：缩放以显示图形范围并使所有对象最大显示。

6）上一个（P）：缩放显示上一个视图。最多可以恢复此前的10个视图。

7）窗口（W）：缩放显示由两个角点定义的矩形窗口框定的区域。此种方法用得较多。

8）对象（O）：缩放以便尽可能大地显示一个或多个选定的对象并使其位于绘图区域的中心。可以在启动ZOOM命令前后选择对象。

9）实时：利用定点设备，在逻辑范围内交互缩放。

1.8.3　透明命令

许多命令可以透明使用，即可以在使用另一个命令时，在命令行中输入这些命令。透明命令均要以透明的方式使用命令，请单击其工具栏按钮或在任何提示下输入命令之前输入单引号（'）。在命令行中，双尖括号（＞＞）置于命令前，提示显示透明命令。在完成透明命令后，将恢复执行原命令。下例中，在绘制直线时打开点栅格并将其设置为一个单位间隔，然后继续绘制直线。

命令：LINE

指定第一点：'grid

＞＞指定栅格间距（X）或［开（ON)/关（OFF)/捕捉（S)/纵横向间距（A]＜0.000＞：1

正在恢复执行LINE命令

指定第一点：

不选择对象、创建新对象或结束绘图任务的命令通常可以透明使用。透明打开的对话框中所做的修改，直到被中断的命令已经执行后才能生效。同样，透明重置系统变量时，新值在开始下一命令时才能生效。

透明命令常用于更改图形设置或显示选项，如GRID或ZOOM命令。

1.9　AutoCAD对象的选择

1.9.1　对象的概念

对象也可以叫作实体，在AutoCAD中，点、线、圆、圆弧、多边形、文字、剖面线、尺寸等都是对象，编辑图形是以对象为单位来进行操作的。当对象被选中时，会出现若干个蓝色小方框，称为夹点，如图1-24所示。并同时还会弹出如图1-25所示的提示框。根据选择的对象不同，提示框显示的内容也有所不同。用户可以根据提示框的内容修改对象的信息。

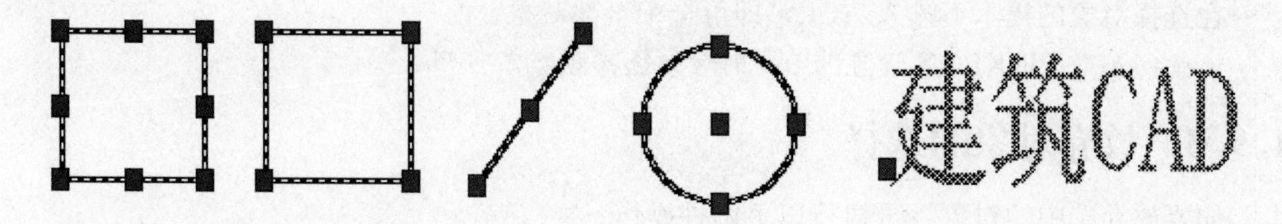

图1-24　对象的概念

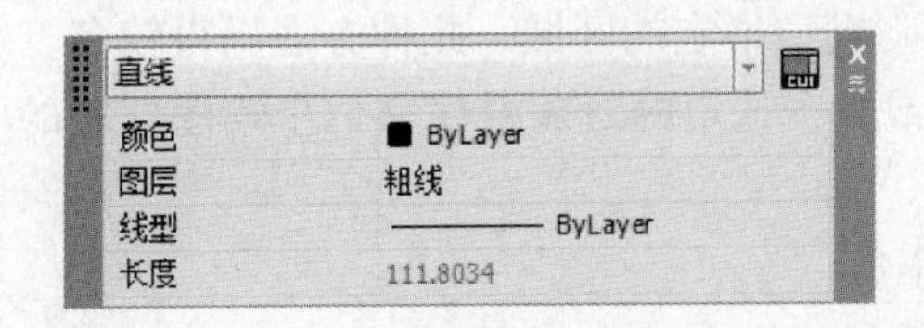

图1-25 “直线”提示框

1.9.2 选择对象的方式

选择对象有以下多种方式，我们只介绍最常用的4种方式。其余的选择方式请参考帮助系统。

窗口（W）/上一个（L）/窗交（C）/框选（BOX）/全部（ALL）/栏选（F）/圈围（WP）/圈交（CP）/编组（G）/添加（A）/删除（R）/多选（M）/上一个（P）/放弃（U）/自动（AU）/单选（SI）/子对象（SU）/对象（O）

1. 单选

这是最基本的选择方式。当要执行某一编辑命令时，命令行中会出现选择对象的提示，并且光标也变成了拾取框（拾取框的大小可以在图1-7所示的对话框选择下设置），用户可以用拾取框直接点击对象，选择完成后继续提示选择对象，如果不选即可按回车键结束。

2. 窗口选择方式（Window）——W窗口方式

这种方式必须将图形全部放到矩形窗口中才能被选中。选择方式为按住鼠标左键（不要松开），然后从左向右拖动光标即可出现选择窗口，如图1-26所示。从左上至右下或左下至右上。当所选的物体都在窗口内时，即单击鼠标左键确认，或在“选择对象”提示下输入W后按回车键，此时选择方向可以任意。

3. 交叉窗口选择方式（Crossing）——C窗口选择方式

这种方式下，只要图形与矩形窗口交叉就能被选中。选择方式为按住鼠标左键（不要松开），然后从右向左拖动光标即可出现选择窗口，如图1-27所示。只要所选的物体和窗口交叉时，即单击鼠标左键确认。选择方式从右上→左下或右下→左上，或在“选择对象”提示下输入C后按回车键，此时选择方向可以任意。

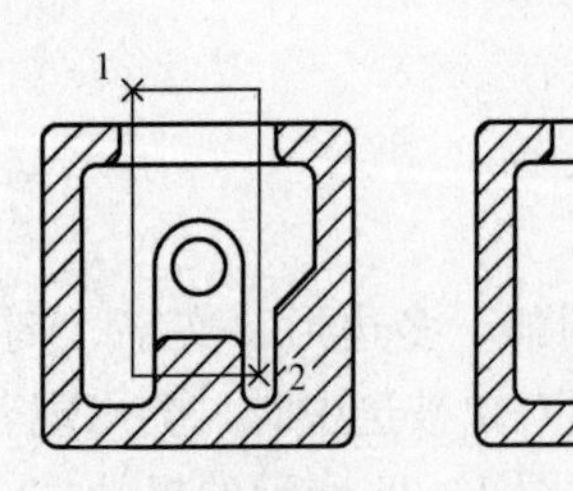

图1-26 使用窗口选择框选中的对象

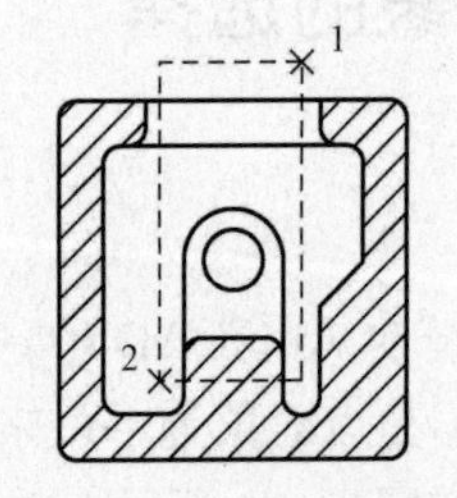

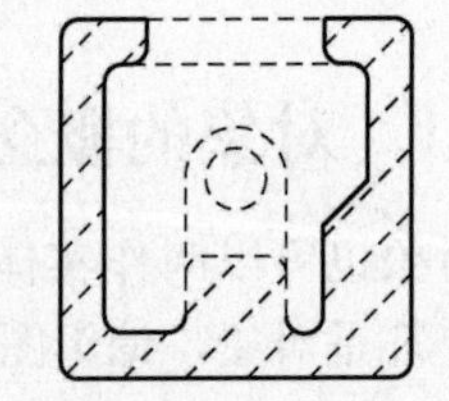

图1-27 使用交叉窗口选择框选中的对象

4. 全部选择方式（ALL）

在选择对象的提示下输入ALL，即可选中全部对象。

注意：如果PICKBOX设置为0，则对象选择预览不可用。

1.9.3 放弃对象的选择

如要放弃选中的对象，可执行以下两种操作：

（1）全部放弃可按Esc键。

（2）放弃某一个对象的选择，可以按住Shift键，然后再选择要放弃的选择对象。

1.9.4　删除对象

选择对象是整个绘图工作的基础，若画完图形后需要删除，则可以选中要删除的对象，然后按以下几种操作方式删除对象。

（1）按键盘上的Delete键。

（2）命令行：ERASE。

（3）修改工具栏：。

（4）选中对象后单击鼠标右键选择【删除】命令。

1.9.5　恢复删除对象

用户可以删除绘制的任何对象，如果意外删错了对象，则可以使用UNDO命令或OOPS命令恢复意外删除的对象。OOPS命令可以恢复由上一个ERASE命令删除的对象，或BLOCK、WBLOCK命令删除的所有对象。

1.10　AutoCAD精确绘图操作

AutoCAD的最大特点就是精确作图，想要精确地绘制出一个图形，这就需要用到大量的辅助精确作图命令。我们在这里先简要地介绍一下各种辅助精确作图命令的基本概念，在以后举例时再详细介绍各种辅助精确作图命令的实际操作。

1.10.1　栅格（F7）与栅格捕捉（F9）

栅格是点的矩阵，遍布指定为图形栅格界限的整个区域。使用栅格类似于在图形下放置一张坐标纸。利用栅格可以对齐对象并直观显示对象之间的距离。打印时不打印栅格。如果放大或缩小图形，此时可能需要调整栅格间距，使其更适合新的放大比例。如果设置好了图形界限，那么图形界限的范围基本上就是栅格显示的范围。

1. 栅格显示

（1）命令行：GRID。

（2）状态栏：。

（3）按键盘上的F7键。

执行命令后，在屏幕上就会出现如坐标纸一样的显示（显示大小基本上是图形界限的大小，关于图形界限将在第2章中作详细介绍），同时光标出现跳动式的移动，说明光标在捕捉栅格。

这种方式是CAD最早推出的一种辅助作图命令，选择工具→绘图设置命令，也可以选择状态栏中捕捉模式按钮右边的黑三角，选择打开捕捉设置，如图1-28所示。设置后即可打开草图设置对话框，栅格之间的距离可以进行设置，用户就像在一张标有距离的网格纸上绘制图形。

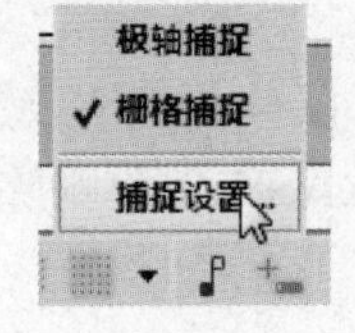

图 1-28　捕捉模式按钮

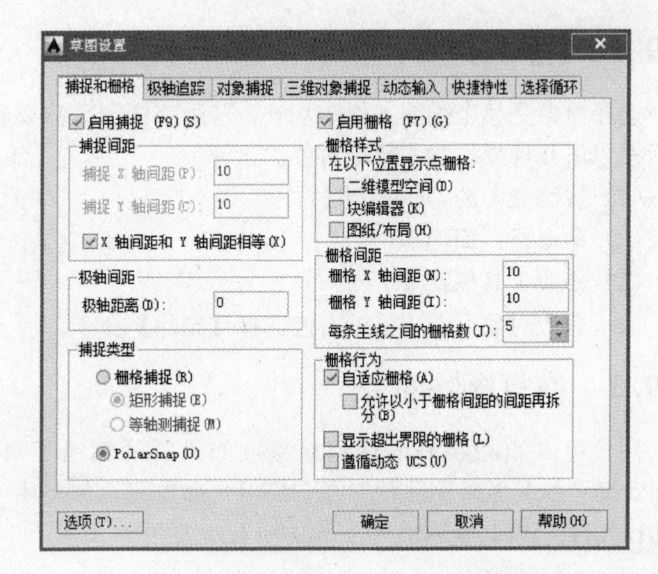

图 1-29　捕捉和栅格的设置

2. 栅格捕捉

捕捉模式用于限制十字光标，使其按照用户定义的间距移动。当“捕捉”模式打开时，光标似乎附着或捕捉到不可见的栅格。捕捉模式有助于使用箭头键或定点设备来精确地定位点。

（1）命令行：SNAP。

（2）状态栏：如图 1-28 所示。

（3）按键盘上的 F9 键。

1.10.2　正交（F8）与极轴追踪（F10）

1. 正交

正交是一种设置，用于将定点设备的输入限制为水平或垂直（与当前的捕捉角度和用户坐标系有关）。当正交选中时，使用鼠标只能画水平线和垂直线。

2. 极轴追踪

当需要用定点设备绘制倾斜线时，可以将状态栏上的极轴打开，即可以绘制任意角度的倾斜线了。关于极轴追踪的详细操作将在下面进行介绍。

1.10.3　对象捕捉（F3）

在绘图时我们可能会有这样的感觉，要精确地将图形画到某些点的位置上（如圆心、切点、端点、中点等）是十分困难的，甚至是根本不可能的，为了解决这样的问题，AutoCAD 提供了对象捕捉功能，利用该功能，可以迅速、准确地捕捉到某些特殊点，从而精确地绘制出图形。对象捕捉是 AutoCAD 最有用的特性之一。例如，需要在一条直线的中点放置一个点，使用中点对象捕捉，则只需将光标移动指向该对象，在该中点上（捕捉点）即可出现一个标志，单击该标记处即可确定点的位置。

在 AutoCAD 中，对象捕捉模式又可以分为临时替代捕捉模式和自动捕捉模式。

提示：捕捉点是在执行命令的过程中，需要确定点的位置时，才可以执行捕捉。

如图 1-30 所示的是对象捕捉常用的两种模式。

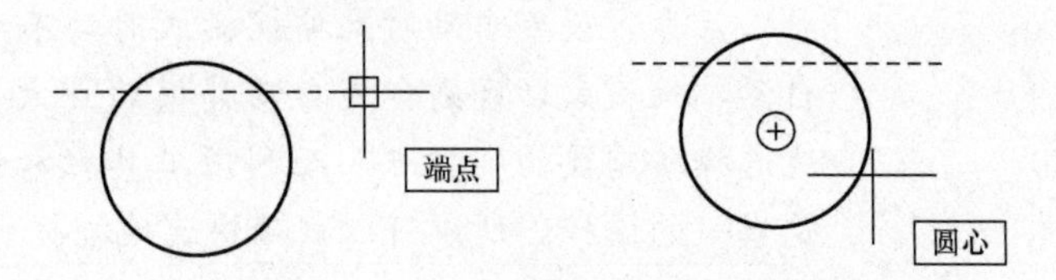

图 1-30　对象捕捉端点圆心模式

调用对象捕捉命令的方式介绍如下。

1. 自动捕捉方式

不论何时提示输入点，都可以指定对象捕捉。默认情况下，当光标移动到对象的对象捕捉位置时，将显示标记和工具栏提示，此功能称为自动捕捉。它提供了视觉提示，指示哪些对象捕捉正在使用。如图 1-31 所示，这种方式是将常用的一些对象捕捉方式设为自动，在绘图时将自动显示和提示捕捉点。

如果“对象捕捉”按钮亮显，如图 1-32 所示。则“自动捕捉”打开，光标会自动锁定选定的捕捉位置。

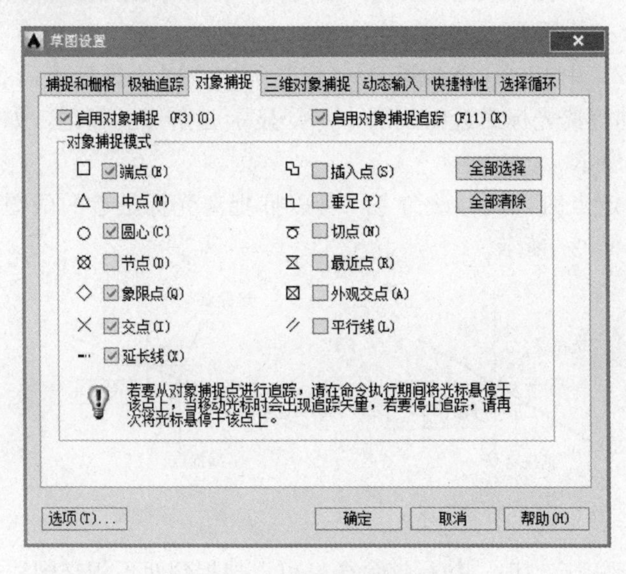

图 1-31　对象捕捉的自动设置

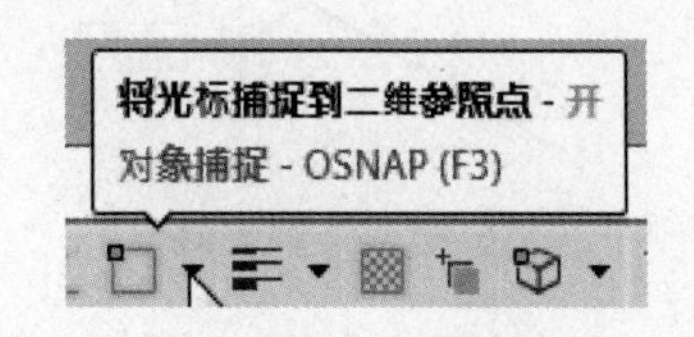

图 1-32　自动捕捉

2. 工具栏捕捉对象

利用工具栏捕捉对象点如图 1-33 所示。执行临时替代捕捉时，一次选择只能使用一次。

图 1-33　工具栏捕捉对象

3. 快捷菜单捕捉对象

在绘图区域中单击鼠标右键同时按 Shift（或 Ctrl）键，即可弹出如图 1-34 所示的快捷菜单。然后选择“对象捕捉设置”命令。执行临时替代捕捉，一次选择只能使用一次。

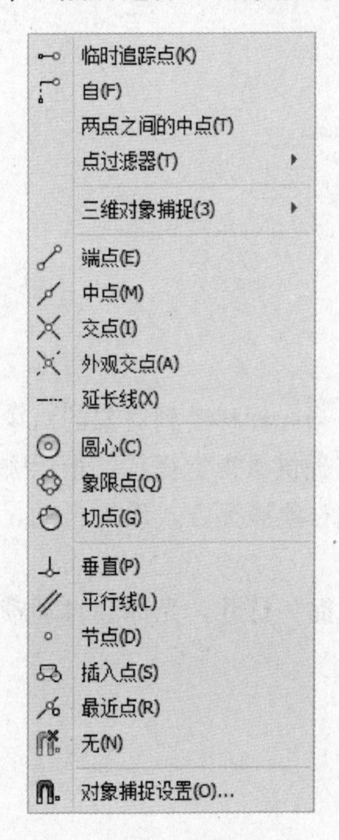

图 1-34 对象捕捉快捷菜单

注意：设置自动对象捕捉模式时，不要选中太多的对象自动捕捉模式，否则会因自动捕捉的点太多而无法准确快速地选择所需要的捕捉点。而利用工具栏和快捷菜单捕捉对象是唯一的选择，所以可以准确快速地捕捉到所需要的捕捉点。

4. 命令行：OSNAP（或'OSNAP，用于透明使用）

在命令行上输入对象捕捉的名称。

1.10.4 对象捕捉方式介绍

AutoCAD 的对象捕捉方式有：端点，中点，交点，外观交点，延长线，圆心，象限点，切点，垂足，平行线，插入点，节点，最近点，临时追踪点，自。

（1）端点：在执行命令需要确定点时，执行该命令，可以捕捉离光标最近图线的一个端点，显示小正方形□标记，如图 1-35 所示。

（2）中点：在执行命令需要确定点时，执行该命令，可以捕捉离光标最近图线的中点，显示三角形△标记，如图 1-36 所示。

（3）交点：在执行命令需要确定点时，执行该命令，可以捕捉离光标最近的两图线的交点，显示相交直线×标记，如图 1-37 所示。

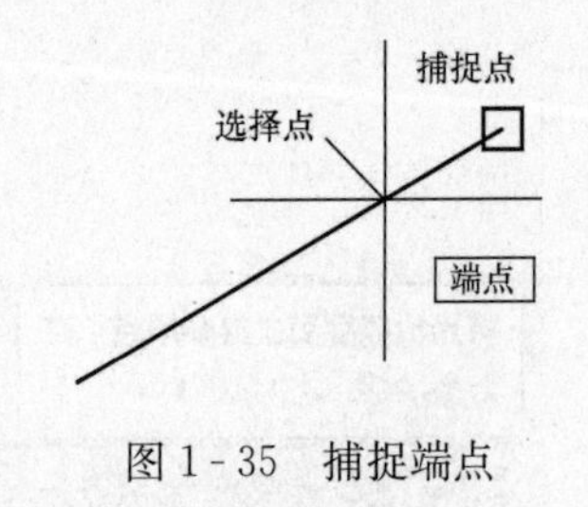

图 1-35 捕捉端点

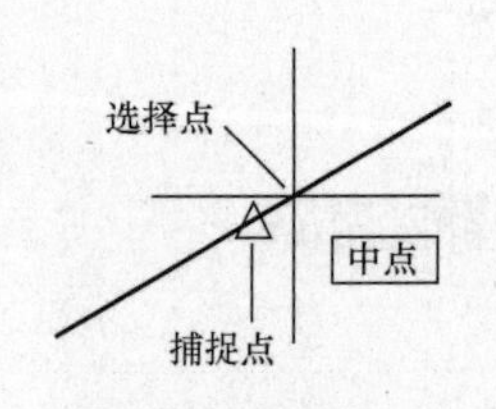

图 1-36 捕捉中点

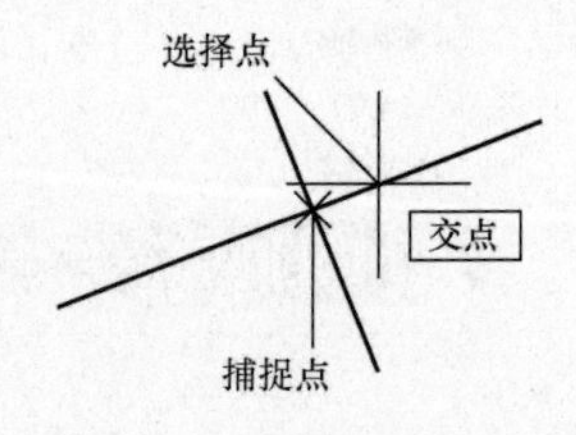

图 1-37 捕捉交点

（4）外观交点：在执行命令需要确定点时，执行该命令，可以捕捉到两不相交图线的延伸交点，显示相交直线×标记，如图 1-38 所示。执行该命令也可以捕捉直线和圆弧的延伸交点。

（5）延长线：一般用于自动捕捉，在执行命令需要确定点时，可以捕捉离光标最近图线的延伸点。当光标经过对象的端点时（不能单击），端点将显示小加号（+），继续沿着线段或圆弧的方向移动光标，将显示临时直线或圆弧的延长虚线，以便在临时直线或圆弧的延长线上确定点。如果光标滑过两个对象的端点后，移动光标到两对象延伸的交点附近后，可以捕捉延伸交点，如图 1-39 所示。

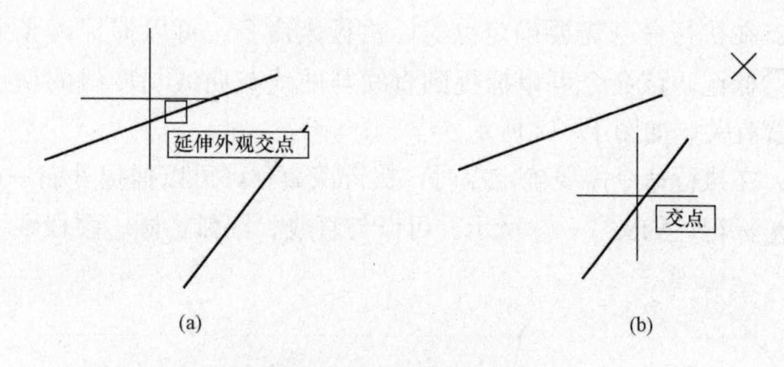

图 1 - 38　捕捉外观交点

（a）选择第一对象单击；（b）选择第二对象单击

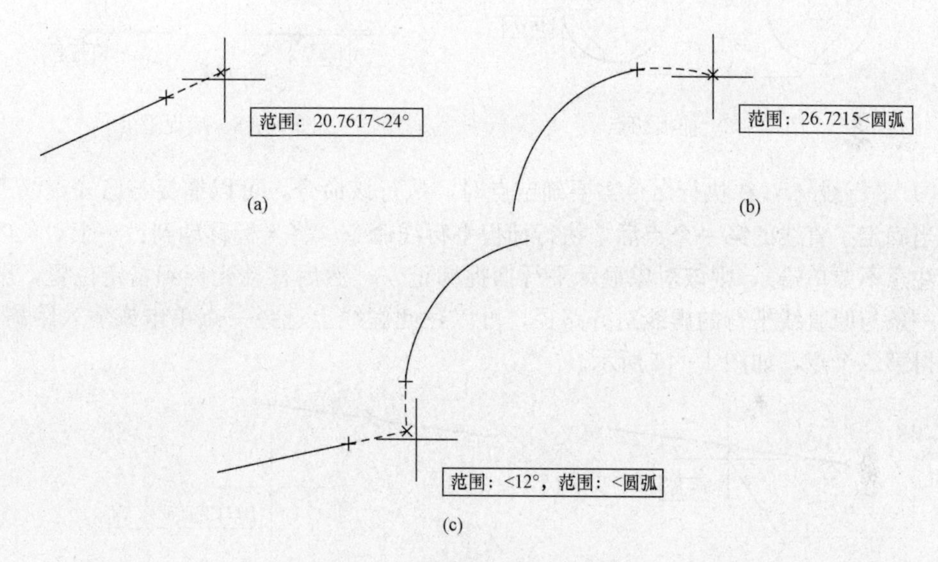

图 1 - 39　捕捉延长线上的点

（a）捕捉直线延长线上的点；（b）捕捉圆弧延长线上的点；（c）捕捉直线和圆弧延长线上的交点

（6）圆心◎：在执行命令需要确定点时，执行该命令，可以捕捉离光标最近曲线的圆心，显示小圆⊕标记。执行该命令，可以捕捉到圆弧、圆、椭圆和椭圆弧的圆心，如图 1 - 40所示。

（7）象限点◈：在执行命令需要确定点时，执行该命令，可以捕捉离光标最近曲线的象限点，显示菱形◇标记。圆和椭圆都有 4 个象限点，这 4 个象限点为与两条垂直中心线的交点，如图 1 - 41 所示。

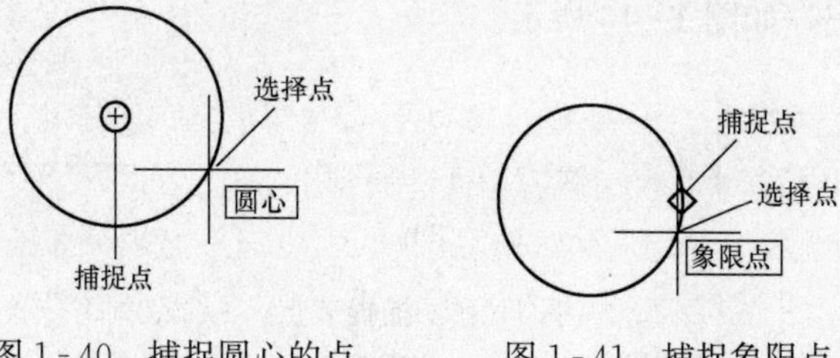

图 1 - 40　捕捉圆心的点　　　图 1 - 41　捕捉象限点

(8) 切点：在执行命令需要确定点时，执行该命令，可以捕捉离光标最近的图线切点，显示圆相切标记。该命令可以捕捉到直线与曲线或曲线与曲线的切点，切点的位置与靠近对象的位置有关，如图 1-42 所示。

(9) 垂足：在执行命令需要确定点时，执行该命令，可以捕捉外面一点到指定图线的垂足，显示直角标记，如图 1-43 所示。可以与直线、圆弧、圆、多段线、射线、多线等图线的边垂直。

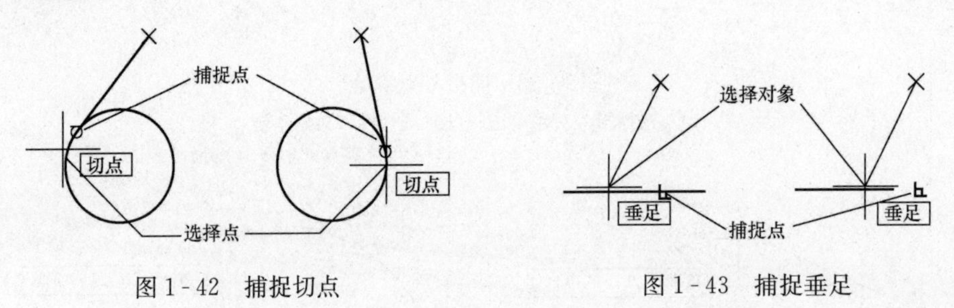

图 1-42 捕捉切点　　　　图 1-43 捕捉垂足

(10) 平行线：在执行命令需要确定点时，执行该命令，可以捕捉与已知直线平行的直线。当确定了直线的第一个点后，执行捕捉平行线命令，将光标移动到另一个对象的直线段上（注意不要单击），则该对象显示平行捕捉标记//，然后移动光标到指定位置，屏幕上将显示一条与原直线平行的虚线对齐路径，可以在此虚线上选择一点单击或输入距离数值，即可获得第二个点，如图 1-44 所示。

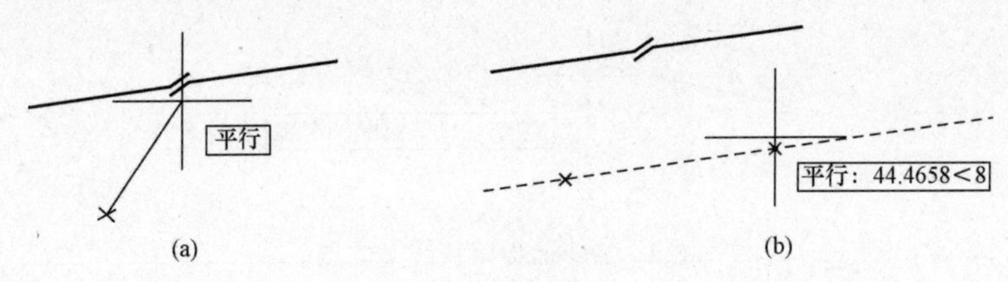

图 1-44 作直线平行线

(a) 停留一下确定平行对象；(b) 确定平行线的长度

(11) 插入点：在执行命令需要确定点时，执行该命令，可以捕捉离光标的块、形或文字最近的插入点，显示插入点标记，如图 1-45 所示。

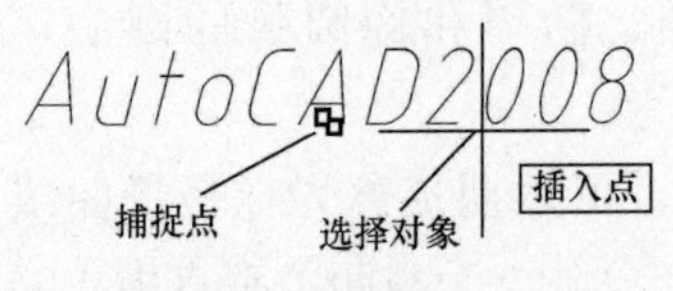

图 1-45 捕捉插入点

(12) 节点：在执行命令需要确定点时，执行该命令，可以捕捉离光标最近的点对象、标注定义点或标注文字起点，显示点标记，如图 1-46 所示。

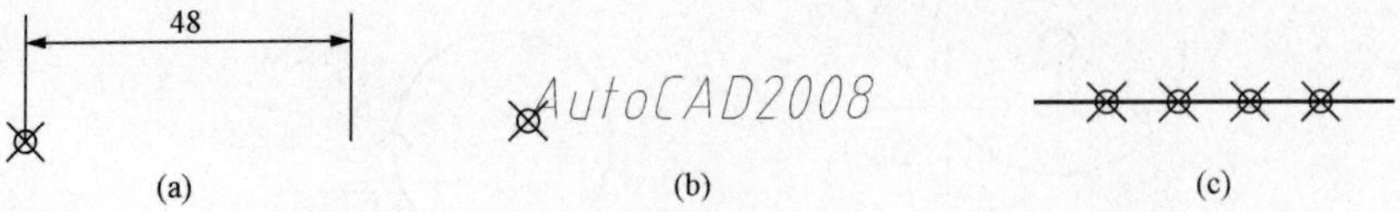

图 1-46 捕捉节点

(a) 尺寸标注节点；(b) 文字节点；(c) 图线上的点

(13) 最近点：在执行命令需要确定点时，执行该命令，可以捕捉离光标最近各种图线上的点，显示最近点标记，如图 1-47 所示。

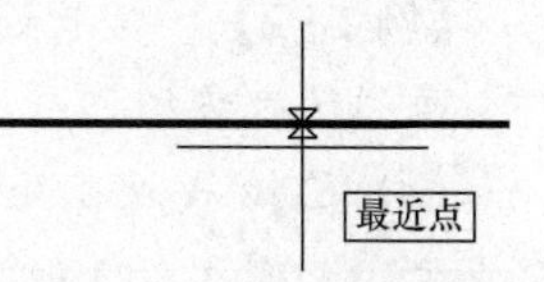

图 1-47　捕捉最近点

(14) 临时追踪点：一般用于自动捕捉，与【极轴追踪】、【对象捕捉】、【对象追踪】同时使用，也可以单独使用。

例如，绘制如图 1-48（a）所示的图形。

1）绘制 ϕ20 圆。

2）执行“直线”命令，输入 TT 按 Enter 键。

3）使光标靠近圆心，出现圆心标记，向右移动光标，如图 1-48（b）所示。

4）输入 8，按 Enter 键。

5）向下移动光标追踪到圆，出现极轴交点后，单击确定起点，如图 1-48（c）所示。

6）向左移动光标，与圆相交出现极轴交点后，单击完成绘制。

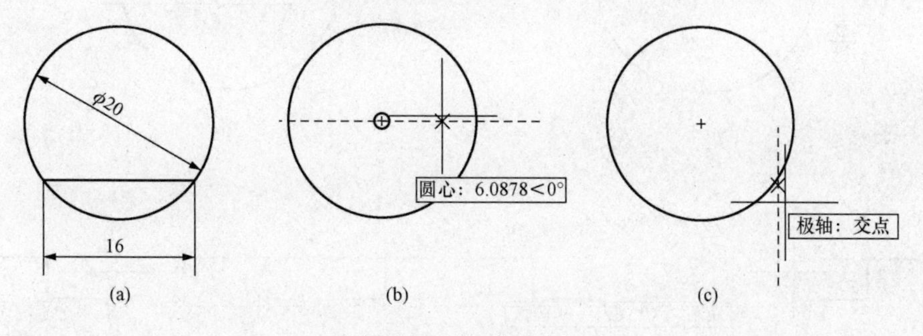

图 1-48　临时追踪点

(15) 自：在执行命令需要确定点时，执行该命令，可以确定距已知点相对距离的点。执行此捕捉命令后，先确定基点，然后输入要确定的点距离基点的相对坐标@X，Y，按 Enter 键即可确定点。

例如，绘制如图 1-49（a）所示的图形。

1）绘制矩形。

2）执行圆命令，输入 FROM 按 Enter 键。

3）使光标靠近 A 点，捕捉 A 点，如图 1-49（b）所示。

4）输入@5，5，按 Enter 键。

5）输入半径 3，按 Enter 键，如图 1-49（c）所示，完成绘制。

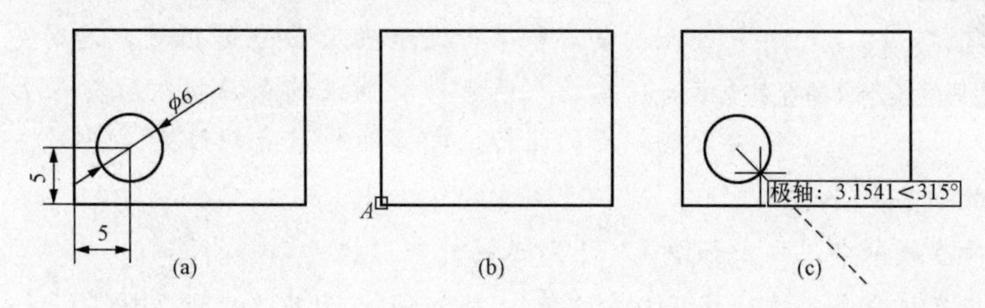

图 1-49　捕捉自

【例1-2】 延长线捕捉举例，绘制AB直线如图1-50（a）所示。

画AB直线的作图步骤如下：

（1）已知A点在直线$L1$和半圆弧延长线的交点上，B点在直线$L2$和半圆弧延长线的交点上，如图1-50（a）所示。

（2）调用直线命令，然后在工具栏上选择捕捉到延长线，然后将光标移到直线$L1$上，移动光标会在沿着直线$L1$方向上出现一条虚线延长线，如图1-50（b）所示。

（3）再将光标移动到半圆上，移动光标半圆的延长线上出现圆弧虚线，与直线$L1$方向上的虚线相交即为A点，如图1-50（c）所示。

（4）确定A点后，再将光标移到直线$L2$上，按同理确定B点，如图1-50（d）所示。

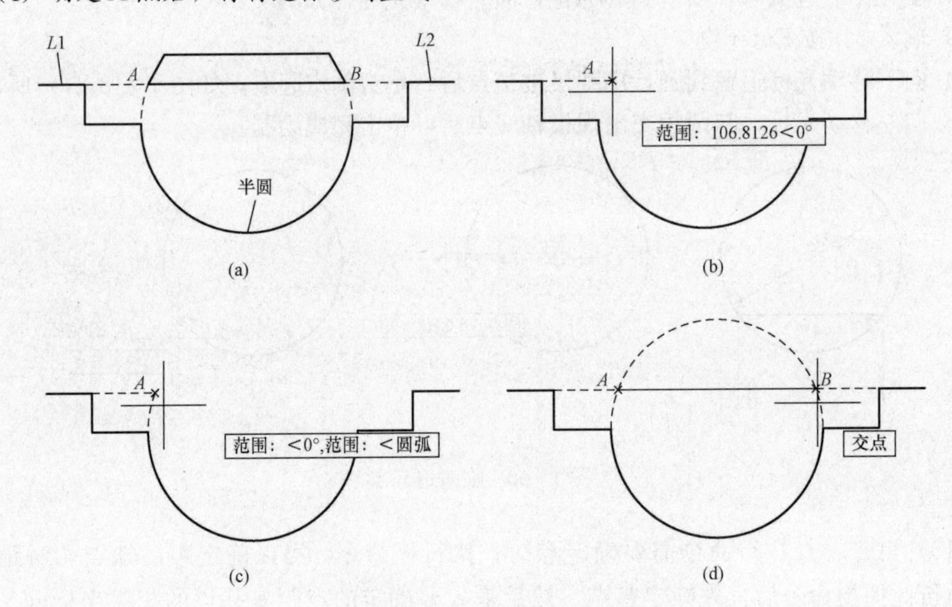

图1-50 延长线捕捉举例

【例1-3】 捕捉基点举例，绘制如图1-51所示的图形。

分析：绘制如图1-51所示的图形，外面的图形直接用直线命令绘制较为简单。关键是里面图形的绘制，怎样才能精确地将B点定位是这道题的关键。通过这道题将详细介绍对象捕捉基点的操作。先选择直线命令，命令行提示确定B点的位置，这时先利用捕捉对象捕捉基点功能捕捉端点A，然后输入B点相对于A点的坐标。即可确定B点的位置。

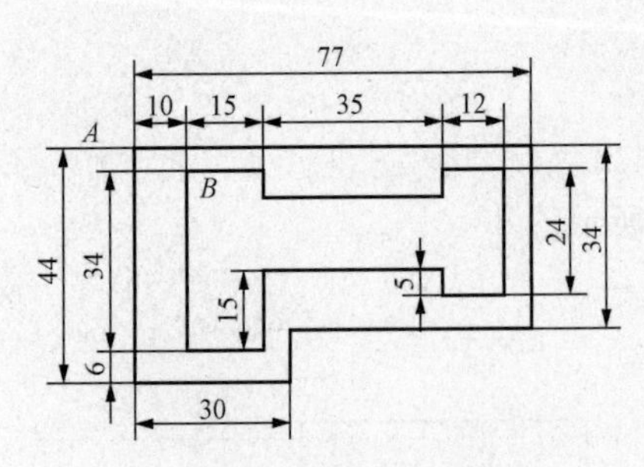

图1-51 图形的绘制（捕捉基点举例）

作图步骤如下：

（1）选择直线命令，画出如图1-51所示的外部形状。

（2）运行直线命令，执行捕捉自命令，捕捉A点为基点，输入@10，－4，按Enter键，确定B点的位置，如图1-51所示。

(3) 继续画直线，使完成后的图形如图1-51所示，这里不再介绍。

特别提示：因为对象捕捉只是一个辅助精确作图的工具，所以不能直接调用对象捕捉命令。如果直接在命令提示下使用对象捕捉，将显示错误信息。因此，必须在AutoCAD提示输入点时才能调用对象捕捉命令。

1.10.5 极轴追踪（F10）与对象捕捉追踪（F11）

1. 极轴追踪的概念

极轴追踪可以通过在状态栏中单击【极轴追踪】按钮如图1-52使其亮显，打开极轴追踪。极轴追踪强迫光标沿着【极轴角度设置】中指定的路径移动。

【极轴追踪】与【正交】模式只能二选一，不能同时使用。

2. 设置极轴追踪

选择极轴追踪按钮右边的黑三角即可进行极轴角设置，如图1-53所示。如果选择增量角为15，光标将沿着与15°的倍数角度平行的路径移动，并且出现一个显示距离与角度的工具提示条。极轴追踪在确定第一点后，绘图窗口内才可以显示虚点的极轴。

图1-52 极轴追踪的按钮

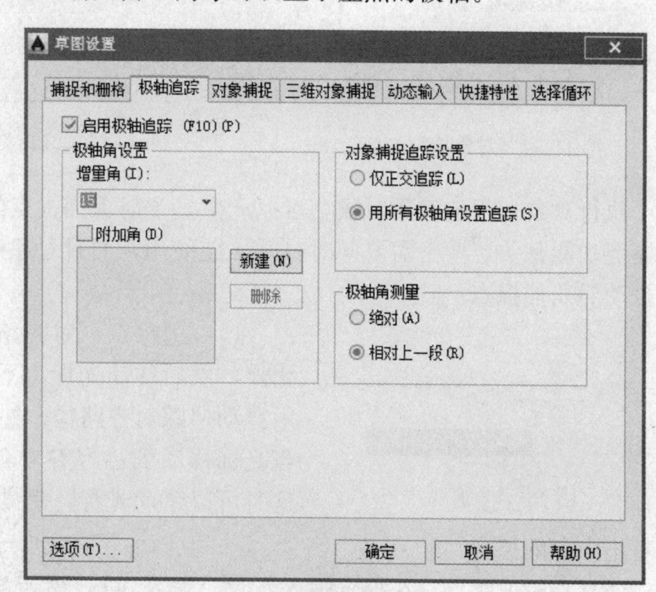

图1-53 极轴追踪的设置

(1) 增量角：设置用来显示极轴追踪对齐路径的极轴角增量。可以输入任何角度，也可以从列表中选择90、45、30、22.5、18、15、10或5这些常用角度。如果将增量角设置为30°，那么每增加30°，在绘图屏幕上就会显示极轴对齐路径和角度的提示。

(2) 附加角：对极轴追踪使用列表中的任何一种附加角度。附加角度是绝对的，而非增量的。如果设置为30°，则只是在30°方向上显示极轴对齐路径和角度的提示。

注意："正交"模式和极轴追踪不能同时打开。打开极轴追踪将关闭"正交"模式。同样地，极轴捕捉和栅格捕捉不能同时打开。打开极轴捕捉将关闭栅格捕捉。

3. 对象捕捉追踪

对象捕捉追踪能够以图形对象上的某些特征点作为参照点，来追踪其他位置的点。

对象捕捉追踪可以通过在状态栏中单击【对象捕捉追踪】按钮如图 1-54 所示使其亮显，打开对象捕捉追踪，并在【草图设置】对话框的【对象捕捉】选项卡中选中【启用对象追踪】复选框才能使用，如图 1-55 所示。

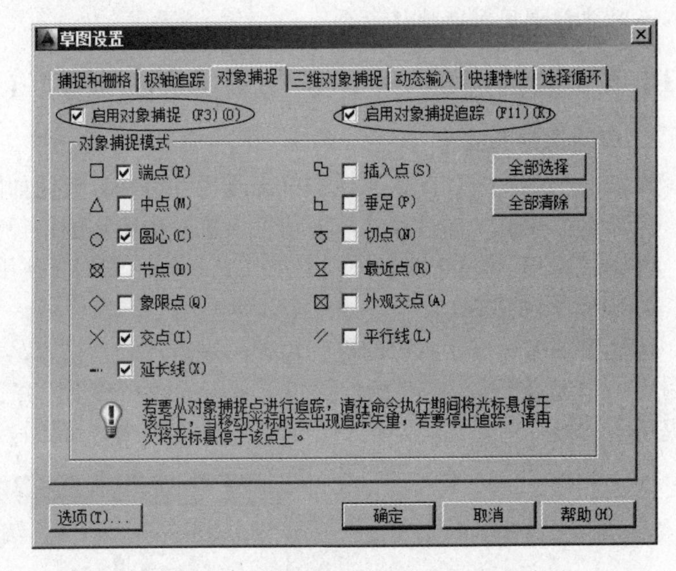

图 1-54 对象捕捉按钮

图 1-55 【草图设置】的【对象捕捉】

执行对象捕捉追踪的时候，可以产生基于对象捕捉点的临时追踪线，因此，该功能与对象捕捉功能相关，两者需要同时打开才能使用，而且对象追踪只能追踪对象捕捉类型里设置的自动对象捕捉点。

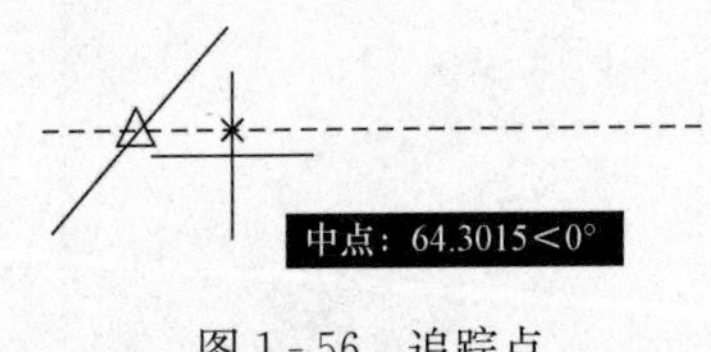

图 1-56 追踪点

(1) 追踪点：对齐路径上通过的临时点，光标在点上稍停，然后移动光标，不用单击，将相对于这个临时点显示自动追踪对齐路径。如图 1-56 所示，调用直线命令后，当光标移动到已经存在的直线中点处时，出现中点符号，这时可以移动光标，沿着对齐路径直接确定直线第一个点相对于中点的位置。

(2) 临时追踪点：在提示输入点时，输入 TT，然后指定一个临时追踪点。该点上将出现一个小的加号（+）。移动光标时，将相对于这个临时点显示自动追踪对齐路径。要将这个点删除，应将光标移回到加号（+）上面。

(3) 延伸路径：当“捕捉到延伸线”模式激活时，即可从直线或圆弧上引出追踪引导线。

(4) 正交追踪。当对象捕捉追踪打开时，仅显示已获得的对象捕捉点的正交（水平/垂直）对象捕捉追踪路径（POLARMODE 系统变量）。

(5) 用所有极轴角设置追踪。将极轴追踪设置应用于对象捕捉追踪。使用对象捕捉追踪时，光标将从获取的对象捕捉点起沿极轴对齐角度进行追踪（POLARMODE 系统变量）。

提示：在使用自动追踪时，光标将沿着一条临时路径来确定图上关键点的位置，该功能可以用于相对于图形中其他点或对象的那些点的定位。自动追踪包括极轴追踪和对象捕捉追踪。

一般【极轴追踪】、【对象捕捉】按钮、【对象捕捉追踪】按钮都要同时打开。

【例1-4】　利用极轴追踪和对象捕捉追踪绘制如图1-57所示的图形。

作图步骤如下：

1. 新建文件，保存为“图1-57”。

2. 设置极轴追踪模式，从快捷菜单勾选【增量角】为“15”选项，如图1-53所示。

3. 绘制外框。执行直线命令。

（1）在合适位置单击，确定左下角点的位置。

（2）水平向右移动光标，极轴角显示为0°，如图1-58所示。然后输入30，按Enter键。

（3）竖直向上移动光标，在极轴角为90°时，如图1-59所示。然后输入10，按Enter键。

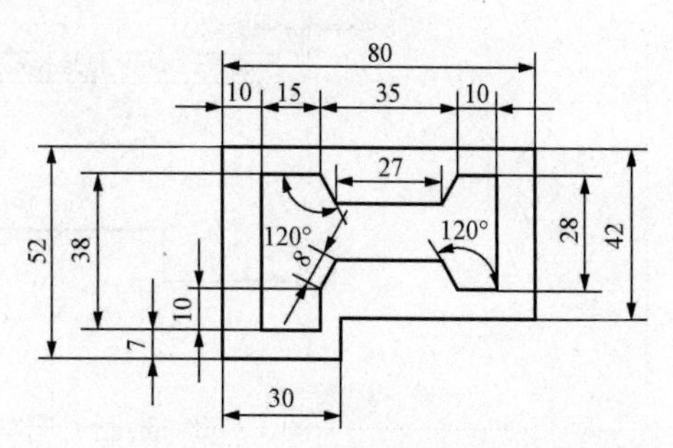

图1-57　极轴追踪模式绘图

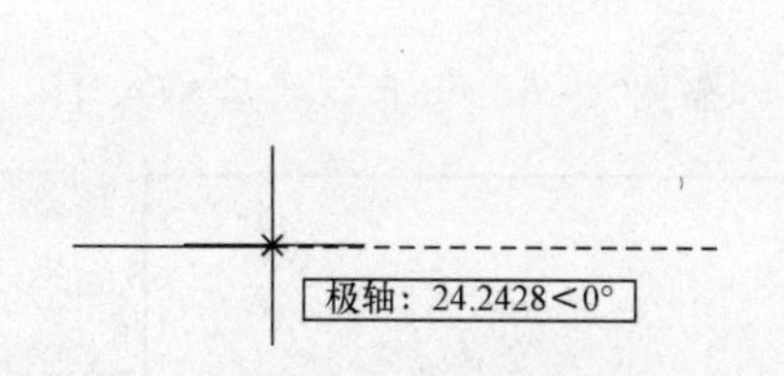

图1-58　确定起点，绘制30mm水平线

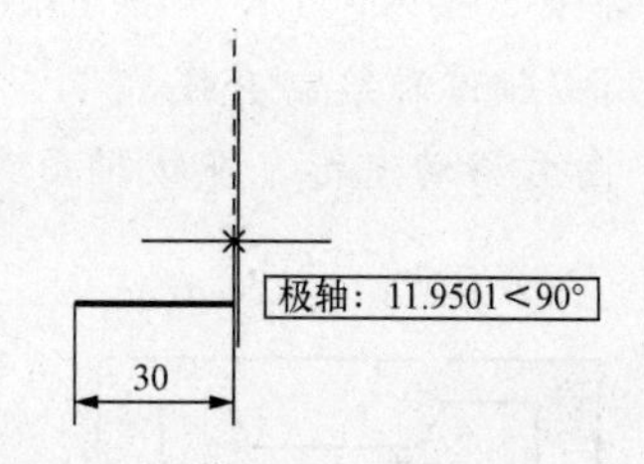

图1-59　绘制10mm竖直线

（4）水平向右移动光标，在极轴角为0°时，如图1-60所示。然后输入50，按Enter键。

（5）竖直向上移动光标，在极轴角为90°时，如图1-61所示。然后输入42，按Enter键。

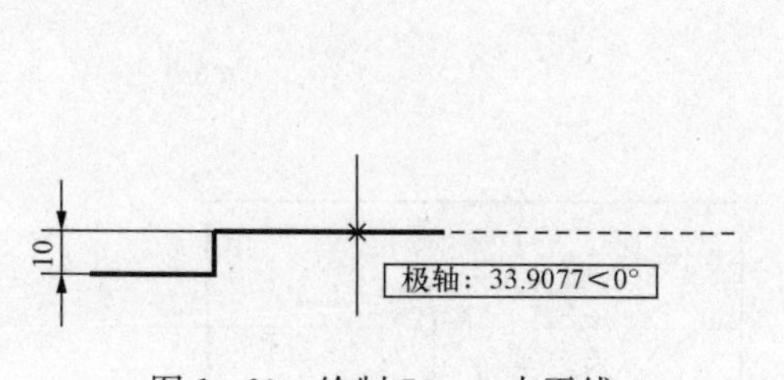

图1-60　绘制50mm水平线

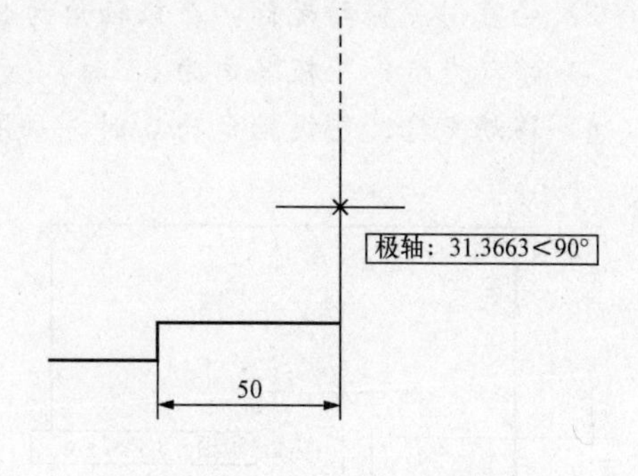

图1-61　绘制42mm竖直线

（6）水平向左移动光标，在图线起始点放一下，出现捕捉端点标记小正方形时，向上移动光标，出现“端点：<90°，极轴：<180°”的显示，如图1-62所示。然后单击鼠标左键。

(7) 输入字母 C，按 Enter 键完成外框的绘制，如图 1-63 所示。

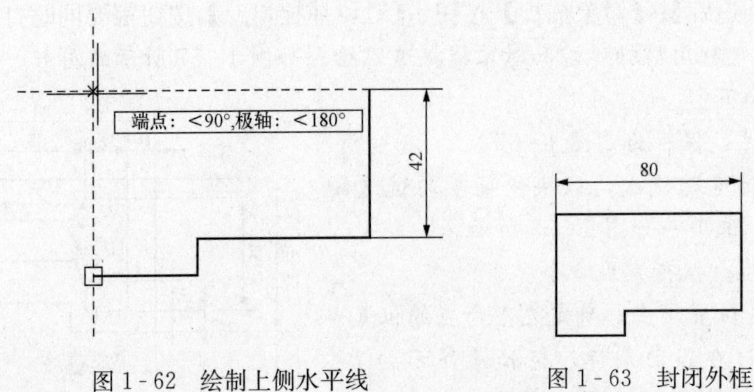

图 1-62　绘制上侧水平线　　　图 1-63　封闭外框

4. 绘制内框。

(1) 利用捕捉【自】命令确定起点。运行“直线”命令，执行捕捉【自】命令，捕捉 A 点为基点，输入@10，7 按 Enter 键，确定 B 点的位置，如图 1-64 所示。

(2) 利用极轴追踪绘制直线。

1) 水平向右移动光标，在极轴角为 0°时，如图 1-65 所示。然后输入 15，按 Enter 键。

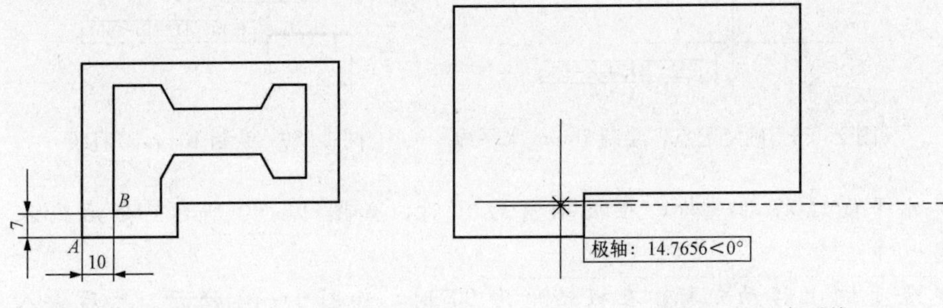

图 1-64　确定内框起点 B　　　图 1-65　绘制 15mm 水平线

2) 竖直向上移动光标，在极轴角为 90°时，输入 10 后按 Enter 键。

3) 移动光标，在极轴角为 60°时，如图 1-66 所示。输入距离数值 8 后按 Enter 键。

4) 移动光标，在极轴角为 0°时，如图 1-67 所示。输入距离数值 27 后按 Enter 键。

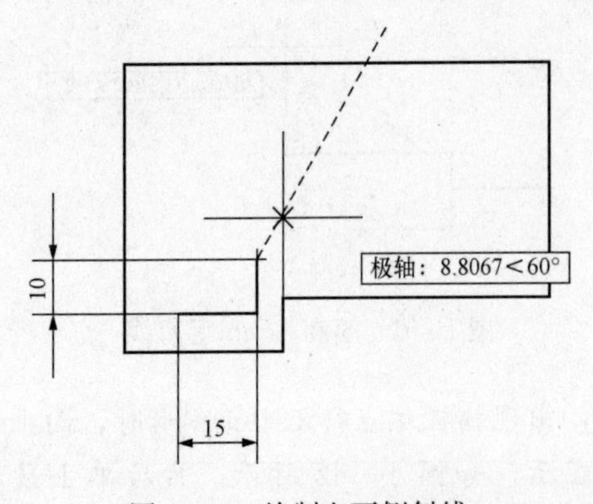

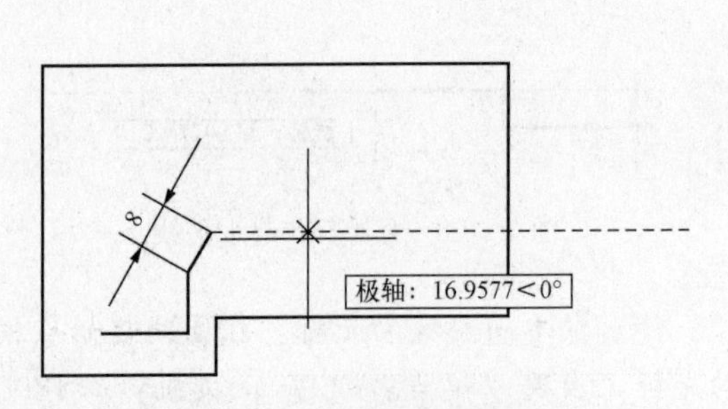

图 1-66　绘制左下侧斜线　　　图 1-67　绘制下侧水平线

(3) 利用极轴追踪和对象捕捉追踪绘制直线。移动光标，追踪左侧端点与300°的极轴交点，如图1-68所示。单击鼠标左键确定点。

(4) 利用极轴绘制直线。

1）移动光标，在极轴角为0°时，如图1-69所示。输入距离数值10后按Enter键。

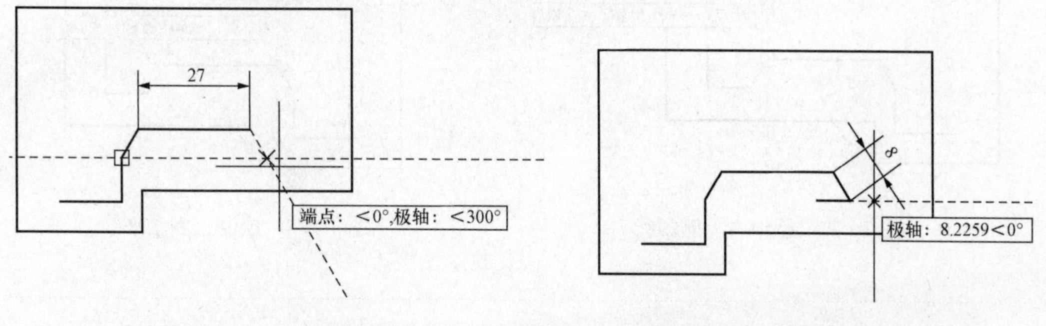

图1-68　绘制右下侧斜线　　图1-69　绘制右下侧水平线

2）移动光标，在极轴角为90°时，如图1-70所示。输入距离数值28后按Enter键。

(5) 利用极轴追踪和对象捕捉追踪绘制直线。

1）移动光标，追踪右下侧端点与180°的极轴交点，如图1-71所示。单击鼠标左键确定点。

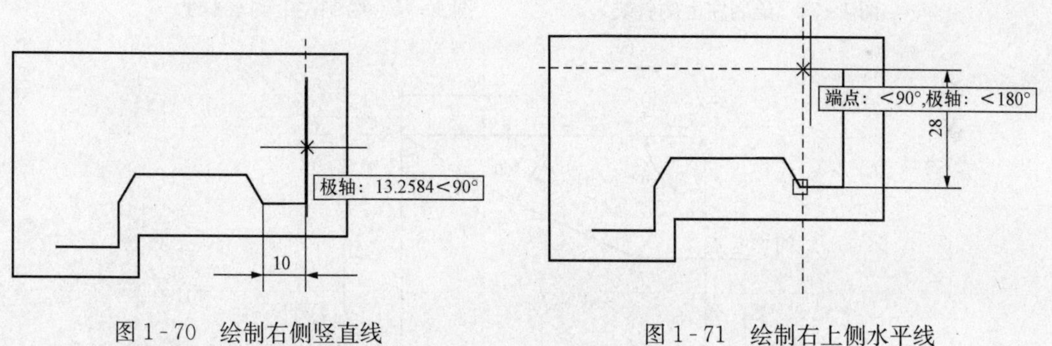

图1-70　绘制右侧竖直线　　图1-71　绘制右上侧水平线

2）移动光标，追踪右下侧端点与240°的极轴交点，如图1-72所示。单击鼠标左键确定点。

3）移动光标，追踪左下侧交点与180°的极轴交点，如图1-73所示。单击鼠标左键确定点。

4）移动光标，追踪左下侧端点与右上侧端点的交点，如图1-74所示。其追踪的端点将显示小十字（如图1-74所示的椭圆区域显示），单击鼠标左键确定点。

5）移动光标，追踪左下侧 B 点与180°的极轴交点，如图1-75所示。单击鼠标左键确定点。

(6) 闭合。输入C，按Enter键完成图形的绘制。

5. 保存文件。选择【文件】|【保存】命令。

【例1-5】　临时追踪点举例，画出如图1-76所示的图形。

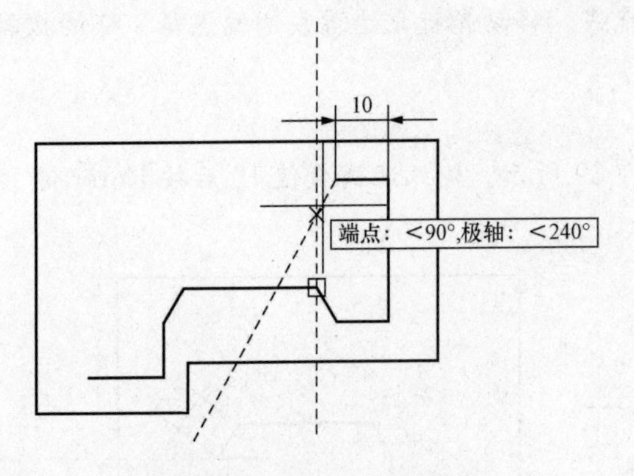

图 1 - 72　绘制右上侧斜线

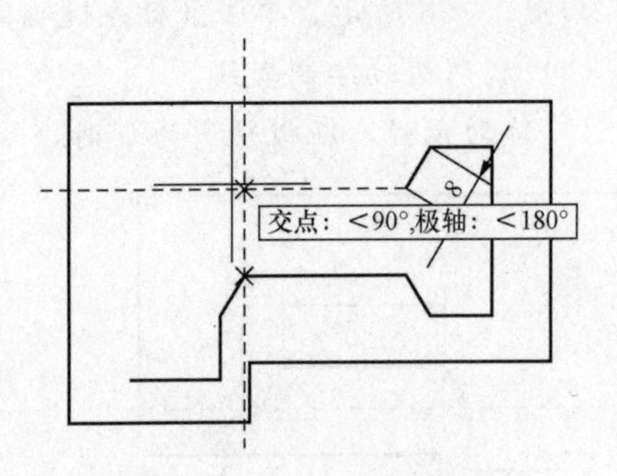

图 1 - 73　绘制上侧水平线

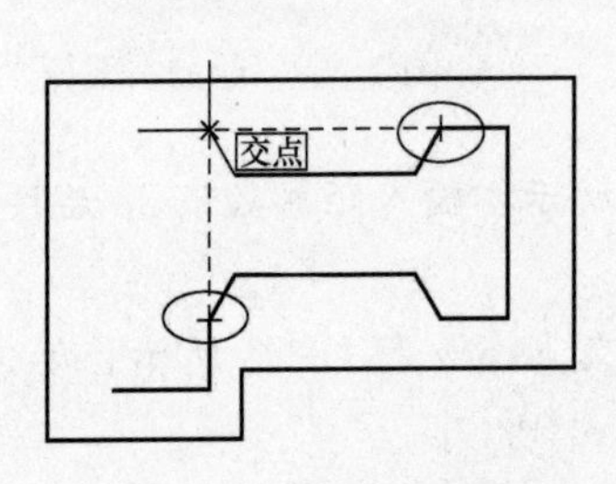

图 1 - 74　绘制左上侧斜线

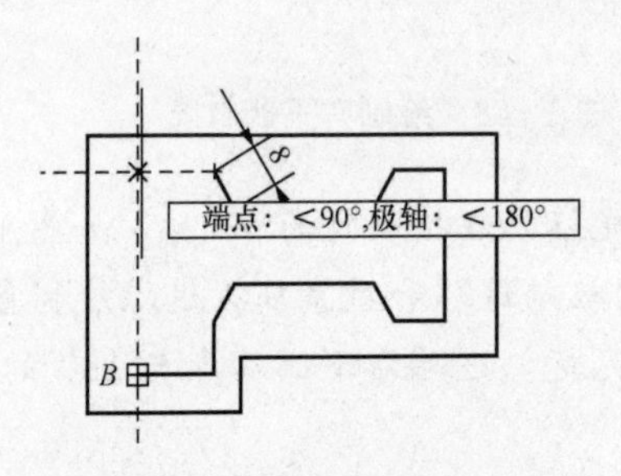

图 1 - 75　绘制左上侧水平线

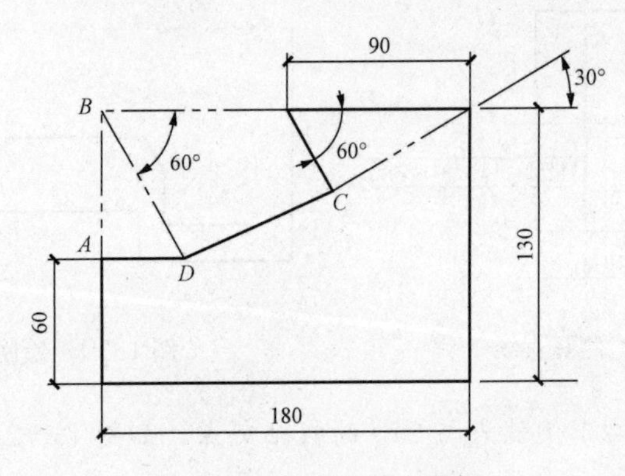

图 1 - 76　临时追踪点举例

作图步骤如下：

画图之前应首先设置状态栏中的极轴，将对象捕捉追踪模式设为用所有追踪角设置追踪。

(1) 首先将极轴设为 30°（因为要用到 90°，所以不设为 60°）。

(2) 调用直线命令在屏幕上任意选定一点 A，画出如图 1 - 77（a）所示的图形。

(3) 利用极轴与对象追踪找到 C 点，如图 1 - 77（b）所示。

(4) 然后选择捕捉对象中的临时追踪点，捕捉 B 点为临时追踪点，如图 1 - 77（c）所示。

(5) 沿着临时追踪点 B 点的追踪方向和 A 点追踪方向相交的点即为 D 点，如图1-77(d)所示。确定 D 点后即可完成图形。

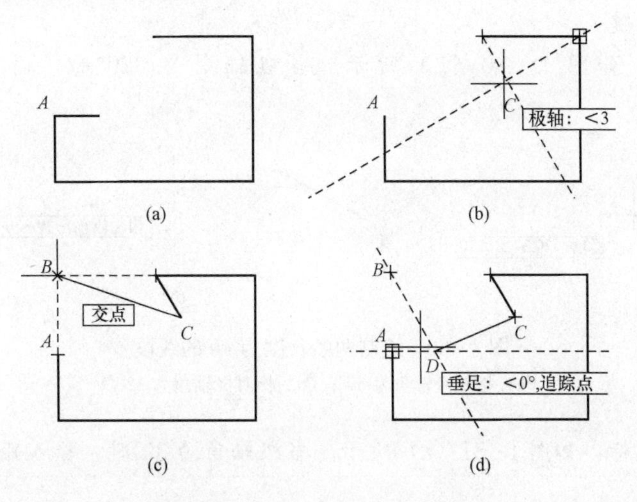

图1-77 临时追踪点作图步骤

【例1-6】 绘制如图1-78所示的相对极轴图形。

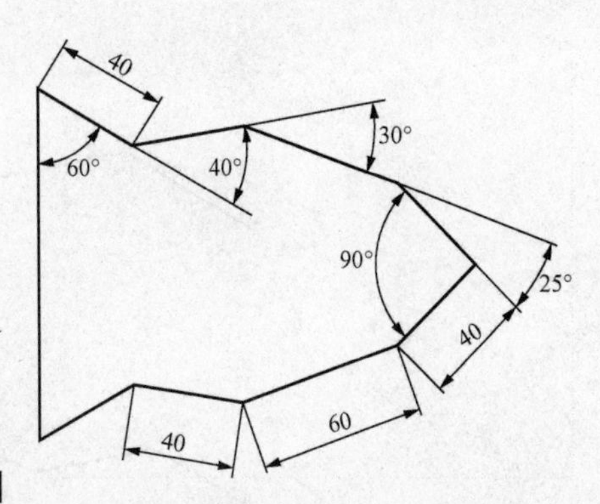

图1-78 相对极轴图形

作图步骤如下：

(1) 根据平面图形确定用极轴追踪方式绘制图形。

(2) 在【草图设置】对话框中，打开【极轴追踪】选项卡，在【极轴角设置】组，从【增量角】列表中选择“5”。

(3) 在【极轴角测量】组，选择【相对上一段】单选项，如图1-79所示。

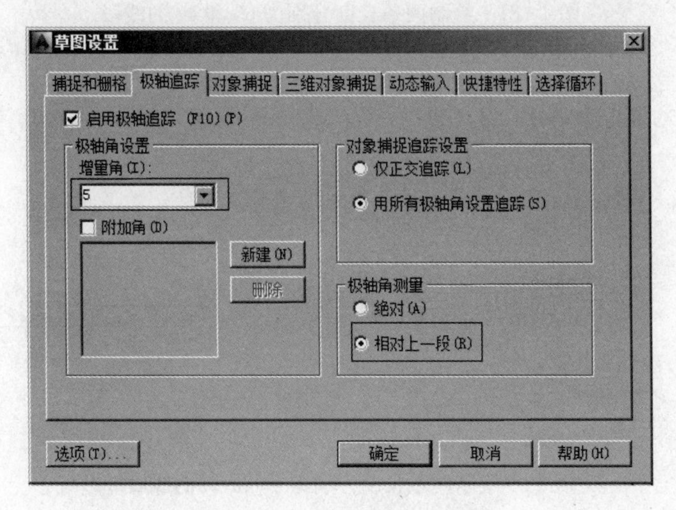

图1-79 “极轴追踪”设置

(4) 执行直线命令，在合适的位置开始绘制图形。

1) 单击确定最左下角点，移动光标，如图 1-80 (a) 所示。当极轴角为 30°时，输入距离值 40 后按 Enter 键。

2) 移动光标，如图 1-80 (b) 所示。当极轴角为 320°时，输入距离值 40 后按 Enter 键。

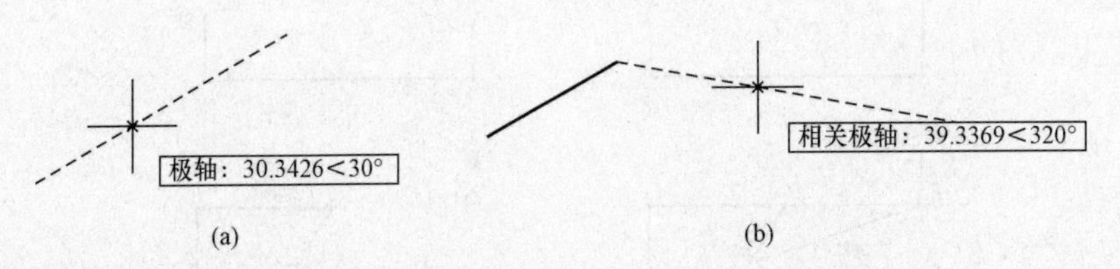

图 1-80 绘制两条长度为 40 的线段
(a) 相对极轴角为 30°；(b) 相对极轴角为 320°

3) 继续移动光标，如图 1-81 (a) 所示。当极轴角为 30°时，输入距离值 60 后按 Enter 键。

4) 移动光标，如图 1-81 (b) 所示。当极轴角为 25°时，输入距离值 40 后按 Enter 键。

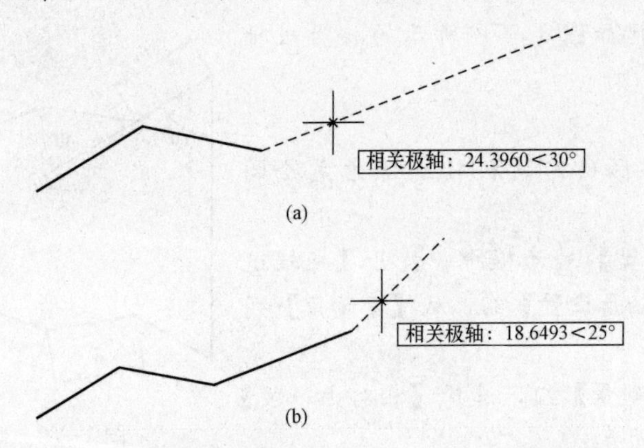

图 1-81 绘制两条长度分别为 60 和 40 的线段
(a) 相对极轴角为 30°；(b) 相对极轴角为 25°

5) 继续移动光标，如图 1-82 (a) 所示。当极轴角为 90°时，输入距离值 40 后按 Enter 键。

6) 移动光标，如图 1-82 (b) 所示。当极轴角为 25°时，输入距离值 60 后按 Enter 键。

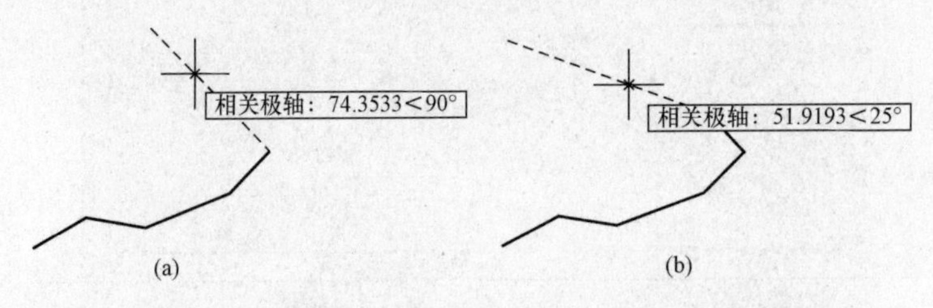

图 1-82 绘制两条长度分别为 40 和 60 的线段 (1)
(a) 相对极轴角为 90°；(b) 相对极轴角为 25°

7）继续移动光标，如图 1-83（a）所示。当极轴角为 30°时，输入距离值 40 后按 Enter 键。

8）移动光标，如图 1-83（b）所示。当极轴角为 320°时，输入距离值 60 后按 Enter 键。

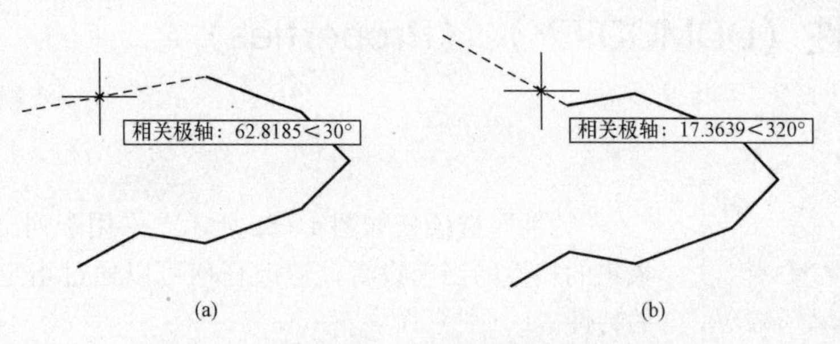

图 1-83　绘制两条长度分别为 40 和 60 的线段（2）
(a) 相对极轴角为 30°；(b) 相对极轴角为 320°

（5）封闭图形。输入 C 后按 Enter 键完成绘制，如图 1-78 所示。

（6）保存文件。选择【文件】→【保存】命令。

1.11　夹点操作（GRIPS）

利用 AutoCAD 的夹点功能，可以很方便地对实体进行拉伸、移动、旋转、缩放、镜像等修改操作。当 GRIPS=1 时，夹点功能有效。

1. 命令调用

（1）命令行：DDGRIPS。

（2）下拉菜单：工具→选项→选择。

2. 操作过程

首先点取欲修改的对象（可以同时点取多个对象），被点取的对象就会出现若干个小方格，我们把这些小方格称为夹点，如图 1-84 所示。

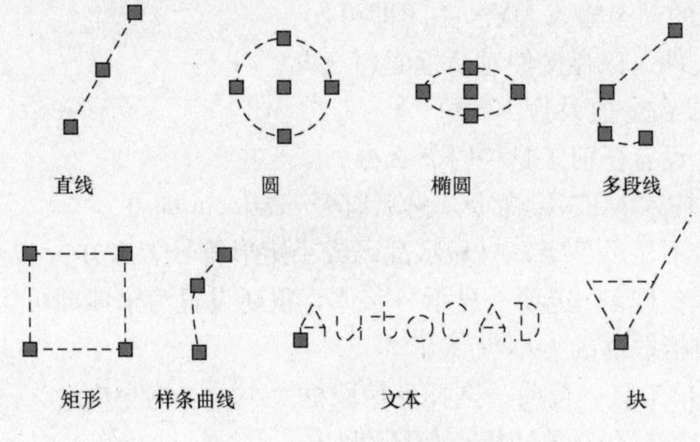

图 1-84　夹点位置示例

选中对象后，再点击夹点确定夹点基点，若要确定多个夹点基点，则可以同时按 Shift 键选择。选择好夹点基点后，就可以进行各种修改操作了。或选中对象后直接单击鼠标右键出现快捷菜单，也可以进行各种修改操作。若取消夹点，则按 Esc 键即可。

1.12 特性（DDMODIFY）、（Properties）

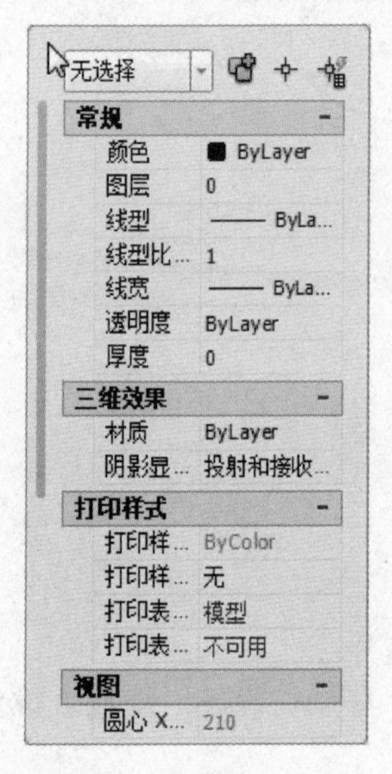

图 1 - 85 特性修改对话框

“特性”选项板如图 1 - 85 所示。它用于列出选定对象或对象集的特性的当前设置，修改任何可以通过指定新值进行修改的特性。

1. 命令调用

（1）命令行：DDMODIFY、Properties。

（2）下拉菜单：修改→特性。

2. 操作步骤

调用命令后出现如图 1 - 85 所示的对话框。这时可以选择要修改的对象，在图 1 - 85 所示的对话框中即可出现所要修改对象的各种特性，可以根据新的要求修改对象的特性。

单击要修改的对象，然后在修改特性对话框中修改选中对象的基本特性。

1.13 常见问题分析与解决

1. 画直线时输入绝对坐标值，出现的却是相对坐标值怎么办？

答：将状态栏中的动态输入 DYN 关闭即可。

2. 不出现打开文件、保存文件对话框时怎么办？

答：将 FILEDIA 命令值设为 1 即可。

3. 当用户界面上没有任何工具栏时怎么办？

答：在命令行中输入 MENU 命令，然后打开 acad. cui 即可。

4. 命令窗口有时不显示汉字，只显示乱码或小矩形符号怎么办？

答：选择下拉菜单工具→选项→显示→字体，重新设置为宋体即可。

5. 如何设定对象拾取框的大小？

答：选择下拉菜单工具→选项→选择→拾取框大小。

6. 在状态栏中的捕捉和对象捕捉有何区别？

答：捕捉是指的捕捉栅格，对象捕捉是指捕捉端点、交点、中点、圆心等。

1.14　上机实训题

1.14.1　实验目的

（1）了解安装 AutoCAD 系统所需的硬件配置和软件环境，练习 AutoCAD 软件的启动和退出。

（2）熟悉 AutoCAD 的基本术语与现有知识的关联和用户界面，练习 AutoCAD 命令的输入方式，全面了解菜单结构和使用方法。熟悉菜单的使用，如面向对象的快捷菜单、下拉菜单、工具条等。

（3）熟悉在线帮助和实时助手的使用。

（4）掌握在绝对坐标、相对坐标、极坐标下的坐标输入方法和直接距离输入法。

（5）熟练掌握选择对象的方法。

（6）熟练掌握直线命令的操作和捕捉命令的使用。

1.14.2　上机实验

画出下列各图，并保存在自己的文件夹下，不标尺寸。

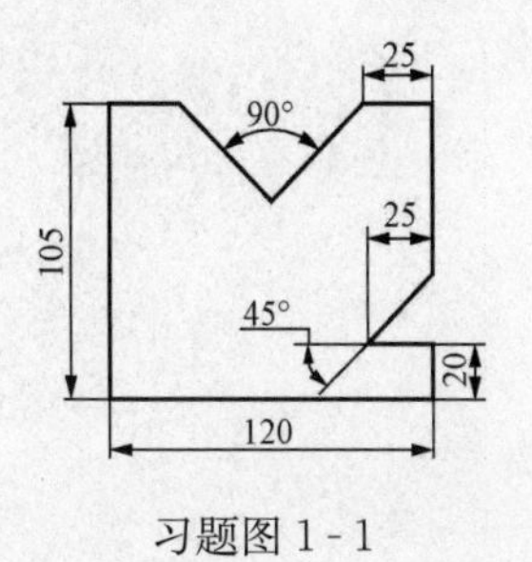

习题图 1-1

习题图 1-2

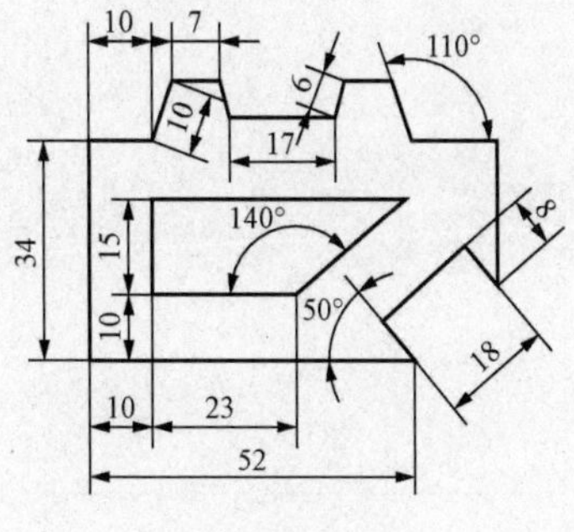

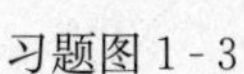
习题图 1-3

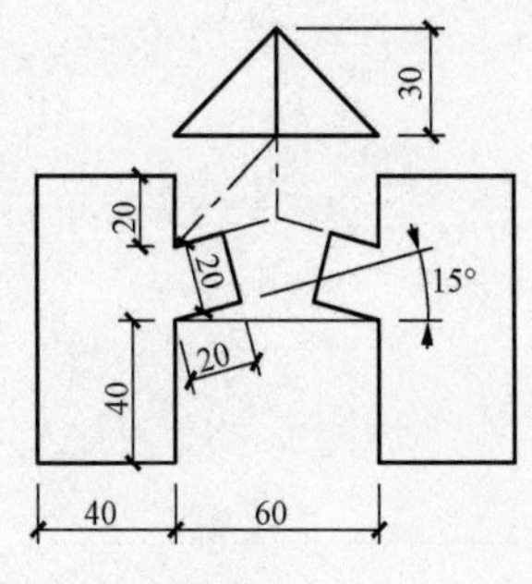

习题图 1-4

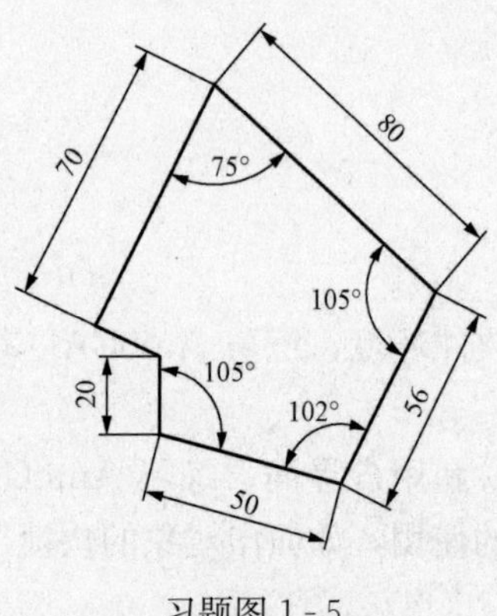
70
80
75°
105°
20
105°
102°
56
50

习题图 1 - 5

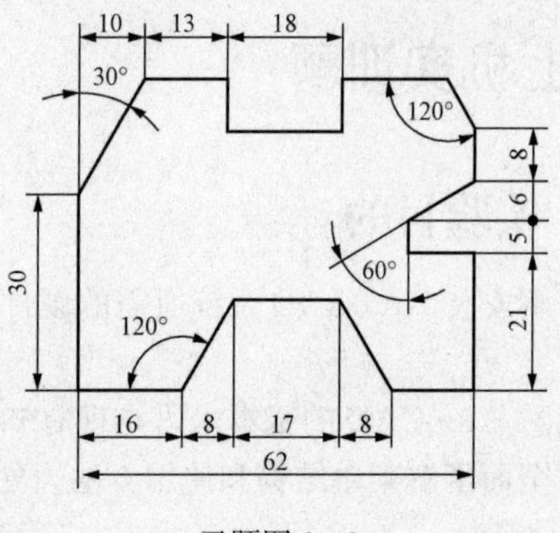
10
13
18
30°
120°
8
6
5
60°
30
120°
21
16
8
17
8
62

习题图 1 - 6

第 2 章

样板文件的建立

每一张图形的有些内容都是一样的，如图形界限、图形单位、图层、线型、文字样式、标注尺寸等，而在 AutoCAD 中每次画一张新图的时候这些内容都要进行重新设置，非常繁琐，为了提高绘图效率，将在绘图中对必要的一些内容，如单位类型和精度、图层、标注样式、文字样式、线型、标题栏、图框线、图纸边框、会签栏、捕捉、栅格和正交设置、栅格界限等按照国家标准或有关规定进行设置，将这些内容以样板文件的形式保存下来，在下一次绘图时直接调用。这样节省了时间，也保证了图形文件的统一性。

2.1 样板文件与图形文件

2.1.1 样板文件的格式

样板文件的后缀名为 .dwt；图形文件的后缀名为 .dwg。

2.1.2 建立 A3 样板文件

在这里以 A3 图幅为例介绍样板文件的设置，首先新建文件，然后选择［文件］/［保存］，出现如图 2-1 所示的对话框，在文件类型中选择 AutoCAD 图形样板（*.dwt），输入文件名 A3，然后选择好保存路径，如 D:\样板图文件\A3.dwt。

注意：可以看一下标题栏中的文件后缀名已是 dwt 格式，这时就可以进行以下的设置了，在设置的过程中要注意随时保存文件。

2.2 AutoCAD 图形单位的设置

选择【格式】→【单位】命令，弹出【图形单位】对话框，如图 2-2 所示。

(1) 在【长度】组，从【类型】列表选择【小数】选项，从【精度】列表中选择【0.000】选项。

(2) 在【角度】组，从【类型】列表中选择【十进制度数】选项，从【精度】列表中选择【0.0】选项。

(3) 系统默认逆时针方向为正。

(4) 在【插入比例】组，从【用于缩放插入内容的单位】选择【毫米】选项。

最后单击【确定】按钮。

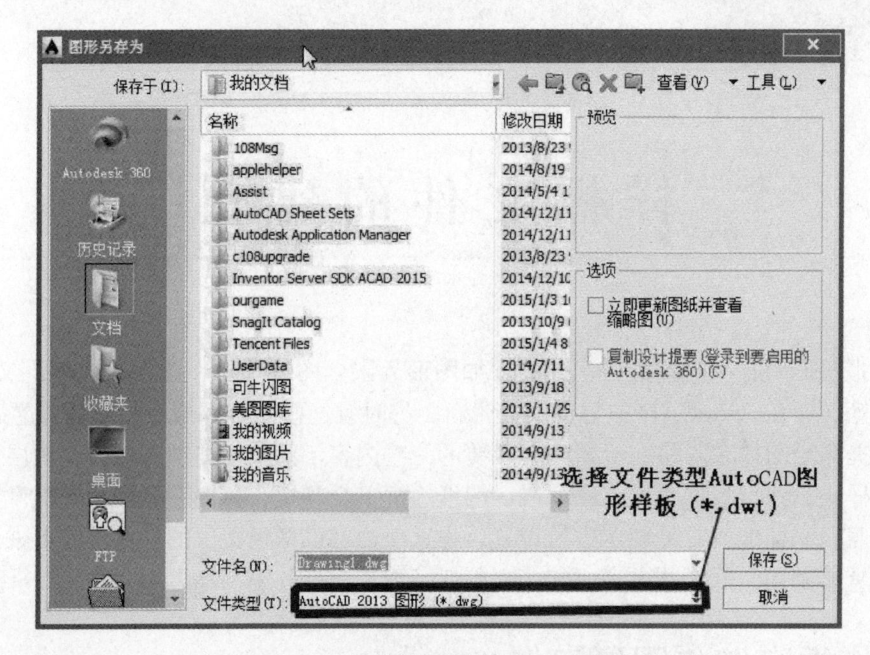

图 2-1　在文件类型中选择 . dwt 格式

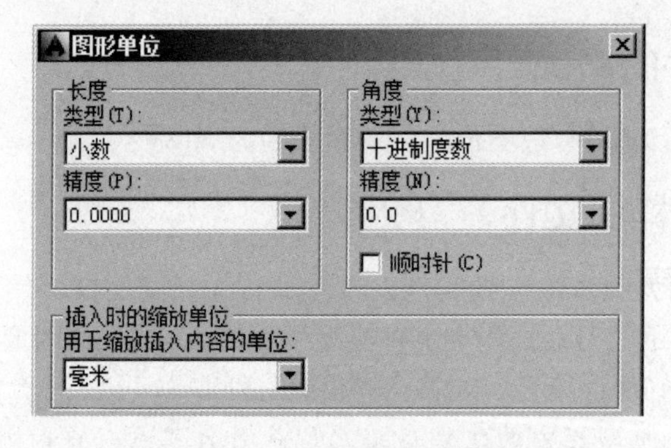

图 2-2　【图形单位】对话框

2.3　AutoCAD 图层的设置（以 A3 图幅为例）

2.3.1　图层的概念

在图纸绘图中，需要各种不同的线型，如中心线、虚线、粗实线等，在 Auto CAD 中如何体现这些步骤呢？我们可以把图层看作是图纸绘图中使用的“透明图纸”，先在“透明图纸”上绘制不同的图形，然后将若干层“透明图纸”重叠起来，就构成了最终的图形，如图 2-3 所示。

在 AutoCAD 中，图层是图形对象的一个重要特性，它们是 AutoCAD 中的主要组织工具。在 AutoCAD 中，图层的功能和用途非常强大，利用图层可以管理和控制复杂的图形，同时可以提高绘图的工作效率和图形的清晰度。为了管理图形对象，用户可以使用图层将相关的对象放到相同的图层上，将不同类型的对象放到不同的图层（如将门、窗、文本、尺寸等放到不同的图层），并给每个图层设置不同的颜色、线宽和线型。

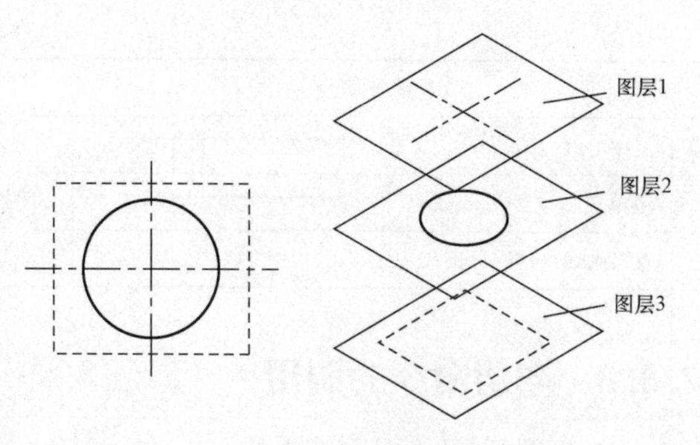

图2-3　图层的概念

0层是AutoCAD默认的图层，其颜色为白色，线型为连续型，线宽为默认值（默认值为0.25mm或0.01in），它是不能被删除和重命名的。每一个图层都必须有一个层名、颜色、线宽和线型，用户若要创建一个新图层，则必须指定一个层名、颜色、线宽和线型，然后才可以在该图层上绘制图形。

2.3.2　图层的对象特性

在AutoCAD中，可以为创建的图层对象赋予一定的对象特性，包括图层对象的颜色、线型、线宽和打印样式等。如图2-4所示，利用“对象特性”工具栏可以查看和修改图形对象的颜色、线型、线宽和打印样式等属性。

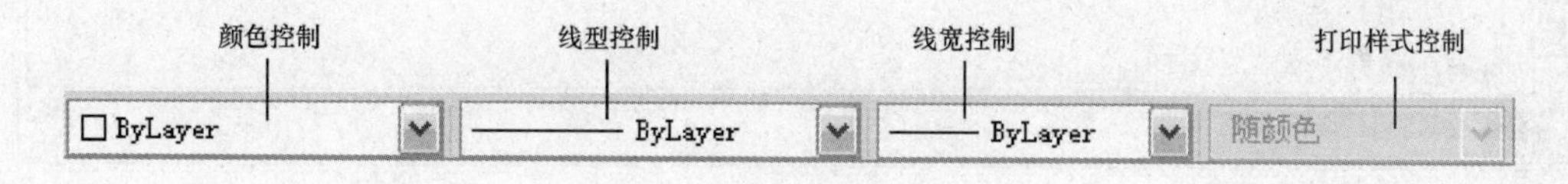

图2-4　“对象特性”工具栏

在“对象特性”工具栏上有4个下拉列表，从左至右分别为“颜色控制”、“线型控制”、“线宽控制”和“打印样式控制”列表。国家标准的CAD制图推荐颜色、线型宽度见表2-1。

表2-1　国家标准的CAD制图推荐颜色、线型宽度

图线类型		线型宽度/mm	颜色
粗实线（Continuous）	————	0.5～0.7	白色（黑色）
中实线（Continuous）	————	0.3	白色（黑色）
细实线（Continuous）	————	0.18	绿色
辅助线（Continuous）	————	0	白色（黑色）
波浪线（Continuous）	～～～	0.18	绿色
双折线（Continuous）	—^—^—^—	0.18	绿色
虚线（Dashed或Hidden）	--------	0.18	黄色

续表

图线类型		线型宽度/mm	颜色
中心线（Center）	——-——-——	0.18	红色
粗单点画线（Center）	——-——-——	0.5～0.7	棕色
双点画线（JIS-09-15）	——--——--	0.18	粉红色

2.3.3 图层命令的调用

（1）命令行：LAYER 或 LA。

（2）下拉菜单：格式→图层。

选择【格式】→【图层】命令，弹出【图层特性管理器】对话框，如图 2-5 所示。

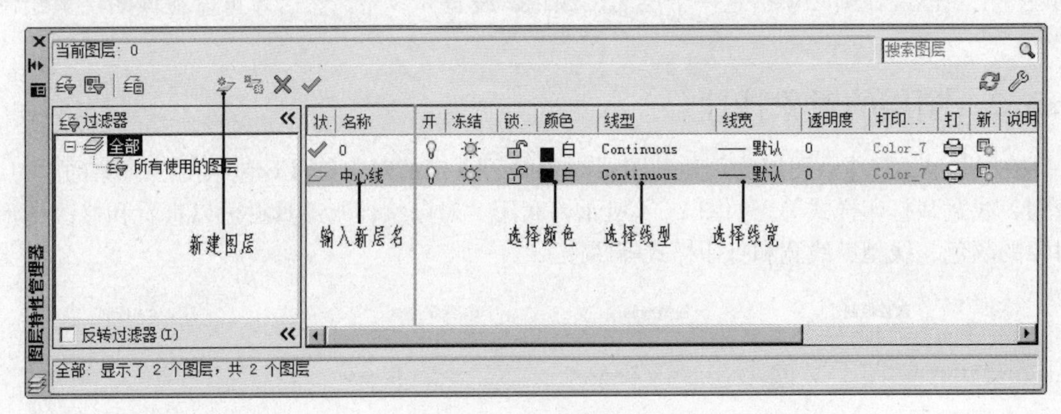

图 2-5　图层设置

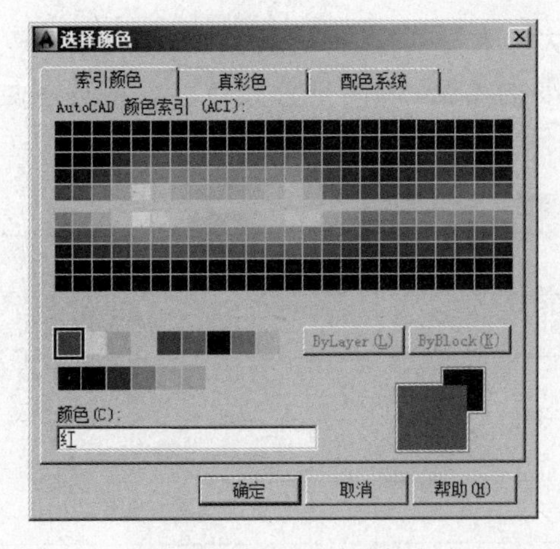

图 2-6　设置图层颜色

1. 设置层名

单击【新建图层】按钮，在建立的新图层名称处输入“中心线”，如图 2-5 所示。

2. 设置图层颜色

单击中心线图层【颜色】标签下的颜色色块，打开【选择颜色】对话框，选择红色，如图 2-6 所示。然后单击【确定】按钮。

3. 设置线型

（1）单击中心线图层【线型】标签下的线型选项，打开【选择线型】对话框，如图 2-7（a）所示。然后单击【加载】按钮。

（2）弹出【加载或重载线型】对话框，选择【CENTER】线型，如图 2-7（b）所示。然后单击【确定】按钮。

（3）返回【选择线型】对话框，选择“CENTER”线型，单击【确定】按钮，完成线型设置。

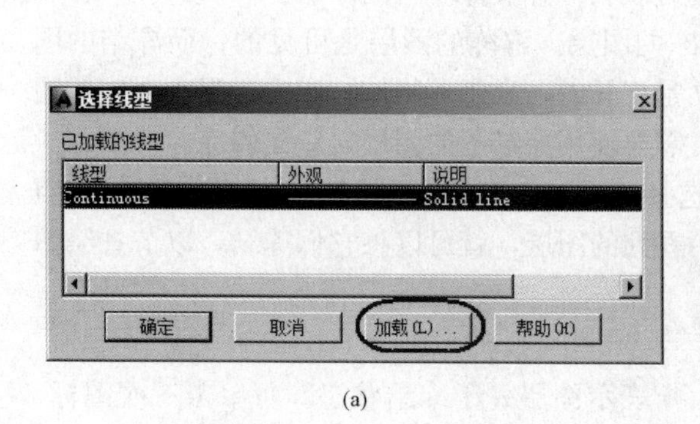

(a)

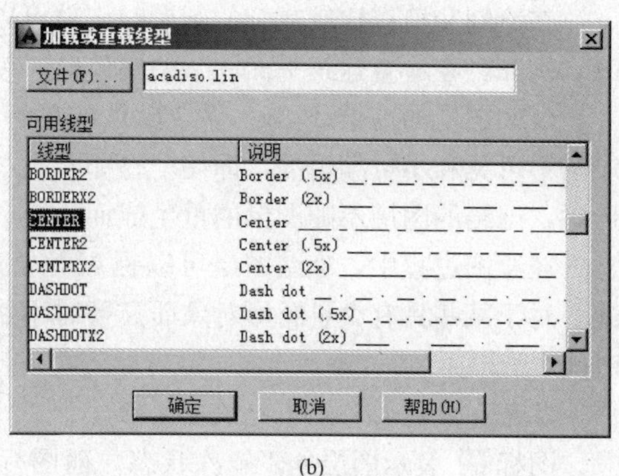

(b)

图 2-7　设置图层线型

4. 设置线宽

单击中心线图层【线宽】标签下的线宽选项，打开【线宽】对话框，选择 0.35mm 线宽，如图 2-8 所示。然后单击【确定】按钮，完成线宽设置。

5. 设置其他层

按同样的方法设置虚线、粗实线等其他层，完成设置。

2.3.4　图层的状态

(1) 图层的打开/关闭。系统默认的是打开的图层。当图层打开时，它在屏幕上是可见和可编辑的，并且可以打印。当图层关闭时，被关闭的图层的所有信息在屏幕上是不可见的；当重新生成图形时，该图层会一同生成；即使“打印”选项是打开的，它也不能被打印，如图 2-9 所示。

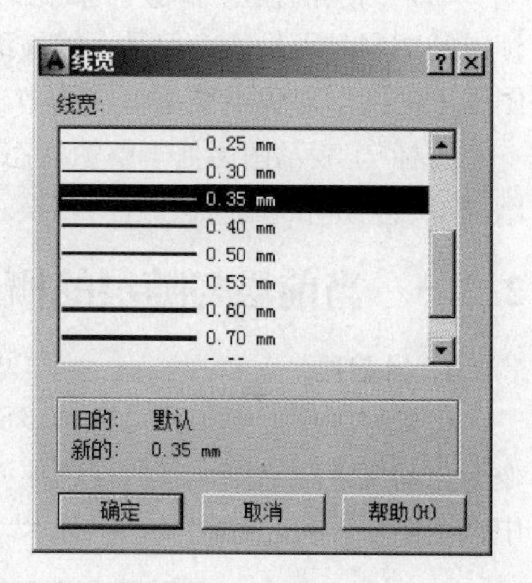

图 2-8　设置图层线宽

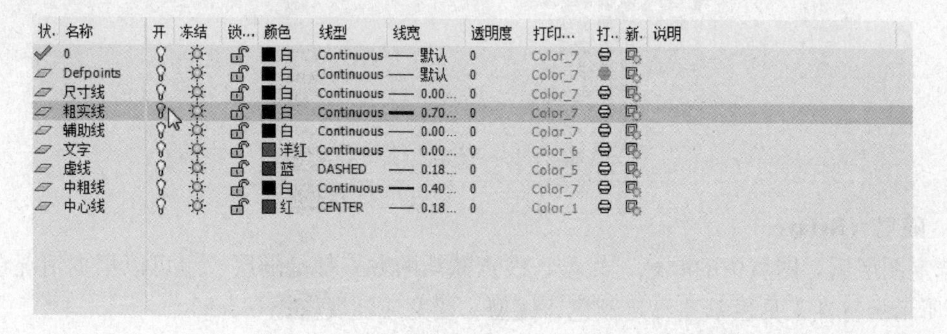

图 2-9　图层的打开、冻结、锁定等状态

图标 💡 表示图层处于打开状态，而图标 💡 表示图层处于关闭状态。单击开或关图标，就可以将图层打开或关闭，每单击一次，图层就在打开和关闭状态之间切换一次。

在绘制和检查比较复杂的图形时，就可以只打开某些图层，关闭其他的图层，以便于修改。例如，在检查建筑平面图中的墙体时，就可以只打开墙体所在的图层。

（2）图层的冻结/解冻。系统默认的是解冻的图层。解冻的图层是可见的；而冻结的图层是不可见和不可编辑的，即使“打印”选项是打开的，也是不能被打印的；当重新生成图形时，冻结的图层不随图形的重生成而生成；需要使用冻结了的图层时应先解冻。

在绘图过程中，冻结图层可以提高对象选择的性能，减少复杂图形的重生成时间。因此，对于某些具有大量图形对象而又暂时不用看到的图层，就可以将它们冻结，以节省绘图时间。

注意：当前图层是不能被冻结的。

图标 表示图层处于解冻状态，而图标 表示图层处于冻结状态。每单击一次图标，图层就在冻结和解冻状态之间切换一次。

（3）图层的锁定/解锁。系统默认的是解锁的图层。解锁的图层是可见的和可编辑的。锁定的图层是可见的，但是不能被编辑或选择。在绘图过程中，可以通过锁定图层来保护该图层上的图形对象不被编辑或选中。绘图时可以锁定当前图层。

图标 表示图层处于解锁状态，而图标 表示图层处于锁定状态。每单击一次图标，图层就在锁定和解锁状态之间切换一次。

2.3.5 当前层与随层的概念

1. 当前层

设置好图层后要想画出各种不同的线型，必须在当前层上画图，也就是将所设定的图层变为当前层才能绘图，将所设图层变为当前层的方法很简单，只要在图层工具栏的下拉列表中选定图层即可，如图 2-10 所示。

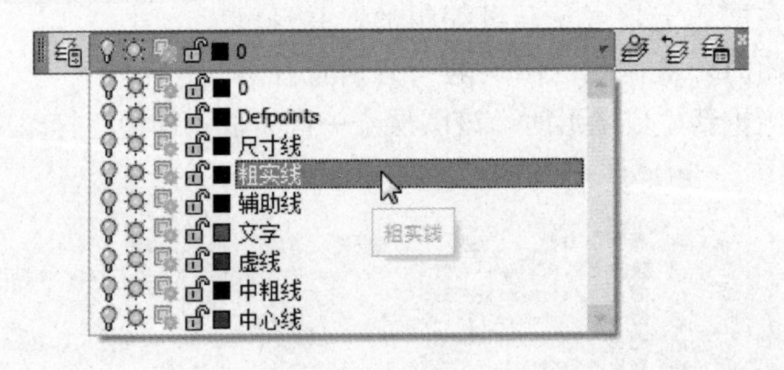

图 2-10　设定当前层

2. 随层（Bylayer）

选定图层后，图层中的颜色、线型、线宽默认的方式都是随层。也可以根据情况在如图 2-11 所示的特性工具栏单独设定颜色、线型、线宽或随块（Byblock）。

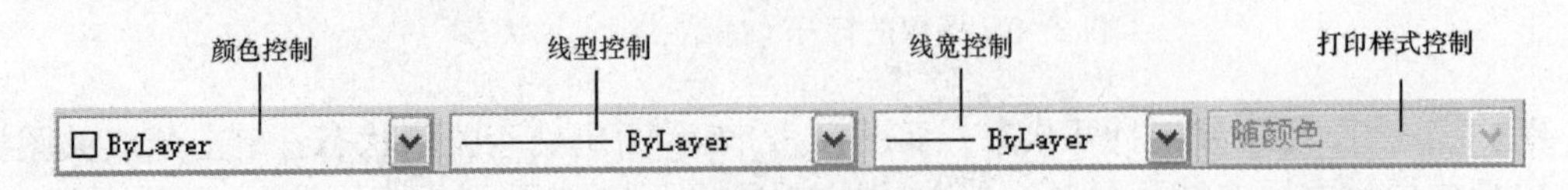

图 2-11　对象特性工具栏

下面是在A3图形界限下绘制出的中心线、虚线的情况。

2.4　AutoCAD图形界限的设置（以A3图幅为例）

设置好图层后就可以准备画图了，在画图之前还要进行图形界限的设置，CAD默认的屏幕绘图显示范围有公制和英制两种情况（参见本书第1.4.2小节），国家规定的图纸基本幅面及周边尺寸见表2-2。图纸的幅面如图2-12所示。

表2-2　　图纸基本幅面和周边尺寸　　（单位：mm）

幅面代号	A0	A1	A2	A3	A4
$L \times B$	1189×841	841×594	594×420	420×297	297×210
a	25				
c	10			5	

对于初学者来说，刚开始画图的时候，经常会碰到一个问题，为什么同样一个尺寸的直线在屏幕上显示有长有短，这就涉及屏幕显示的概念。屏幕显示的范围在前面介绍过，系统默认的公制绘图单位是420mm×297mm，这样在计算机屏幕上每个单位的长度就是1/420，这时若在屏幕上画一条200单位长的直线，在屏幕上显示的范围就占了屏幕的近1/2，若改变绘图单位的范围为4200mm×2970mm，则每个屏幕单位长度为1/4200，那么在屏幕上画一条200单位长的直线，这时我们看见在屏幕上显示的直线明显得短了。所以，绘图时一般要根据图形的大小设置好绘图界限。图形的单位可以根据需要设定。

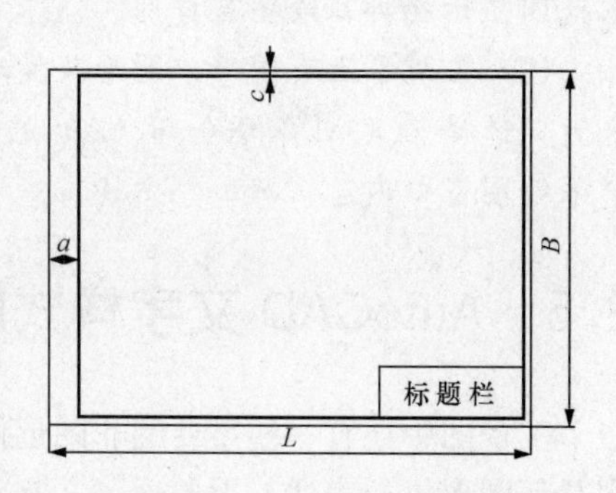

图2-12　图纸的幅面

(1) 命令调用。

1) 命令行：LIMITS。

2) 下拉菜单：格式→图形界限。

选择【格式】→【图形界限】命令，观察命令行显示，用键盘输入0，0（注意输入法为英文状态），按Enter键，继续输入420，297后或直接按Enter键完成设置。如果要设置其他图幅需按照表2-2的尺寸输入。

命令行窗口提示如下：

命令：' _ limits

重新设置模型空间界限：

指定左下角点或［开（ON）/关（OFF）］<0.0000，0.0000>：0，0

指定右上角点<420.000，297.000>：420，297

在 LIMITS 命令中如果选择开（ON），将不能再绘图界限以外的区域画图。

设置完后，用户在绘图区域移动鼠标，观察状态栏中坐标值的变化，由于系统默认的屏幕显示图形界限范围是 A3 幅面的尺寸，因此状态栏中显示的坐标值范围也是 A3 图幅的尺寸，无须改变，但如果要设置 A0 等图形界限幅面，则需要将屏幕显示的图形界限范围再重新显示，这时必须用 ZOOM（图形缩放）命令进行全屏缩放，显示所设置的图形界限的范围。

（2）用键盘输入字母 Z 后按 Enter 键，继续输入 A 后按 Enter 键。

命令行窗口提示如下：

命令：Z

ZOOM

指定窗口的角点，输入比例因子（nX 或 nXP），或者

［全部（A）/中心（C）/动态（D）/范围（E）/上一个（P）/比例（S）/窗口（W）/对象（O）］<实时>：A

正在重生成模型。

特别提示：ZOOM 命令的两个注意事项如下：

（1）当绘图区域没有图形时，选择 ZOOM 命令全部（A）的含义是将所设置的图形界限范围显示在屏幕绘图窗口内。

（2）当屏幕上有图形，图形又没有在图形界限范围内绘制，也没有在绘图窗口中显示出来时，选择 ZOOM 命令全部（A）的含义是将所有绘制的图形及图形界限范围全部显示在屏幕绘图窗口内。

2.5 AutoCAD 文字样式的设置（以 A3 图幅为例）

工程图中还有一些重要的非图形信息，如技术要求、标题栏和门窗表等，这些信息难以用几何图形进行表达，因此通过文字和表格的方式来对工程图形进行补充。

在 AutoCAD 中只定义了中文字体，使用汉字才能正常标注及显示，否则将出现乱码或问号。

2.5.1 文字的基本定义

《房屋建筑制图统一标准》（GB/T 50001—2010）中要求图纸上所需要书写的文字、数字或符号等，均应笔画清晰、字体端正、排列整齐；标点符号应清楚正确；文字的字高，有 3.5mm、5mm、7mm、10mm、14mm、20mm，如需书写更大的字，其高度应按$\sqrt{2}$的比值递增；图样及说明中的汉字，宜采用简化的长仿宋字体，长仿宋体的字高与字宽的比例大约为 1∶0.7，汉字的高度不应小于 3.5mm。

拉丁字母和数字可以写成竖直的正体字，亦可以与水平线逆时针呈 75°的斜体字，斜体字的高度与宽度应与相应的直体字相等。

建筑制图中的图名一般使用 7 号字，比例数字使用 5 号字。轴线编号圆圈中的数字和字母使用 5 号字；剖切线处的断面编号使用 5 号字；尺寸数字使用 3.5 号字。

2.5.2　文字样式的设置

（1）命令行：DDSTYLE/STYLE（ST），会出现如图 2-13 所示的“文字样式”对话框。

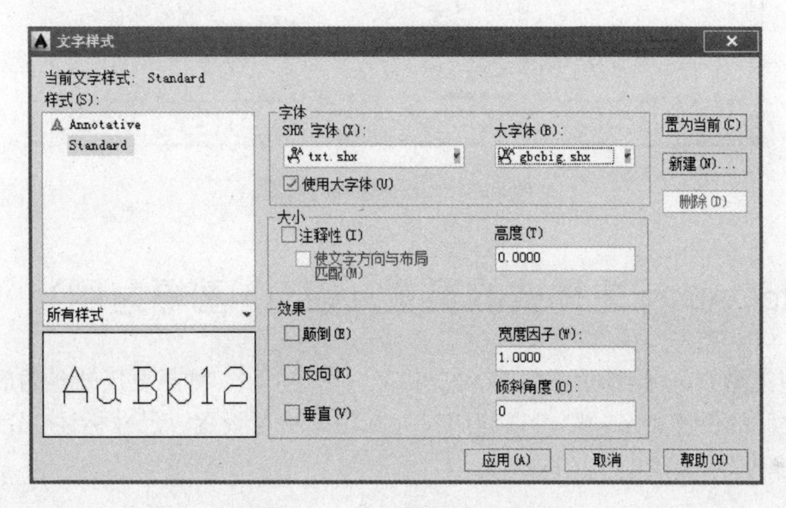

图 2-13　“文字样式”对话框

（2）下拉菜单：格式→文字样式。

（3）工具栏：。

在这里，设置以下两个文字样式（使用大字体），gbcbig.shx 表示中文模式。

（1）样式名设为数字；字体名为 isocp.shx；文字宽度因子的系数为 0.67；文字倾斜角度为 0 或 15°。

（2）样式名设为汉字；字体名可以不用设置；文字宽度因子的系数为 1；文字倾斜角度为 0。

设置步骤：单击图 2-13 中的新建按钮，会弹出如图 2-14 所示的对话框，在样式名中输入数字后单击确定按钮。然后分别选择字体名、宽度因子、倾斜角度，其余选项不用设置，如图 2-15 所示。

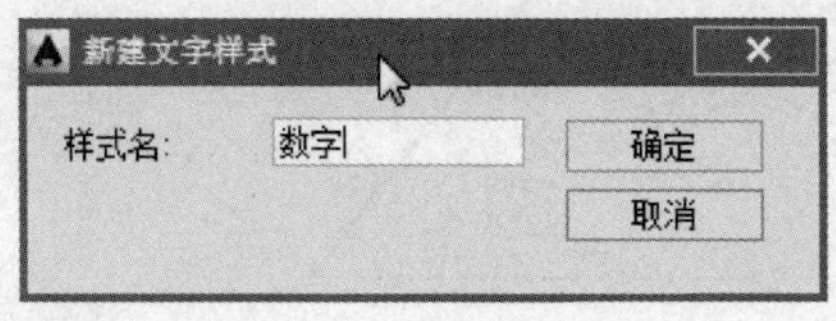

图 2-14　设置样式名

提示：当关闭使用大字体时，可以选择仿宋体、黑体、隶书等。

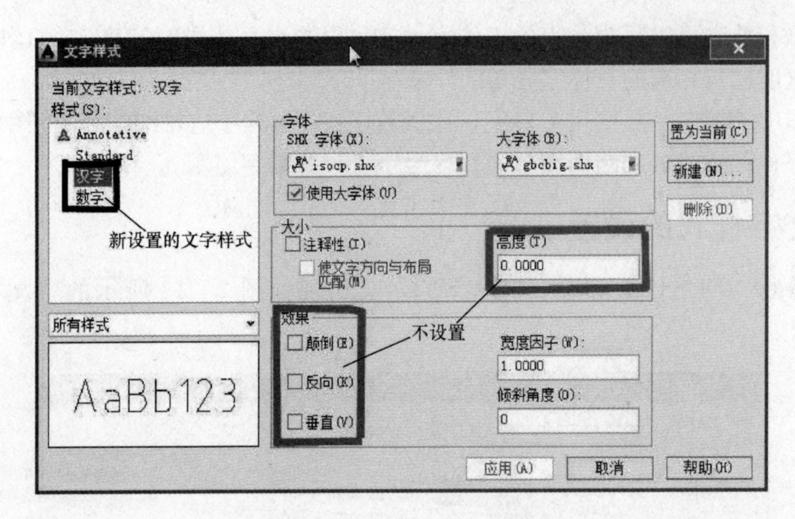

图 2 - 15　文字样式的设置

2.6　AutoCAD 标注样式的设置（以 A3 图幅为例）

在各类施工图中，所绘制的图形仅仅反映了它们的形状。如果要反映各图形对象的实际大小和相互之间的位置关系，则可以利用尺寸标注来进行设置。尺寸标注作为一种图形信息，是施工图中必不可少的一项内容。

2.6.1　尺寸的组成

尺寸由尺寸线（Dimension Line）、尺寸界线（Dimension Line）、尺寸文本（Dimension Text）、尺寸起止符号（Dimension Arrow）四部分组成，如图 2 - 16 所示。

2.6.2　尺寸标注样式的设置

尺寸标注样式的设置主要就是对尺寸线、尺寸界线、尺寸文本、尺寸箭头、单位、公差等进行设置。AutoCAD 默认的尺寸标注样式是 ISO-25，某些标注样式不符合国家标准，尺寸标注的要求也不一样，如图 2 - 16 中线性尺寸和直径等尺寸的标注箭头有所不同，只要将尺寸标注样式设置好了，标注尺寸就非常简单了。

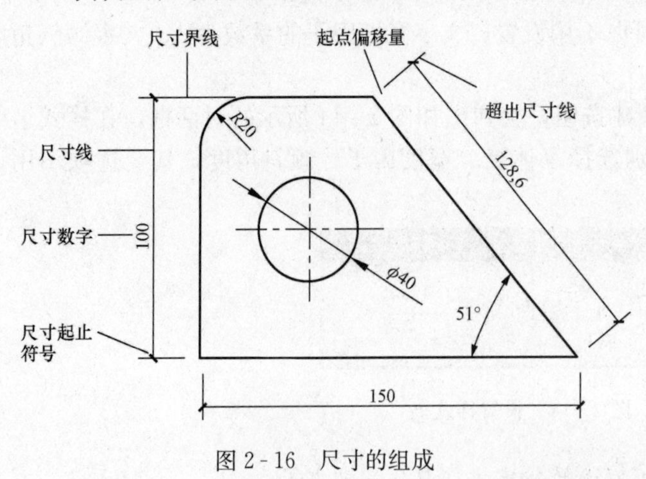

图 2 - 16　尺寸的组成

1. 调用设置标注样式的命令

（1）命令行：DIMSTYLE。

（2）下拉菜单：标注→标注样式。

（3）下拉菜单：格式→标注样式。

（4）标注工具条：。

调用命令后弹出如图 2 - 17 所示的标注样式管理器对话框。

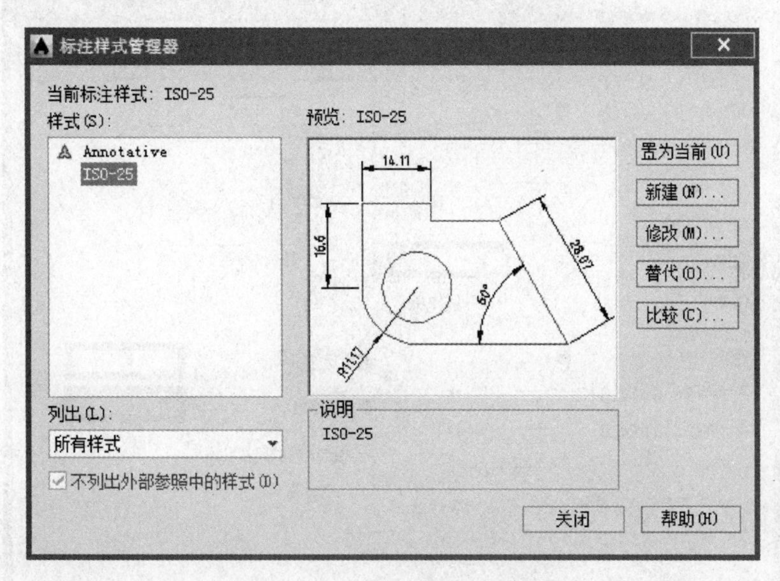

图 2 - 17　标注样式管理器对话框

2. 创建建筑标注的父尺寸

（1）单击图 2 - 17 中的【新建】按钮，弹出【创建新标注样式】对话框，如图 2 - 18 所示。

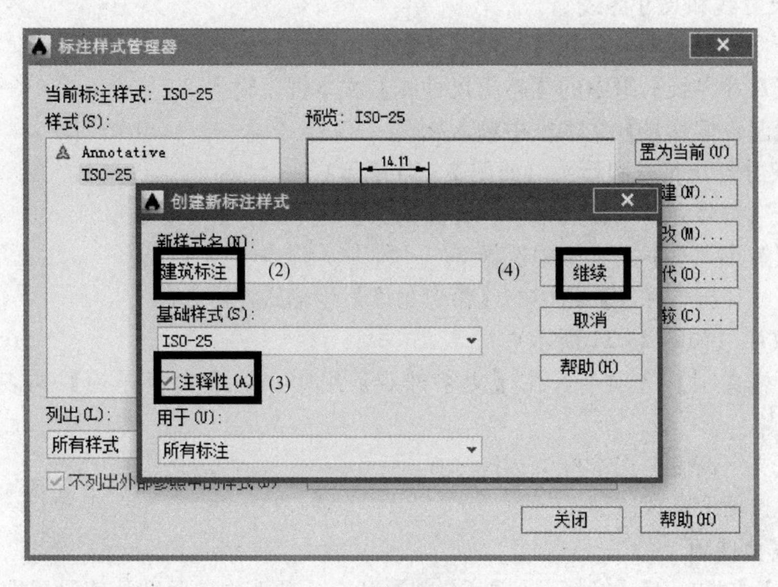

图 2 - 18　创建新标注样式

（2）在【新样式名】文本框中输入建筑样式。

（3）选中【注释性】复选框。

（4）单击【继续】按钮，弹出【新建标注样式：建筑标注】对话框，如图2-19所示。

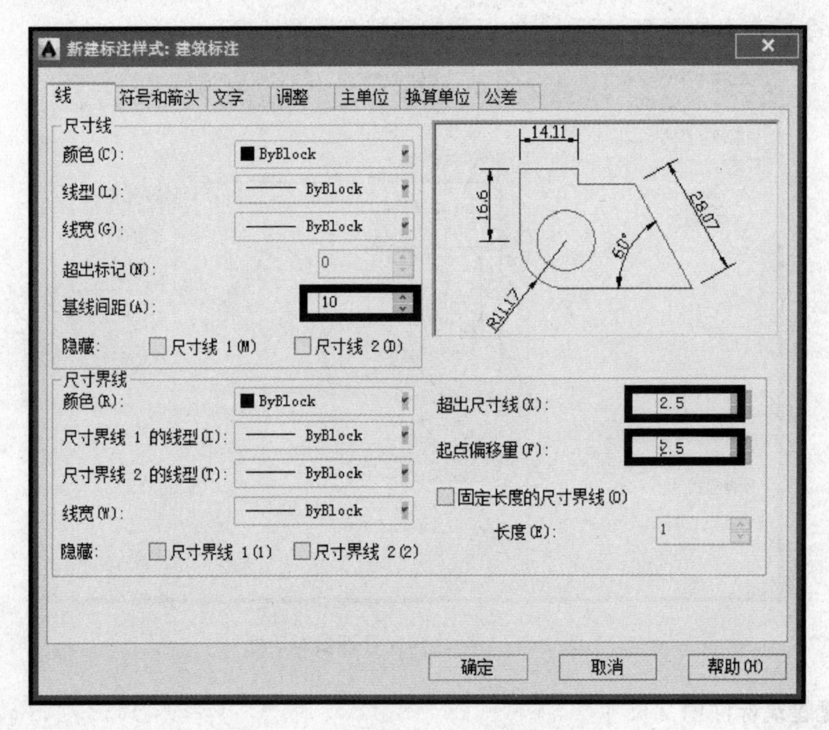

图2-19　尺寸线及尺寸界线的设置

3. 设置尺寸线和尺寸界线

（1）打开【线】选项卡，在【基线间距】文本框中输入10。

（2）在【尺寸界线】组中的【超出尺寸线】文本框中输入2.5。

（3）在【起点偏移量】文本框中输入2.5。

4. 设置尺寸起止符号和箭头（如图2-20所示）

（1）打开【符号和箭头】选项卡，在【箭头】组中选择建筑标记。

（2）在【箭头大小】文本框中选择3。

（3）在【半径折弯标注】组中的【折弯角度】中输入45。

5. 设置文字（如图2-21所示）

（1）打开【文字】选项卡，在【文字外观】组中，从【文字样式】列表中选择数字选项。

（2）在【文字高度】文本框中选择3.5。

（3）其他选项取默认值即可。

6. 设置其他选项

在【调整】【主单位】【换算单位】【公差】几个选项卡中按照默认值设置即可。

如图2-22所示，设置好尺寸后，在预览区域可以看见，有一些尺寸（角度、半径标注）不符合国家标准要求，必须重新设置。这就引出了父尺寸和子尺寸的概念。

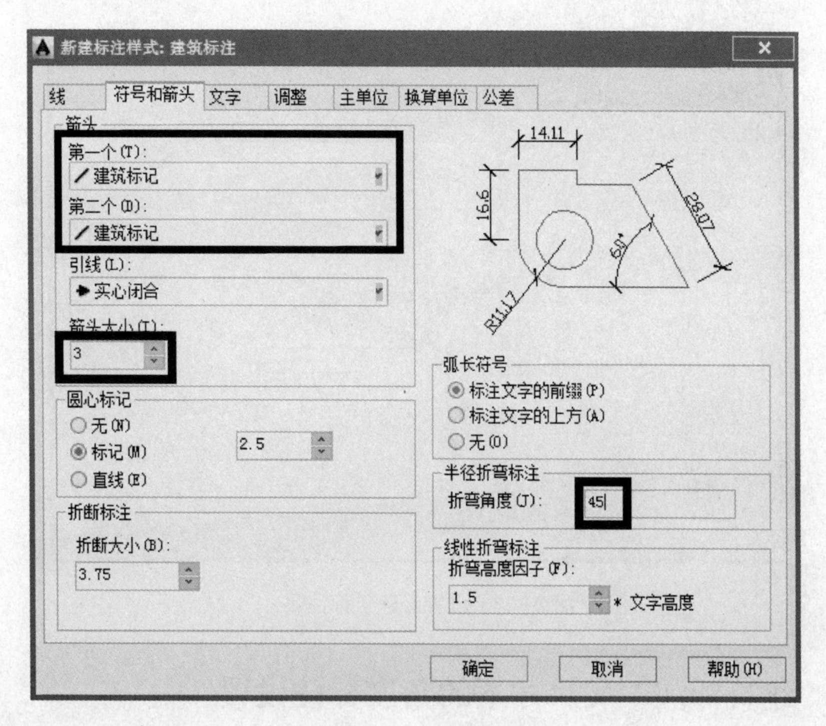

图 2-20　符号和箭头设置

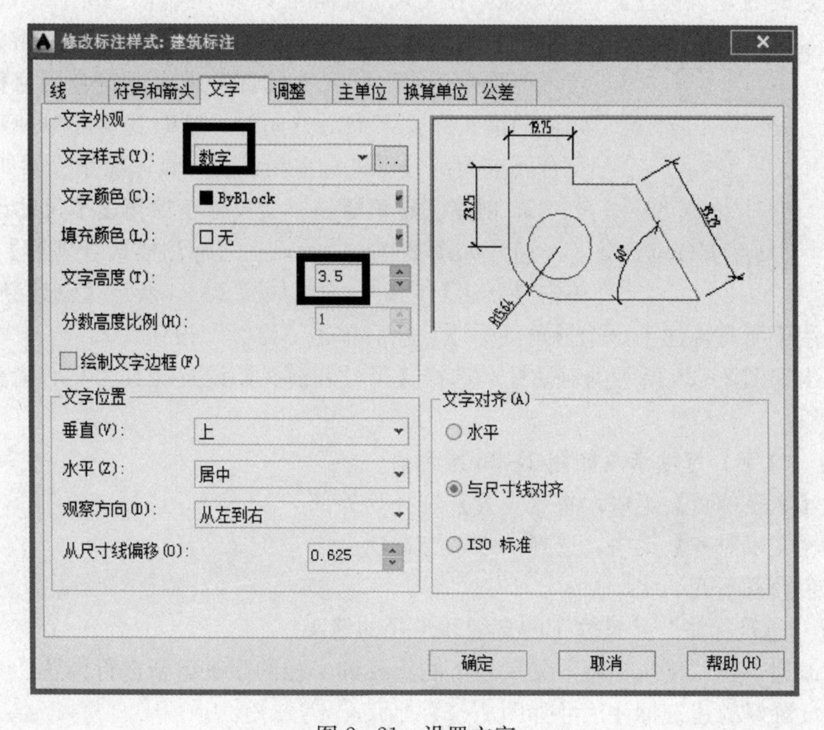

图 2-21　设置文字

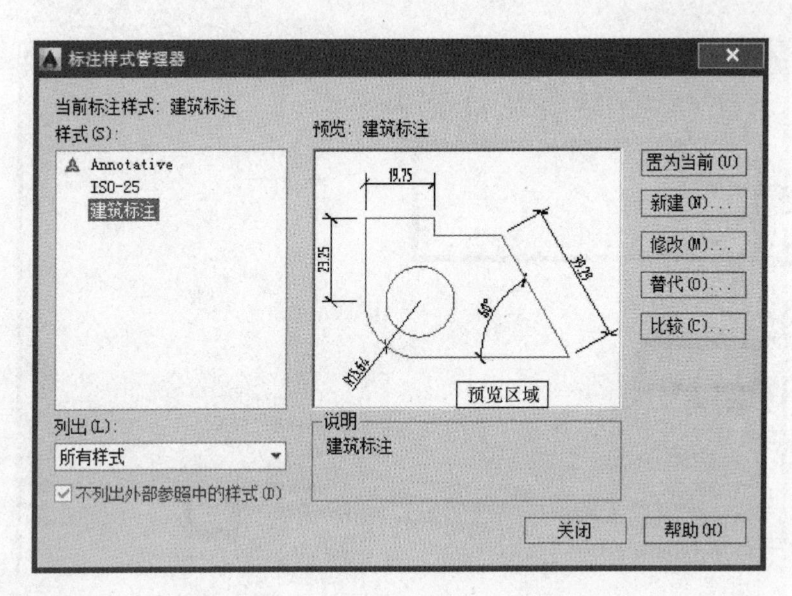

图 2-22　设置好建筑标注尺寸

2.6.3　“建筑标注”父尺寸下的角度标注设置

1. 父尺寸与子尺寸的关系

刚才设定的【建筑标注】是父尺寸，在父尺寸下面有许多子尺寸，如图 2-23 所示。

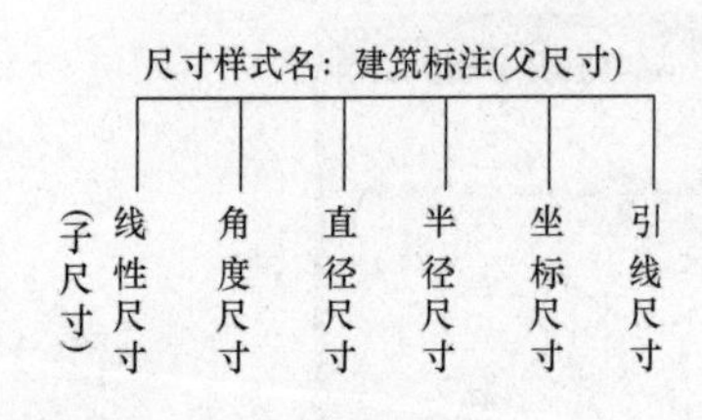

图 2-23　父尺寸与子尺寸

一般父尺寸设置好后，所有的子尺寸都遵循父尺寸的设置，但是由于有一些尺寸的部分地方不符合国家标准，例如角度的箭头和文字书写方向等，这时就要在单独对子尺寸不符合要求的部分再进行重新设置。具体操作步骤如下。

2. 创建“建筑标注”父尺寸下的角度子尺寸设置

（1）如图 2-22 所示，在【标注样式管理器】对话框中，单击【新建】按钮，弹出如图 2-24 所示【创建新标注样式】对话框，在用于所有标注下面选择角度标注，然后单击“继续”按钮。

（2）弹出如图 2-25 所示的对话框，选择【符号和箭头】设置箭头为实心箭头，其余设置不变。

3. 设置【文字】选项卡（如图 2-26 所示）

（1）在【文字位置】组中，将【垂直】选择为外部。

（2）在【文字对齐】组中，选择“水平”选项。

（3）其余设置不变。

4. 设置“建筑标注”父尺寸下的直径和半径的箭头

同样的道理，对“建筑标注”父尺寸下的直径和半径的箭头重新进行设置，其余的设置不变。最后设置好的建筑标注尺寸如图 2-27 所示。

在绘图时，可以根据图形情况设置多个父尺寸。

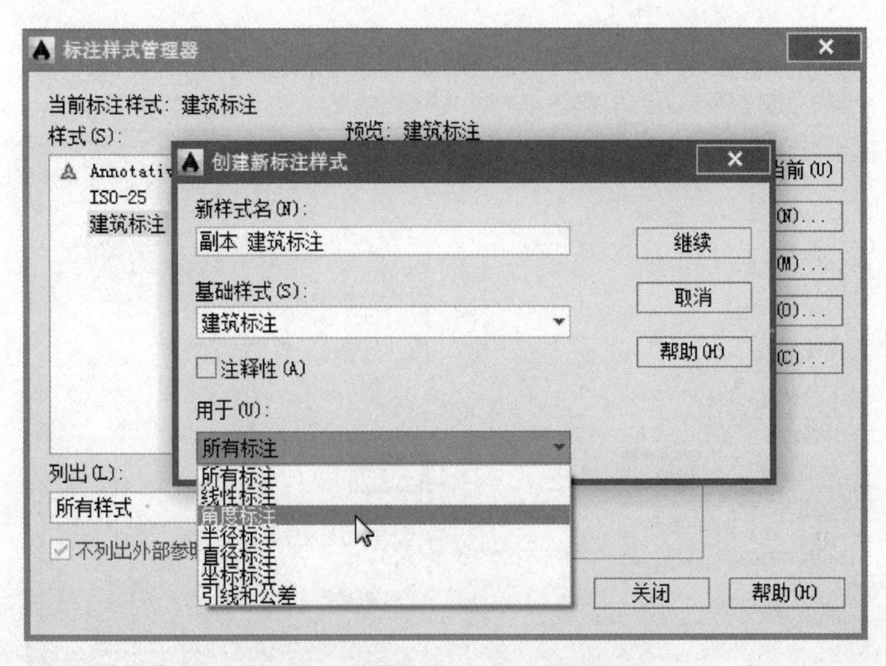

图 2-24　建筑标注——角度标注的设置

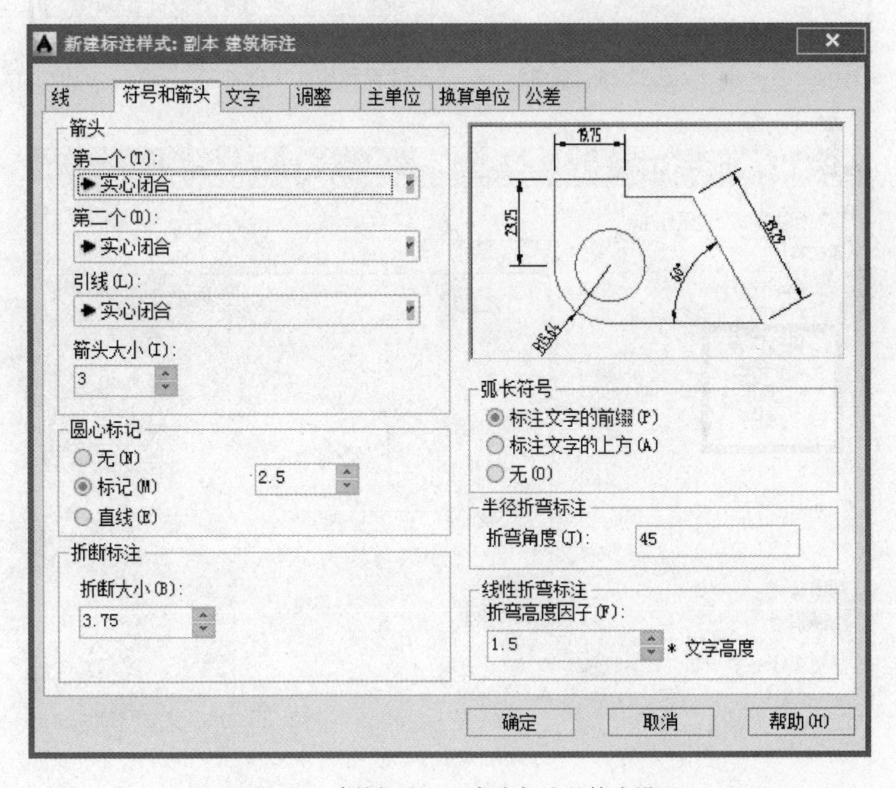

图 2-25　建筑标注——角度标注的箭头设置

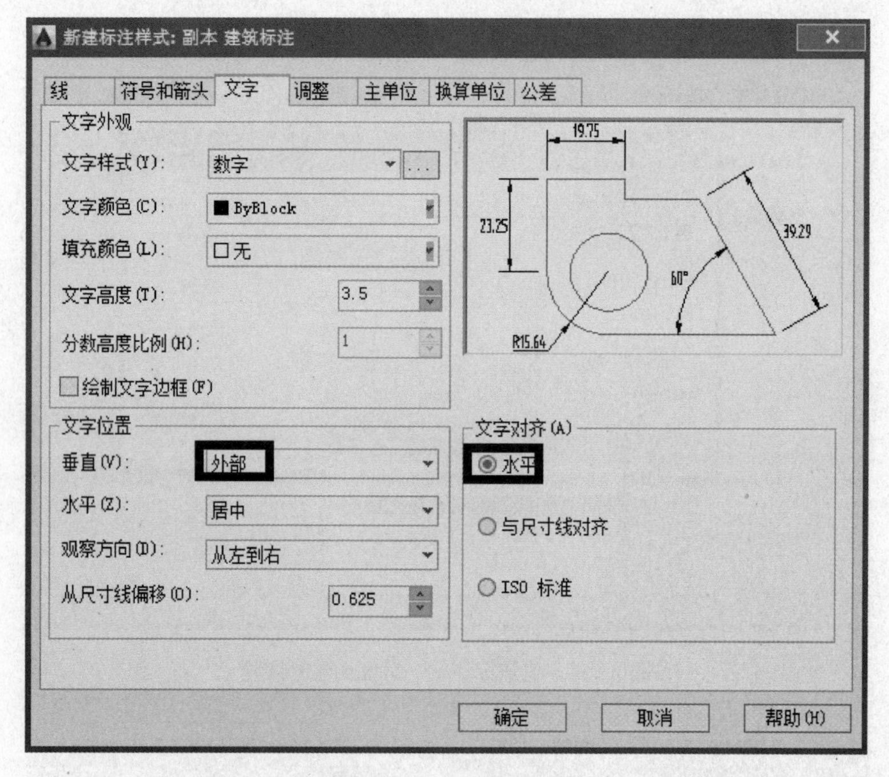

图 2-26　建筑标注——角度标注的文字设置

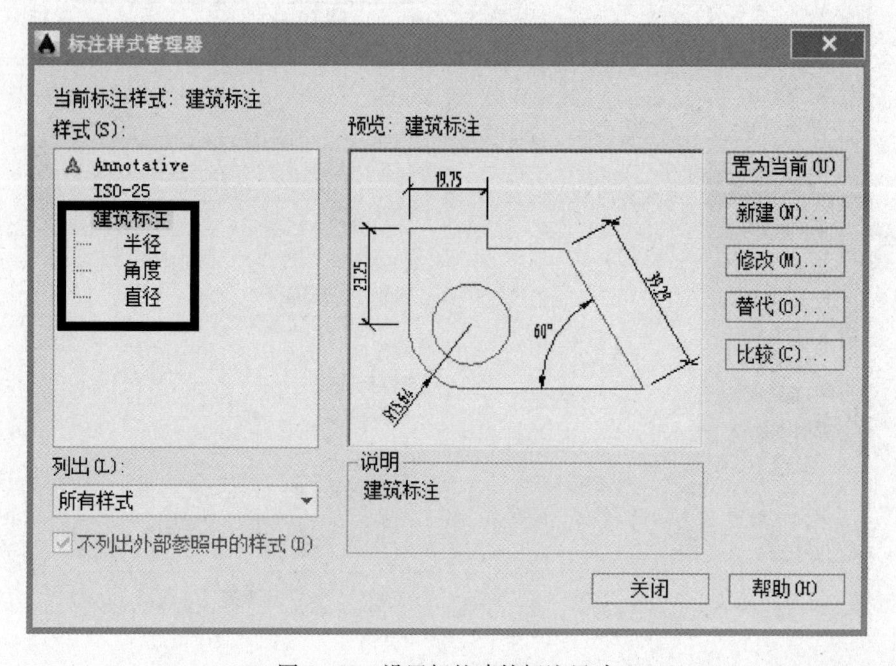

图 2-27　设置好的建筑标注尺寸

2.7　绘制 A3 图纸边框

设置好图形单位、图形界限、图层、文字样式、标注样式以后就可以绘制 A3 样板图的边框和图框线了，如图 2-28 所示（当然，根据情况，也可以不用绘制 A3 图纸边框和图框线）。

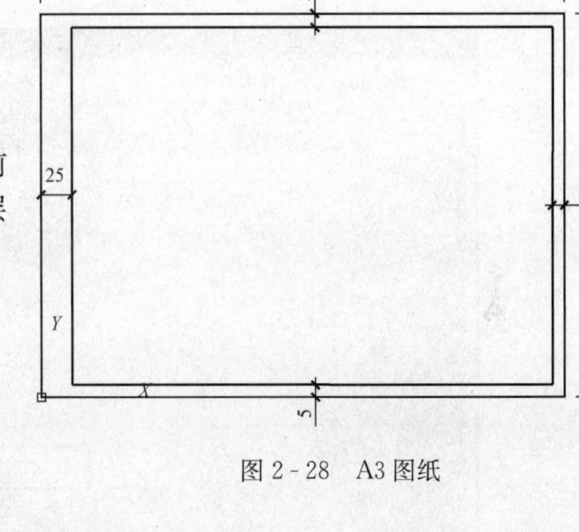

图 2-28　A3 图纸

作图步骤如下：

1. 选择当前层

在图层工具栏中选择细实线为当前层，如图 2-29 所示。一定要在当前层上画图。

2. 绘制 A3 图纸边框

调用直线命令。

命令：_ line

指定第一个点：0，0

指定下一点或［放弃（U）]：420

指定下一点或［放弃（U）]：297

指定下一点或［闭合（C）/放弃（U）]：420

指定下一点或［闭合（C）/放弃（U）]：C

回车结束操作。

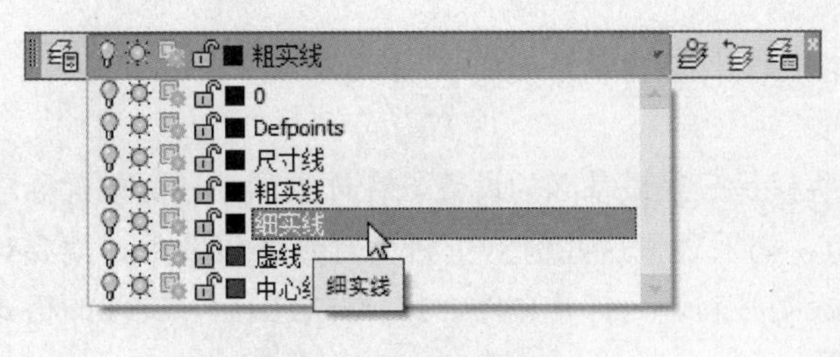

图 2-29　当前层的概念

3. 绘制图框线

（1）在图层工具栏中选择粗实线为当前层，如图 2-29 所示。

（2）调用直线命令，执行捕捉【自】命令，捕捉坐标原点为基点，输入@25，5 按 Enter 键确定图框线的左下角点。

（3）利用极轴追踪直接输入 390。

（4）调整好极轴方向直接输入 287。

（5）调整好极轴方向输入 390。

（6）选择 C 闭合图形。A3 图纸边框和图框线就画好了。

（7）保存样板图文件（以后作图时可以直接调用样板文件）。

2.8　样板文件的调用和修改

在前面样板图设置的过程中一定要随时保存文件，保存文件的格式是 *.dwt。用户可以根据情况自己确定保存路径，保存完后关闭所设置的样板文件。

调用样板图文件：前面在对样板图进行设置时非常繁琐，设置好样板图后，如果要画一张新图可以直接调用样板图，而不用再重新进行设置了。

1. 调用样板图的步骤如下

（1）选择新建文件。

（2）找到 A3 样板图的保存路径 D:\CAD 样板图文件\A3. dwt，选择打开命令即可，如图 2-30 所示。

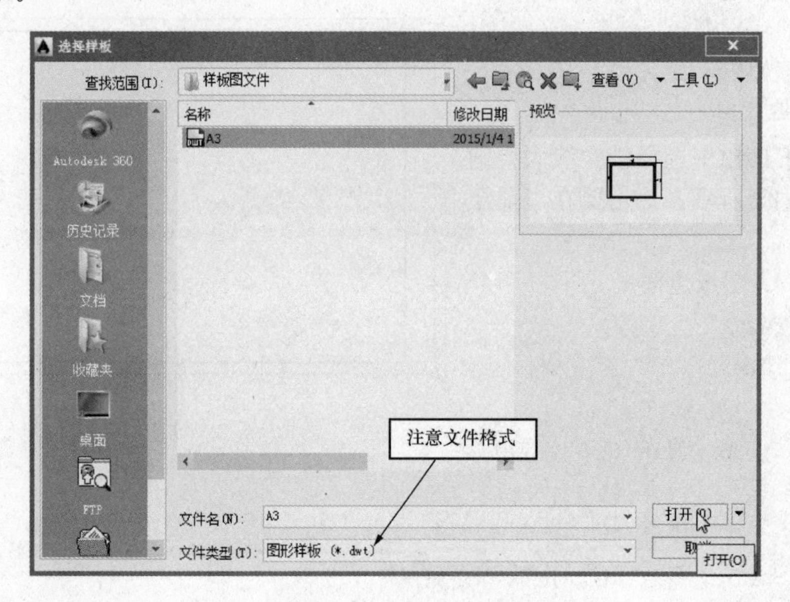

图 2-30 调用样板图

（3）利用新建文件打开样板图后，图形文件就自动转换成 *. dwg 格式。

2. 修改样板图文件

前面介绍了样板图文件的设置，这些只是一些最基础的设置，在样板图中还要包含标题栏、图块、表格等信息（以后进行介绍），如果要将这些信息重新设置到样板图中，就要对已经设置好的样板图进行修改，修改样板图必须调用打开文件，打开样板图后，文件的格式还是 *. dwt 格式，修改完后进行保存即可。

2.9 建立 A3 样板文件扩大 100 倍

建筑施工图的尺寸都是比较大的，而计算机绘图一般都采用 1∶1 的比例绘图，所以当绘制比较大的图形时，可以将绘图界限扩大相应的倍数。例如，将 A3 的绘图界限扩大 100 倍。

2.9.1 操作步骤

1. 新建文件

选择新建文件按钮，打开刚才建好的 A3 样板图（这样有一些设置过程可以省略）。

2. 重新设置绘图界限

命令：'_limits

重新设置模型空间界限：

指定左下角点或［开（ON）/关（OFF）］<0.0000，0.0000>：0，0

指定右上角点<420.0000，297.0000>：42000，29700　按Enter键结束命令

3. 显示图形界限设置的范围

设置完后一定要用ZOOM/A命令才能在屏幕上显示出图形界限设置的范围。

命令行窗口提示如下：

命令：Z

ZOOM

指定窗口的角点，输入比例因子（nX或nXP），或者

［全部（A）/中心（C）/动态（D）/范围（E）/上一个（P）/比例（S）/窗口（W）/对象（O）］<实时>：A

正在重生成模型。

这时屏幕上可以看见A3样板图绘制的A3图纸的边变得很小了。可以选择比例缩放（SCALE）命令将图形放大。

4. 选择比例缩放命令

（1）命令行：SCALE。

（2）下拉菜单：修改→缩放。

（3）修改工具栏：。

命令窗口提示如下：

命令：_scale

选择对象：all　（全部选中所画的A3图框）

找到8个

选择对象：按Enter键

指定基点：0，0　（选A3图框的左下角为基点）

指定比例因子或［复制（C）/参照（R）］：100　按Enter键结束命令

2.9.2　线型比例的调整

当图形界限放大100倍时，绘制中心线和虚线时显示不出来中心线和虚线，而是显示一条实线，这时就需要调整线型比例。

命令的调用方法如下：

（1）命令行：LINETYPE。

（2）下拉菜单：格式→线型。

调用命令后会弹出线型管理器对话框，打开显示细节，即会出现全局比例因子和当前对象缩放比例的设置。在全局比例因子选项中，将其设置为100，如图2-31所示。

线型的比例＝全局比例因子×当前对象缩放比例

式中：全局比例因子为设定以后影响全部的线型比例；当前对象缩放比例设定以后只影响当

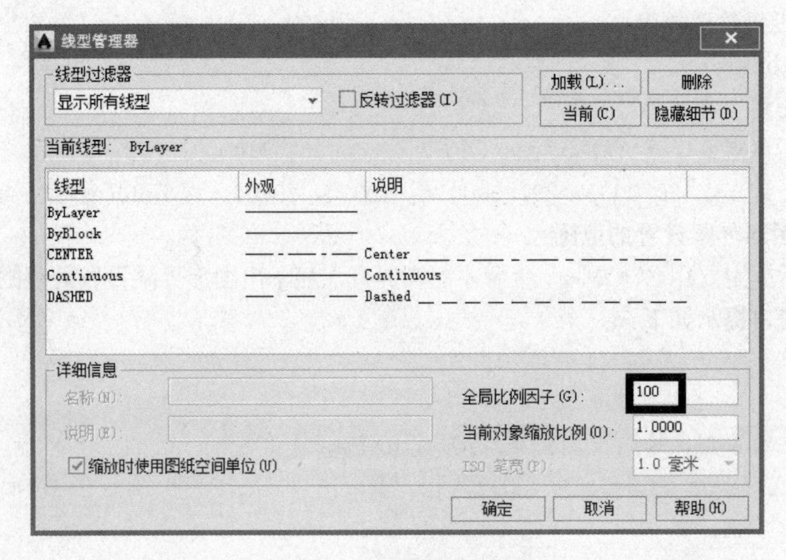

图 2-31　线型管理器对话框

前线型和以后线型，以前已画好的线型不受影响。

一般情况下修改全局比例因子即可。A0～A4 图形界限推荐使用的线型比例见表 2-3。

表 2-3　　图形界限与线型比例的关系（推荐）

图形界限	线型比例	线型效果
A0（1189mm×841mm）	2	
A1（841mm×594mm）	1	
A2（594mm×420mm）	1	
A3（420mm×297mm）	0.5、1	
A4（210mm×297mm）	0.5	

注　以上所推荐的线型比例，用户也可根据实际情况设定。

绘制施工图所用的图形界限根据施工图的尺寸在 A0～A4 的基础上放大 N 倍后，线型比例也应在原线型比例的基础上放大 N 倍。例如，采用 A3 图形界限放大 100 倍，线型比例也应改为 100。

2.9.3　标注尺寸设置的调整

调用标注样式的命令。

下拉菜单：格式→标注样式。

打开如图 2-22 所示的对话框，单击修改按钮，弹出如图 2-32 所示的对话框，选择调整选项卡。将使用全局比例（S）设置为 100。

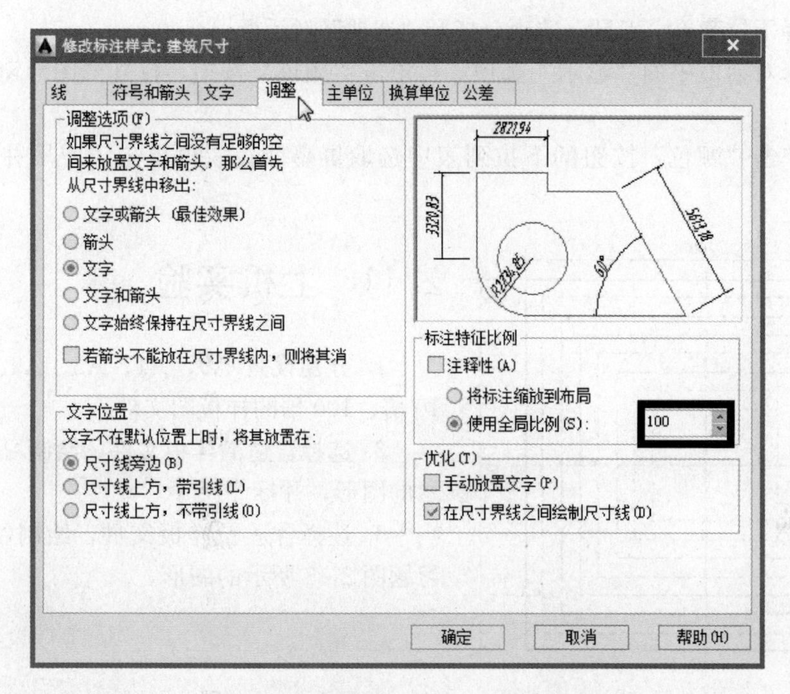

图 2-32　修改标注样式——调整选项

尺寸设置的其余选项设置不变。

2.9.4　保存 A3（扩大 100 倍）的样板文件

选择保存，出现如图 2-1 所示的对话框。在文件类型中选择 AutoCAD 图形样板（*.dwt），输入文件名 A3（100），然后选择好保存路径，如 D:\样板图文件\A3(100).dwt，这时 A3 扩大 100 倍的样板文件就保存好了。最后关闭文件即可。

2.10　常见问题分析与解决

1. 为什么在输出图形时，同一图层上的图形对象的线宽并不相同?

答：在图层的线宽设置中，没有选择“随层（Bylayer)”。为了避免系统出错，建议同一图层上的颜色、线型、线宽均应选取“随层（Bylayer)”。

2. 如何在绘图窗口中查看线宽设置后的效果?

答：打开“状态栏”下的“线宽”按钮即可。

3. 为什么某个图层的线型为虚线，而在屏幕上却显示为实线?

答：可能是线型比例设置不合适，可以在“线型管理器”对话框中重新设置比例因子，也可以改变系统变量 LTSCALE 的数值。

4. 为什么有的图层上的线看不清楚?

答：这与屏幕（绘图区）的颜色和图层颜色的选择有关，我们可以改变屏幕的颜色或图层颜色。改变屏幕颜色的步骤如下：

（1）选择下拉菜单：工具→选项，打开“选项”对话框。

（2）选择对话框中的“显示”选项，再单击“颜色”按钮，打开“图形窗口颜色”对话框。

（3）在单击“颜色”按钮的下拉列表中选取屏幕颜色，再单击“应用并关闭”按钮即可。

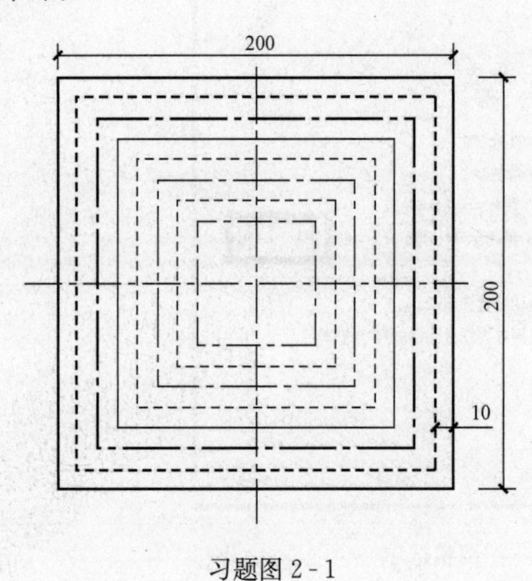

习题图 2-1

2.11 上机实验

1. 分别设置 A0、A1、A2、A3、A4 及扩大 10 倍、100 倍的样板图文件。

2. 选择合适的样板文件，绘制习题图 2-1 所示的图形，并标注尺寸。

3. 选择合适的样板文件，绘制习题图 2-2、习题图 2-3 所示的图形。

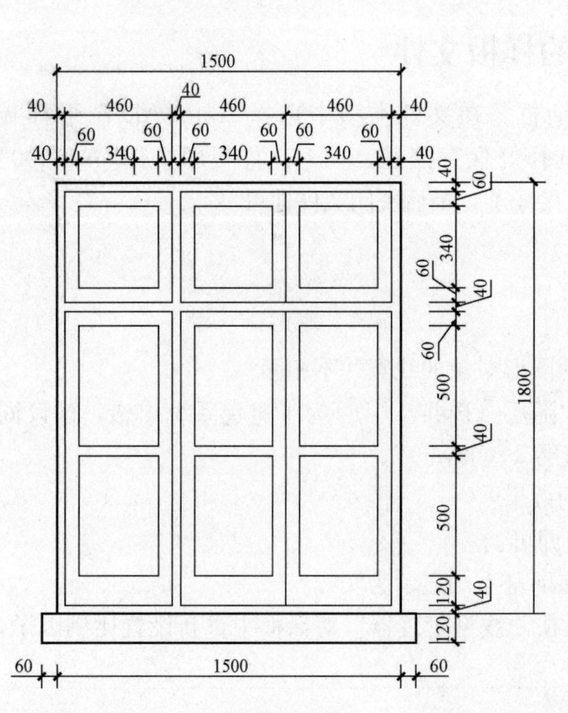

习题图 2-2

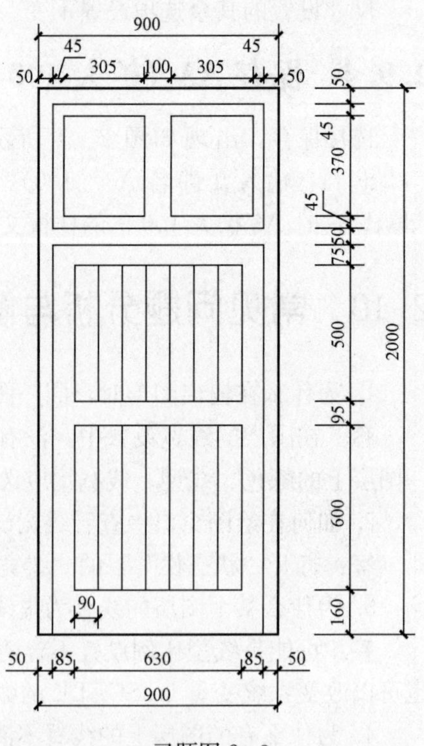

习题图 2-3

第 3 章

二维绘图与修改命令

AutoCAD 提供了丰富的绘图命令和图形修改命令。在本章中，将以绘制图形的方式分别介绍各种绘图命令及修改命令的使用。执行命令的操作格式及输入方式已经在第 1 章重点作了介绍，在以后的举例中主要介绍下拉菜单、工具栏的方式调用命令。

3.1 绘图命令圆（CIRCLE）、圆弧（ARC）

前面介绍了直线的画法，下面分别介绍圆与圆弧的画法。在以后的绘制图形过程中首先都要根据图形尺寸选择合适的样板文件调用，并注意图层的选择。

3.1.1 圆（CIRCLE）

1. 命令调用

（1）命令行：CIRCLE。

（2）下拉菜单：绘图→圆。

（3）绘图工具栏：⊘。

2. 操作步骤

画圆共有 6 种方式，以下将通过实例，详细地介绍各种方式的画法，在绘制过程中还要用到捕捉对象、对象追踪、极轴等操作。

【例 3-1】 画出如图 3-1 所示的图形。

分析：通过本题将重点地介绍绘制圆的方式。

作图步骤如下：

（1）新建文件，调用 A4 样板图，保存文件。

（2）调用直线命令，各点采用绝对坐标的输入方式画出三角形（注意要将状态栏中的动态输入 DYN 关闭）。

（3）选用 3 点画圆的方式画出大圆。

（4）选用相切、相切、相切的画圆方式画出小圆。

【例 3-2】 画出如图 3-2 所示的图形。

分析：通过本题重点介绍对象捕捉的操作方式。

作图步骤如下：

（1）新建文件，调用 A4 样板图，保存文件。

（2）调用圆命令，选择圆心半径的方式先画出小圆，然后再调用圆命令，将光标移至小圆圆心处，出现圆心提示，沿水平方向移动鼠标则会出现极轴提示，这时直接输入 100，确定大圆圆心并画出大圆。

(3) 画切线。调用直线命令后，先选择捕捉对象切点模式，将光标移动到大圆的圆周上找到切点的大体位置，单击鼠标左键确定切点后（CAD 能自动定位），第二次选择捕捉切点，在小圆的圆周上单击确定切点的位置，即可画出切线。

(4) 按回车键结束命令。

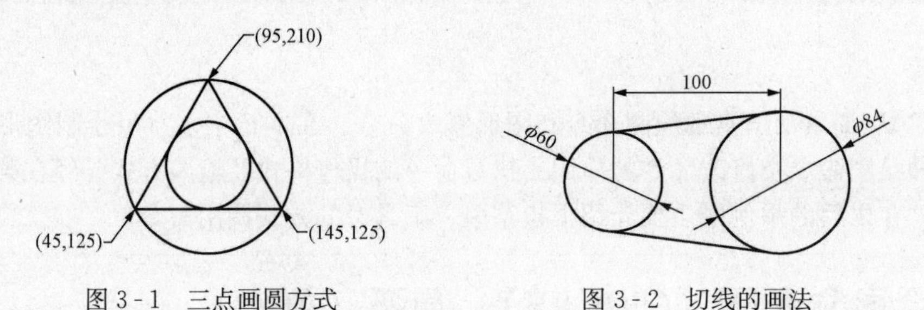

图 3-1　三点画圆方式　　　　图 3-2　切线的画法

【例 3-3】　画出如图 3-3 所示的图形。

分析：本题主要介绍对象追踪和极轴的操作。

作图步骤如下：

(1) 首先打开自动对象捕捉中点的功能。

(2) 选直线命令绘制出矩形。

(3) 画圆。从图中可以看出四个圆的圆心分别在矩形的四个角上。半径从矩形角点到矩形的中点，所以要用到对象追踪矩形长边、短边中点的功能，选择圆命令，确定圆心后，再分别移动鼠标在矩形的短边和长边上找到中点，这时会出现沿着中点的两条极轴线，然后利用对象追踪功能找到两个中点极轴延长线上的相交点，即可确定圆的半径画出圆，如图 3-4 所示。

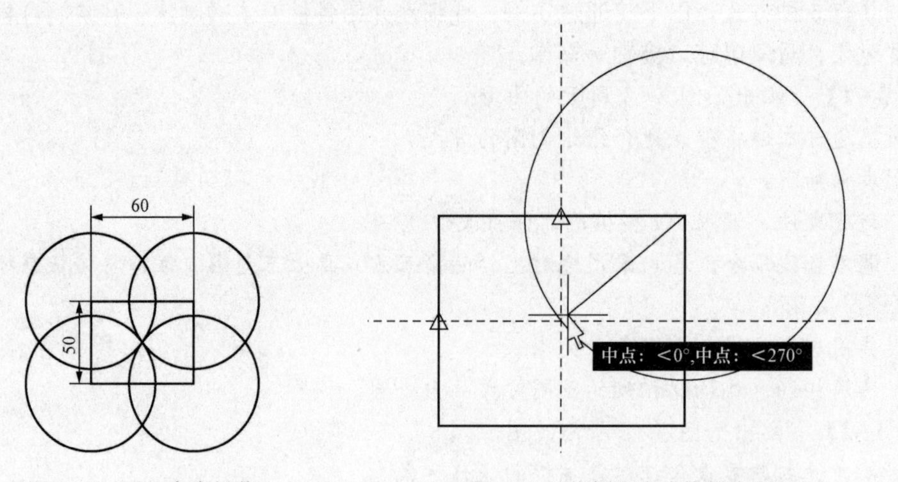

图 3-3　圆的命令操作　　　　图 3-4　对象追踪功能的应用

说明：对象追踪功能在绘图中非常重要，读者可以在这方面多做些练习。

3.1.2　圆弧（ARC）

1. 命令调用

（1）命令行：ARC。

（2）下拉菜单：绘图→圆弧。

（3）绘图工具栏：◜。

2. 操作步骤

画圆弧共有11种方式。

【例3-4】　画出如图3-5所示的图形。

作图步骤：调用A4样板文件。

（1）调用直线命令画*AB*线段，然后结束命令。

（2）画*CD*线段时，调用直线命令后，移动鼠标找到*B*点，然后利用对象追踪功能沿着水平方向移动鼠标，就会出现极轴线，在直线命令提示下直接输入60，即可确定*C*点。

（3）依次画出其余的直线段。

（4）画*BC*、*GF*圆弧时在下拉菜单下面调用圆弧命令，采用（起点、端点、半径）的方式绘出圆弧，但要注意在选择起点时要考虑到圆弧默认的绘图旋转方向是逆时针。所以，画*BC*弧时圆弧起点应选在*C*点；画*GF*弧时圆弧起点应选在*G*点。

【例3-5】　画出如图3-6所示的图形。

分析：当调用某个绘图命令后，系统都会提示输入第一点的值，这时如果不输入任何数值，而是直接按回车键，那么系统将自动捕捉上一次图形结束点的端点，方向是端点的切线方向。

作图步骤如下：

（1）在下拉菜单下面调用圆弧命令，选择起点、端点、角度的方式，输入*A*、*B*的绝对坐标值，角度为180°。

（2）调用直线命令后（这里特别注意不要选择*B*点，而是直接按回车键），这时直线的起点自动捕捉圆弧的*B*点，直线的方向是圆弧*B*点的切线方向，可以直接输入50，即可画出直线段。

（3）在工具栏下调用圆弧命令后，直接按回车键，圆弧的起点自动捕捉到直线的端点，然后再输入*C*点的绝对坐标值，即可完成图形的绘制。

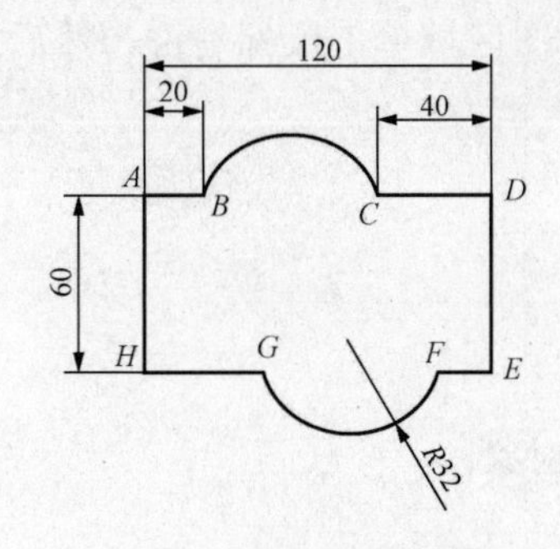

图3-5　圆弧命令的操作

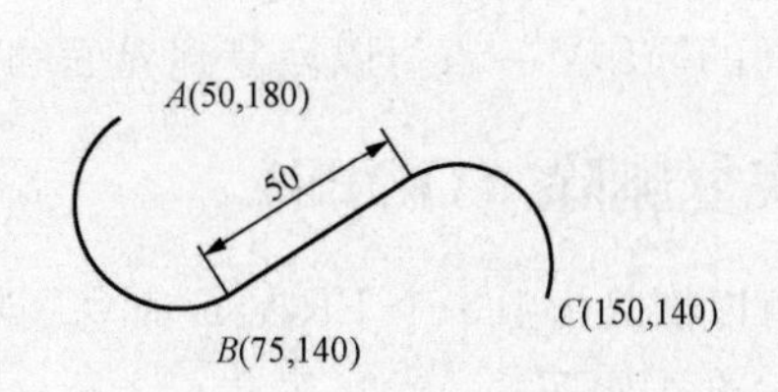

图3-6　直接回车操作

3.2　修改命令删除（ERASE）、恢复删除（OOPS）、撤销命令（UNDO）

修改命令在操作时一般要注意以下几点：

（1）调用修改命令后，会提示选择对象，选择的方法按照第 1 章所介绍的各种方式进行选取。

（2）一般情况下，在选择对象提示下选取完一次对象后，AutoCAD 会继续提示选择对象，即可以继续选择对象，直到按下空格或回车键，则结束选择对象的操作，而后 AutoCAD 会给出后续提示以进行相应的修改。

（3）有的修改命令会要求选择基点，这时必须根据图形的具体情况来进行选择，基点选择得不合适会给精确作图造成很大的麻烦。

（4）默认逆时针旋转的方向为正方向。

下面将以实例介绍修改命令在绘图中的操作方法。

3.2.1　删除（ERASE）

命令调用方式如下：

（1）命令行：ERASE。

（2）下拉菜单：修改→删除。

（3）修改工具栏：。

（4）选中对象后单击鼠标右键，选择删除命令即可。

（5）选择对象，然后选择键盘操作键 Delete。

3.2.2　撤销（UNDO）

如果意外删错了对象，可以使用 UNDO 命令或 OOPS 命令将其恢复。

1. 命令调用

（1）命令行：UNDO。

（2）下拉菜单：修改→放弃。

（3）标准工具栏：。

（4）无命令运行和无对象选定的情况下，在绘图区域单击鼠标右键，然后单击“放弃”按钮。

2. 操作步骤

放弃前面的操作。一直可以恢复到界面的初始状态。

3.2.3　恢复删除（OOPS）

OOPS 可以恢复由上一个 ERASE 命令删除的对象。

命令调用方式如下：

命令行：OOPS。

3.3　修改命令镜像（MIRROR）、修剪（TRIM）

3.3.1　镜像（MIRROR）

镜像命令是指绕指定轴翻转对象，创建对称的镜像图像。操作过程中的关键是镜像轴的选择。

1. 命令调用

（1）命令行：MIRROR。

（2）下拉菜单：修改→镜像。

（3）修改工具栏：⚠。

2. 操作步骤

【例3-6】　画出如图3-7所示的图形。

分析：此图形上下对称，可以先画出上半部分，然后利用镜像命令作出下半部分。

作图步骤如下：

（1）调用直线命令绘制出如图3-8（a）所示。

（2）调用圆弧命令绘制如图3-8（b）所示。

（3）调用镜像命令，先选择镜像对象，按回车键后再选择镜像线，如图3-8（c）所示。

图3-7　镜像命令的操作

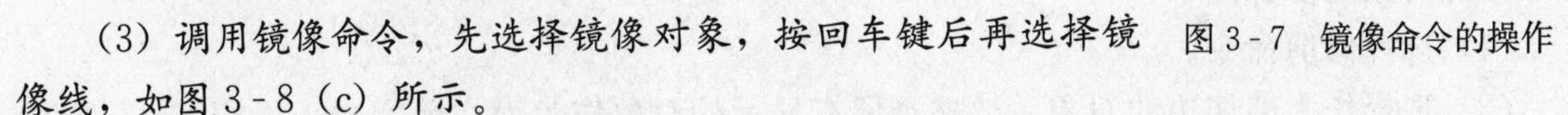

（4）镜像提示是否删除源对象，不要删除源对象，按回车键确认即可，如图3-8（d）所示。

（5）绘制 *A*、*B* 圆弧，两圆弧为同心圆，如图3-8（e）所示。

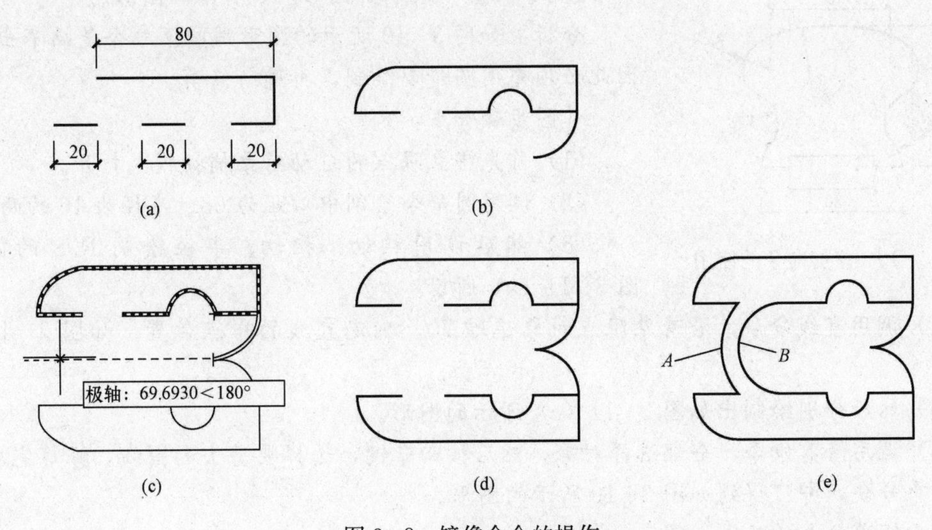

图3-8　镜像命令的操作

【例3-7】　文本镜像如图3-9所示。我们可以在以后练习。MIRRTEXT是系统变量。

原图

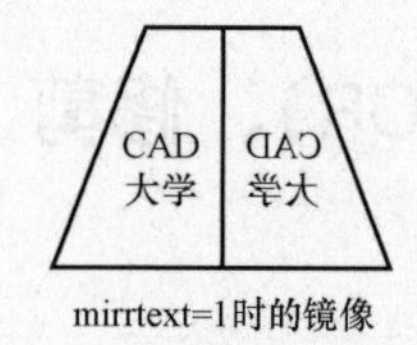

mirrtext=1时的镜像

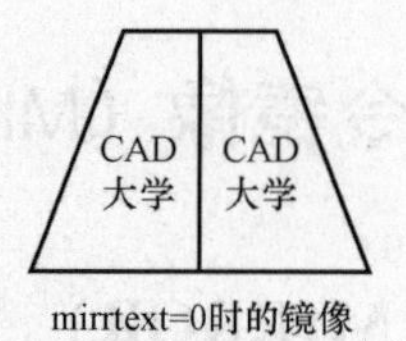

mirrtext=0时的镜像

图 3 - 9 文本镜像

3.3.2 修剪（TRIM）

修剪对象，使它们精确地终止于由其他对象定义的边界。对象既可以作为剪切边，也可以是被修剪的对象。

建议在执行修剪命令时，将所有的对象都选择为剪切边，这样可以很方便地修剪每一个对象。

1. 命令调用

（1）命令行：TRIM。

（2）下拉菜单：修改→修剪。

（3）修改工具栏：-/--。

2. 操作步骤

修剪对象的步骤如下：

（1）选择修剪命令。

（2）选择作为剪切边的对象。要选择所有显示的对象作为潜在剪切边，请按 Enter 键而不选择任何对象。

（3）选择要修剪的对象。

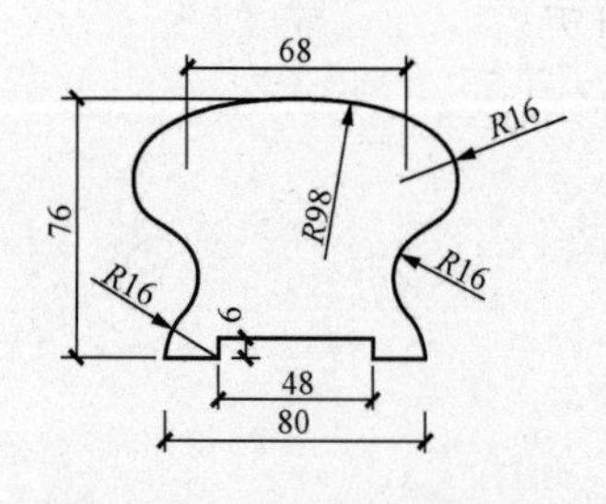

图 3 - 10 修剪命令的使用

【例 3 - 8】 绘制如图 3 - 10 所示的图形。

分析：如图 3 - 10 所示的图形用圆弧命令是画不出来的，因此必须先用圆命令绘制，再进行修剪。

作图步骤如下：

（1）首先将象限点的自动对象捕捉模式打开。

（2）调用圆命令绘制中心距为 68、半径为 16 的两个圆。

（3）然后调用相切、相切、半径绘制 R98 的圆，如图 3 - 11（a）所示。

（4）调用直线命令，沿着象限点对象追踪 70，确定直线的中点位置，如图 3 - 11（b）所示。

（5）然后分别绘制出如图 3 - 11（c）所示的图形。

（6）调用修剪命令，全部选择对象，然后按回车键，选择要剪去的图线。修剪完后按回车键结束命令，即可得到如图 3 - 10 所示的图形。

关于修剪命令的几点说明：

（1）可以修剪对象，使它们精确地终止于由其他对象定义的边界。如图 3 - 12 所示，通过修剪可以平滑地清除两墙壁相交处。

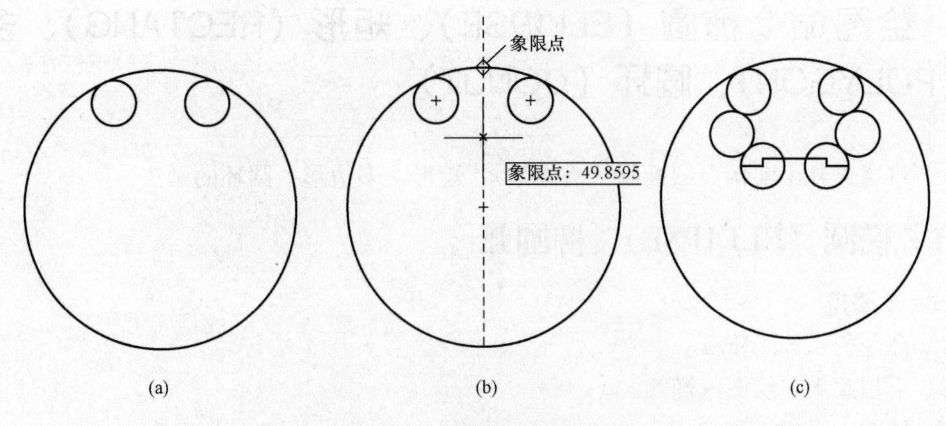

图 3-11　修剪命令操作过程

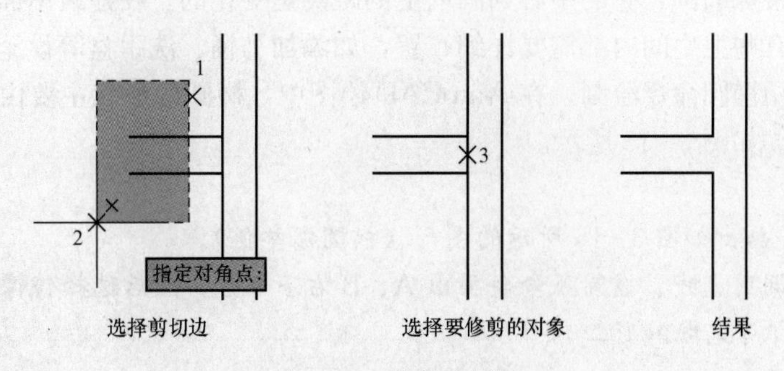

图 3-12　修剪应用 1

(2) 对象既可以作为剪切边，也可以是被修剪的对象。修剪若干个对象时，使用不同的选择方法有助于选择当前的剪切边和修剪对象，如图 3-13 所示。

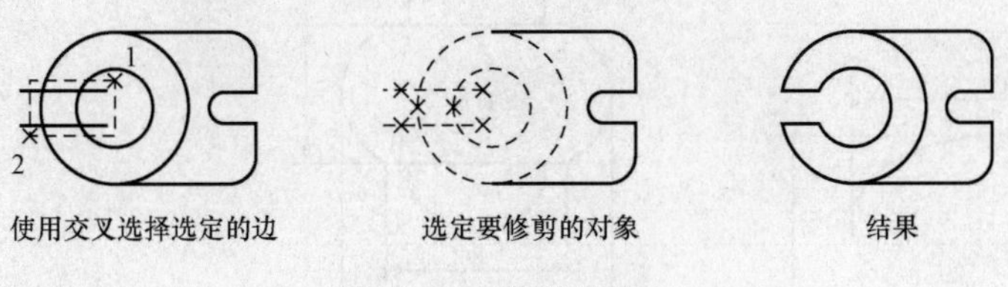

图 3-13　修剪应用 2

(3) 选择修剪命令后，按 Enter 键选择所有对象，互为剪切边。然后，选择要修剪的对象时，最新显示的对象将作为剪切边。如图 3-14 所示墙壁的相交部分修剪后十分平滑。

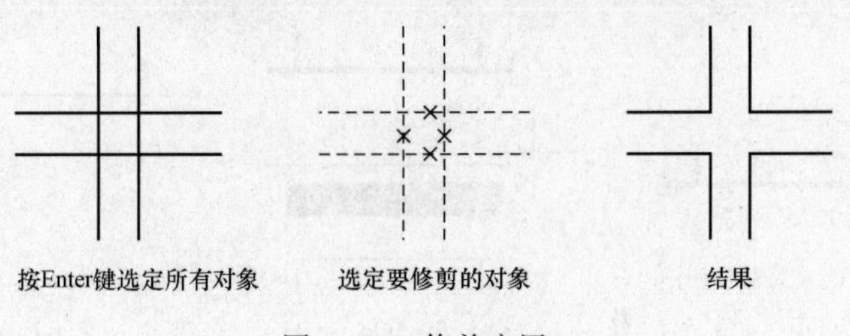

图 3-14　修剪应用 3

3.4 绘图命令椭圆（ELLIPSE）、矩形（RECTANG）、多边形（POLYGON）、圆环（DONUT）

本节将通过几个实例介绍椭圆（椭圆弧）、矩形、多边形、圆环的画法。

3.4.1 椭圆（ELLIPSE）、椭圆弧

1. 命令调用

（1）命令行：ELLIPSE。

（2）下拉菜单：绘图→椭圆。

（3）绘图工具栏：。

椭圆是一种特殊的圆，它的中心到圆周上的距离是变化的。在建筑平面图中，偶尔会遇到椭圆。比如，有些卫生间内部需要详细布置，如添加马桶、洗手盆等设施，这些设施中的椭圆形状需要使用椭圆命令绘制。在 AutoCAD 绘图中，椭圆的形状主要由中心、长轴和短轴三个参数确定。如图 3 - 15 所示。

2. 操作步骤

【例 3 - 9】 画出如图 3 - 16 所示的图形（椭圆弧举例）。

分析：首先调用直线、椭圆弧命令画出 A、B 右下部分，然后选择镜像命令，镜像线选择 A、B 两点，即可完成图形。

作图步骤如下：

（1）调用直线命令画出如图 3 - 17 所示的图形。

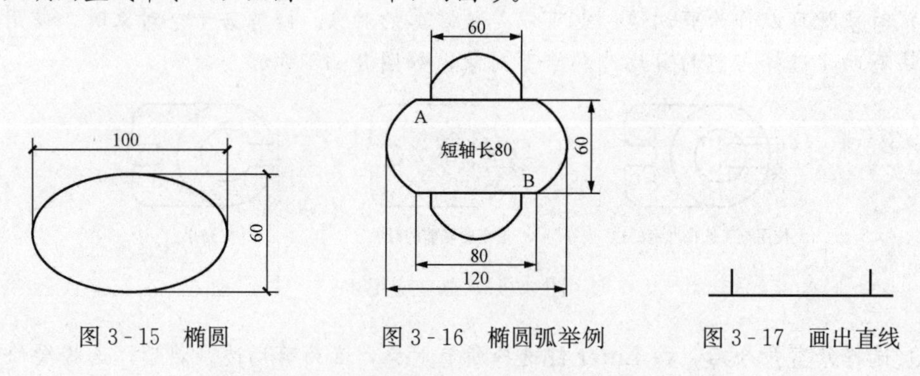

图 3 - 15 椭圆　　图 3 - 16 椭圆弧举例　　图 3 - 17 画出直线

（2）调用镜像命令，镜像线可以利用对象追踪确定。作图过程如图 3 - 18 所示。

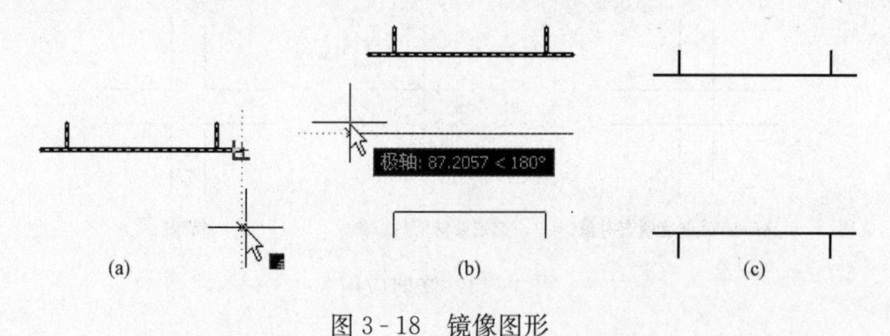

图 3 - 18 镜像图形

命令：_mirror
选择对象：全选
选择对象：回车
指定镜像线的第一点：30（选择水平线的端点作为对象追踪点），如图3-18（a）所示。
指定镜像线的第二点：在水平方向上任意确定一点。如图3-18（b）所示。
要删除源对象吗？[是(Y)/否(N)]<N>：回车完成图形，如图3-18（c）所示。

（3）画椭圆弧，如图3-19所示。

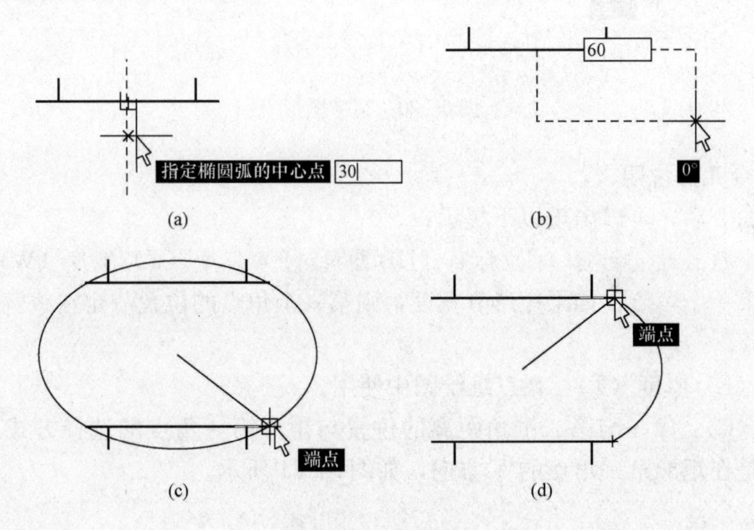

图3-19 画椭圆弧

命令：_ellipse
指定椭圆的轴端点或［圆弧（A)/中心点（C)］：_A
指定椭圆弧的轴端点或［中心点（C)］：C
指定椭圆弧的中心点：30（利用对象追踪确定中心点的位置），如图3-19（a）所示。
指定轴的端点：60（输入长轴的一个端点），如图3-19（b）所示。
指定另一条半轴长度或［旋转（R)］：40
指定起始角度或［参数（P)］：捕捉起始角度，如图3-19（c）所示。
指定终止角度或［参数（P)/包含角度（I)］：捕捉终止角度，如图3-19（d）所示。

1）调用镜像命令，选择圆弧对象，镜像线为*C*、*D*端点，如图3-20（a）所示。

2）调用镜像命令，选择右边、上边圆弧对象，镜像线为*A*、*B*端点，完成图形，如图3-20（b）所示。

3.4.2 矩形（RECTANG）

1. 命令调用

（1）命令行：RECTANG。

（2）下拉菜单：绘图→矩形。

（3）绘图工具栏：▭。

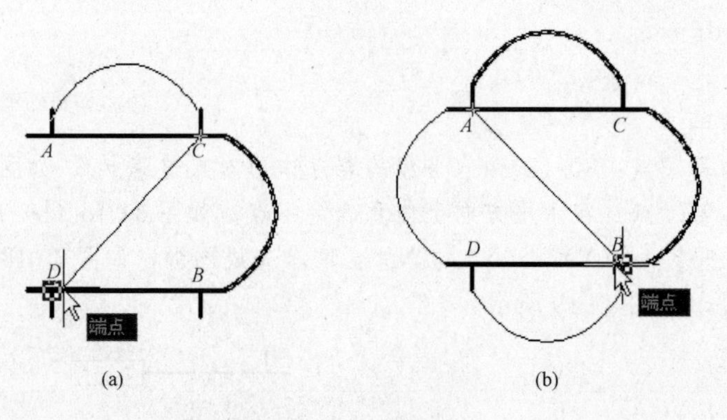

图3-20 镜像图形

2. 矩形命令几点说明

调用矩形命令后，可以出现以下提示：

指定第一个角点或［倒角（C)/标高（E)/圆角（F)/厚度（T)/宽度（W)］：

（1）指定第一个角点：如果矩形有宽度，则第一个角点的位置一定在线宽的中心，如图3-22（a）所示。

（2）标高（E)/厚度（T)：在三维绘图中使用。

（3）倒角（C)：第一与第二倒角距离的位置与矩形第一角点的选择方式有关系。第一倒角距离一定是在矩形第一角点的Y方向，如图3-21所示。

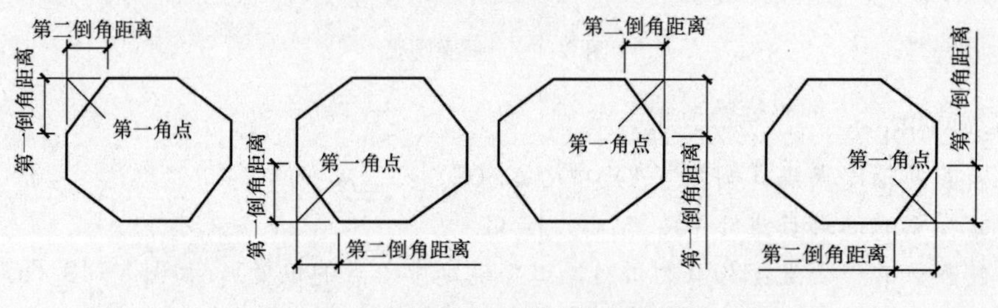

图3-21 矩形第一倒角距离的确定

（4）圆角（F)：当矩形有宽度时，圆角的R尺寸是指线型宽度的中间，如图3-22（a）所示。

（5）宽度（W)：矩形命令默认的宽度为0，可以根据需要设置宽度，如果设置宽度，画出矩形后默认的方式矩形填充，如图3-22（c）所示。如果不填充则选择FILL命令进行设置，如图3-22（b）所示。设置完成后一定要选择下拉菜单视图→重新生成，这样FILL命令才能生效。

【例3-10】 画出400×400的柱子，如图3-23（a）所示。

作图步骤如下：

命令：_ rectang

指定第一个角点或［倒角（C)/标高（E)/圆角（F)/厚度（T)/宽度（W)］：w［如图3-23（b）所示］

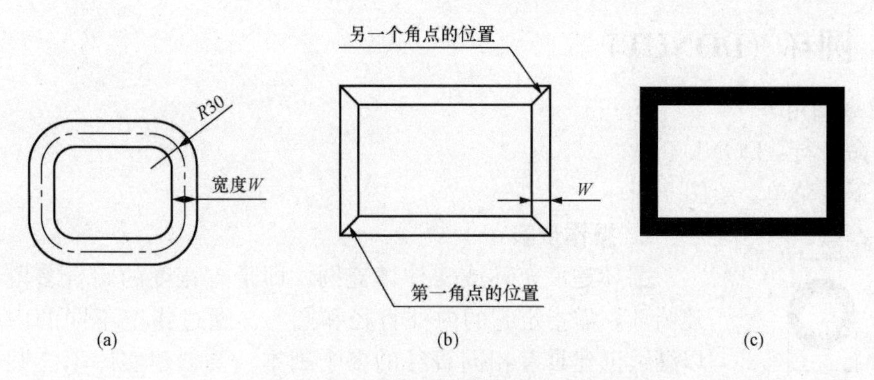

图 3-22 矩形的画法

(a) 圆角尺寸；(b) FILL=OFF；(c) FILL=ON

指定矩形的线宽 < 0.0000 >：200

指定第一个角点或［倒角（C）/标高（E）/圆角（F）/厚度（T）/宽度（W）］：(在屏幕上任意确定一点)

指定另一个角点或［面积（A）/尺寸（D）/旋转（R）］：@200，200［如图 3-23（b）所示］

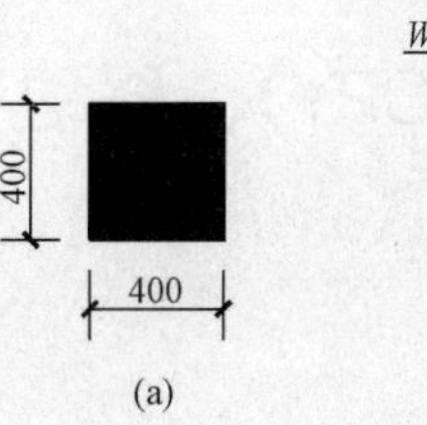

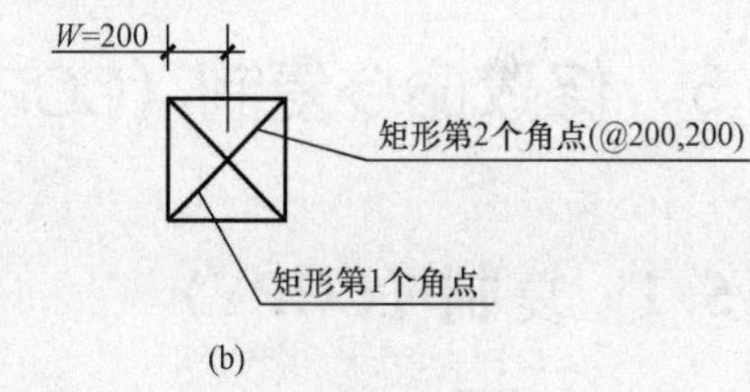

图 3-23 矩形命令绘制柱子

按回车键结束命令，画出柱子的图形，如图 3-23（a）所示。

3.4.3 多边形（POLYGON）

1. 命令调用

（1）命令行：POLYGON。

（2）下拉菜单：绘图→多边形。

（3）绘图工具栏：⬠。

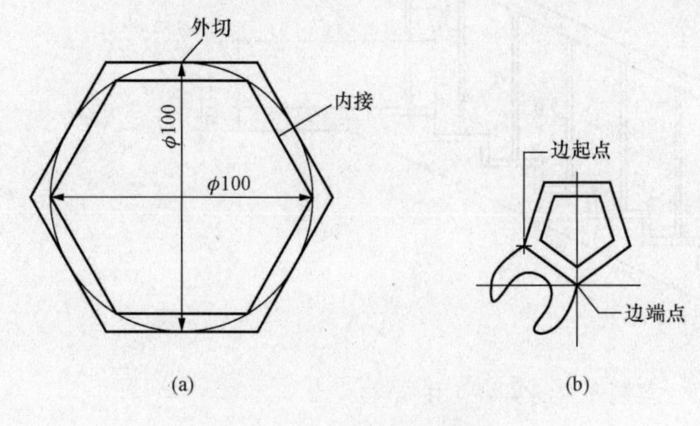

图 3-24 多边形的画法

(a) 内接与外切；(b) 选用边长的画法

2. 操作步骤

【例 3-11】 画出如图 3-24 所示的图形。

绘制多边形边数的范围为 3～1024，绘制多边形可以采用两种方式：第一种方式是知道圆的半径，然后选择内接或外切的方式绘制；第二种方式是知道多边形的边长进行绘制，选用边长绘制多边形，要注意的是，多边形默认的绘制方向也是逆时针，如图 3-24 所示。

3.4.4 圆环（DONUT）

1. 命令调用

（1）命令行：DONUT。

（2）下拉菜单：绘图→圆环。

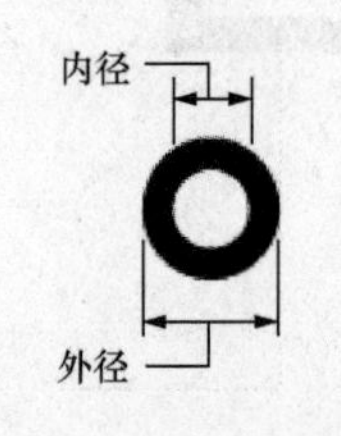

图 3-25 绘制圆环

2. 操作步骤

圆环是填充环或实体填充圆，即带有宽度的闭合多段线。要创建圆环，需指定它的内外直径和圆心。通过指定不同的中心点，可以继续创建具有相同直径的多个副本。要创建实体填充圆，需将内径值指定为 0。圆环的起始点在线型宽度的中点上，如图 3-25 所示。

圆环内部的填充方式取决于 FILL 命令的当前设置。

3.5 修改命令复制（COPY）、移动（MOVE）、旋转（ROTATE）

3.5.1 复制（COPY）

1. 命令调用

（1）命令行：COPY。

（2）下拉菜单：修改→复制。

（3）修改工具栏：。

2. 操作步骤

复制命令从原对象以指定的角度和方向创建对象的副本。COPY 命令将重复复制以方便操作。要退出该命令，请按 Enter 键。

【例 3-12】 画出如图 3-26 所示的图形。

图 3-26 复制命令的实际应用

分析：绘制图 3-26 的图形，先选择直线命令或矩形命令画出左上角的一个台阶和栏杆，然后选择复制命令，会提示选择对象，全部选取，然后选取复制对象的基点，基点必须选在左下角的端点。选择好基点后即可复制对象，并且可以一直重复复制对象，复制完毕按回车键结束命令即可。

3.5.2　移动（MOVE）

1. 命令调用

（1）命令行：MOVE。

（2）下拉菜单：修改→移动。

（3）修改工具栏：✥。

2. 操作步骤

移动命令从原对象以指定的角度和方向移动对象。

【例3-13】　画出如图3-27（a）所示的图形，然后图形从 A（100，150）移动到 A（230，180）。

分析：绘制出图3-27（a）图后，调用移动命令，选择要移动的对象，选择基点为 A 点，然后直接输入230，180，即可完成图形的移动。

提示：如果动态输入打开的话，数据前面要加＃，即＃230，180。

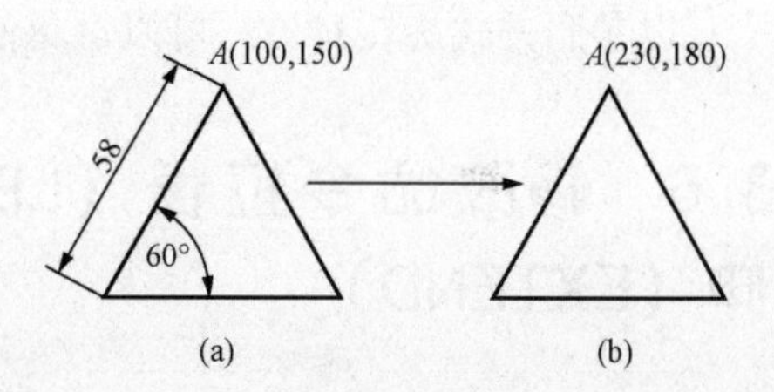

图3-27　“移动”命令的操作

3.5.3　旋转（ROTATE）

1. 命令调用

（1）命令行：ROTATE。

（2）下拉菜单：修改→旋转。

（3）修改工具栏：⟳。

2. 操作步骤

旋转命令是指绕指定基点旋转图形中的对象。旋转命令基点的选择很重要，默认的是逆时针旋转为正。

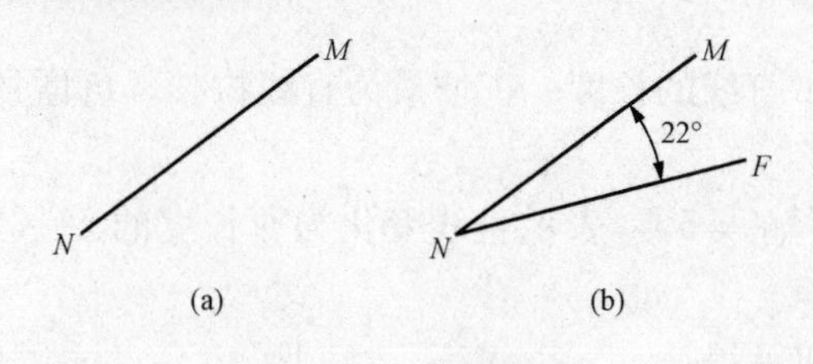

图3-28　旋转命令

【例3-14】　画出如图3-28（a）所示的图形，然后旋转 NM 直线，得到 NF 直线，使 NM 直线与直线 NF 的夹角为22度，使结果如图3-28（b）所示。

作图步骤：调用旋转命令后，选择 MN 直线，按回车键选 N 点作为旋转基点，选择复制命令，然后再输入－22度，即可得到如图3-28（b）所示的图形。

【例3-15】　画出如图3-29（a）所示的图形，然后旋转 AB 直线，使 AB 直线与 AC 直线的夹角为20°。

分析：旋转一定是绕着基点旋转，绘制出图3-29（a）所示的图后，调用旋转命令，选择要旋转的对象 AB 直线，选择旋转基点为 A 点。然后选择参照方式旋转对象。

作图步骤如下：

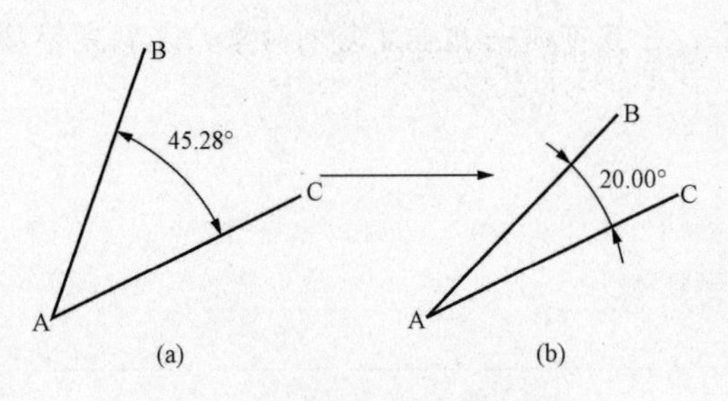

图 3 - 29　旋转命令的操作

命令行：ROTATE

UCS 当前的正角方向：ANGDIR＝逆时针 ANGBASE＝0

选择对象：(选取 AB 直线)

选择对象：回车

指定基点：选取 *A* 点

指定旋转角度或［复制（C）/参照（R）］＜0＞：R

指定参照角＜0＞：45.28

指定新角度或［点（P）］＜0＞：20

以参照方式旋转对象，可以避免使用户进行较为繁琐的计算。

3.6　修改命令拉长（LENGTHEN）、拉伸（STRETCH）、延伸（EXTEND）

3.6.1　拉长（LENGTHEN）

1. 命令调用

（1）命令行：LENGTHEN。

（2）下拉菜单：修改→拉长。

（3）修改工具栏：。

2. 操作步骤

拉长命令是调整直线长度大小，使其在一个方向上或是按比例增大或缩小，调用拉长命令后会在命令窗口出现提示：选择对象或［增量（DE）/百分数（P）/全部（T）/动态（DY）］：

各部分解释如下：

（1）增量（DE）：沿着直线方向增加或者减少直线的长度。正增量为直线拉长，负增量为直线缩短。

（2）百分数（P）：指直线长度变化的比例。输入 50，表示直线变化为原长度的 50%，即直线缩短了一半。

（3）全部（T）：直接输入直线的总长度，即可得到直线新的总长度。

（4）动态（DY）：可以通过鼠标随时调整直线的长度。

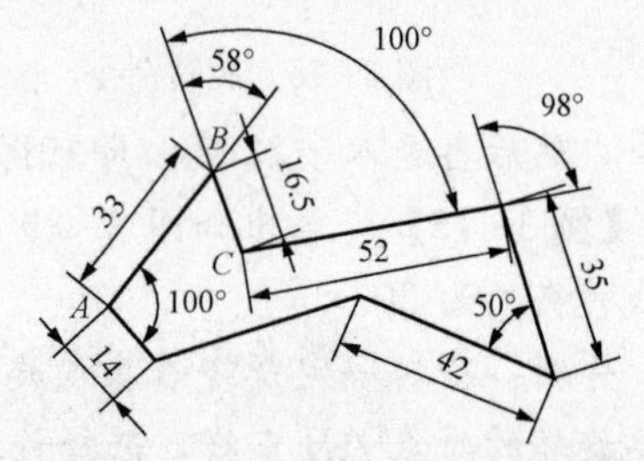

图 3 - 30　“拉长”命令的实际应用

【例 3 - 16】　画出如图 3 - 30 所示的图形。

分析：图 3 - 30 所示的图形与水平线的夹角没有具体的要求，因此可以调用直线命令从 *A* 点开始作图，先画出长度为33的直线（方向大致确定一下即可），然后调用旋转命令，旋转基点选在 B 点，旋转角度设为58°（逆时针）。再调用拉长命令调整直线的长度。

作图步骤如下：

命令：_ line 指定第一点：A 点

指定下一点或［放弃（U）］：33（方向大致确定一下）

指定下一点或［放弃（U）］：回车结束直线命令

命令：_ rotate

UCS 当前的正角方向：　ANGDIR＝逆时针　ANGBASE＝0

选择对象：选择 AB 直线

选择对象：回车

指定基点：选 B 点为基点

指定旋转角度或［复制（C）/参照（R）］<335>：C

指定旋转角度或［复制（C）/参照（R）］<335>：58

命令：_ lengthen

选择对象或［增量（DE）/百分数（P）/全部（T）/动态（DY）］：

当前长度：33.0000

选择对象或［增量（DE）/百分数（P）/全部（T）/动态（DY）］：T

指定总长度或［角度（A）］<1.0000）>：16.5

选择要修改的对象或［放弃（U）］：选择 BC 直线

按照此方式依次画出其余线段。

3.6.2 拉伸（STRETCH）

1. 命令调用

（1）命令行：STRETCH。

（2）下拉菜单：修改→拉伸。

（3）修改工具栏：。

2. 操作步骤

调整对象大小使其在一个方向上或是按比例增大或缩小。可以重定位穿过或在交叉选择窗口内的对象的端点。

拉伸必须以交叉窗口或交叉多边形来选择要拉伸的对象。与窗口交叉的对象将被拉伸，完全在窗口内的对象将作移动。如图3-31（a）所示的三角形全部在窗口内，因此在拉伸过程中将作移动。其余三条线将作拉伸。

拉伸操作的几点说明：

在选取对象时，对于由 LINE、ARC、TRACE、SOLID、PLINE 等命令绘制的直线段或圆弧段，若其整个均在选取窗口内，则执行的结果是对其进行移动，若其一端在选取窗口内，另一端在选取窗口外，则有以下拉伸规则：

（1）直线（LINE）：窗口外的端点不动，窗口内的端点移动，直线拉长或缩短。

（2）圆弧（ARC）：与直线类似，在圆弧改变的过程中，圆弧的弦高保持不变，由此来

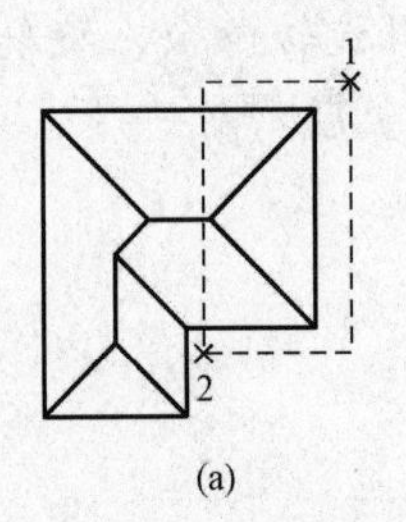

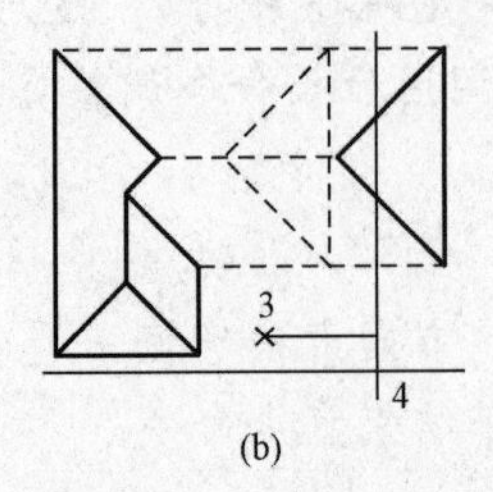

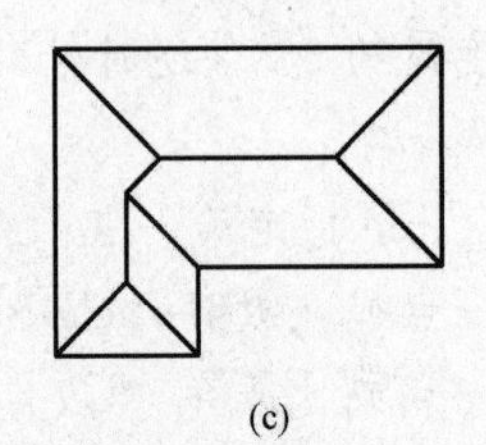

图3-31　拉伸操作

(a) 交叉窗口选择对象；(b) 确定拉伸基点；(c) 拉伸后的结果

调整圆心的位置和圆弧起使角、终止角的值。当圆弧的圆心位于选择窗口内时，执行的结果是进行圆弧移动。

(3) 等宽线（TRACE）、区域填充（SOLID）：窗口外的端点不动，窗口内的端点移动，由此来改变图形。

(4) 多义线（PLINE）：与直线或圆弧相似，但多义线的两端宽度、切线方向以及曲线拟合信息都不改变。

(5) 圆（CIRCLE）：圆不能被拉伸，当圆的圆心位于选择窗口内时执行的结果是进行圆的移动。

(6) 文本和属性：当文本的基点在窗口内时作移动。

(7) 形与块：当插入点在窗口内时作移动。

(8) 某些对象类型（如圆、椭圆和块）无法拉伸。

拉伸命令在绘制施工图时非常重要。

3.6.3　延伸（EXTEND）

1. 命令调用

(1) 命令行：EXTEND。

(2) 下拉菜单：修改→延伸。

(3) 修改工具栏：--/。

2. 操作步骤

通过缩短或拉长，使对象与其他对象的边相接。延伸对象，使它们精确地延伸至由其他对象定义的边界边。如图3-32所示，将直线精确地延伸到由一个圆定义的边界边。

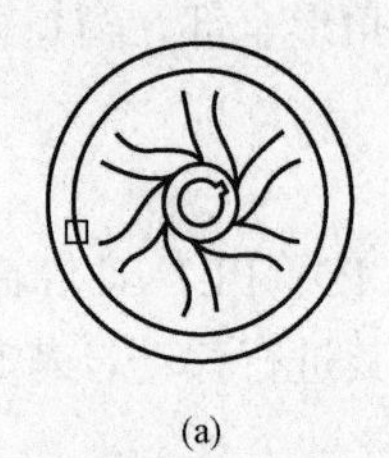

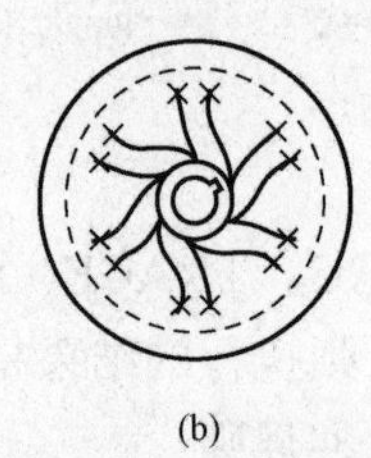

图3-32　延伸操作

(a) 选定边界；(b) 选定要延伸的对象；(c) 延伸后的结果

3.7　绘图命令多段线（PLINE）与多段线修改（PEDIT）

多段线是作为单个对象创建的相互连接的序列线段。使用PLINE命令可以创建直线段、弧线段或两者的组合线段。多段线可以由等宽或不等宽的直线以及圆弧组成，如图3-33所示。

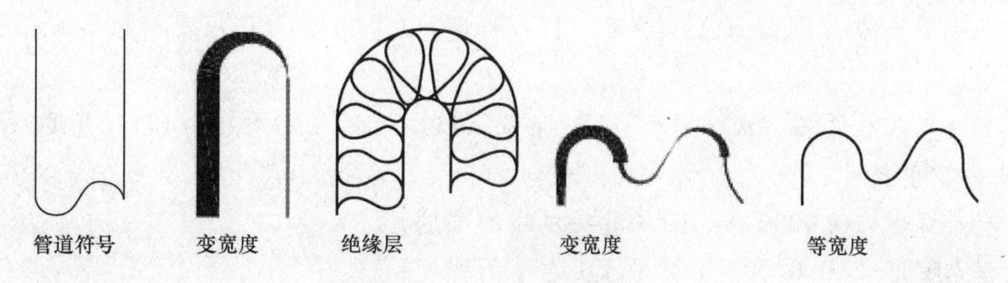

图3-33　多段线示例

3.7.1　多段线的定义

多义线（多段线）PLINE——指定下一点或［圆弧（A）/闭合（C）/半宽（H）/长度（L）/放弃（U）/宽度（W）］：

宽度的概念：如图3-34所示。

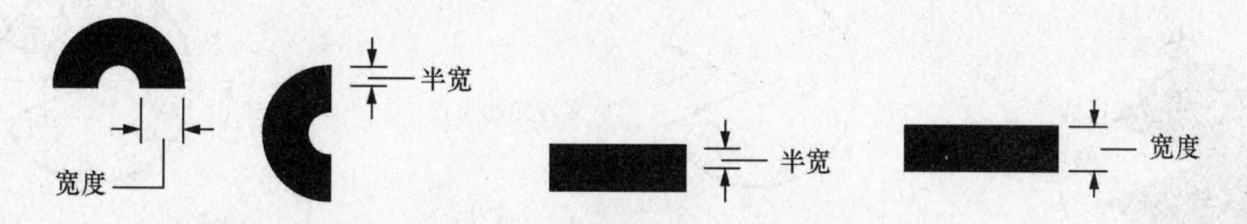

图3-34　多段线宽度的概念

多段线的几点说明如下：

（1）起点半宽将成为默认的端点半宽。端点半宽在再次修改半宽之前将作为所有后续线段的统一半宽。宽线线段的起点和端点位于宽线的中心。

（2）起点宽度将成为默认的端点宽度。端点宽度在再次修改宽度之前将作为所有后续线段的统一宽度。宽线线段的起点和端点位于宽线的中心。

（3）在典型情况下，相邻多段线线段的交点将倒角。但在弧线段互不相切、有非常尖锐的角或者使用点画线线型的情况下将不倒角。

3.7.2　多段线绘图实例

1. 命令调用

（1）命令行：PLINE。

（2）下拉菜单：绘图→多段线。

（3）绘图工具栏：。

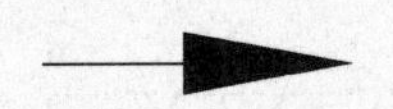

图 3-35 箭头

2. 操作步骤

【例 3-17】 绘制如图 3-35 所示的图形。

作图步骤如下：

命令行：PLINE

指定起点：

当前线宽为 0.0000

指定下一个点或［圆弧（A）/半宽（H）/长度（L）/放弃（U）/宽度（W）］：20（左边直线的长度）

指定下一点或［圆弧（A）/闭合（C）/半宽（H）/长度（L）/放弃（U）/宽度（W）］：W（设定箭头的宽度尺寸）

指定起点宽度＜0.0000＞：10（箭头左端的宽度）

指定端点宽度＜10.0000＞：0（箭头右端的宽度）

指定下一点或［圆弧（A）/闭合（C）/半宽（H）/长度（L）/放弃（U）/宽度（W）］：30（箭头的长度）

【例 3-18】 绘制如图 3-36 所示的图形。

分析：多段线绘制圆弧半径是指圆心到线宽的一半处。由于圆弧的半径为 25，所以多段线的线宽应设为 50。当调用多段线命令时，起点的位置可以设在 *A* 点（或 *B* 点），如图 3-37（a）所示。起点到圆心的角度为 22.5 度，如图 3-37（b）所示。

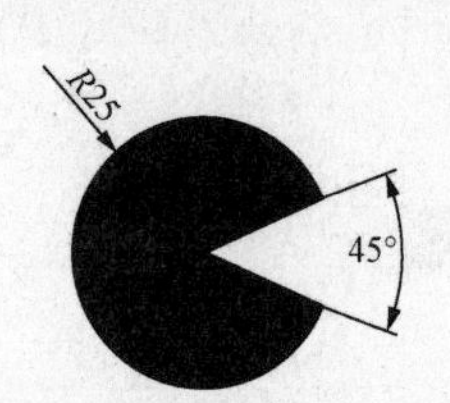

图 3-36 多段线圆弧的画法

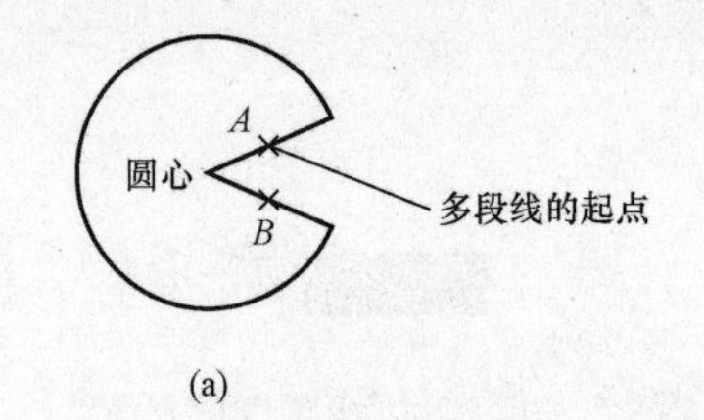

图 3-37 多段线圆弧操作

作图步骤如下：

命令行：PLINE

指定起点：选定 *A* 点

当前线宽为 0

指定下一个点或［圆弧（A）/半宽（H）/长度（L）/放弃（U）/宽度（W）］：W

指定起点宽度＜50.0000＞：50

指定端点宽度＜50.0000＞：50

指定下一个点或［圆弧（A）/半宽（H）/长度（L）/放弃（U）/宽度（W）］：A

指定圆弧的端点或［角度（A）/圆心（CE）/方向（D）/半宽（H）/直线（L）/半径（R）/第二个点（S）/放弃（U）/宽度（W）］：CE

指定圆弧的圆心：@25＜202.5

指定圆弧的端点或［角度（A）/长度（L）］：A

指定包含角：315 完成图形。

读者可以将多段线起点设在 B 点，绘制一下如图 3-36 所示的图形。

3.7.3　多段线修改（PEDIT）

多段线可以通过闭合和打开多段线，以及移动、添加或删除单个顶点来修改多段线。可以在任何两个顶点之间拉直多段线；也可以切换线型，以便在每个顶点前或后显示虚线。可以为整个多段线设置统一的宽度，也可以分别控制各个线段的宽度。还可以通过多段线创建线性近似样条曲线。

1. 命令调用

（1）命令行：PEDIT。

（2）下拉菜单：修改→对象→多段线。

（3）修改工具栏：。

2. 操作步骤

（1）合并多段线线段。如果直线、圆弧或另一条多段线的端点相互连接或接近，则可以将它们合并到打开的多段线。如果端点不重合，而是相距一段可设定的距离（称为模糊距离），则可以通过修剪、延伸或将端点用新的线段连接起来的方式来合并端点。

（2）修改多段线的特性。如果被合并到多段线的若干对象的特性不相同，则得到的多段线将继承所选择的第一个对象的特性。如果两条直线与一条多段线相接构成 Y 型，那么将选择其中一条直线并将其合并到多段线。合并将导致隐含非曲线化，程序将放弃原多段线和与之合并的所有多段线的样条曲线信息。一旦完成了合并，就可以拟合新的样条曲线生成多段线。

（3）多段线的其他修改操作。

1）闭合：创建多段线的闭合线段，连接最后一条线段与第一条线段。除非使用“闭合”选项闭合多段线，否则将会认为多段线是开放的。

2）合并：将直线、圆弧或多段线添加到开放的多段线的端点，并从曲线拟合多段线中删除曲线拟合。如果要将对象合并至多段线，则其端点必须接触。

3）宽度：为整个多段线指定新的统一宽度。使用“修改顶点”选项中的“宽度”选项修改线段的起点宽度和端点宽度。

4）修改顶点：通过在屏幕上绘制 X 来标记多段线的第一个顶点。如果已经指定此顶点的切线方向，则在此方向上绘制箭头。

5）拟合：创建连接每一对顶点的平滑圆弧曲线。曲线经过多段线的所有顶点并使用任何指定的切线方向。

6）样条曲线：将选定多段线的顶点用作样条曲线拟合多段线的控制点或边框。除非原始多段线闭合，否则曲线经过第一个和最后一个控制点。

7）非曲线化：删除圆弧拟合或样条曲线拟合多段线插入的其他顶点并拉直多段线的所有线段。

8）线型生成：生成通过多段线顶点的连续图案的线型。此选项关闭时，将生成始末顶点处为虚线的线型。

3.8 修改命令偏移（OFFSET）、阵列（ARRAY）

3.8.1 偏移（OFFSET）

1. 命令调用

（1）命令行：OFFSET。

（2）下拉菜单：修改→偏移。

（3）修改工具栏：。

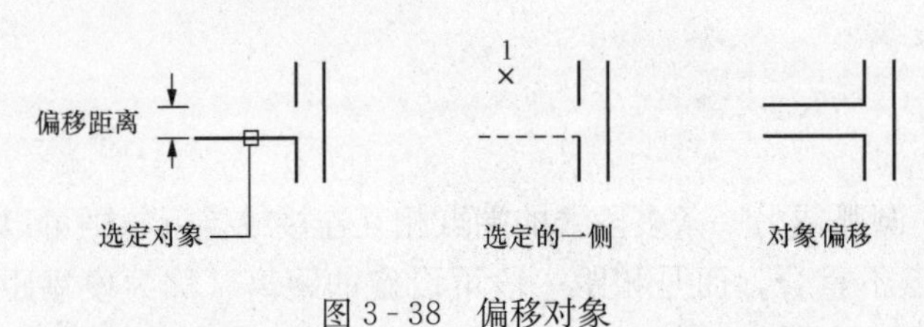

图 3-38 偏移对象

2. 操作步骤

偏移命令用于创建造型与选定对象造型平行的新对象。偏移圆或圆弧可以创建更大或更小的圆或圆弧，只是取决于向哪一侧偏移。偏移的对象必须是一个实体，如图 3-38 所示。

可以偏移的对象有：直线、圆弧、圆、椭圆和椭圆弧（形成椭圆形样条曲线）、二维多段线、构造线（参照线）和射线、样条曲线等。

偏移命令操作步骤如下：

命令：_ offset

当前设置：删除源＝否　图层＝源　OFFSETGAPTYPE＝0

指定偏移距离或［通过（T）/删除（E）/图层（L）］＜通过＞：50（输入要偏移的距离）回车

选择要偏移的对象或［退出（E）/放弃（U）］＜退出＞：选择要偏移的对象

指定要偏移的那一侧上的点或［退出（E）/多个（M）/放弃（U）］＜退出＞：在偏移的一侧点击一下鼠标左键。

选择要偏移的对象或［退出（E）/放弃（U）］＜退出＞：继续选择要偏移的对象，如不再偏移按 Enter 键结束命令。

3.8.2 阵列（ARRAY）

阵列有三种形式：矩形阵列、路径阵列、环形阵列

1. 命令调用

（1）命令行：ARRAY（也可直接输入矩形阵列 ARRAYRECT、路径阵列 ARRAYPATH、环形阵列 ARRAYPOLAR）。

（2）下拉菜单：修改→阵列｛矩形阵列、路径阵列、环形阵列｝

（3）修改工具栏：长按右下角的黑三角，出现后，进行阵列的选择。

2. 矩形阵列操作步骤

(1) 选择矩形阵列命令。

(2) 选择要阵列的对象，按 Enter 键后在屏幕上将显示预览阵列，如图 3-39 所示，同时命令窗口提示如下：

选择夹点以编辑阵列或［关联（AS)/基点(B)/计数（COU)/间距（S)/列数（COL)/行数(R)/层数（L)/退出（X)]＜退出＞：

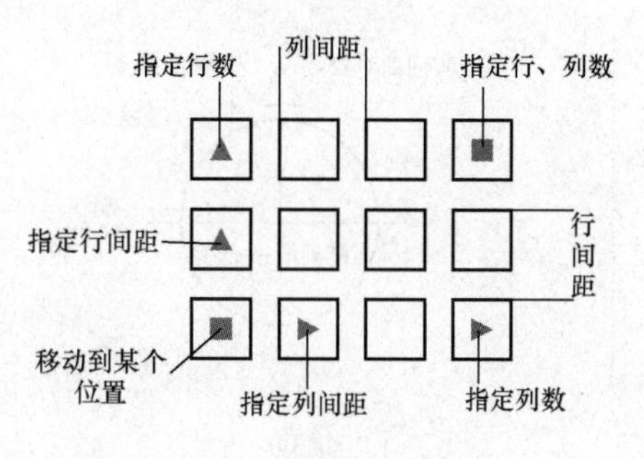

图 3-39　矩形阵列预览

3. 矩形阵列对话框

也可以在命令行中输入 ARRAYCLASSIC，按 Enter 键后即可出现如图 3-40 所示的对话框，即可在对话框中进行设置。行、列间距正负值和阵列角度可以决定阵列的方向。

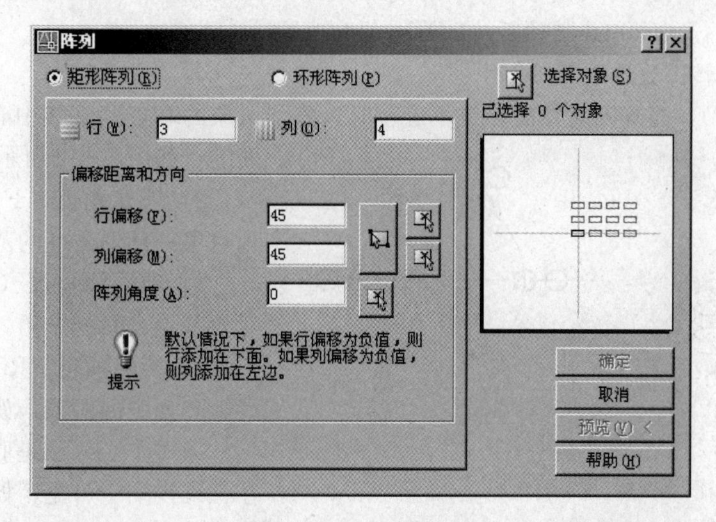

图 3-40　阵列对话框

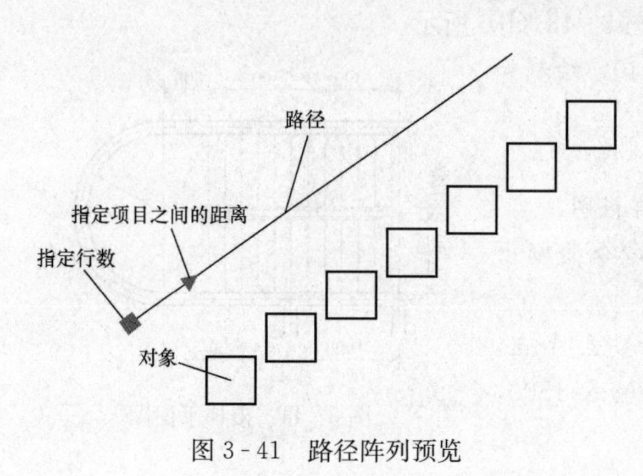

图 3-41　路径阵列预览

4. 路径阵列操作步骤

(1) 选择路径阵列命令。

(2) 选择要阵列的对象，按 Enter 键后在屏幕上将显示预览阵列，如图 3-41 所示。同时命令窗口提示如下：

选择夹点以编辑阵列或［关联（AS)/方法（M)/基点（B)/切向（T)/项目(I)/行（R)/层（L)/对齐项目（A)/z 方向（Z)/退出（X)]＜退出＞：

5. 环形阵列

(1) 选择环形阵列命令。

(2) 选择要阵列的对象，按 Enter 键后在屏幕上将显示预览阵列如图 3-42 所示。同时命令窗口提示：

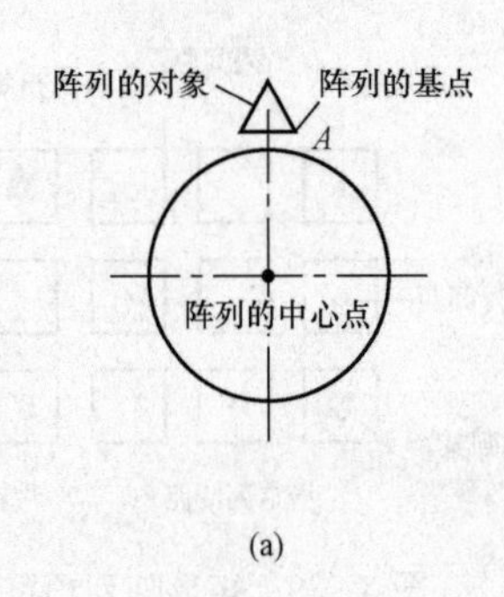

(a)

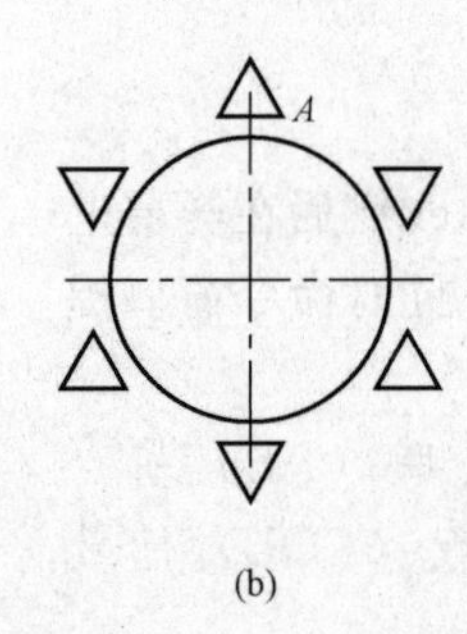

(b)

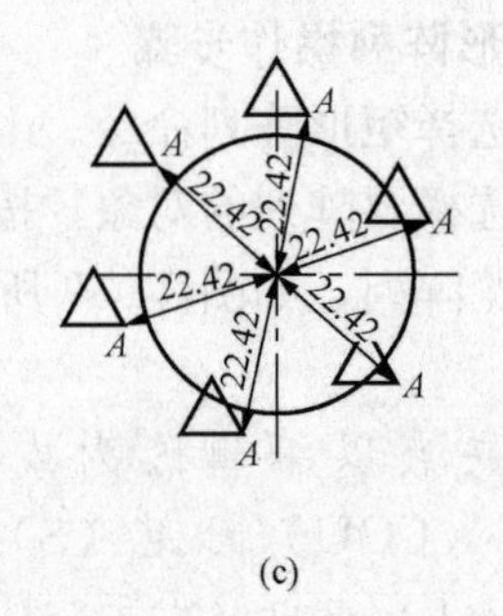

(c)

图3-42　环形阵列

(a) 原图；(b) 阵列时旋转；(c) 阵列时不旋转

选择夹点以编辑阵列或［关联（AS）/基点（B）/项目（I）/项目间角度（A）/填充角度（F）/行（ROW）/层（L）/旋转项目（ROT）/退出（X）］＜退出＞：

(3) 环形旋转部分选项含义如下：

1）基点（B）：当阵列对象旋转或不旋转时，阵列对象的基点到旋转中心的距离都是不变的，如图3-42所示。

2）填充角度（F）：是指全部阵列对象的环形角度的范围。

3）项目间角度（A）：是指每个对象基点之间的夹角。

4）旋转项目（ROT）：是指是否旋转阵列中的对象，如图3-42所示。

5）层（L）：是指共有多少层，在三维视图中可见，如图3-43所示。图3-43（a）中共有4层。

(a)　(b)

图3-43　层和行的概念

(a) 层；(b) 行

6）行（ROW）：是指共有多少圈，如图3-43（b）所示。

【例3-19】　已知楼梯平面图墙体厚240，绘制如图3-44所示的图形。

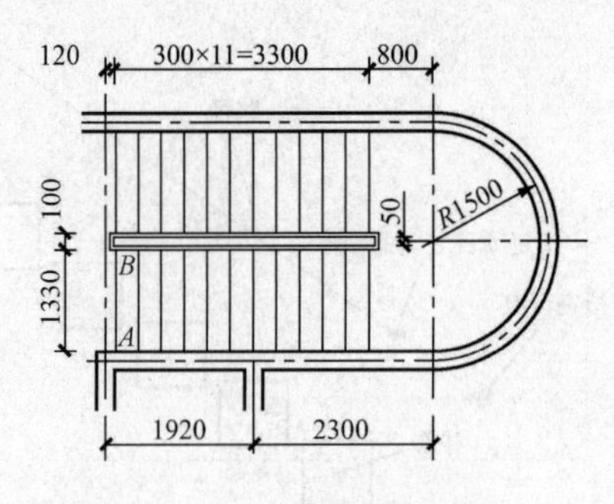

图3-44　楼梯平面图

作图步骤如下：

(1) 新建文件，调用A1扩大10倍的样板图。

(2) 选择中心线为当前层，选择直线命令绘制出如图3-45（a）所示的作图基准线。

(3) 选择多段线命令PLINE，将光标移至 A 点，向下移动鼠标，利用对象捕捉追踪，直接输入1500，如图3-45（b）所示。

命令：_pline

指定起点：1500（注意选择好对象捕捉追踪点）

指定下一个点或［圆弧（A）/半宽（H）/长度（L）/放弃（U）/宽度（W）］：4220

指定下一点或［圆弧（A）/闭合（C）/半宽（H）/长度（L）/放弃（U）/宽度（W）］：A

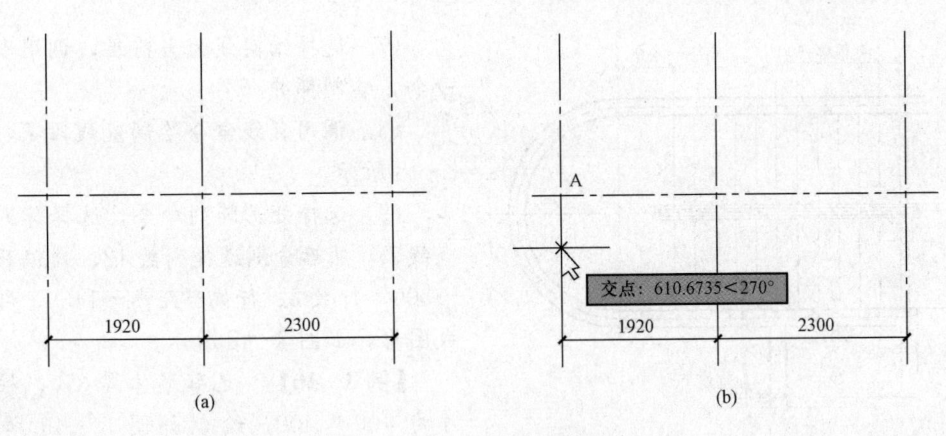

图3-45　设中心线为当前层

（选择圆弧模式）

［角度（A）/圆心（CE）/闭合（CL）/方向（D）/半宽（H）/直线（L）/半径（R）/第二个点（S）/放弃（U）/宽度（W）］：A（选择角度）

指定夹角：180

指定圆弧的端点（按住Ctrl键以切换方向）或［圆心（CE）/半径（R）］：R（选择圆弧半径）

指定圆弧的半径：1500

［角度（A）/圆心（CE）/闭合（CL）/方向（D）/半宽（H）/直线（L）/半径（R）/第二个点（S）/放弃（U）/宽度（W）］：左击确定圆弧的端点 *B*

指定圆弧的端点（按住Ctrl键以切换方向）或

［角度（A）/圆心（CE）/闭合（CL）/方向（D）/半宽（H）/直线（L）/半径（R）/第二个点（S）/放弃（U）/宽度（W）］：L（选择直线模式）

指定下一点或［圆弧（A）/闭合（C）/半宽（H）/长度（L）/放弃（U）/宽度（W）］：确定直线端点 *C*（如图3-46所示）

（4）选择偏移命令，偏移距离选择120，将绘制的多段线分别往外和往内单击一下，如图3-46所示。

（5）图层转换：选中偏移的两条线，然后选择图层为粗实线。

（6）选择直线命令将 *E*、*F*、*G* 处画出，再选择修剪命令修剪图形，如图3-47所示。

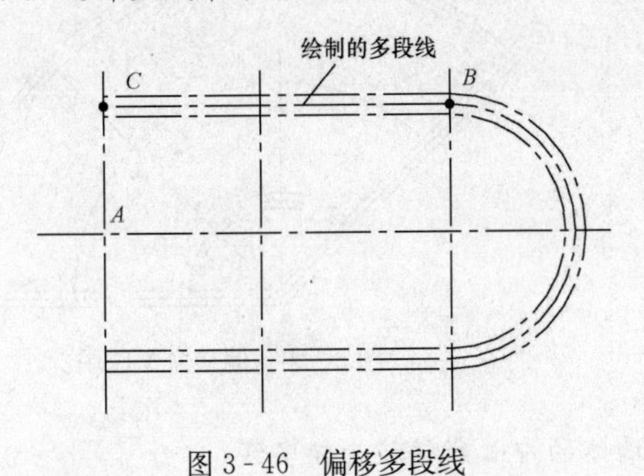

图3-46　偏移多段线

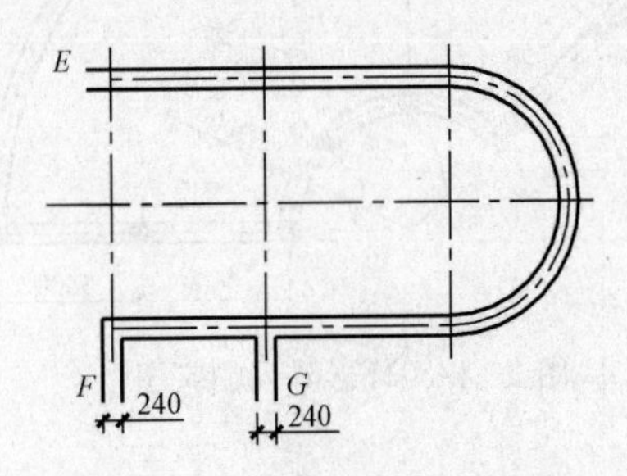

图3-47　绘制 *E*、*F*、*G* 处图形

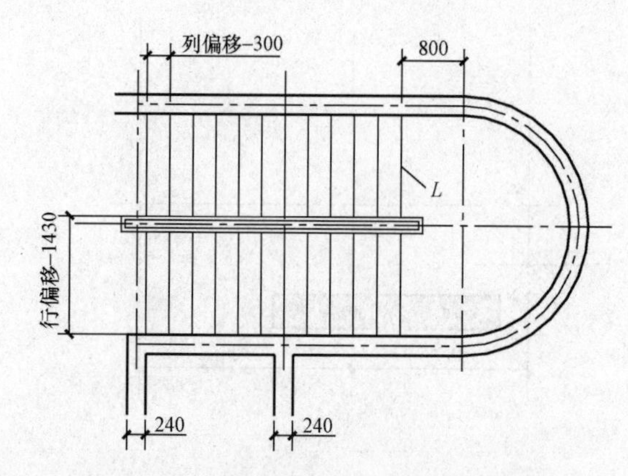

图 3-48 选择矩形阵列命令绘制踏步平面

（7）选择细实线为当前层，调用多段线命令，绘制梯井。

（8）调用直线命令绘制直线段 L，如图 3-48 所示。

（9）选择矩形阵列命令，选择阵列对象直线 L，然后分别选择列数 12、列偏移距离 -300，行数 2、行偏移距离 -1430，即可完成图形，如图 3-48 所示。

【例 3-20】 已知墙体厚 370，柱子尺寸为 400×400，绘制如图 3-49 所示的图形。

作图步骤如下：

（1）新建文件，调用 A3 扩大 100 倍样板图。

（2）选中心线为当前层，绘制水平中心线，长度为 11 000，然后利用旋转命令得到 135 度范围内的另外 3 条中心线，每条中心线旋转角度为 45 度，注意要选择旋转中的复制。

命令：_ rotate

UCS 当前的正角方向：　ANGDIR＝逆时针　ANGBASE＝0

选择对象：选择水平中心线　（第 2、3 次旋转时选 45°、90°的中心线）

选择对象：按 Enter 键

指定基点：选左端点为基点

指定旋转角度，或［复制（C）/参照（R）］<0>：C（此步骤一定要选）

指定旋转角度，或［复制（C）/参照（R）］<0>：45

（3）调用圆弧命令绘制出 $R3000$ 的圆弧。

（4）调用偏移命令，先设置偏移量为 3600，分别偏移外面两道圆弧轴线。

（5）调用偏移命令，设置墙体的偏移量为 185，分别偏移轴线，得到墙体的厚度，如图 3-50 所示。

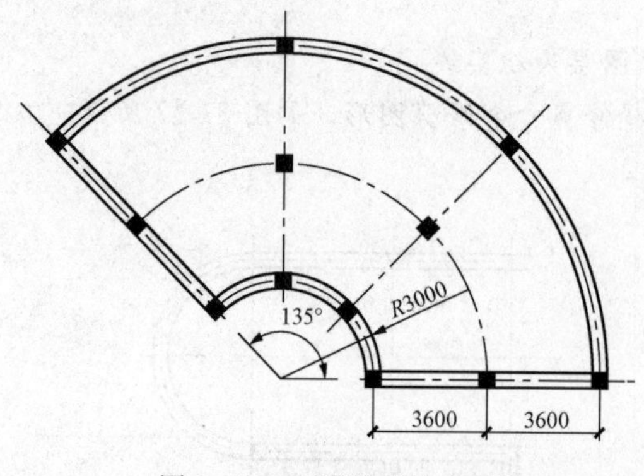

图 3-49 环形阵列的应用

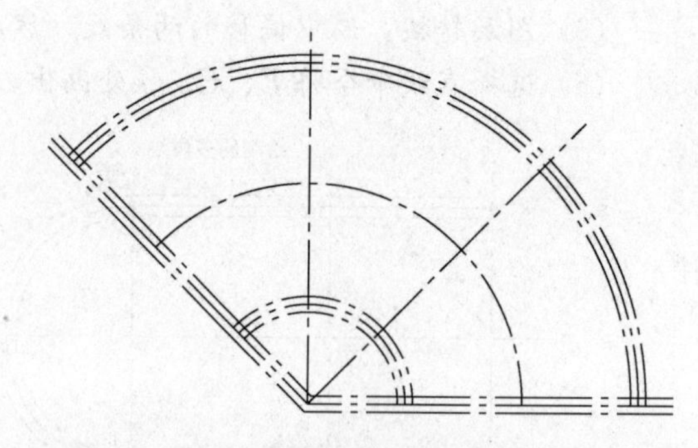

图 3-50 偏移命令应用

（6）修剪一下图形，利用图层转换，将墙体的中心线转换为粗实线。

(7) 将粗实线设置为当前层，调用矩形命令绘制水平轴线上的三根柱子，绘制步骤如图3-23所示。

(8) 选择环形阵列命令，选择对象为水平轴线上的3根柱子，阵列中心为圆弧中心，阵列项目总数为4个，阵列填充角度为135度。

3.9　修改命令缩放（SCALE）

1. 命令调用

(1) 命令行：SCALE。

(2) 下拉菜单：修改→缩放。

(3) 修改工具栏：▣。

2. 操作步骤

可以将对象按统一比例放大或缩小。

(1) 按比例因子缩放对象。选择缩放对象，指定基点和比例因子。另外，根据当前图形单位，还可以指定要用作比例因子的长度。当比例因子大于1时将放大对象；当比例因子介于0和1之间时将缩小对象。缩放可以更改选定对象的所有标注尺寸。按比例因子缩放对象的操作较为简单，我们不再举例。

(2) 按图形参照缩放对象。可以利用参照进行缩放。使用参照进行缩放将现有距离作为新尺寸的基础。若要使用参照进行缩放，需指定当前距离和新的所需尺寸。可以使用“参照”选项缩放整个图形。例如，可以在原图形单位需要修改时使用此选项。选择图形中的所有对象，然后使用“参照”选项选择两个点并指定所需的距离。图形中的所有对象将被相应地缩放。

【例3-21】　画出如图3-51所示的图形。

分析：图3-51中只给了一个尺寸60，按照多边形的绘制方式没法画出此图，所以可以先任意画一个五边形，然后利用参照缩放对象的方法将AB的尺寸调整到60。

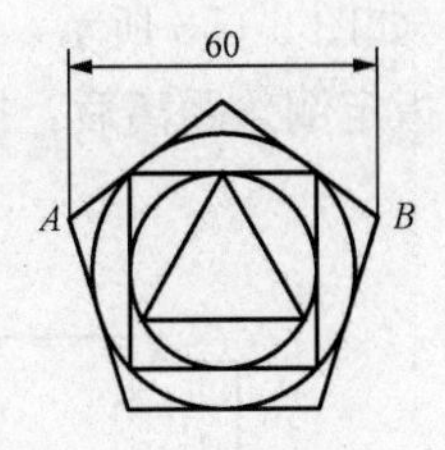

图3-51　缩放命令的应用

作图步骤如下：

(1) 调用多边形命令任意画一个五边形。

(2) 选择缩放命令的操作步骤如下：

命令：_ scale

选择对象：选择五边形

选择对象：回车

指定基点：选A点为基点

指定比例因子或［复制（C）/参照（R）］<1.0000>：　R

指定参照长度<1.0000>：　分别选择A点和B点

指定新的长度或［点（P）］<1.0000>：　60

(3) 选择画圆（相切、相切、相切）。

(4) 调用多边形命令画四边形（注：画完四边形后需用旋转命令旋转到规定的位置）。

（5）选择画圆（相切、相切、相切）。

（6）调用多边形命令画三边形。

3.10 修改命令倒角（CHAMFER）、圆角（FILLET）

倒角使用成角的直线连接两个对象，它通常用于表示角点上的倒角边。圆角使用与对象相切并且具有指定半径的圆弧连接两个对象。

3.10.1 倒角（CHAMFER）

1. 命令调用

（1）命令行：CHAMFER。

（2）下拉菜单：修改→倒角。

（3）修改工具栏：。

2. 操作步骤

可以倒角的对象有：直线、多段线、射线、构造线、三维实体。

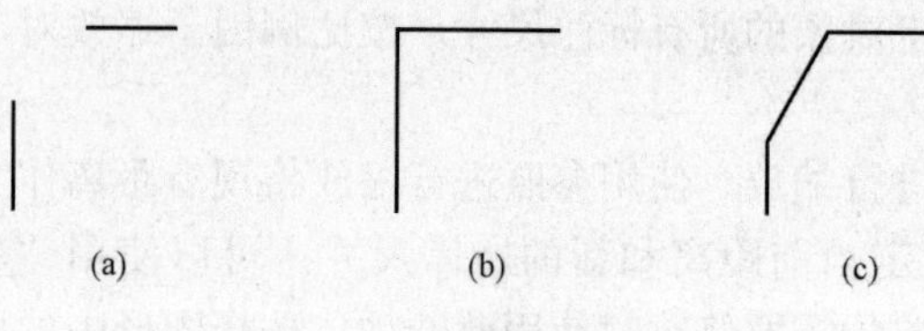

图 3-52 倒角实例一

（a）原对象；（b）倒角距离为 0；（c）倒角距离不为 0

（1）通过指定距离进行倒角。倒角距离是每个对象与倒角线相接或与其他对象相交而进行修剪或延伸的长度。如果两个倒角距离都为 0，则倒角操作将修剪或延伸这两个对象，直至它们相交，但不创建倒角线。选择对象时，可以按住 Shift 键，以便使用值 0 替代当前倒角距离，如图 3-52 所示。

如图 3-53 所示，将第一条直线的倒角距离设置为 10，将第二条直线的倒角距离设置为 5。指定倒角距离后，按如图 3-53 所示的方法选择两条直线。

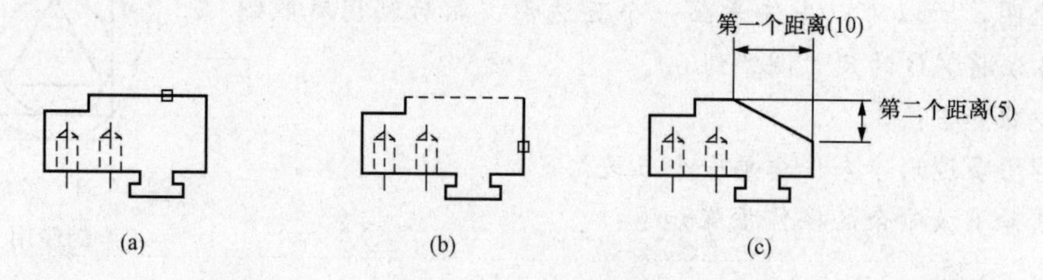

图 3-53 倒角实例二

（a）选定的第一条直线；（b）选定的第二条直线；（c）结果

（2）按指定长度和角度进行倒角。可以通过指定第一个选定对象的倒角线起点及倒角线与该对象形成的角度来对两个对象进行倒角。如图 3-54 所示，对两条直线进行倒角，使倒角线沿第一条直线距交点 5 个单位处开始，并与该直线呈 30°角。

（3）为多段线和多段线线段倒角。如果选择的两个倒角对象是一条多段线的两个线段，则它们必须相邻或仅隔一个弧线段。如图 3-55 所示，如果它们被弧线段间隔，则倒角时将删除此弧并用倒角线替换它。

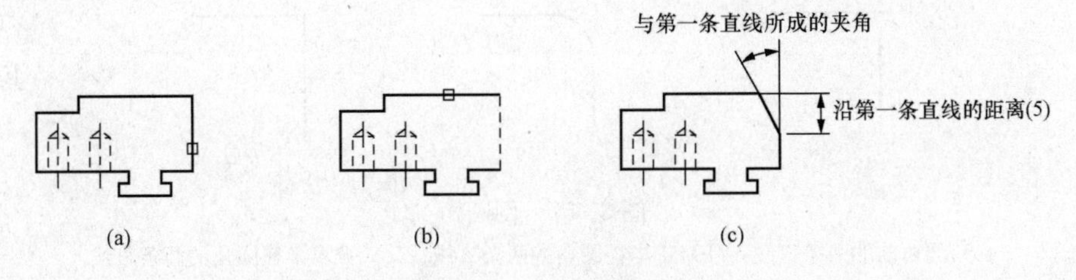

图 3-54　倒角实例三

(a) 选定的第一条直线；(b) 选定的第二条直线；(c) 结果

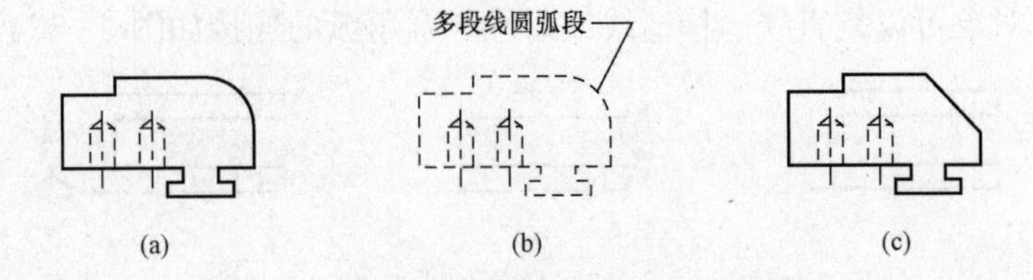

图 3-55　倒角实例四

(a) 选定的第一条多段线线段；(b) 选定的第二条多段线线段；(c) 结果：倒角线替换多段线圆弧

对整条多段线倒角时，只对那些长度足够适合倒角距离的线段进行倒角。在如图 3-56 所示的例子中，某些多段线因线段太短而不能进行倒角。

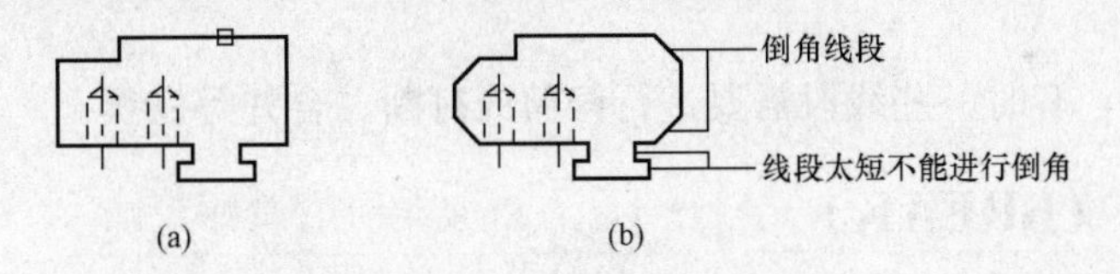

图 3-56　倒角实例五

(a) 选定的多段线；(b) 结果

3.10.2　圆角 (FILLET)

1. 命令调用

(1) 命令行：FILLET。

(2) 下拉菜单：修改→圆角。

(3) 修改工具栏：⌈。

2. 操作步骤

可以倒圆角的对象有：圆弧、圆、椭圆和椭圆弧、直线、多段线、射线、样条曲线、构造线、三维实体。

(1) 设置圆角半径。圆角半径是连接被圆角对象的圆弧半径。修改圆角半径将影响后续的圆角操作。如果设置圆角半径为 0，则被圆角的对象将被修剪或延伸，直到它们相交，并且不创建圆弧，如图 3-57 所示。

一旦圆角半径被定义，输入的值将成为后续 FILLET 命令的当前半径。修改此值并不影响现有的圆角弧。

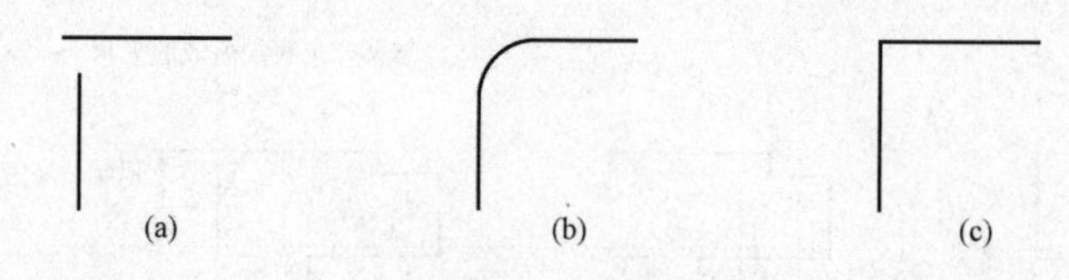

图 3-57 倒圆角

（a）圆角前的两条直线；（b）带半径圆角的两条直线；（c）带零半径圆角的两条直线

（2）平行直线倒圆角。可以为平行直线、参照线和射线倒圆角，临时调整当前圆角半径以创建与两个对象相切且位于两个对象的共有平面上的圆弧。第一个选定对象必须是直线或射线，但第二个对象可以是直线、构造线或射线。圆角弧的连接如图 3-58 所示。

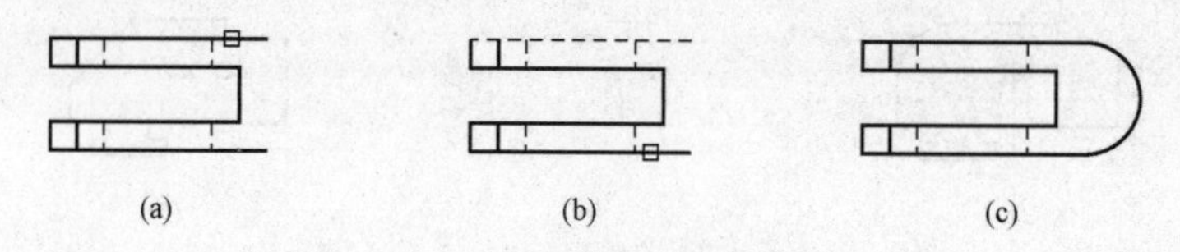

图 3-58 平行直线倒圆角

（a）选定的第一条平行线；（b）选定的第二条平行线；（c）结果

3.11 打断（BREAK）、合并（JOIN）

在绘图过程中，有时一些线段需要进行修剪或打断、合并等操作。

3.11.1 打断（BREAK）

1. 命令调用

（1）命令行：BREAK。

（2）下拉菜单：修改→打断。

（3）修改工具栏：□。

2. 操作步骤

可以将一个对象打断为两个对象，对象之间可以具有间隙，也可以没有间隙。当中心线过长时可以采用打断命令。可以在大多数几何对象上创建打断，但不包括的对象有：块、标注、多线、面域。

打断对象有以下几种方式：

（1）在选择打断对象的同时，第一个打断点即确定下来，然后确定第二个打断点，即可打断对象。

（2）在选择打断对象的同时，第一个打断点即确定下来，如果不合适则输入 F，重新确定第一个打断点的位置。

（3）如果要将对象一分为二，即打断对象而不创建间隙，则需在相同的位置指定两个打断点。完成此操作的最快方法是在提示输入第二点时输入@0，0。

（4）AutoCAD 按逆时针方向打断圆或圆弧上第一个打断点到第二个打断点之间的部分。

(5) 若第二点选取到图形外部，则在第一点和第二点之间的图形全部被打断。

3.11.2　合并 (JOIN)

1. 命令调用

(1) 命令行：JOIN。

(2) 下拉菜单：修改→合并。

(3) 修改工具栏：。

2. 操作步骤

将相似的对象合并为一个对象。用户也可以使用圆弧和椭圆弧创建完整的圆和椭圆。用户可以合并的对象如下：

(1) 圆弧—圆弧对象必须位于同一假想的圆上，但是它们之间可以有间隙。使用“闭合”选项可以将源圆弧转换成圆。

(2) 椭圆弧—椭圆弧必须位于同一椭圆上，但是它们之间可以有间隙。使用“闭合”选项可以将源椭圆弧闭合成完整的椭圆。

(3) 直线—直线对象必须共线（位于同一无限长的直线上），但是它们之间可以有间隙。

(4) 多段线—多段线对象可以是直线、多段线或圆弧，对象之间不能有间隙，并且必须位于与 UCS 的 XY 平面平行的同一平面上。

(5) 样条曲线—样条曲线对象必须位于同一平面内，并且必须首尾相邻（端点到端点放置）。

3.12　点 (POINT)、定数等分 (DIVIDE)、定距等分 (MEASURE)

3.12.1　点样式显示方式

作为节点或参照几何图形的点对象对于对象捕捉和相对偏移非常有用，可以相对于屏幕或使用绝对单位设置点的样式和大小。修改点的样式如图 3-59 所示。

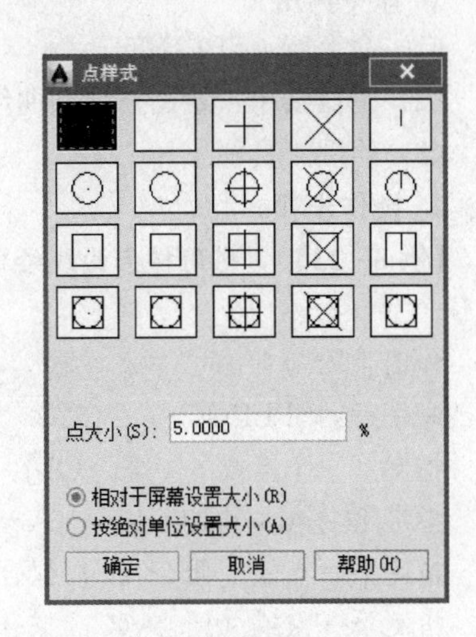

图 3-59　点样式的选择

1. 点样式设置

(1) 命令行：DDPTYPE（或'DDPTYPE，供透明使用）。

(2) 下拉菜单：格式→点样式。

2. 命令调用

(1) 命令行：POINT。

(2) 下拉菜单：绘图→点。

(3) 绘图工具栏：。

3. 操作步骤

设置好所需要的点样式后，即从下拉菜单或工具栏下调用点命令绘制点即可。使用“节点”对象捕捉可以捕捉到一个点。

3.12.2 定数等分（DIVIDE）

1. 命令调用

(1) 命令行：DIVIDE。

(2) 下拉菜单：绘图→点→定数等分。

2. 操作步骤

将一个对象分割成相等长度的几部分，自动计算对象的长度，按相等的间隔放置等分标记，等分标记可以是点或者图块，如图 3-60 所示。

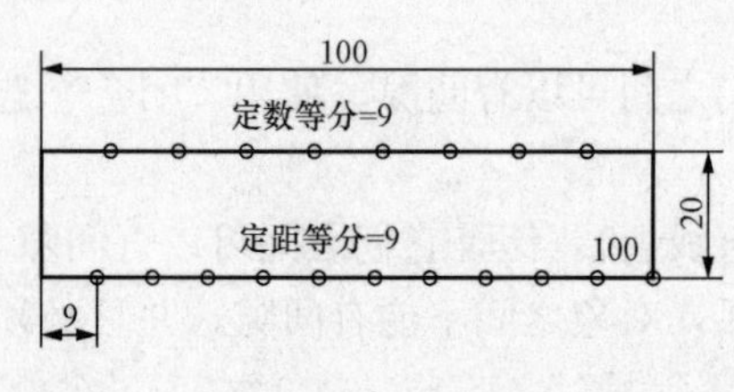

图 3-60 等分标记

3.12.3 定距等分（MEASURE）

1. 命令调用

(1) 命令行：MEASURE。

(2) 下拉菜单：绘图→点→定距等分。

2. 操作步骤

在指定的对象上按指定的长度用点或块作标记插入对象中，如图 3-60 所示。

3.13 样条曲线（SPLINE）与样条曲线修改（SPLINEDIT）

样条曲线可以用来画波浪线。

1. 命令调用

(1) 命令行：SPLINE。

(2) 下拉菜单：绘图→样条曲线。

(3) 绘图工具栏：。

2. 操作步骤

【例 3-22】 利用样条曲线绘制如图 3-61 所示的图形。

图 3-61 样条曲线的应用

作图步骤如下：

命令行：SPLINE

指定第一个点或［对象（O）］：任意确定左下角一点

指定下一点：@10，10

指定下一点或［闭合（C）/拟合公差（F）］<起点切向>：@10，－10

指定下一点或［闭合（C）/拟合公差（F）］<起点切向>：@10，10

指定下一点或［闭合（C）/拟合公差（F）］<起点切向>：@10，－10

指定下一点或［闭合（C）/拟合公差（F）］<起点切向>：回车结束命令

3.14　徒手作图（SKETCH）

徒手绘制用于创建不规则的边界。徒手绘图时，定点设备就像画笔一样。单击定点设备将把“画笔”放到屏幕上，这时可以进行绘图，再次单击将提起画笔并停止绘图。徒手画由许多条线段组成，每条线段都可以是独立的对象或多段线，可以设置线段的最小长度或增量。使用较小的线段可以提高精度，但会明显增加图形文件的大小。因此，要尽量减少使用此工具。

1. 命令调用

命令行：SKETCH。

2. 操作步骤

命令行：SKETCH

徒手画。　画笔（P）退出（X）结束（Q）记录（R）删除（E）连接（C）。输入选项或按指针按钮

（1）画笔（P）（拾取按钮）：提笔和落笔。在用定点设备选取菜单项前必须提笔。

（2）退出（X）——ENTER（按钮3）：记录及报告临时徒手画线段数并结束命令。

（3）结束（Q）：放弃从开始调用SKETCH命令或上一次使用“记录”选项时所有临时的徒手画线段，并结束命令。

（4）记录（R）：永久保存临时线段且不改变画笔的位置。用下面的提示报告线段的数量，已记录直线的条数。

（5）删除（E）：删除临时线段的所有部分，如果画笔已落下则提起画笔。选择删除端点。

（6）连接（C）：落笔，继续从上次所画的线段的端点或上次删除的线段的端点开始画线。

连接：移动到直线端点。

落笔：从上次所画的线段的端点到画笔的当前位置画线，然后提笔。

注意：AutoCAD将徒手画线段捕捉为一系列独立的线段。当SKPOLY系统变量设置为一个非零值时，将为每个连续的徒手画线段（而不是为多个线性对象）生成一个多段线。

记录的增量值定义直线段的长度。定点设备移动的距离必须大于记录增量才能生成线段。

3.15　构造线（XLINE）、射线（RAY）

3.15.1　构造线（XLINE）

两个方向无限延伸的直线称为构造线，可用作创建其他对象的参照，一般作辅助线用。

命令调用方法如下：

（1）命令行：XLINE。

（2）下拉菜单：“绘图”→“构造线”。

（3）绘图工具栏：。

3.15.2 射线（RAY）

向一个无限延伸的直线称为射线，可用作创建其他对象的参照，一般作辅助线用。

命令调用方法如下：

（1）命令行：RAY。

（2）下拉菜单：绘图→射线。

3.16 多个对象与一个对象的转换

在实际绘图过程中，经常会要求将多个对象变为一个对象，或者将一个对象变为多个对象。

3.16.1 将多个对象变为一个对象的方法

1. 创建边界

（1）命令行：BOUNDARY。

（2）下拉菜单：绘图→边界。

2. 面域

（1）命令行：REGION。

（2）下拉菜单：绘图→面域。

（3）绘图工具栏：。

3. 编辑多段线

（1）命令行：PEDIT。

（2）下拉菜单：修改→对象→多段线。

（3）修改工具栏：。

命令：_pedit

选择多段线或［多条（M）］：选择要合并的对象

选定的对象不是多段线：

是否将其转换为多段线？＜Y＞按Enter键

输入选项［闭合（C）/合并（J）/宽度（W）/编辑顶点（E）/拟合（F）/样条曲线（S）/非曲线化（D）/线型生成（L）/反转（R）/放弃（U）］：J

选择对象：找到1个

选择对象：找到1个，总计2个

选择对象：如果不选按Enter键

多段线已增加1条线段

输入选项［打开（O）/合并（J）/宽度（W）/编辑顶点（E）/拟合（F）/样条曲线（S）/非曲线化（D）/线型生成（L）/反转（R）/放弃（U）］：按Enter键。

3.16.2　将一个对象变为多个对象的方法

使用分解命令（Explode）将一个对象变为多个对象。

1. 命令调用

（1）命令行：EXPLODE。

（2）下拉菜单：修改→分解。

（3）修改工具栏：。

2. 操作步骤

如果需要在一个图形、块、尺寸中单独修改一个或多个对象，可以将图形、块、尺寸定义分解为它的组成对象。修改之后，可以重新创建新的块定义、重定义现有的块定义、保留组成对象不组合以供他用。

3.17　面域的布尔运算

AutoCAD允许用户对面域进行并集（UNION）、差集（SUBTRACT）、交集（INTERSECTION）这样的布尔运算。用户必须对封闭的区域建立面域，才能进行布尔运算。

3.17.1　并集

1. 命令调用

（1）命令行：UNION。

（2）下拉菜单：修改→实体编辑→并集。

（3）“实体编辑”工具栏：。

2. 操作步骤

对如图3-62所示的图形进行并集运算。

（1）首先对A、B两区域建立面域，如图3-62（a）所示。

（2）调用并集命令选择A、B两面域，执行结果如图3-62（b）所示。

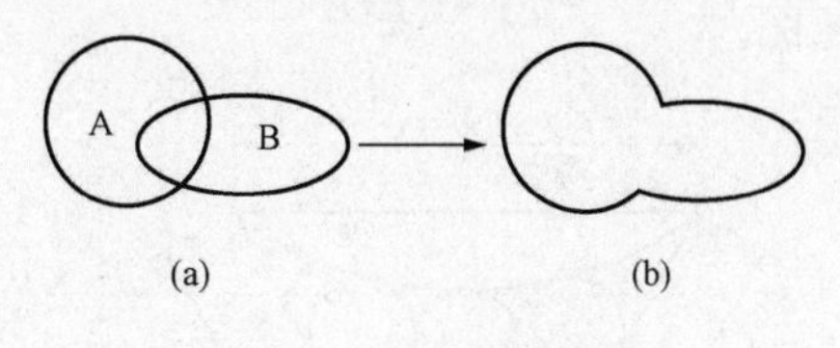

图3-62　并集运算

3.17.2　差集

1. 命令调用

（1）命令行：SUBTRACT。

（2）下拉菜单：修改→实体编辑→差集。

（3）“实体编辑”工具栏：。

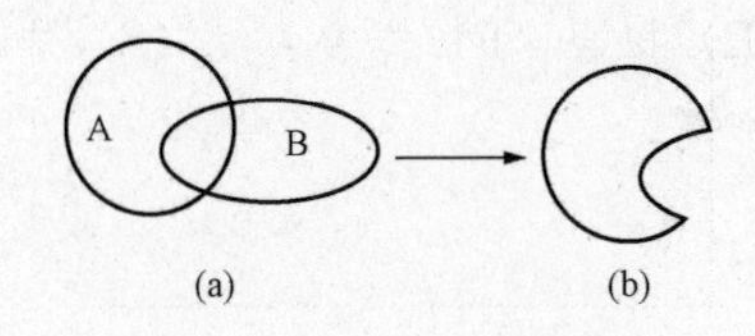

图 3-63　差集运算

2. 操作步骤

对如图 3-63 所示的图形进行差集运算。

（1）首先对 A、B 两区域建立面域，如图 3-63（a）所示。

（2）调用差集命令，先选择要从中减去的面域 A，再选择要减去的面域 B，执行结果如图 3-63（b）所示。

3.17.3　交集

1. 命令调用

（1）命令行：INTERSECTION。

（2）下拉菜单：修改→实体编辑→交集。

（3）“实体编辑”工具栏：。

2. 操作步骤

对如图 3-64 所示的图形进行交集运算。

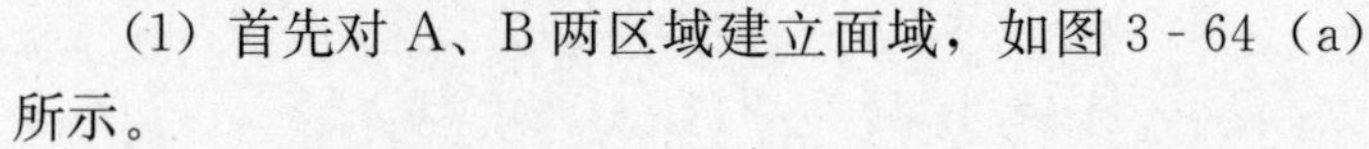

（1）首先对 A、B 两区域建立面域，如图 3-64（a）所示。

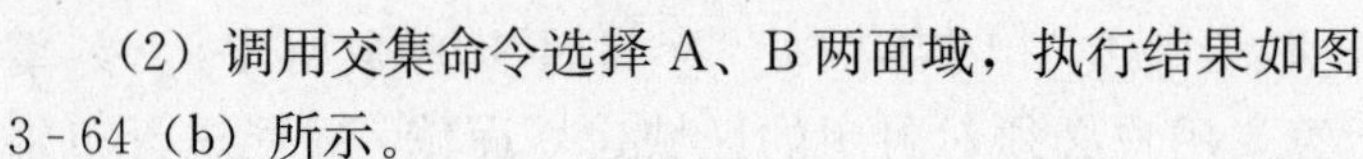

（2）调用交集命令选择 A、B 两面域，执行结果如图 3-64（b）所示。

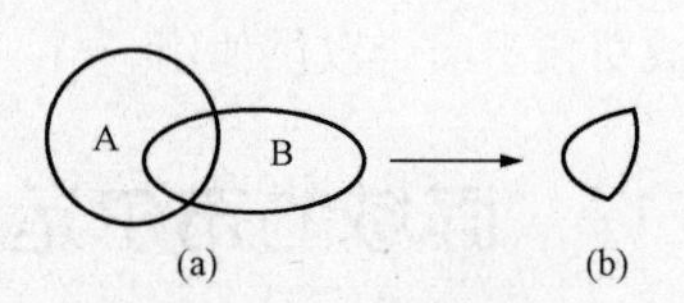

图 3-64　交集运算

3.18　图形的参数化

在 CAD 绘图中，参数化绘图越来越显示出它的作用，从草图设计到详细的设计，参数化起到了关键的作用，它能准确地表达各个尺寸之间、各个元素之间的约束关系，使得在详细设计中，可以保持这个约束关系，从而达到参数传递的目的。在大型设计中，布局设计就是利用这个原理来进行类似产品的开发和新产品的设计。下面举例说明如何进行参数化绘图。

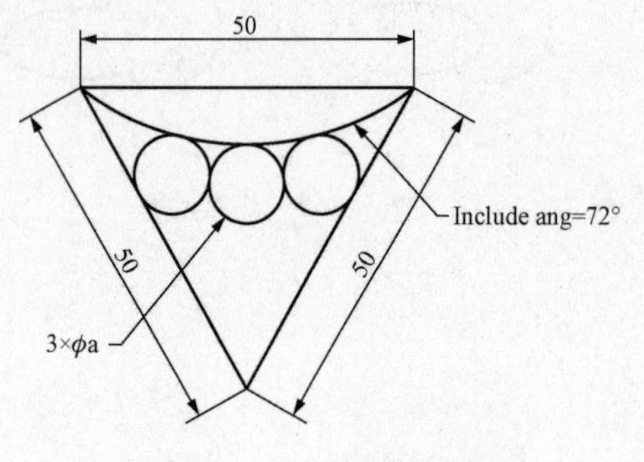

图 3-65　图形参数化举例

画出如图 3-65 所示的图形，等边三角形里面有 3 个直径相同的圆，和圆弧对应圆心角是 72°，它们之间都是相切关系。尺寸如图，求圆的直径。

如图 3-65 所示的图形如果不用参数化而采用几何画法，那么就需要有丰富几何知识，才能画得出来。现在用参数化约束它们之间关系，约束标注即可解出。

作图步骤如下：

（1）画任意形状三角形，如图 3-66（a）所示。

（2）画任意弧，如图 3-66（b）所示。

（3）画任意的三个圆，如图 3-66（c）所示。

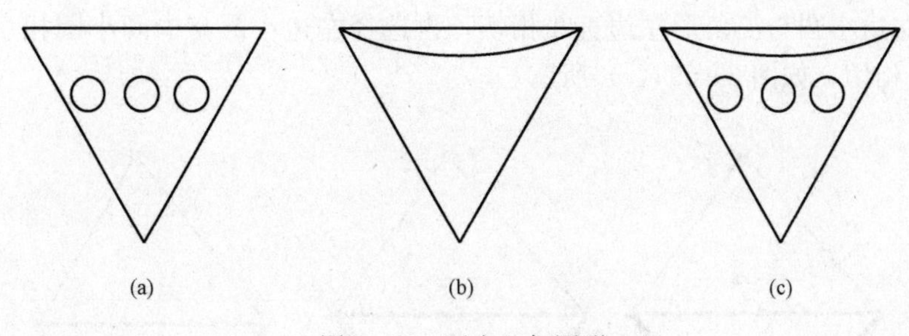

图 3-66　画出几何图形

（4）调出参数化、几何约束、标注约束工具栏，如图 3-67 所示。

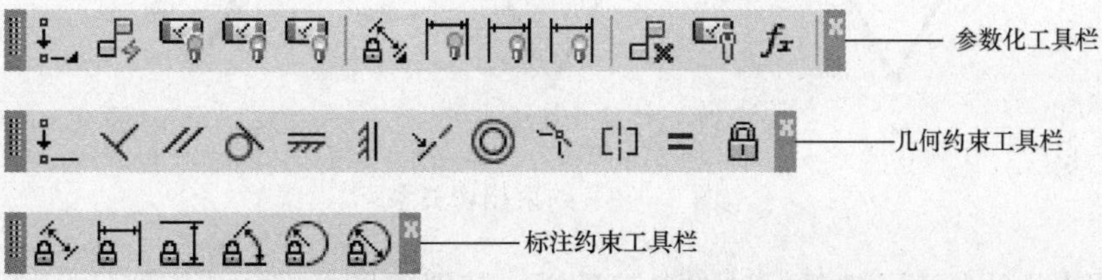

参数化工具栏

几何约束工具栏

标注约束工具栏

图 3-67　参数化、几何约束、标注约束工具栏

（5）任意画两条辅助线，如图 3-68（a）所示。

（6）约束重合关系，除三个圆外，全部选中，然后选择参数化工具栏中的自动约束。

（7）选择几何约束工具栏中的固定约束，将 1 点设为固定约束，如图 3-68（b）所示。

（8）约束相等关系，选择几何约束工具栏中的相等约束，然后分别选择三个小圆，再次选择几何约束工具栏中的相等约束，分别选择三角形的三条边。如图 3-68（c）所示。

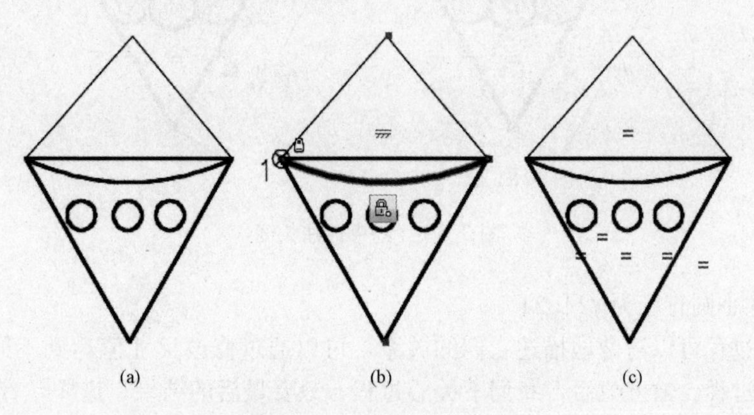

图 3-68　作辅助线并约束

（9）约束相切关系，选择几何约束工具栏中的相切约束，相切约束要选择好先后顺序，否则容易出错。三个小圆的相切顺序选择如下：

1）选择右边小圆与弧相切，再选择右边小圆与三角形右边直线相切，如图 3-69（a）所示。

2）选择中间小圆与弧相切，再选择中间小圆与右边小圆相切，如图 3-69（b）所示。

3）选择左边小圆与三角形左边直线相切，再选择左边小圆与中间小圆相切，最后选择左边小圆与弧相切，如图 3-69（c）所示。

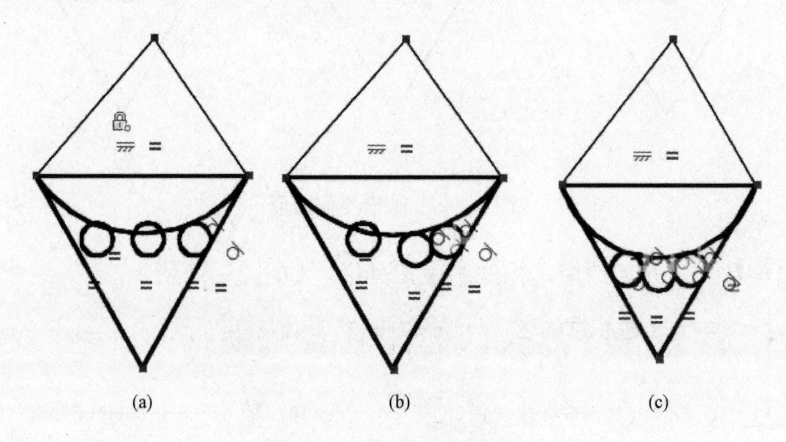

图 3-69　约束相切关系

（10）约束标注长度，选择标注约束工具栏，分别选择对齐和角度标注，输入正确的数值即可，如图 3-70（a）所示。

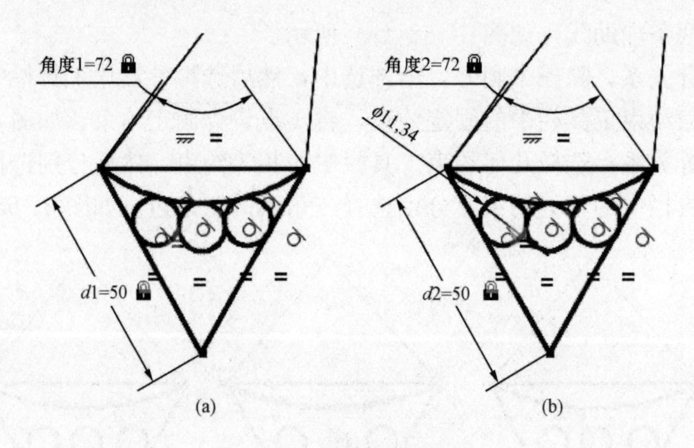

图 3-70　约束标注长度

（11）标注小圆直径为 ϕ11.34。

上面画图过程可以清楚地描述它们的关系，可以通过修改尺寸值达到不同的小圆直径，这就参数化的过程。输入值后，我们不关心过程，只要最后的结果，这样，直观快速地得出想要的结果。通过以上的例子，我们可以将参数化举一反三地运用到实际工程当中去。

3.19　综合举例

【例 3-23】　绘制如图 3-71 所示的洗脸盆图形。

绘制如图 3-71 所示洗脸盆的方法有很多，下面只介绍其中的一种。

作图步骤如下：

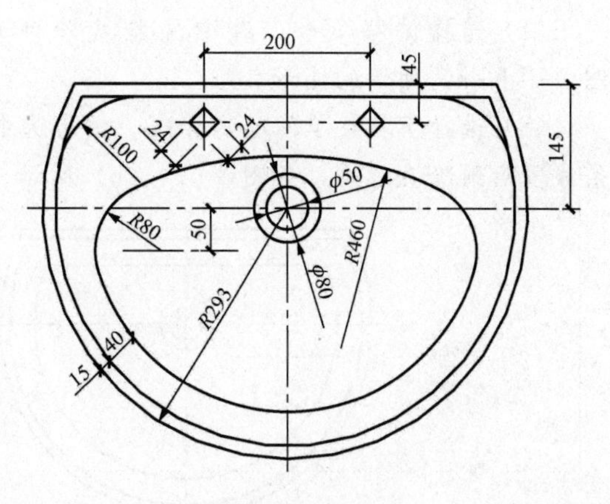

图 3-71　洗脸盆

(1) 新建文件，调用 A2 样板图文件。

(2) 选择中心线为当前层，选择直线命令，绘制出所有的中心线，如图 3-72 (a) 所示。

(3) 选择粗实线为当前层，选择圆的命令，绘制 ϕ50、ϕ80、R293 的圆，如图 3-72 (b) 所示。

(4) 选择偏移命令，设置偏移距离为 145，将中心线往上偏移，偏移后再选中中心线转换为粗实线图层，如图 3-73 (a) 所示。

(5) 选择修剪命令，选择全部对象，将图形修剪成如图 3-73 (b) 所示的形状。

(6) 选择下拉菜单修改→对象→多段线，将洗脸盆外面的图形变为一条多段线，如图 3-73 (b) 所示。操作步骤见 3.16.1 节编辑多段线的内容。

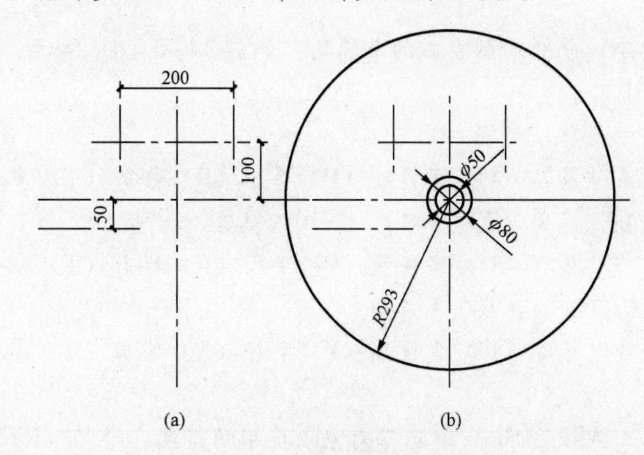

图 3-72　洗脸盆绘图步骤 2、3

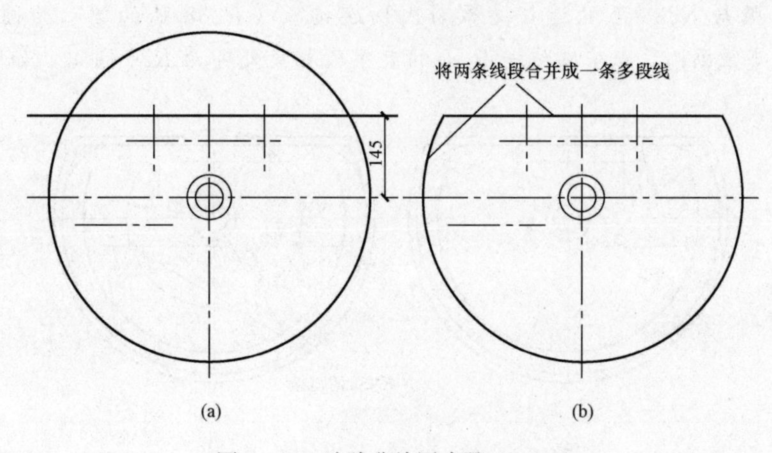

图 3-73　洗脸盆绘图步骤 4、5、6

(7) 选择偏移命令，选中洗脸盆外部的多段线，偏移距离分别为15、40，得到如图3-74 (a) 所示的图形。

(8) 选择下拉菜单修改→分解，然后选中洗脸盆最里面的线段，将一条多段线分解为两条线段后删除直线段，如图3-74 (b) 所示。

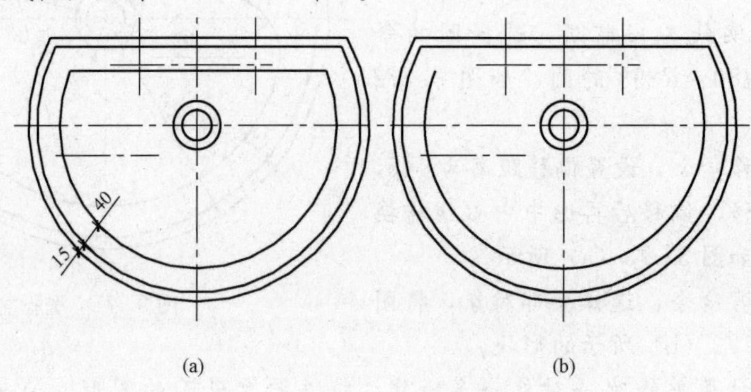

图3-74 洗脸盆绘图步骤7、8

(9) 选择圆角命令，分别绘制左右两个圆角，如图3-75 (a) 所示。

命令：_FILLET

当前设置：模式＝修剪，半径＝0.0000

选择第一个对象或［放弃 (U)/多段线 (P)/半径 (R)/修剪 (T)/多个 (M)］：T

输入修剪模式选项［修剪 (T)/不修剪 (N)］<修剪>：N

选择第一个对象或［放弃 (U)/多段线 (P)/半径 (R)/修剪 (T)/多个 (M)］：R

指定圆角半径<0.0000>：100

选择第一个对象或［放弃 (U)/多段线 (P)/半径 (R)/修剪 (T)/多个 (M)］：选中圆角左边圆弧

选择第二个对象，或按住Shift键选择对象以应用角点或［半径 (R)］：选中直线

(10) 绘制 $R80$ 的圆弧，操作方法为：选择细实线为当前层，为了找到 $R80$ 弧的圆心，首先分析 $R80$ 弧与 $R238$ 弧的连接关系为内切连接，以 $R238$ 弧的圆心为圆心，$R238-R80=R158$ 为半径画圆，与中心线向下50的直线段相交处即为 $R80$ 圆心，如图3-75 (b) 所示。

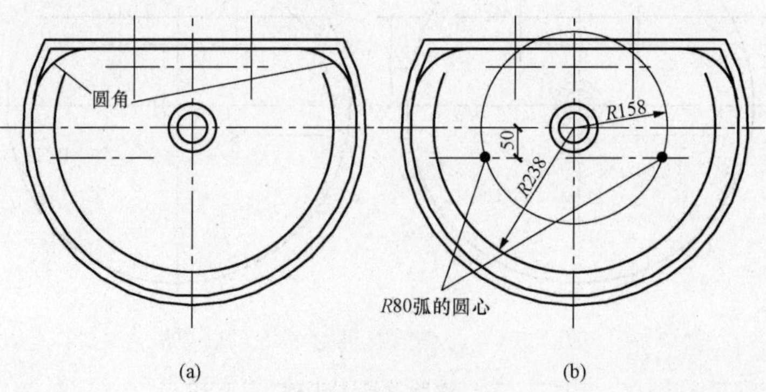

图3-75 洗脸盆绘图步骤9、10

(11) 选择粗实线为当前层，绘制 $R80$ 的圆，如图 3-76 (a) 所示。

(12) 选择相切、相切、半径的绘圆模式，绘制出 $R460$ 的圆，如图 3-76 (b) 所示。

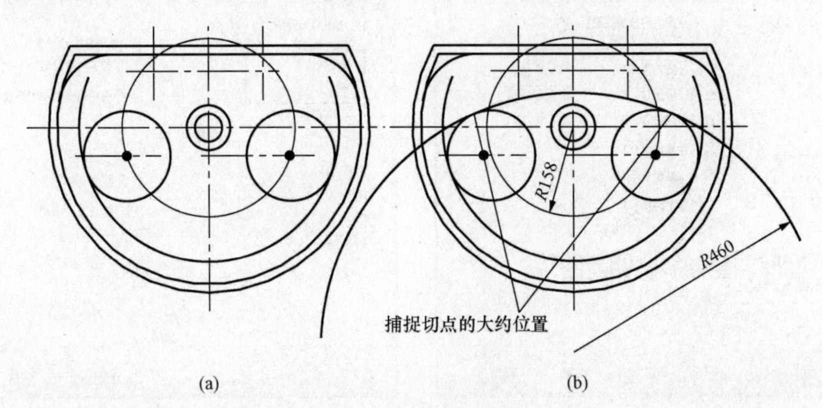

图 3-76　洗脸盆绘图步骤 11、12

(13) 选择删除命令，删除 $R158$ 的圆。

(14) 选择修剪命令，选中全部对象，修剪图形如图 3-77 (a) 所示。

(15) 选择圆命令，以 A 为圆心，24 为半径画圆，如图 3-77 (b) 所示。

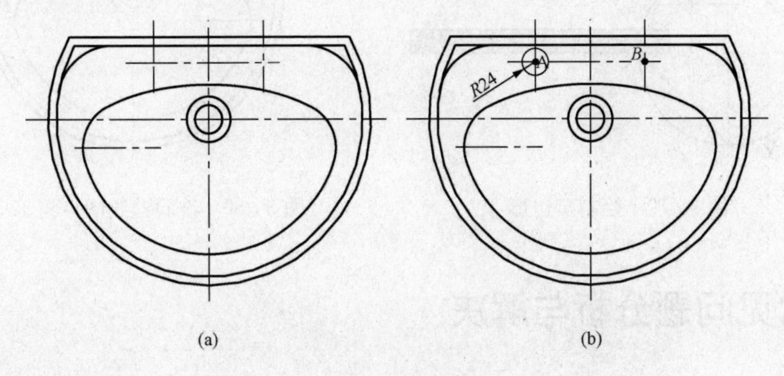

图 3-77　洗脸盆绘图步骤 13、14、15

(16) 将捕捉设置的象限点打开，将极轴追踪增量角调整为 45°，如图 3-78 所示。

(17) 选择多边形命令，绘制边长为 24 的多边形，如图 3-79 所示。

命令：_polygon 输入侧面数<6>：4

指定正多边形的中心点或 [边 (E)]：选择 A 点

输入选项 [内接于圆 (I)/外切于圆 (C)]<I>：C (选择外切于圆)

指定圆的半径：将光标移至圆的象限点然后移动鼠标，当出现象限点追踪和 135 度极轴追踪的交点时点击鼠标左键即可。

(18) 选择删除命令，删除 $R24$ 小圆。

(19) 选择复制命令，复制左边的多边形，选择基点为 A 点，复制到 B 点，即可完成图形，如图 3-80 所示。

(20) 标注尺寸、保存图形文件。

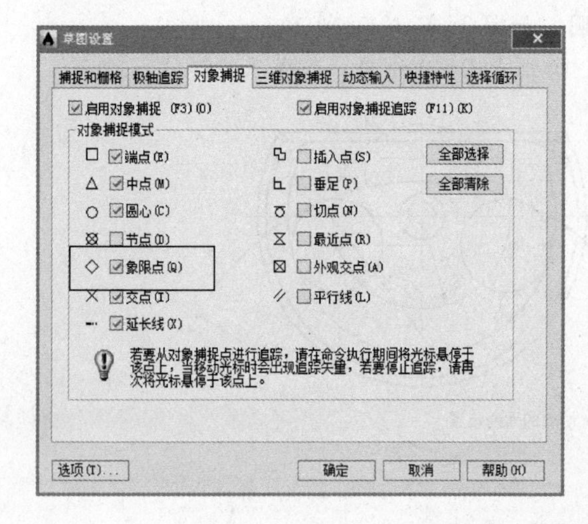

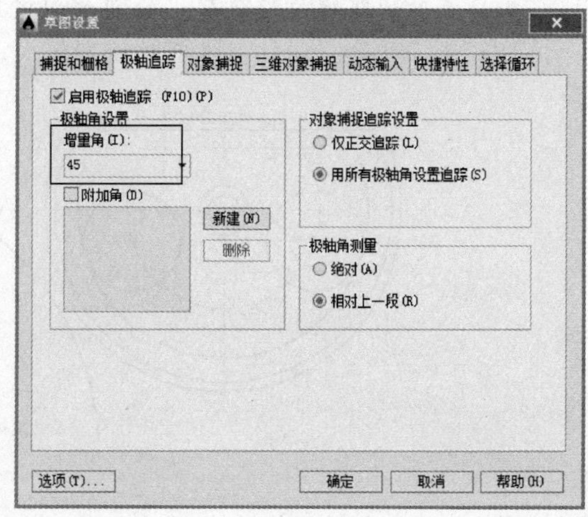

图 3-78 设置象限点、极轴角

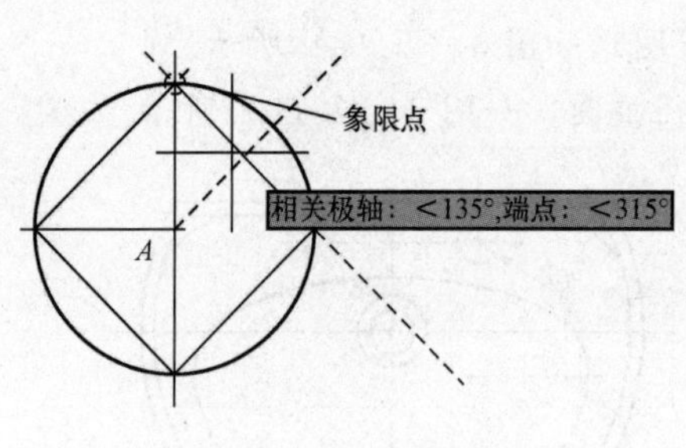

图 3-79 绘制多边形

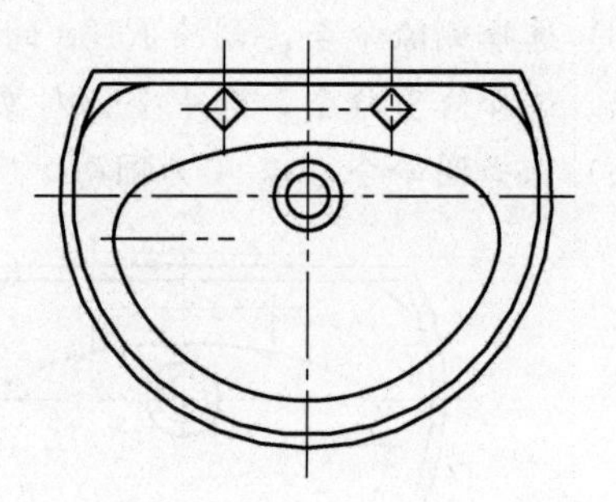

图 3-80 洗脸盆绘图步骤 18、19

3.20 常见问题分析与解决

1. 为什么在画图时经常会出现选择的绘图点与绘制出来的绘图点位置不一样的情况？

答：这是因为打开的自动捕捉模式太多，在绘图过程中会出现自动捕捉一些不需要的点的情况。遇到这种情况可以先将自动对象捕捉模式关闭。

2. 如何从备份文件中恢复图形？

答：首先要选择工具→文件夹选项→显示文件扩展名，然后找到备份文件将其重命名为“.dwg”格式，最后用打开其他 CAD 文件的方法将其打开即可。

3. Tab 键在 AutoCAD 捕捉功能中的巧妙利用方法是什么？

当需要捕捉一个物体上的点时，只要将鼠标靠近某个或某些物体，不断地按 Tab 键，这个或这些物体的某些特殊点（如直线的端点、中间点、垂直点、与物体的交点、圆的四分圆点、中心点、切点、垂直点、交点）就先后轮换显示出来，选择需要的点单击鼠标左键即可捕捉这些点。

注意：当鼠标靠近两个物体的交点附近时，这两个物体的特殊点将先后轮换显示出来（其所属物体会变为虚线），这对于在图形局部较为复杂时捕捉点很有用。

3.21　上机实验

1. 绘制下列图形，并标注尺寸。

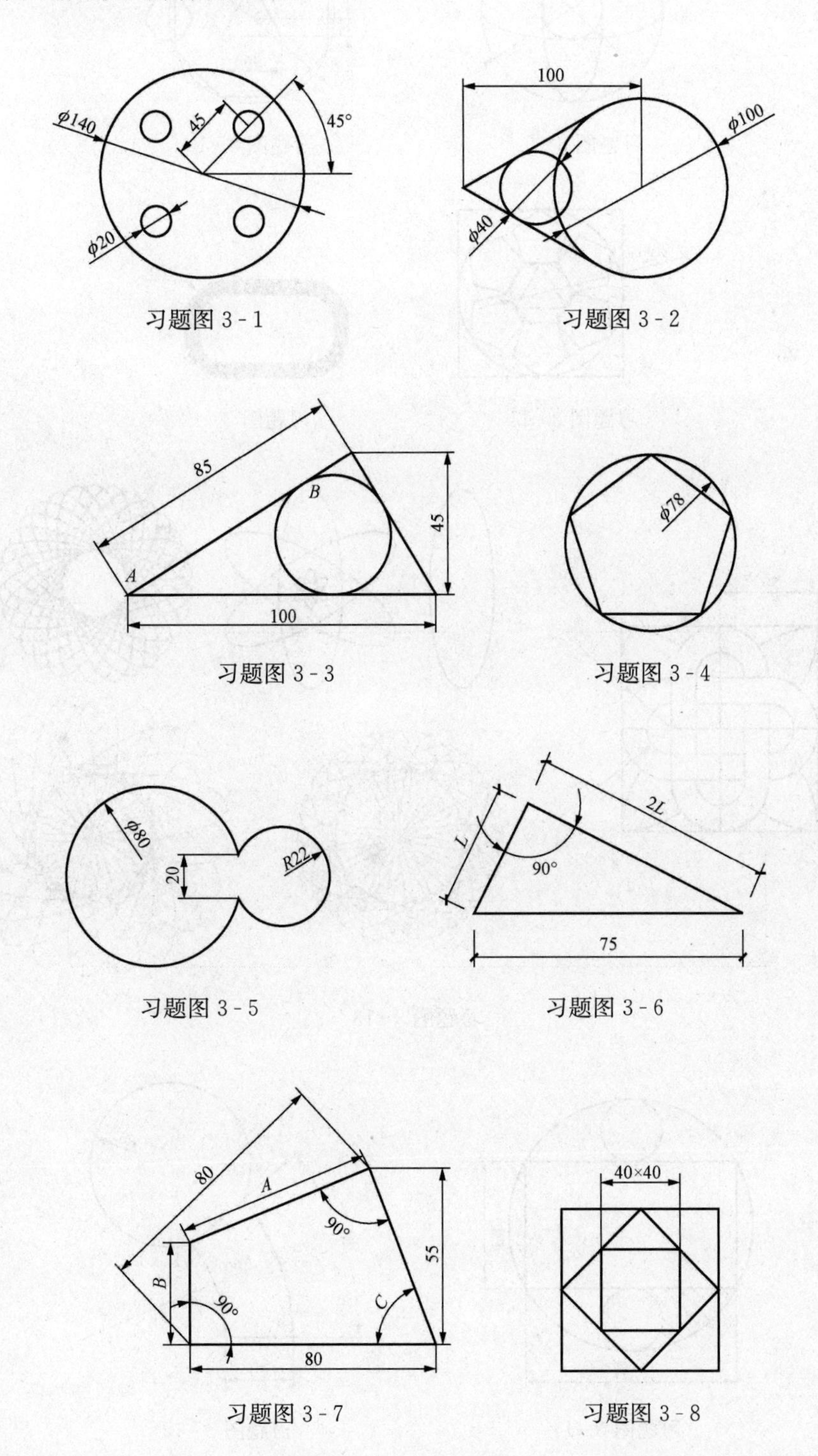

习题图 3 - 1

习题图 3 - 2

习题图 3 - 3

习题图 3 - 4

习题图 3 - 5

习题图 3 - 6

习题图 3 - 7

习题图 3 - 8

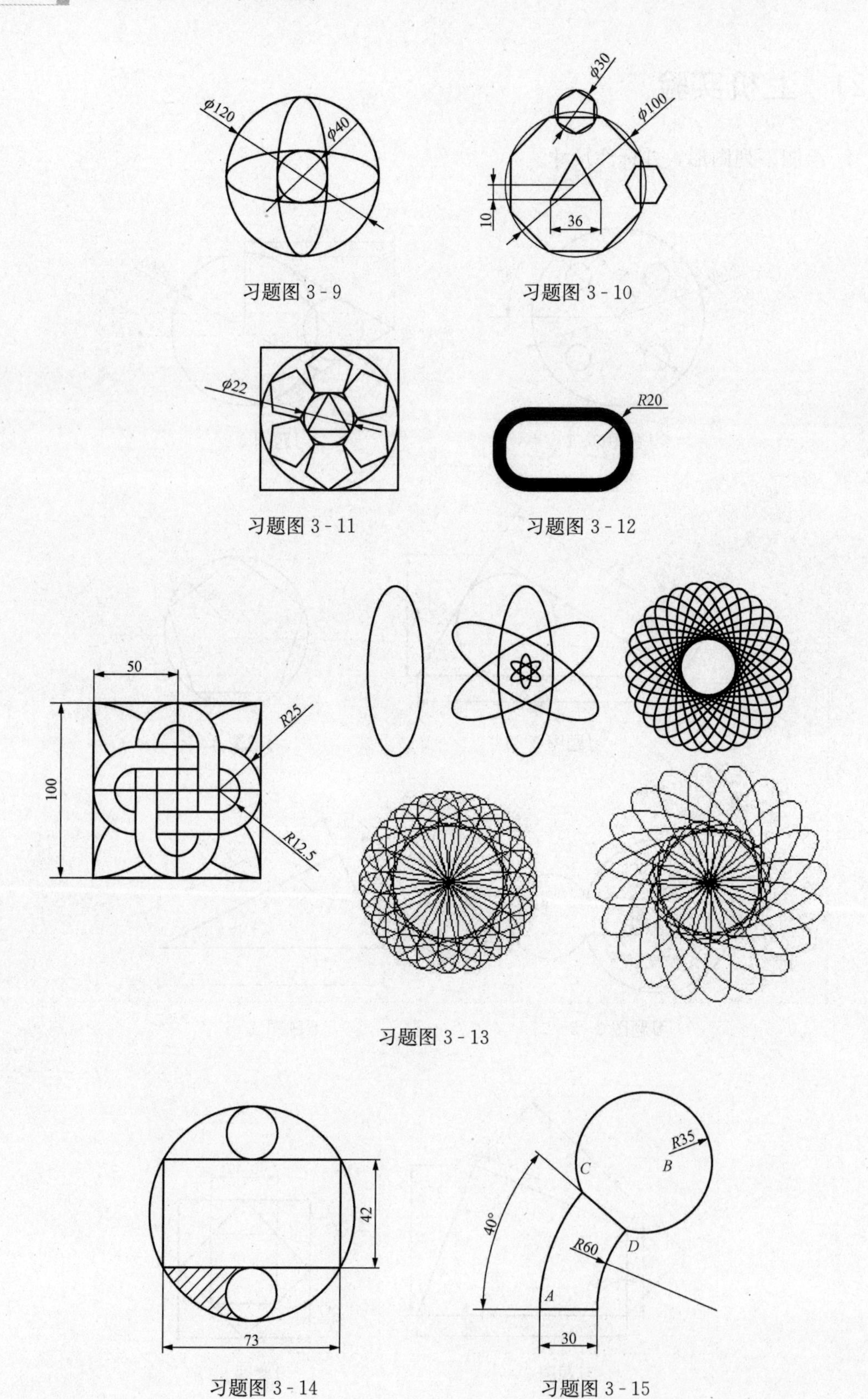

习题图 3-9

习题图 3-10

习题图 3-11

习题图 3-12

习题图 3-13

习题图 3-14

习题图 3-15

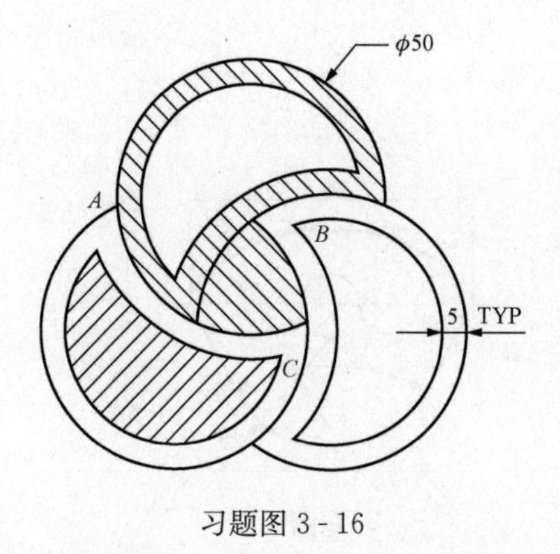

习题图 3-16

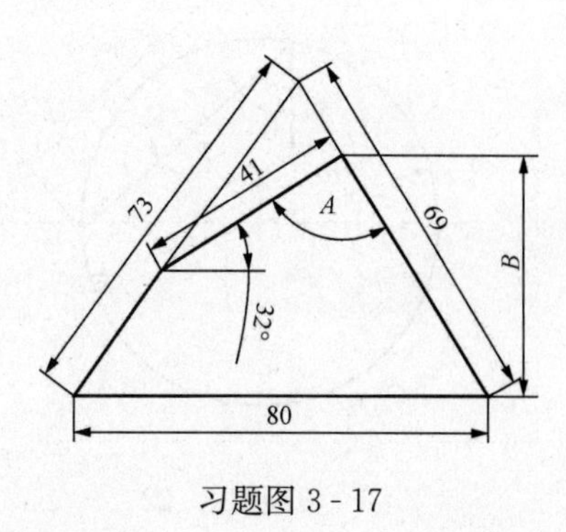

习题图 3-17

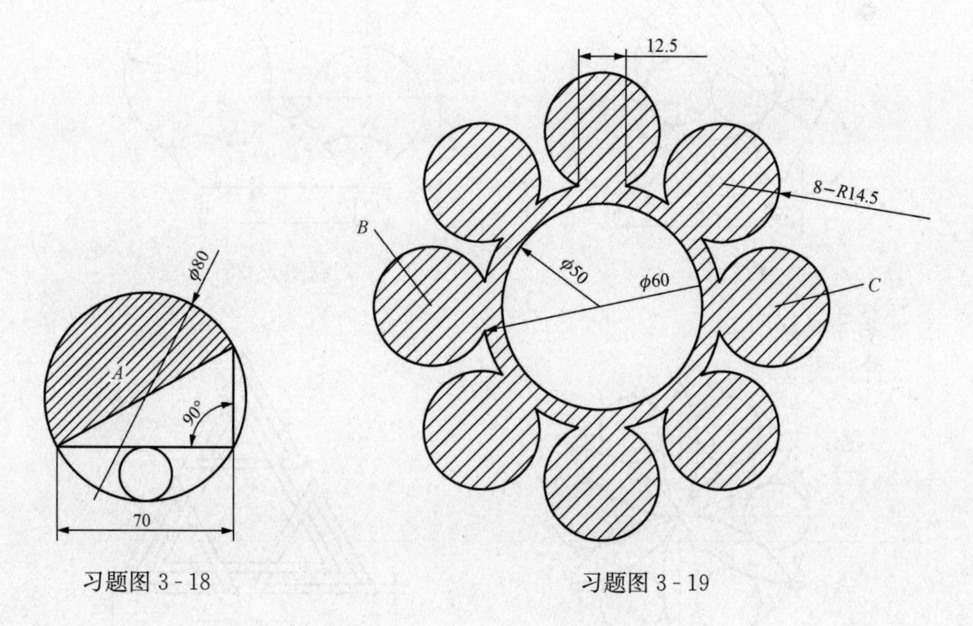

习题图 3-18

习题图 3-19

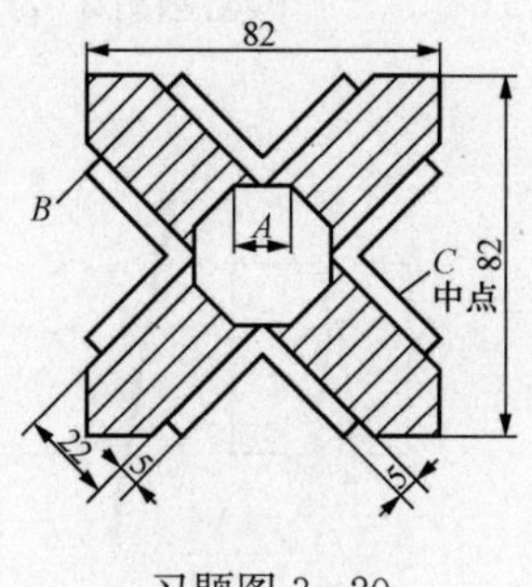

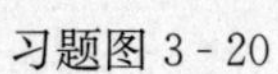

习题图 3-20

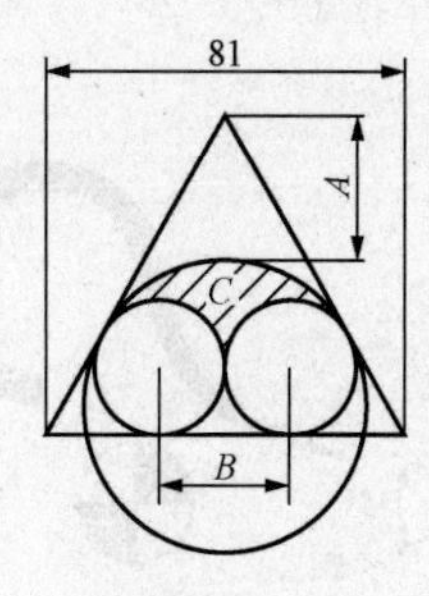

习题图 3-21

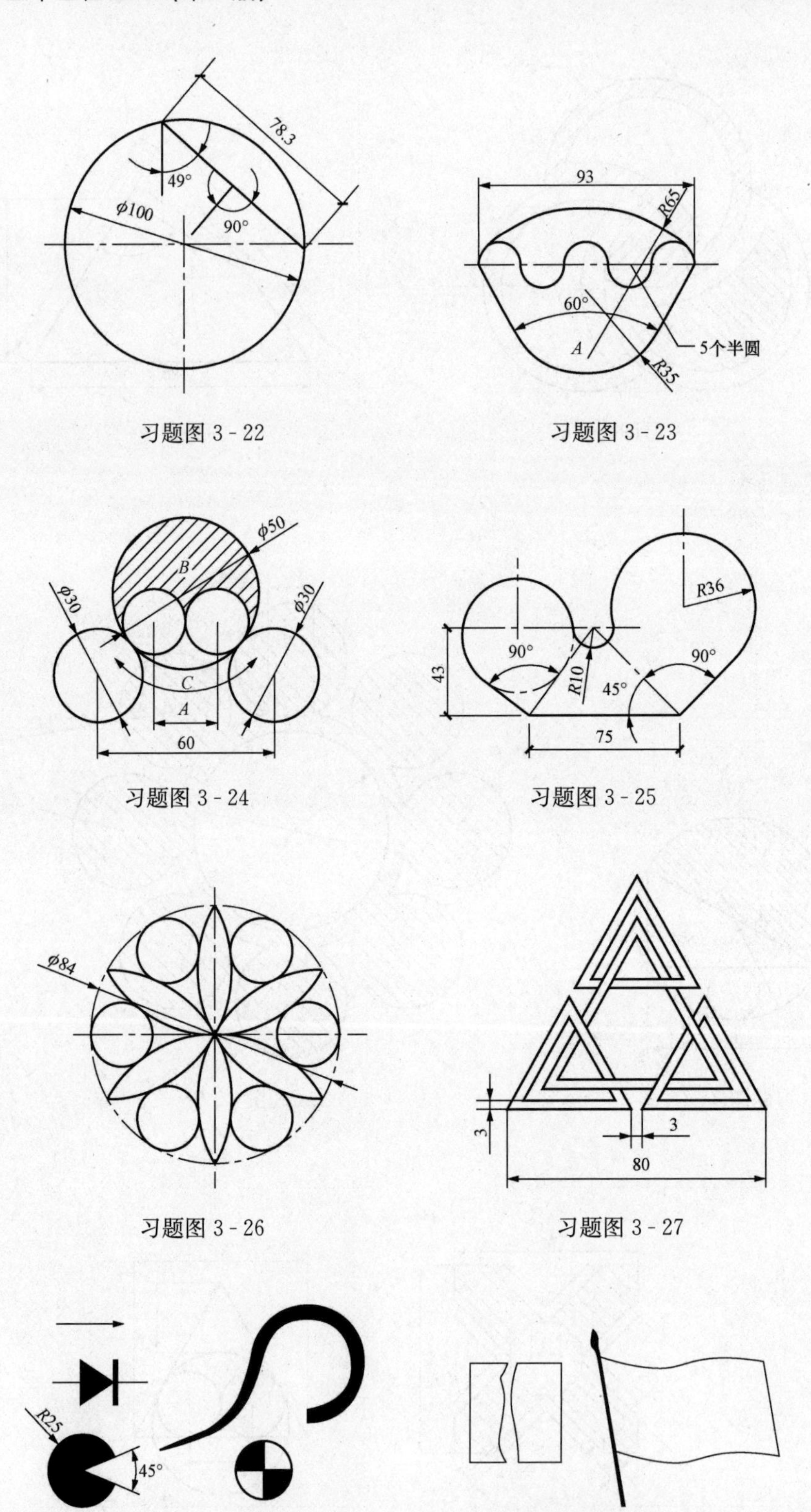

习题图 3 - 22

习题图 3 - 23

习题图 3 - 24

习题图 3 - 25

习题图 3 - 26

习题图 3 - 27

习题图 3 - 28

习题图 3 - 29

2. 绘制如习题图 3 - 30 所示的立体交叉公路平面图（图中单位 m 转换为 mm），并标注尺寸。

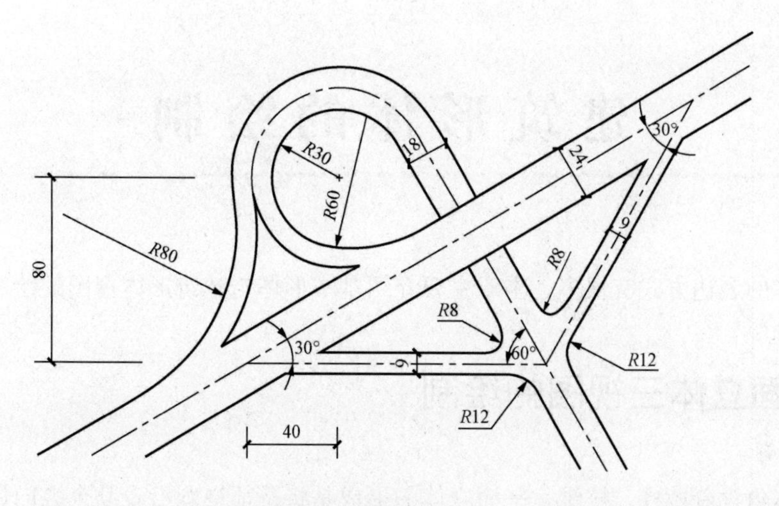

立体交叉公路平面图(图中单位：m)

习题图 3 - 30

第 4 章

建筑形体的绘制

建筑形体的表达方式有很多，本章主要介绍基本形体与建筑形体视图的绘制方法。

4.1 平面立体三视图的绘制

平面立体包含着棱柱、棱锥，平面立体的形成是将特征视图沿着某个方向做拉伸而形成的，用三视图基本就能表达平面立体的形状。在绘图过程中要注意三视图“长对正、高平齐、宽相等”的投影特性。

4.1.1 六棱柱三视图的绘制

绘制如图 4 - 1 所示的图形。六棱柱的特征视图是水平面图上的六边形，绘图时先绘制特征视图，然后再绘制其他视图。

绘图步骤如下：

(1) 新建文件，调用 A4 样板图文件。

(2) 选择中心线为当前层，绘制水平面图上的中心线。

(3) 选择粗实线为当前层，调用多边形命令，绘制水平面图。

命令：_ polygon 输入侧面数<4>：6

指定正多边形的中心点或 [边 (E)]：选择中心线交点为多边形的中心点

输入选项 [内接于圆 (I)/外切于圆 (C)]<I>：按 Enter 键

指定圆的半径：50 按 Enter 键

(4) 选择直线命令，利用对象捕捉追踪和极轴追踪绘制出正立面图。

(5) 选择辅助线为当前层，调用直线命令，绘制一条 45°的辅助线，如图 4 - 2 所示。

(6) 绘制左侧立面图，打开对象捕捉工具栏，选择粗实线为当前层，调用直线命令，捕捉临时追踪点，或按 Shift 键+鼠标右键，弹出的快捷菜单如图 4 - 3 所示，选择临时追踪点。

(7) 选择临时追踪点后，在端点 A 处悬停一下，水平向右移动光标到辅助线，出现如图 4 - 4 所示的光标提示后，单击鼠标左键，即可确定临时追踪点。

(8) 沿着临时追踪点垂直向上移动，在和正面图右上方的端点极轴追踪交点处单击确定左侧立面图的第一个起始点，如图 4 - 5 所示。

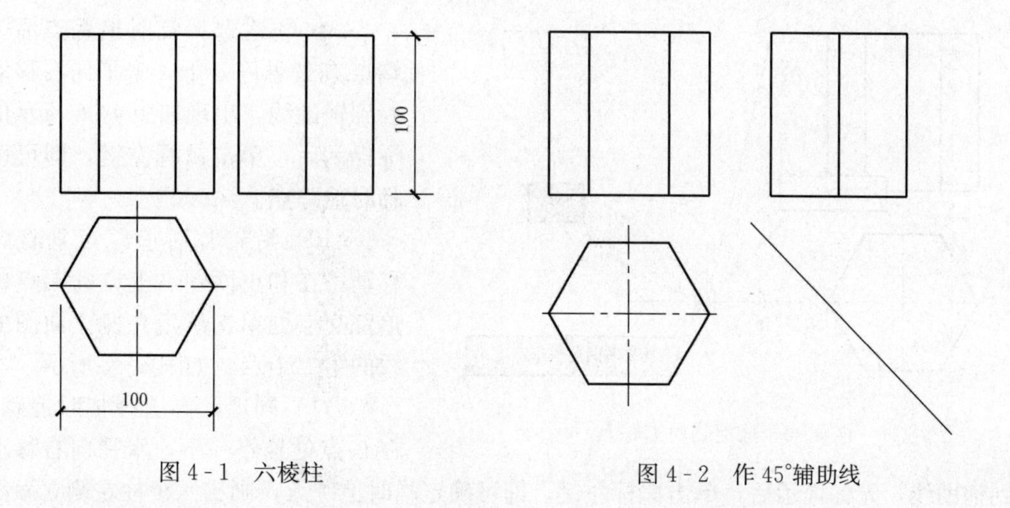

图 4-1　六棱柱　　　　图 4-2　作 45°辅助线

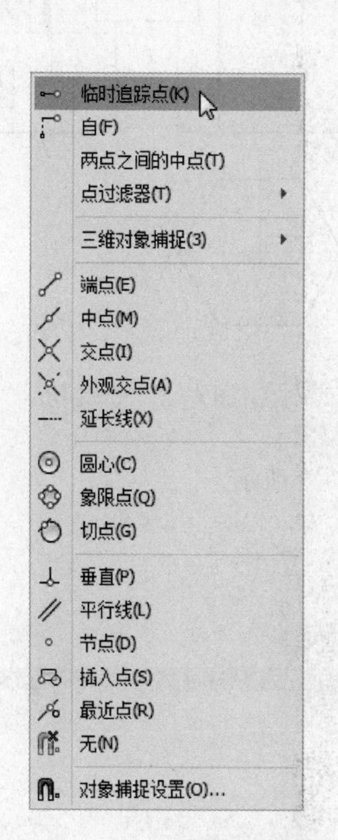

图 4-3　对象捕捉快捷菜单

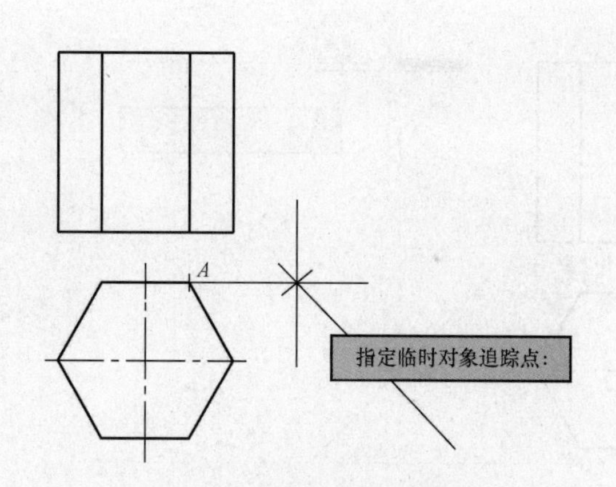

图 4-4　捕捉临时追踪点

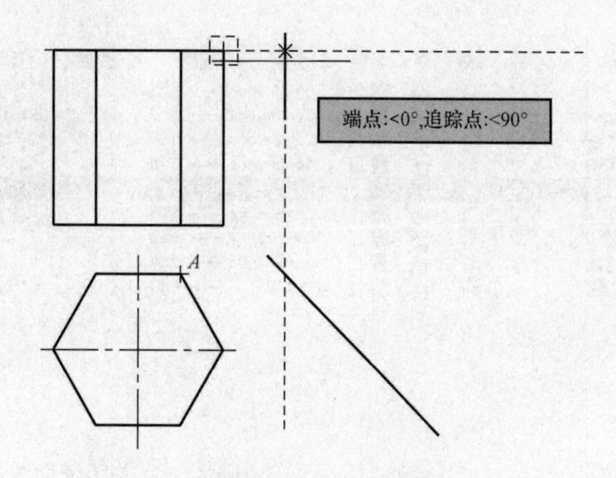

图 4-5　确定左侧立面图的第一个点

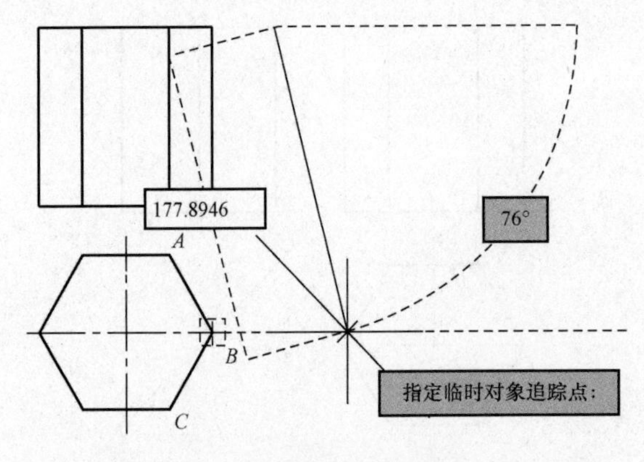

图 4-6　捕捉临时追踪点

（9）再次选择临时追踪点后，在端点 B 处悬停一下，水平向右移动光标到辅助线，出现如图 4-6 所示的光标提示后，单击鼠标左键，即可确定临时追踪点。

（10）沿着临时追踪点垂直向上移动，在和正面图右上方的端点极轴追踪交点处单击确定左侧立面图的直线的第二个点，如图 4-7 所示。

（11）同理，再选择临时追踪点，在 C 点处悬停一下，水平向右移动光标到辅助线，光标提示后，单击鼠标左键，即可确定临时追踪点，画出六棱柱左侧立面图的其他直线。这里不再说明，最后完成图形，如图 4-8 所示。

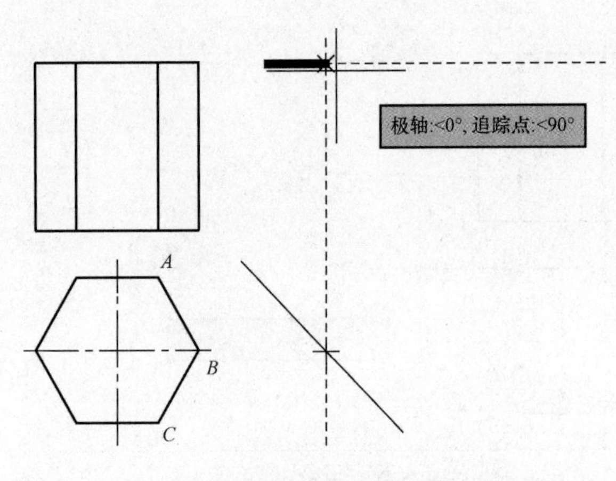

图 4-7　确定左侧立面图的第二点

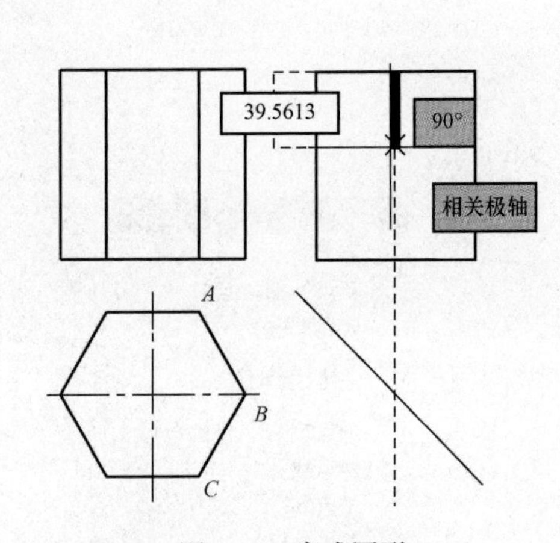

图 4-8　完成图形

（12）打开图层特性管理器，关闭辅助线图层，如图 4-9 所示。

状.	名称	开	冻结	锁...	颜色	线型	线宽	透明度	打印...	打..	新.	说明
✓	0				白	Continuous	—— 默认	0	Color_7			
	Defpoints				白	Continuous	—— 默认	0	Color_7			
	尺寸线				白	Continuous	—— 0.00...	0	Color_7			
	粗实线				白	Continuous	—— 0.70...	0	Color_7			
	辅助线				白	Continuous	—— 0.00...	0	Color_7			
	文字				洋红	Continuous	—— 0.00...	0	Color_6			
	虚线				蓝	DASHED	—— 0.18...	0	Color_5			
	中粗线				白	Continuous	—— 0.40...	0	Color_7			
	中心线				红	CENTER	—— 0.18...	0	Color_1			

图 4-9　关闭辅助线层

提示：在以后的操作中都要关闭辅助线图层，操作步骤如图 4 - 9 所示。这里不再详细介绍。

4.1.2　正五棱柱三视图的绘制

绘制如图 4 - 10 所示的正五棱柱三视图，正五棱柱和正五棱锥的特征视图是水平面图上的正五边形。这道题的关键是如何精确地绘制出水平面图的正五边形。

作图步骤如下：

(1) 新建文件，调用 A4 样板图文件。

(2) 选择粗实线为当前层，调用多边形命令，任意画一个五边形。宽度尺寸 100 这时是一个不确定值。

(3) 选择缩放命令，调整宽度尺寸为 100。

命令：_ scale

选择对象：选择五边形

选择对象：按 Enter 键

指定基点：选择 *A* 点

指定比例因子或 [复制 (C)/参照 (R)]：R

指定参照长度<90.4508>：选择 *A* 点

指定第二点：光标垂直往上选择中点 *B*　如图 4 - 11 所示

指定新的长度或 [点 (P)]<1.0000>：100

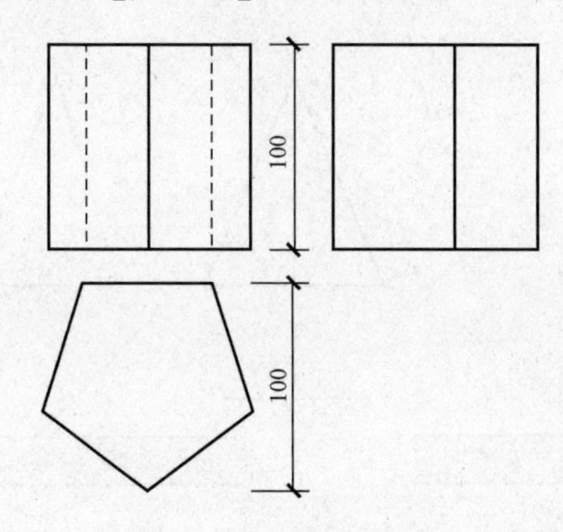

图 4 - 10　正五棱柱三视图

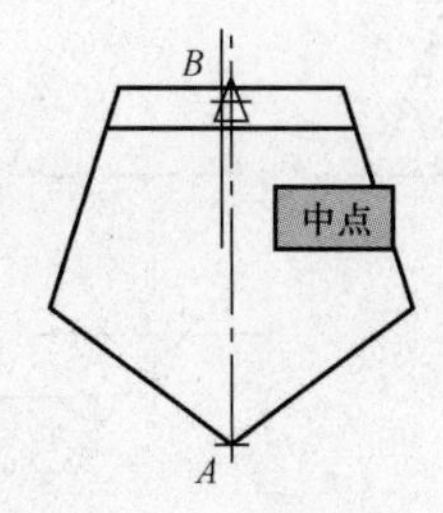

图 4 - 11　缩放命令

(4) 选择直线命令，利用极轴追踪，长对正绘制五棱柱的正立面图。

(5) 选择辅助线为当前层，选择直线命令，先画一条 45°的辅助线，利用极轴追踪和临时点追踪绘制出五棱柱的左侧立面图，注意宽应相等（作图步骤与 4.1.1 的六棱柱一样，这里不再详细叙述）。

(6) 选择当前层为虚线，绘制出正立面图中的两条虚线。

(7) 标注尺寸，完成图形。关闭辅助线图层。

(8) 保存文件。

4.1.3 三棱锥三视图的绘制

绘制如图 4-12 所示的图形，三棱锥的特征视图是水平面图上的外三边形，向 S 点拉伸形成了三棱锥。棱锥三视图绘制时可以先绘制出正立面图和左侧立面图，最后再绘制水平面图。

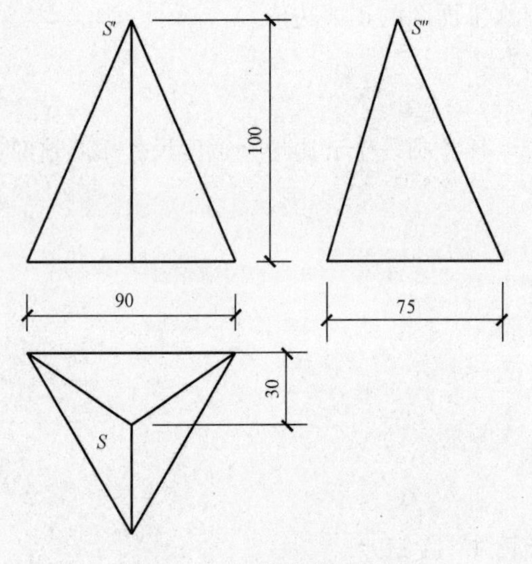

图 4-12 三棱锥的三视图

作图步骤如下：

（1）新建文件，调用 A4 样板图文件。

（2）选择粗实线为当前层，调用直线命令，绘制正立面图。

（3）选择直线命令，根据高平齐的特性，利用极轴追踪绘制左侧立面图。

（4）选择辅助线为当前层，选择直线命令，画一条 45°的辅助线。

（5）选择粗实线为当前层，选择直线命令，捕捉临时追踪点，沿左侧立面图 S″点沿垂直向下方向到 45°辅助线，确定临时追踪点，如图 4-13（a）所示。

（6）再沿临时追踪点向左水平移动，确定水平面图上的 S 点，如图 4-13（b）所示。

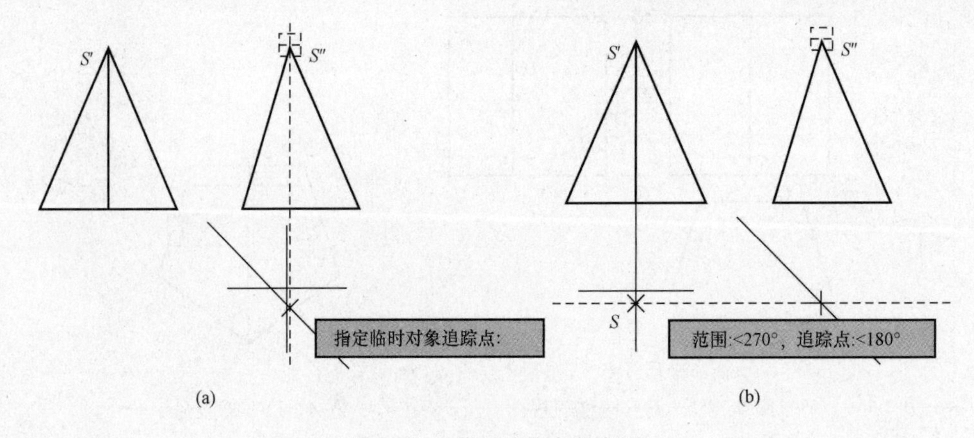

图 4-13 临时追踪点的应用

（7）绘制出三棱锥的水平面图，标注尺寸，完成图形。

（8）保存文件。

4.2 曲面立体三视图的绘制

曲面立体包含着圆柱、圆锥、球、圆环等。绘制曲面体一定要先绘制圆的视图。

4.2.1　圆柱三视图的绘制

绘制如图 4 - 14 所示的圆柱三视图。

绘图步骤如下：

(1) 新建文件，调用 A4 样板图文件。

(2) 选择中心线为当前层，绘制出水平面图和正立面图的中心线。

(3) 选择粗实线为当前层，调用圆命令，设置半径为 50，绘制出水平面图。

(4) 选择直线命令，利用极轴追踪绘制出正立面图。

(5) 由于正立面图和左侧立面图的图形一样，所以选择复制命令即可。

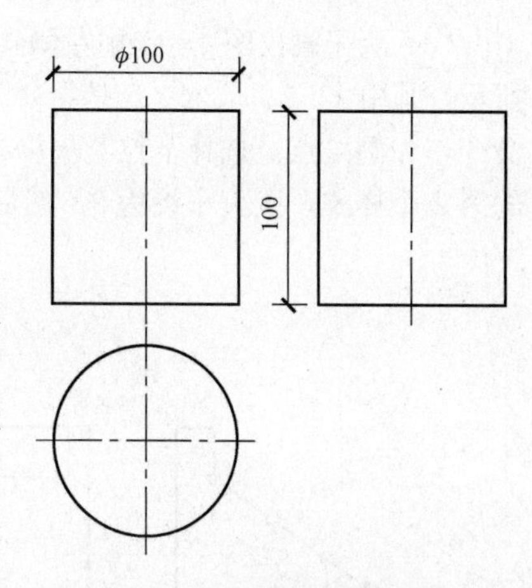

图 4 - 14　圆柱的三视图

圆锥、球体等绘图步骤比较简单，这里就不再详细介绍了。

4.2.2　圆柱截交线的绘制

绘制如图 4 - 15 所示的圆柱被截切的三视图。

作图步骤如下：

(1) 新建文件，调用 A4 样板图文件。

(2) 设中心线为当前层，绘制出中心线。

(3) 设粗实线为当前层，执行圆命令，绘制出水平面图的圆。

(4) 执行直线命令，根据长对正的特性，利用对象捕捉追踪，画出正面图投影。

(5) 补画水平面图直线的投影。

(6) 设辅助线为当前层，选择直线命令，画一条 45°的辅助线。

(7) 设粗实线为当前层，执行直线命令，画出侧立面图的外部形状，并根据水平面图截交线的宽度，利用捕捉追踪临时点，画出侧立面图截交线矩形的投影，如图 4 - 16 所示。

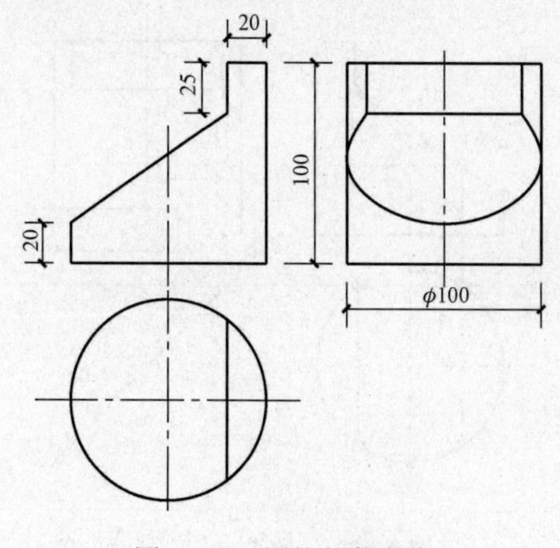

图 4 - 15　圆柱的截交线

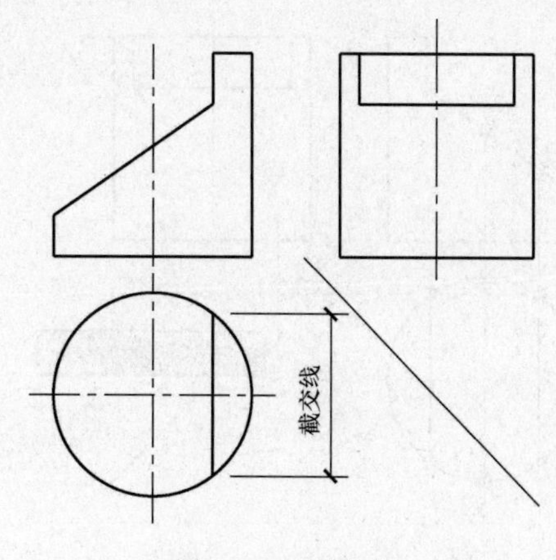

图 4 - 16　截交线

（8）为了画出图 4-15 中左侧立面图的曲线截交线，需确定特殊点和一般点，如图 4-17 所示。其中 1、2、3、4、5 是特殊点，可以直接捕捉追踪；a、b 两点是一般点，需执行点命令，先画出点。选择下拉菜单格式→点样式，出现如图 4-18 所示的对话框。选择第 2 排的第 2 个样式，点大小设为 3。然后单击【确定】按钮。

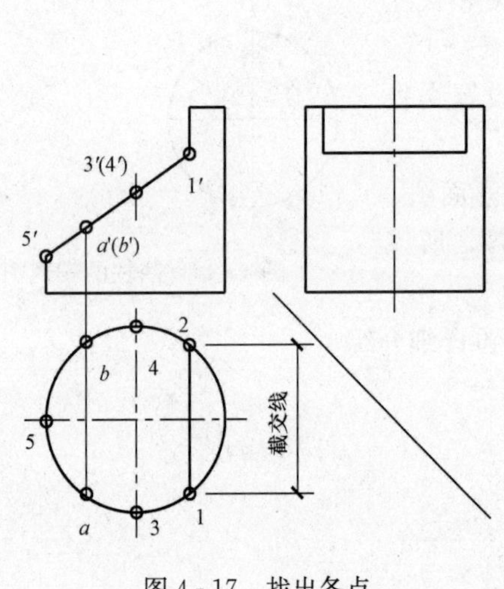

图 4-17 找出各点

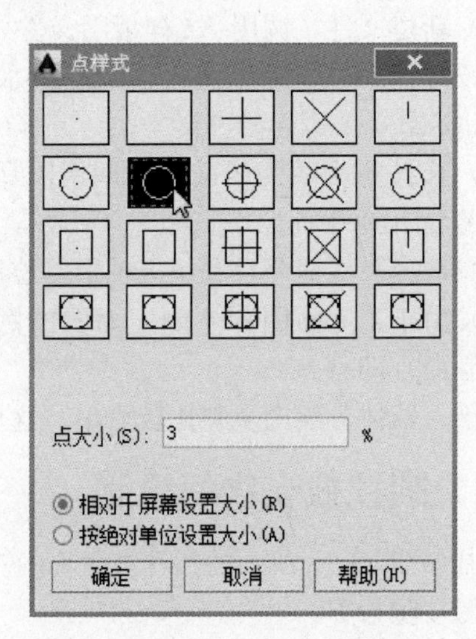

图 4-18 点样式设置

（9）执行下拉菜单绘图→点命令（单点），调用捕捉→最近点，在水平面图上绘制出 a、b 点，在正面图上绘制 a'、b'点，如图 4-17 所示。

（10）首先将捕捉节点设为自动模式，如图 1-45 所示进行设置。执行样条曲线命令，分别利用对象捕捉追踪，捕捉 1、2、3、4、a、b、5 点绘制出左侧立面图的截交线，如图 4-19所示。其中 1、2、3、4、5 是特殊点，可以直接捕捉追踪，a、b 两点需利用捕捉临时点的功能进行捕捉，确定出左侧立面图 a、b 点的位置，如图 4-20 所示。

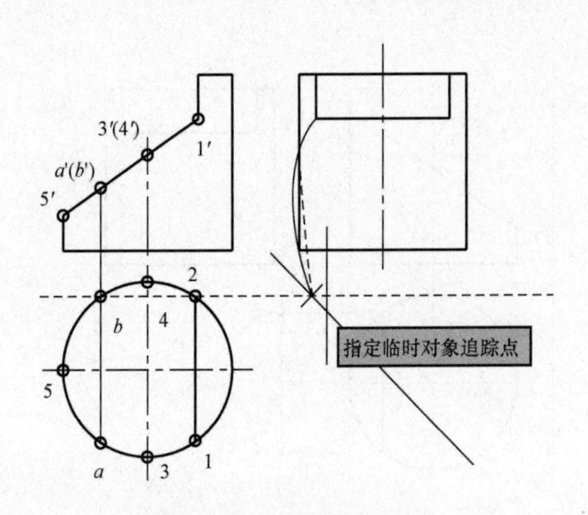

图 4-19 捕捉临时追踪点

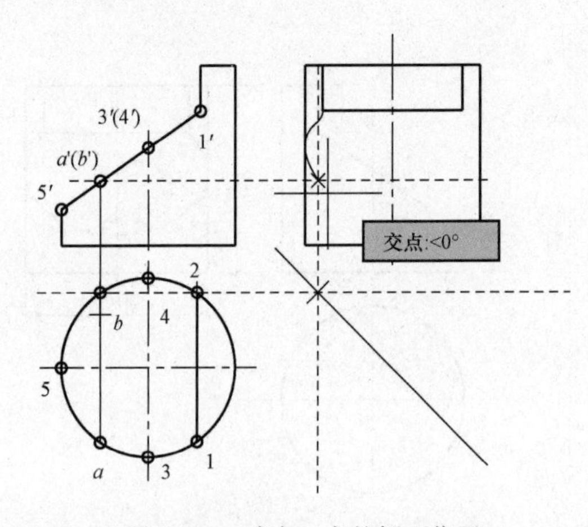

图 4-20 确定 a 点的侧面位置

4.3　建筑形体三视图的绘制

绘制如图 4 - 21 所示台阶的三视图。

作图步骤：

（1）新建文件，调用 A4 样板图文件。

（2）选粗实线为当前图层，执行直线命令，先绘制出右端的栏板，如图 4 - 22 所示。

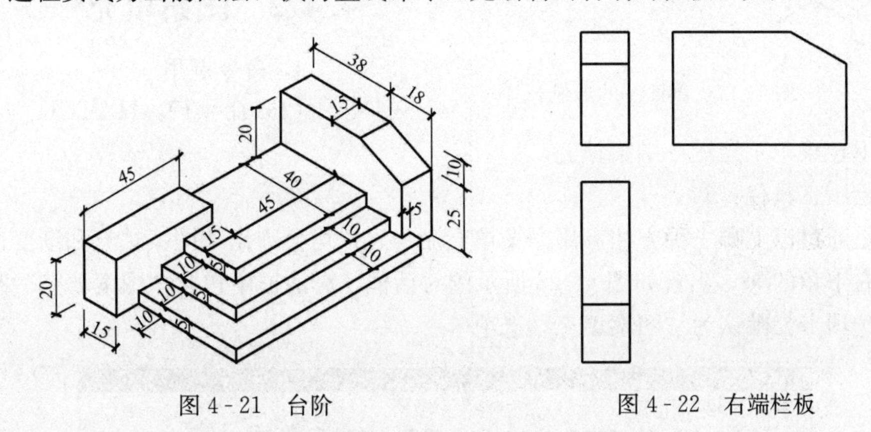

图 4 - 21　台阶　　　　图 4 - 22　右端栏板

（3）绘制正立面图和水平面图的踏步与左边的栏板，如图 4 - 23 所示。

（4）最后绘制左侧立面图的踏步和左栏板，如图 4 - 24 所示。

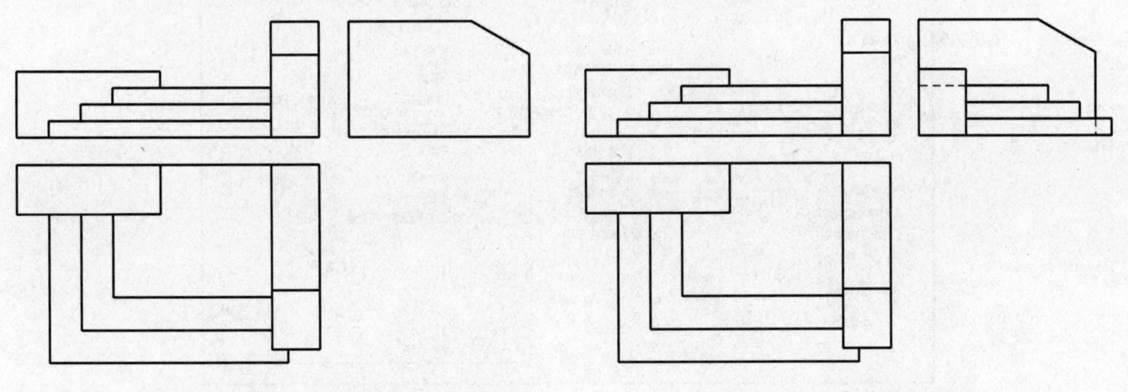

图 4 - 23　绘制正立面图水平面图的踏步与栏板　　　　图 4 - 24　台阶的三视图

4.4　建筑形体剖面图的绘制

4.4.1　剖面图的形成

（1）假想用一剖切平面在形体的适当位置将形体剖开，移去剖切平面与观察者之间的部分，将剩余的部分投射到投影面上，所得到的投影图称为剖面图，如图 4 - 25 所示。

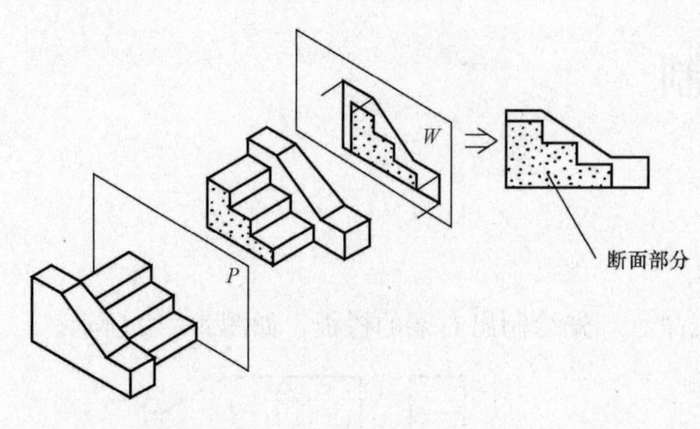

图4-25 剖面图的形成

（2）断面部分的图案填充。剖切平面与形体接触的部分称为断面。在断面图上要画上材料图例，材料图例要根据材料进行绘制。图案填充的关键是图案的选择、边界的选择和图案比例的确定。

4.4.2 图案填充

1. 命令调用

（1）命令行：HATCH。

（2）下拉菜单：绘图→图案填充。

（3）绘图工具栏：。

无论是通过以上哪一种方法调用图案填充命令后，均会弹出“图案填充和渐变色”对话框，单击右下角的，出现如图4-26所示的对话框，对话框中包含“图案填充”和“渐变色”两个选项卡，默认为“图案填充”选项卡。

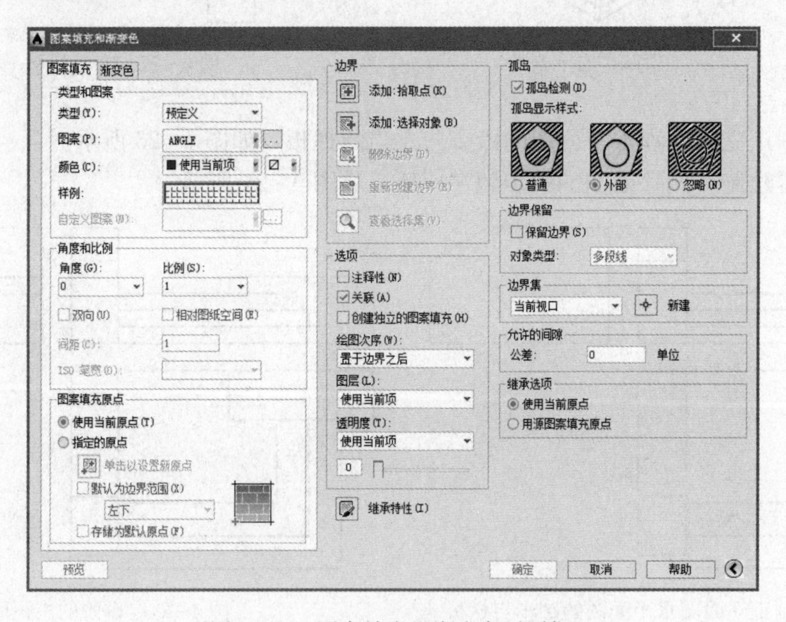

图4-26 图案填充和渐变色对话框

2. 操作步骤

（1）画出需要填充图案的边界范围，然后单击图4-26中类型和图案选项组中的样例，弹出填充图案选项板选择合适的材料图案，如图4-27所示。

（2）选择好填充图案材料后，即可用以下两种方式来确定图案填充的边界。

1）边界封闭。当边界是封闭的可选择添加拾取点的方式时，在边界内部单击一下即可，如果显示不出填充的图案，说明比例不合适，可以在如图4-26所示的“角度和比例”选项中选择合适的比例。例如，混凝土合适的比例选择0.2左右，如图4-28（a）所示。

2）边界未封闭。当边界未封闭时选择添加拾取点的方式，会弹出边界定义错误对话框，如图4-28（c）所示。并且会在图形未封闭的区域提示红圈，如图4-28（b）所示。这时应选择添加选择对象方式来选择边界，完成填充。在确定填充完成之前最好预览一下填充效果，如果角度和比例不合适可以随时修改。

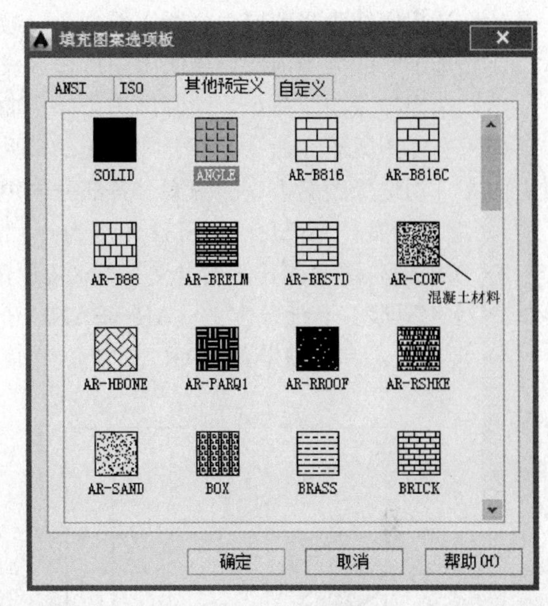

图4-27 填充图案材料

4.4.3 分层局部剖面图的绘制

绘制如图4-29所示的楼地面分层局部剖面图。

作图步骤如下：

（1）新建文件，调用A3样板图文件。此图无尺寸，可以任意绘制出各部分的图形。

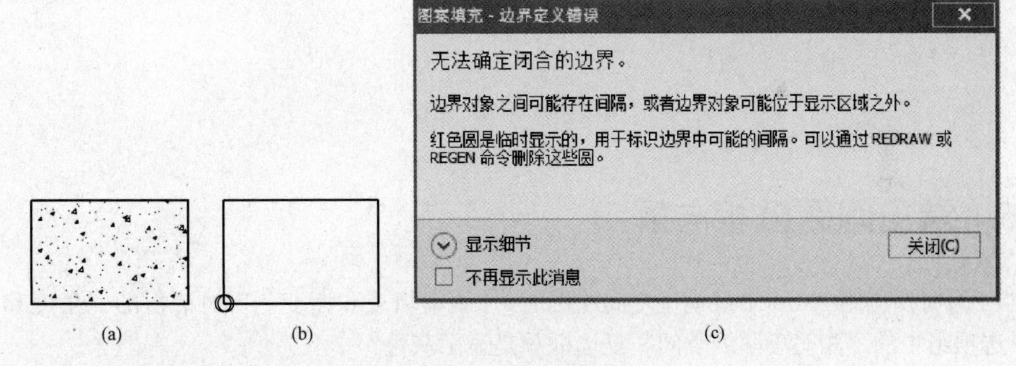

图4-28 图案填充的边界

（a）封闭；（b）未封闭；（c）边界定义错误提示

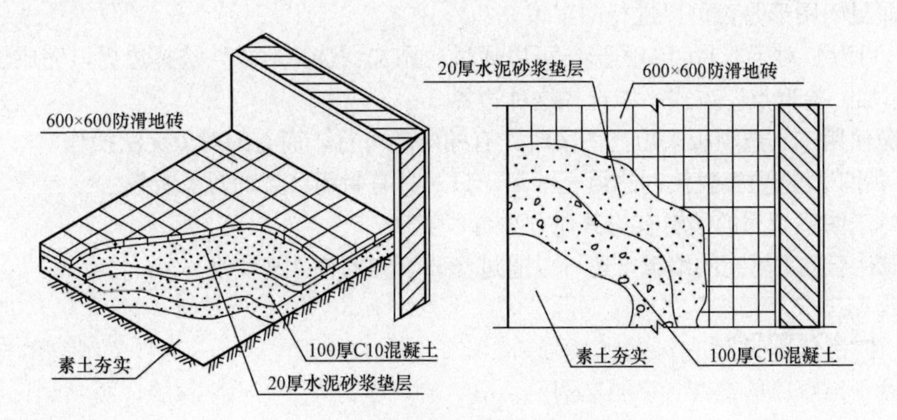

图4-29 楼层分层局部剖面图

(2) 选粗实线为当前层，执行矩形命令，绘制右端的墙身。

(3) 选细实线为当前层，绘制出图形边界。

(4) 选择样条曲线命令，绘制出三条样条曲线，如图 4-30（a）所示。

(5) 选择图案填充命令，打开如图 4-26 所示的选择框，在图 4-30（b）所示的图形中自右向左分别选择图案填充的图案。各部分的填充图案设置如下：

1）墙身图案：ANSI→ANSI31 角度为 0，比例为 2。

2）防滑地砖图案：其他预定义→ANGLE 角度为 0，比例为 1.5。

3）水泥砂浆：其他预定义→AR-SAND 角度为 0，比例为 0.2。

4）混凝土：其他预定义→AR-CONC 角度为 0，比例为 0.1。

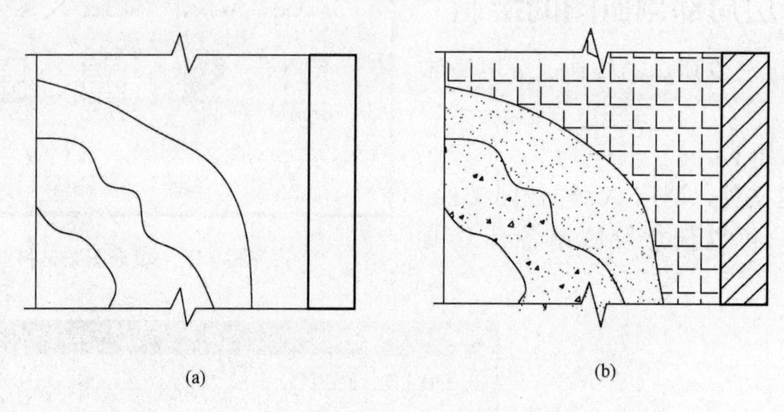

图 4-30 图案填充

4.5 常见问题分析与解决

1. 为何在应用 AutoCAD 模型空间绘图时，“图案填充和渐变色”对话框的“角度和比例”选项组中的“相对于图纸空间”复选框总是显示灰色？

答：“相对于图纸空间”复选框仅在图纸空间里显示为可用，选中该复选框将相对于图纸空间单位缩放填充图案。

2. 非封闭图形是否可以进行图案填充？

答：可以。对于非封闭的图形，可以通过“添加：选择对象”选择边界，完成填充，但通过“添加：拾取点”方式不能选择这种边界。

3. 为何用工具选项板来填充图案时，有的对象可行，而有的对象无法操作？

答：用工具选项板直接创建填充图案，只对具有封闭区域的对象有效。

4. 对于图案填充的编辑有何其他方法可以实现？

答：对于图案填充的编辑，还可以通过修改填充的特性来实现。

4.6 上机实验

1. 根据习题图 4-1、习题图 4-2 的轴测图绘制出形体的三视图。

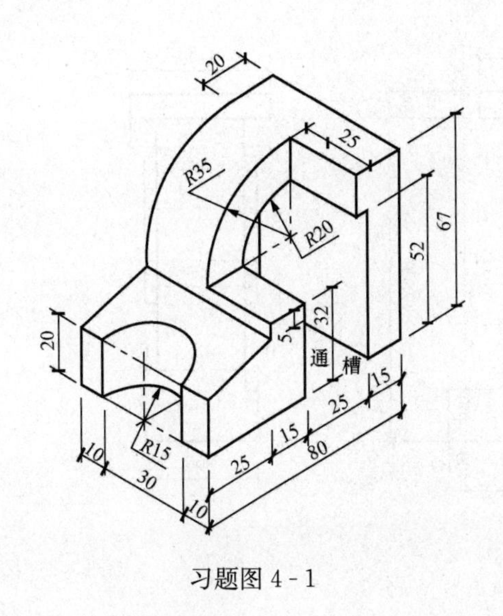

习题图 4 - 1

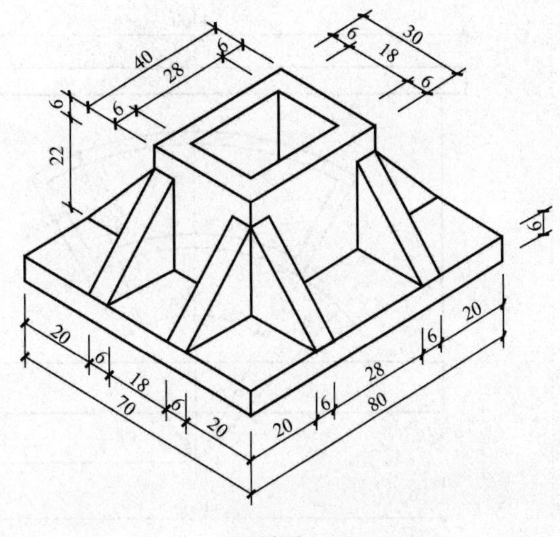

习题图 4 - 2

2. 根据习题图 4 - 3 至习题图 4 - 6 的两面投影绘制出三视图。

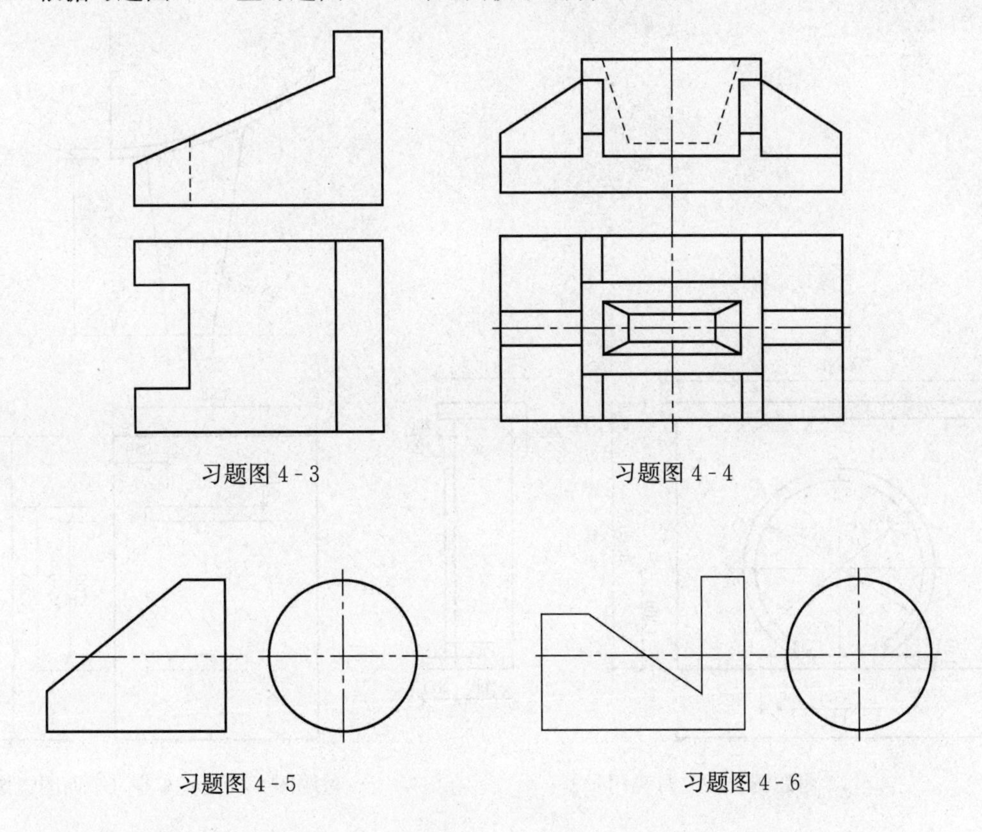

习题图 4 - 3　　习题图 4 - 4

习题图 4 - 5　　习题图 4 - 6

3. 绘制习题图 4 - 7 建筑形体的两面投影，补画第三面投影，并标注尺寸。

4. 绘制出习题图 4 - 8 月亮门的两面投影，并标注尺寸。

5. 绘制习题图 4 - 9 候车亭的两面投影，并标注尺寸。

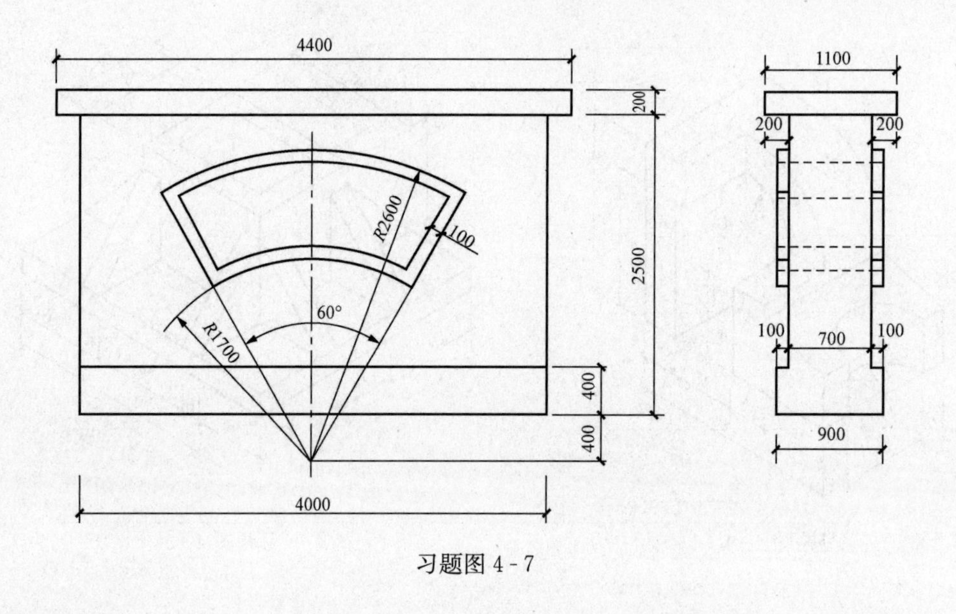

习题图 4-7

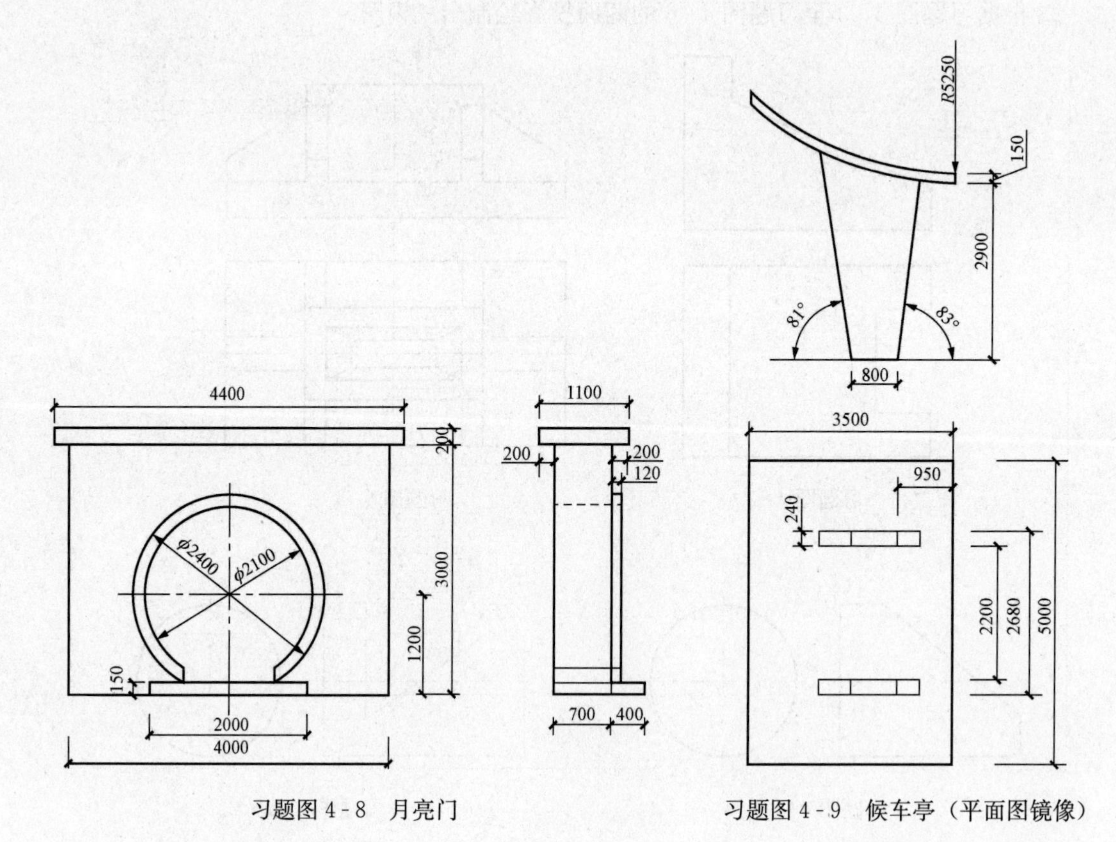

习题图 4-8　月亮门　　习题图 4-9　候车亭（平面图镜像）

6. 绘制出习题图 4-10 的正面和水平面投影，画出 1—1 的剖面图，并标注尺寸。
7. 绘制出习题图 4-11，没有的尺寸自己按照建筑规范设定，并标注尺寸。
8. 绘制出习题图 4-12，没有的尺寸自己按照建筑规范设定，尺寸及文字不用标注。

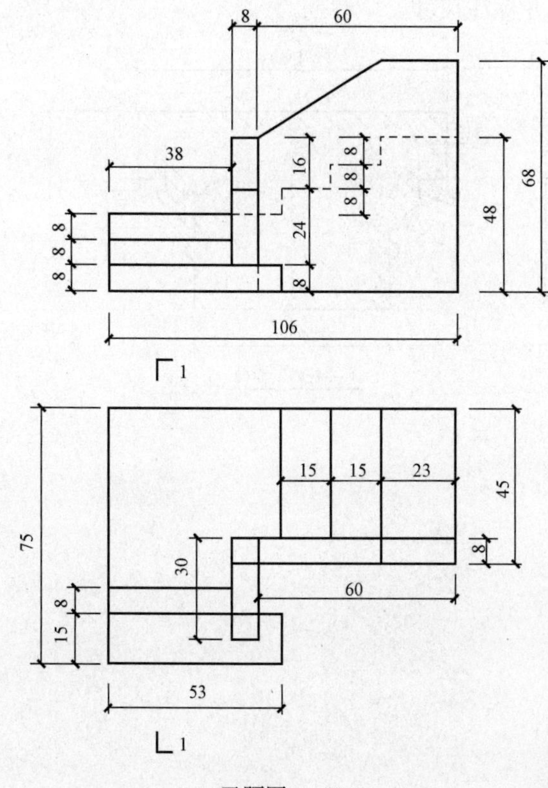

习题图 4 - 10

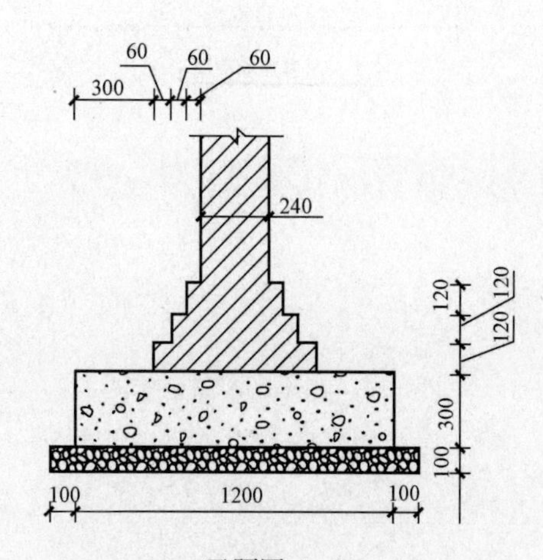

习题图 4 - 11

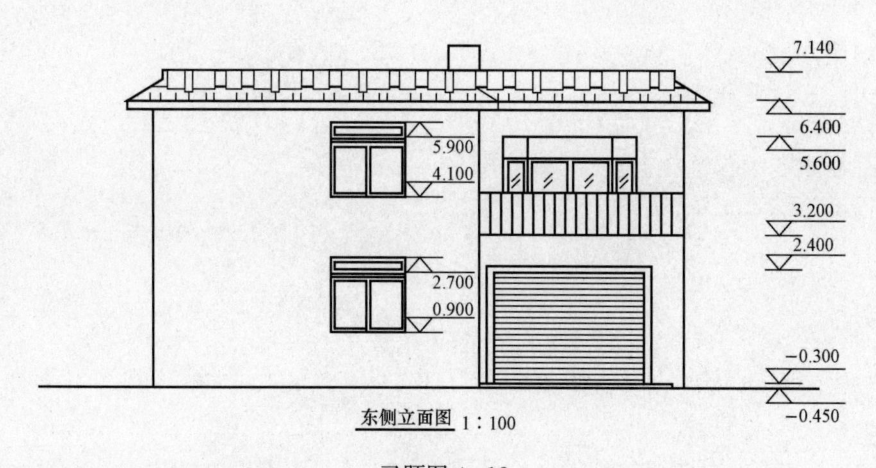

习题图 4 - 12

9. 绘制出习题图 4 - 13，自己按照建筑规范设定尺寸。

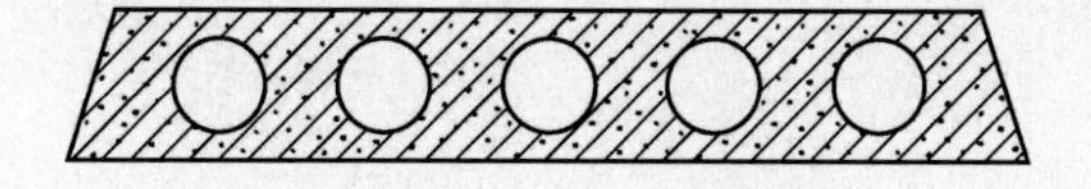

习题图 4 - 13　预制板断面

10. 绘制出习题图 4 - 14 所示的断面图，并标注尺寸。

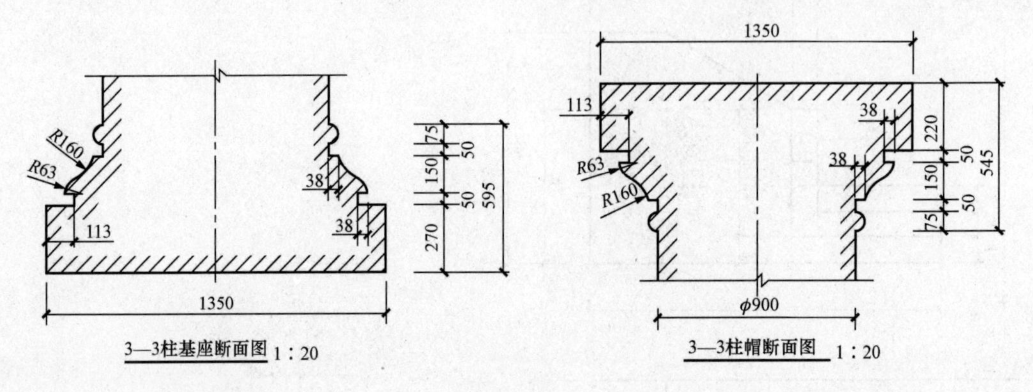

习题图 4 - 14

第5章

文 字 与 表 格

工程图中还有一些重要的非图形信息，如技术要求、标题栏和门窗表等，这些信息难以用几何图形进行表达，但可以通过文字和表格的方式来对工程图形进行补充。

5.1 文字的基本定义

AutoCAD 提供了两种字体：一种是 Windows 所提供的 TureType 字体，另一种是 AutoCAD 所特有的形字体。它提供了符合中国用户的工程字体，这两种字体我们都可以使用。TureType 字体看起来比较饱满，所占的磁盘空间比较大；形字体单线条，比较清秀，所占的磁盘空间比较小，如图 5 - 1 所示。

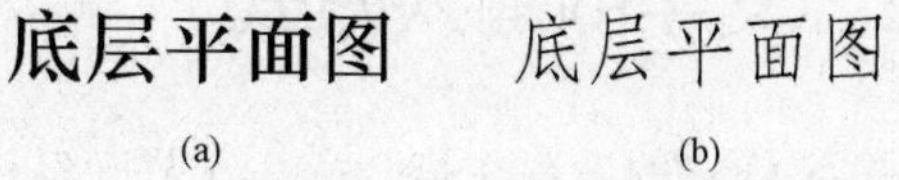

底层平面图　　底层平面图

(a)　　(b)

图 5 - 1　文字样式

(a) TureType 字体；(b) 形字体

《房屋建筑制图统一标准》(GB/T 50001—2010) 中要求对图纸上所需书写的文字、数字或符号等，均应笔画清晰、字体端正、排列整齐；标点符号应清楚正确；文字的字高，应从如下系列中选用：3.5mm、5mm、7mm、10mm、14mm、20mm，如需书写更大的字，其高度应按$\sqrt{2}$的比值递增；图样及说明中的汉字，宜采用简化的长仿宋字体，长仿宋体的字高与字宽的比例大约为 1∶0.7，汉字的高度不应小于 3.5mm。

文字在书写过程中，无论是汉字还是英文或数字，都是有一定高度的。在文字高度范围内定义了文字基线的概念，如图 5 - 2 所示。并规定了文字书写过程中的对正方式，如图 5 - 3所示。

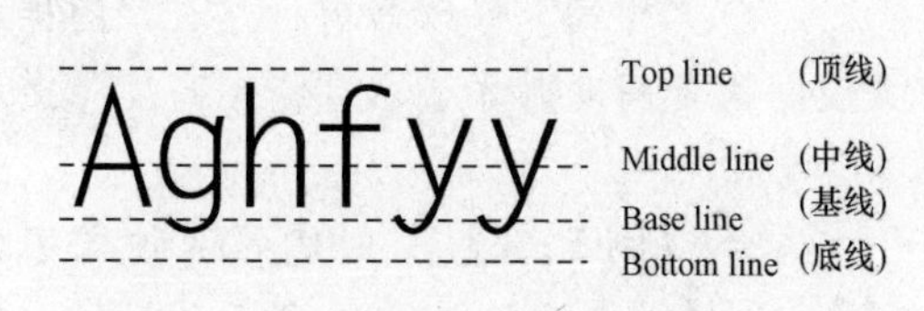

图 5 - 2　文字基线

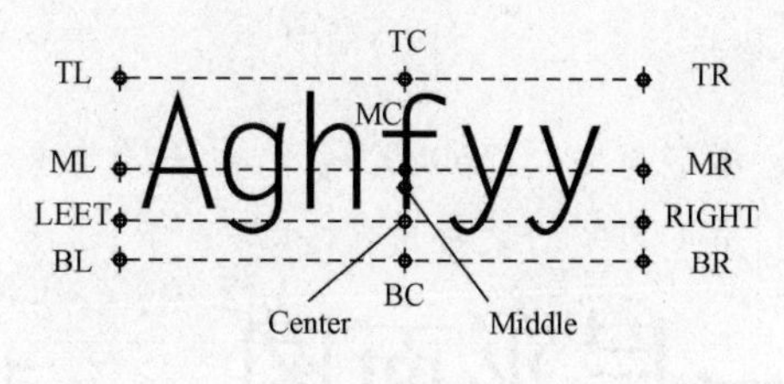

图 5 - 3　文字的对正方式

文字对正方式的含义是：当确定文字的起点后，以起点为基准，以选定的对正方式来排列文字，如图 5 - 4 所示。图 5 - 4 (a) 所示文字默认的对正方式是左对正 (LEFT)，因此要左对齐文字，不必在"对正"提示下输入选项，书写完文字后从左起点向右上方排列文字。图 5 - 4 (b) 所示为右上角对正方式，确定文字起点后，以起点为基准，从右上方向左下方排列文字。如果在表格里写文字一般应采用中间（M）对正方式。关于文字命令的调用在 5.2 节中介绍，这里先理解对正方式的概念。当调用文字命令后会出现对正方式的选择，即以下各项选择：

［对齐（A）/调整（F）/中心（C）/中间（M）/右（R）/左上（TL）/中上（TC）/右上（TR）/左中（ML）/正中（MC）/右中（MR）/左下（BL）/中下（BC）/右下（BR）］：

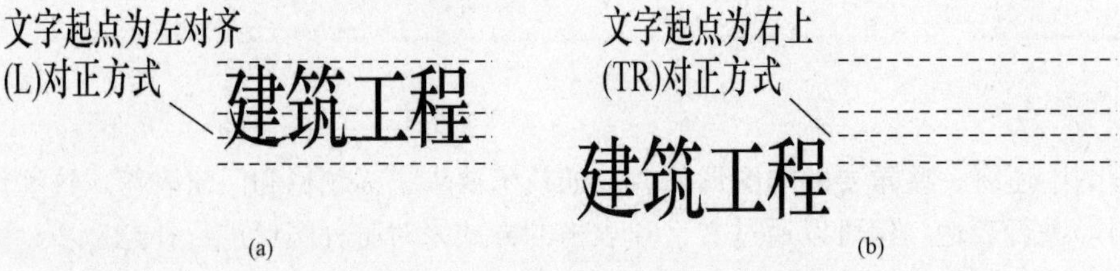

文字起点为左对齐
(L)对正方式
建筑工程
(a)

文字起点为右上
(TR)对正方式
建筑工程
(b)

图 5-4 文字的对正方式举例

(a) 默认对正方式为左对正方式；(b) 右上角对正方式

5.2 文字的输入方式

文字样式的设置在第 2 章 2.5 节已经做了详细的介绍，AutoCAD 中提供了两种文字标注方式：单行文字和多行文字。单行文字比较灵活，适用于内容简短的文字，如房间名称、图名标注等；多行文字适用于大量的需要有格式排版要求的文字，如图纸目录、说明等。

5.2.1 单行文字

（1）命令行：DTEXT（DT、TEXT）。

（2）下拉菜单：绘图→单行文字。

（3）工具栏：文字→单行文字按钮 AI。

会出现如下提示：

当前文字样式：Standard　当前文字高度：2.5000

指定文字的起点或［对正（J）/样式（S）］：　//指定文字的摆放点

//“对正”文字的各种对正关系

//“样式”修改当前标注文字的样式

指定高度＜2.5000＞：　//只有当前文字样式没有固定高度时才显示“指定高度”提示

指定文字的旋转角度＜0＞：

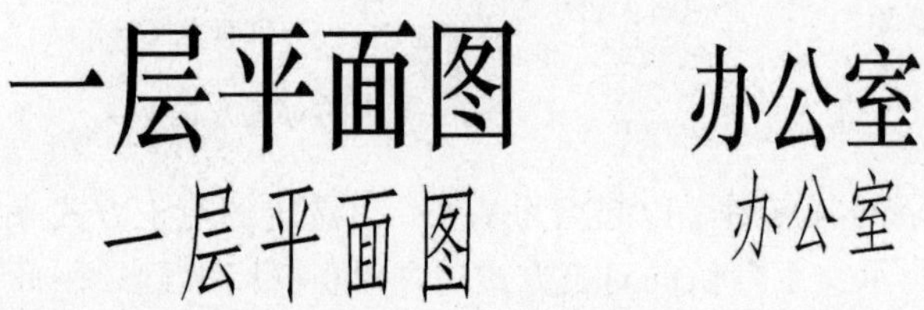

一层平面图　办公室
一层平面图　办公室

图 5-5 单行文字标注

【例 5-1】 创建的两种文字标注样式标注如图 5-5 所示的汉字，其中“一层平面图”字高为 700，“办公室”字高为 500。

操作步骤如下：

（1）新建文件，调用 A3（扩大 100 倍）的样板图。

(2) 分别设置文字样式为仿宋、高度为700和大字体、高度为500，详细步骤见第2章2.5节。

(3) 执行TEXT命令。

(4) 出现提示。

当前文字样式：仿宋　　//用当前的文字样式来进行标注
当前文字高度：2.5　　//当前设置的输入文字的高度
指定文字的起点或［对正(J)/样式(S)]：
//指定文字的起点、对正关系或修改文字样式
指定高度<700.0000>：　　//输入700
指定文字的旋转角度<0>：　　//指定要标注文字的旋转角度，这里直接回车
输入文字：　　//调出输入法，输入"一层平面图"

提示：换用另一种字体输入文字内容，选用大字体，利用形字体书写文字。步骤同前。这里不再叙述。

【例5-2】 在表格中书写文字，如图5-6所示。

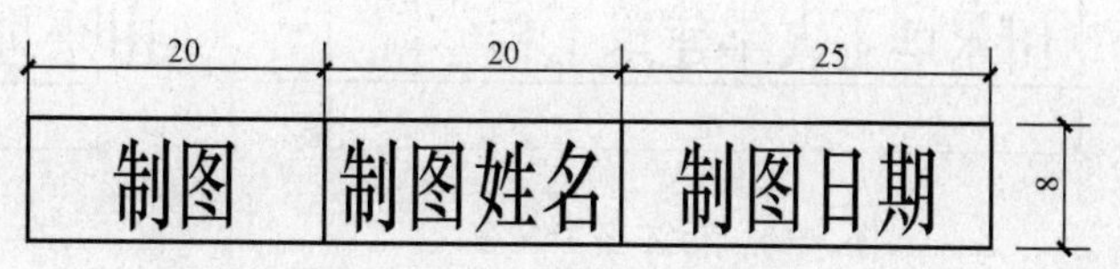

图5-6　表格中填写文字

操作步骤如下：

(1) 新建文件，调用A4样板图。

(2) 选粗实线为当前层，执行直线命令，画出表格，不标尺寸。画图的时候注意，直线长20、20、25应分别画出。

(3) 选细实线为当前层，执行TEXT命令，出现提示：指定文字的起点或［对正(J)/样式(S)]：J↵。

(4) [对齐(A)/调整(F)/中心(C)/中间(M)/右(R)/左上(TL)/中上(TC)/右上(TR)/左中(ML)/正中(MC)/右中(MR)/左下(BL)/中下(BC)/右下(BR)]：M↵。

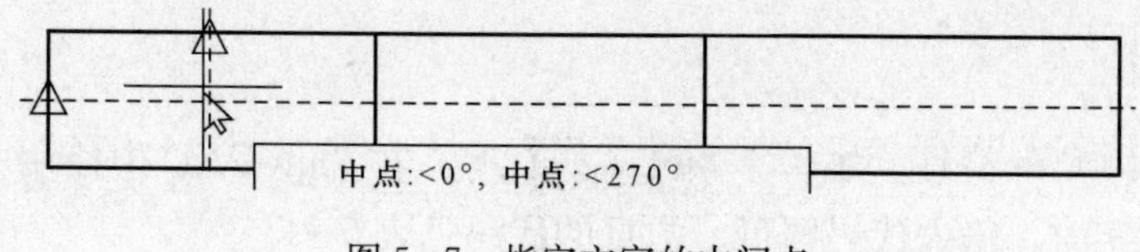

图5-7　指定文字的中间点

(5) 这时命令行提示：指定文字的中间点。可以利用对象追踪找到表格的中点，确定文字中间点的对正方式，如图5-7所示。

(6) 指定高度<5.0000>：5↵。

(7) 指定文字的旋转角度<0>：(直接↵)。

(8) 输入文字即可，输入完后（按回车键两次）即可完成表格文字的输入。一般表格文字的高度是表格高的0.7倍。

注意：如果绘制表格时直线段不是分别绘制的，则在确定表格的中点时就要用捕捉基点的方式确定。应选左下角为基点，然后输入偏移量@10，4。

【例5-3】 标注下面表格中的文字。

分析：如果在图5-8所示文字的基础上再增加3个字，字体就会写出表格外面，如图5-9所示。在字体高度不变、表格尺寸不变的情况下，为了解决这个问题，就要采用对

正方式中的对齐（A）/调整（F）方式。操作步骤如下：

（1）执行 TEXT 命令，出现提示：指定文字的起点或［对正（J）/样式（S）］：J↵。

（2）［对齐（A）/调整（F）/中心（C）/中间（M）/右（R）/左上（TL）/中上（TC）/右上（TR）/左中（ML）/正中（MC）/右中（MR）/左下（BL）/中下（BC）/右下（BR）］：F。

（3）指定文字基线的第一个端点：此时选择对象捕捉中的基点捕捉方式，捕捉表格的左下角为基点，然后输入偏移量，在指定文字基线的第二个端点，捕捉表格的右下角为基点，然后输入偏移量。具体步骤如下。

（4）指定文字基线的第一个端点：_from 基点：<偏移>：@1.5，1.5。

（5）指定文字基线的第二个端点：_from 基点：<偏移>：@−1.5，1.5。

（6）指定高度<5.0000>：↵。

（7）输入文字（注意在输入文字时的字体变化），输入完后按回车键，得到如图 5-10 所示的结果。

山东理工大学建筑工程学院
8
60

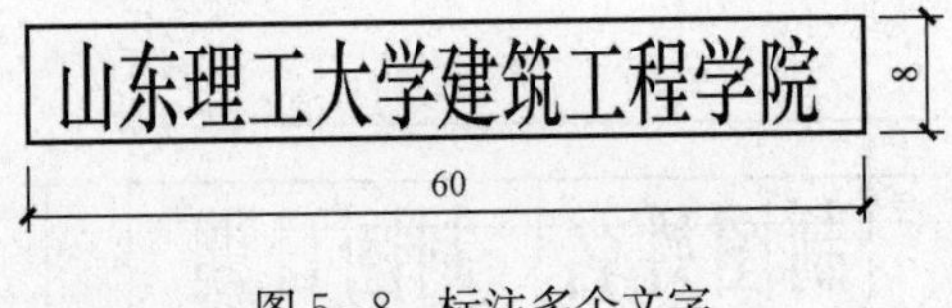

图 5-8 标注多个文字

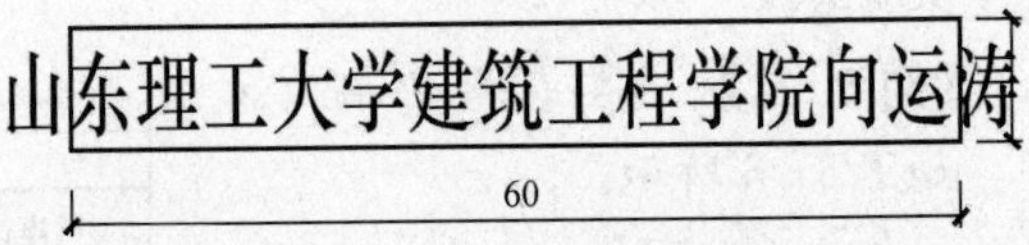

山东理工大学建筑工程学院向运涛
60

图 5-9 字体溢出表格

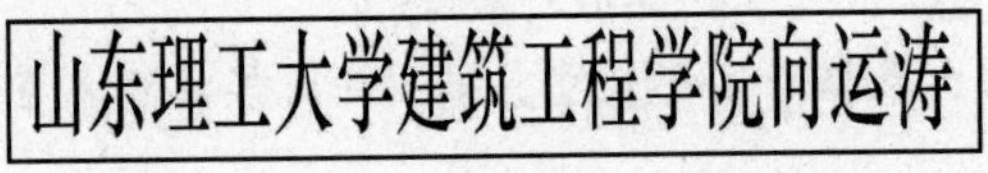

山东理工大学建筑工程学院向运涛

图 5-10 利用调整方式标注文字

采用调整（F）方式标注文字，文字的高度不变化，但是随着文字的增多，宽度比例的变化很大。

采用对齐（A）方式标注文字，文字的宽度比例不变化，但是随着文字的增多，高度的变化很大。

以上两种方式都是为了保证文字能在表格内书写，对于对齐（A）方式标注文字，用户可以自己实验。

5.2.2 特殊字符

输入文字时，经常会用到一些特殊符号，如“°”“Φ”“%”等，在 AutoCAD 中使用一些代码来表示它们，即在输入文字时，输入代码即可。常见的代码见表 5-1。

表 5-1 特殊符号代码及含义

特殊符号	代码	含义
%%O	—	上划线
%%U	_	下划线
%%C	Φ	直径符号
%%D	°	度符号
%%P	±	正负公差符号
%%%	%	百分号

【例5-4】　创建下面的特殊符号。

%%Uauto%%U%%OCAD　　　$\underline{\text{Auto}}\ \overline{\text{CAD}}$

30%%D　　　30°

%%P0.000　　　±0.000

操作步骤如下：

(1) 新建文件；

(2) 调用“TEXT”命令。命令行提示如下：

当前文字样式：仿宋↵　　　//用当前的文字样式来进行标注

当前文字高度：7.0000↵　　　//当前设置的输入文字的高度

指定文字的起点或［对正(J)/样式(S)］：　　　//在绘图区指定文字的起点

指定高度<7.0000>：　　　//回车

指定文字的旋转角度<0>：　　　//回车

输入文字：%%Uauto%%U%%OCAD↵　　　//输入第一行文字

输入文字：30%%D↵　　　//输入第二行文字

输入文字：%%P0.000↵　　　//输入第三行文字

输入文字：↵　　　//回车结束命令

5.2.3　多行文字

用多行文字可以创建复杂的文字说明，可以由任意多行文字组成，所有的内容作为一个独立的实体，可以分别设置段落内文字的属性（高度、字体等）；另外还可以在多行文字编辑器中实现文字堆叠。

调用“多行文字”命令可以通过以下方式：

(1) 命令行：MTEXT (MT)。

(2) 下拉菜单：绘图→文字→多行文字。

(3) 工具栏：绘图→文字 A。

会出现如下提示：

当前文字样式：“仿宋”　当前文字高度：10

指定第一角点：　　　//在绘图区单击一点

指定对角点或［高度(H)/对正(J)/行距(L)/旋转(R)/样式(S)/宽度(W)/栏(C)］：//在绘图拖拽出一个矩形区域，单击对角点，会打开如图5-11所示的“文字格式”对话框

图5-11　文字格式对话框

在“文字格式”对话框中可以完成像 Word 编辑器里一样常用的一些操作，可以设置文字大小、字体、颜色，并且可以轻松创建段落。

外墙装修说明：
1.墙面均为粗面仿石白色条形瓷砖。
2.外墙装饰构件、线条、栏板均为浅黄色真石漆。

图 5-12　利用“多行文字”命令输入文字

【例 5-5】 利用 MTEXT 命令输入如图 5-12 所示内容，首行文字字高为 500，仿宋字体，内容为 350，仿宋字体。

操作步骤如下：

(1) 新建文件，选择 A3（扩大 100 倍的样板文件）。

(2) 执行 MTEXT 命令，在拖拽出一矩形框之后，打开如图 5-11 所示“文字格式”对话框，在其中输入如图 5-12 所示的内容。

(3) 选中“外墙装修说明”，设置为“仿宋”字体，字高为 500，用相同的方法选中其他两行文字并设置其样式及大小，如图 5-13 所示。

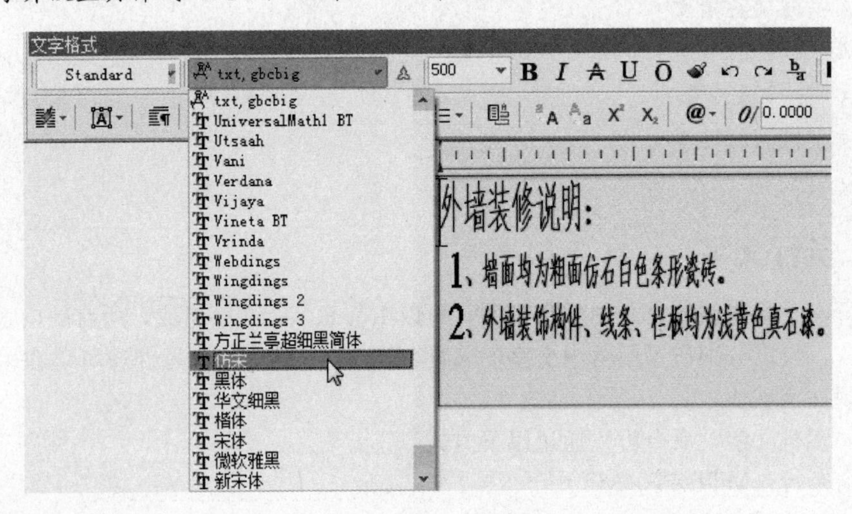

图 5-13　多行文字标注结果

(4) 单击“确定”按钮。

5.2.4　表格中多行文本的标注

要在表格中用多行文本标注文字，执行 MTEXT 命令后指定角点即可直接选择表格的两个对角点，如图 5-14 所示。然后选择对正方式中的正中（MC）方式即可，如图 5-15 所示。

5.2.5　创建堆叠文字

在文字格式中经常会遇到垂直对齐的文字或分数，在多行文字输入中创建这种堆叠格式文字，使用三个特殊符号：“/(斜杠)”（定义由水平线分隔的垂直堆叠）；“#(磅符号)”（定义斜分数）；“^(插入符)”（定义文字的上、下标）。然后单击堆叠按钮，如图 5-16。即可实现所要的文字效果。

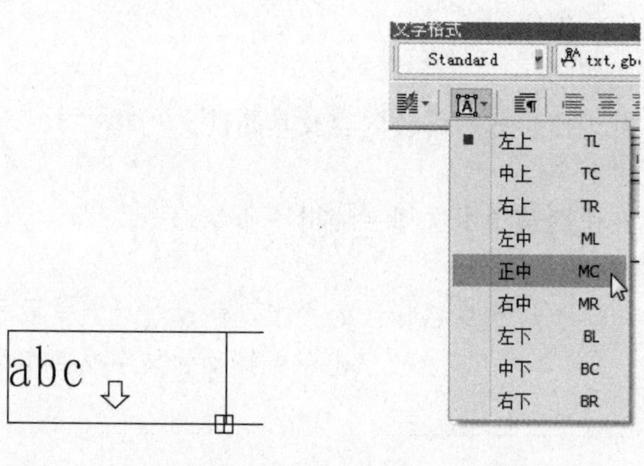

图 5-14　选择表格　　图 5-15　对正方式

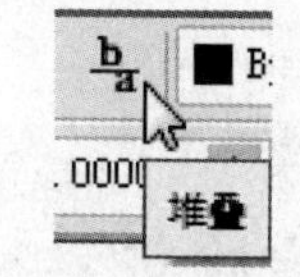

图 5-16　堆叠符号按钮

【例 5-6】　定义表 5-2 中的堆叠格式文字。

表 5-2　　堆叠格式输入及效果

堆叠格式	输入内容
2^3	23^
H_k	H^k
$\frac{2}{3}$	2/3
1/5	1#5
$\pm^{0.52}_{0.53}$	±0.52^0.53

操作步骤如下：

(1) 新建文件；

(2) 调用 MTEXT 命令，在绘图区拖拽出一矩形框之后，打开如图 5-11 所示的“文字格式”对话框。

(3) 在“多行文字编辑器”中输入“23^”，选中“3^”，单击按钮。

(4) 单击“确定”按钮（其他格式由读者自己完成）。

5.3　文字的编辑

5.3.1　编辑文字内容

对已标注的文字，可以对其内容或属性进行修改，AutoCAD 中提供了多种方式启动文字编辑，对于使用不同命令标注的对象，打开的对话框也不同。

(1) 命令行：DDEDIT (ED)。

（2）下拉菜单：修改→对象→文字→编辑。

（3）工具栏：文字→编辑文字按钮。

（4）选择文字对象，在“特性”管理器中亦可修改内容及其属性。

（5）直接双击文字对象或选择文字对象。

（6）单击选中文字，右键单击，在快捷菜单中选择“编辑”命令。

调用命令后，会出现如下提示：

选择注释对象或［放弃（U）］：　　　//选择已标注的文字，修改过后回车或单击左键

选择注释对象或［放弃（U）］：　　　//选择要修改的文字或回车结束命令

5.3.2 缩放文字

利用此功能，可以将同一图形中的各文字对象按同一比例同时放大或缩小，可以指定文字的绝对高度、相对缩放比例因子或者匹配现有文字高度。

（1）命令行：SCALETEXT。

（2）下拉菜单：修改→对象→文字→比例。

（3）工具栏：文字→比例按钮。

会出现如下提示：

选择对象：　　　//在该提示下选择要修改比例的多个文字串

输入缩放的基点选项［现有（E）/左（L）/中心（C）/中间（M）/右（R）/左上（TL）/中上（TC）/右上（TR）/左中（ML）/正中（MC）/右中（MR）/左下（BL）/中下（BC）/右下（BR）］<现有>：

//此提示要求用户确定各字符串缩放时的基点。其中，“现有（E）”选项表示将以各字符串标注时的位置定义点为基点；其他各项则表示各字符串均以对应选项表示的点为基点。确定缩放基点位置后，AutoCAD 继续提示：

指定新高度或［匹配对象（M）/缩放比例（S）］：

//“指定新高度”选项用于为所编辑的文字指定新的高度

//“匹配对象”选项可以使所编辑文字的高度与某一已有文字的高度相一致

//“缩放比例”选项将按指定的缩放系数进行缩放

5.4 文字的其他功能

如果图形中文字过多，则可以打开 QTEXT 模式，在所有文字位置处用一矩形代替，可以减少程序重画和重生成图形的时间。

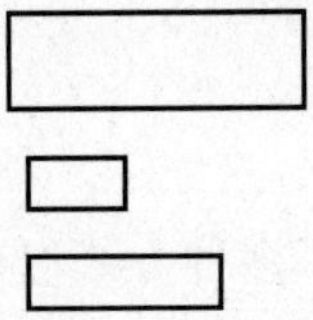

（1）命令行输入：在命令行输入 QTEXT 命令。命令行提示如下：

输入模式［开（ON）/关（OFF）］<关>：

//输入 ON，打开快速显示文字，再执行“RE（重生成命令）或视图→重生成”，图形中已标注文字位置将以矩形框表示，如图 5-17 所示。

图 5-17 快速文字

（2）在出图前必须将该命令关闭，否则只能打印出一个方框。

单击【工具】下拉菜单中的【选项】按钮，打开“显示”选项卡，如图5-18所示。在“显示性能”中勾选“仅显示文字边框”选项。

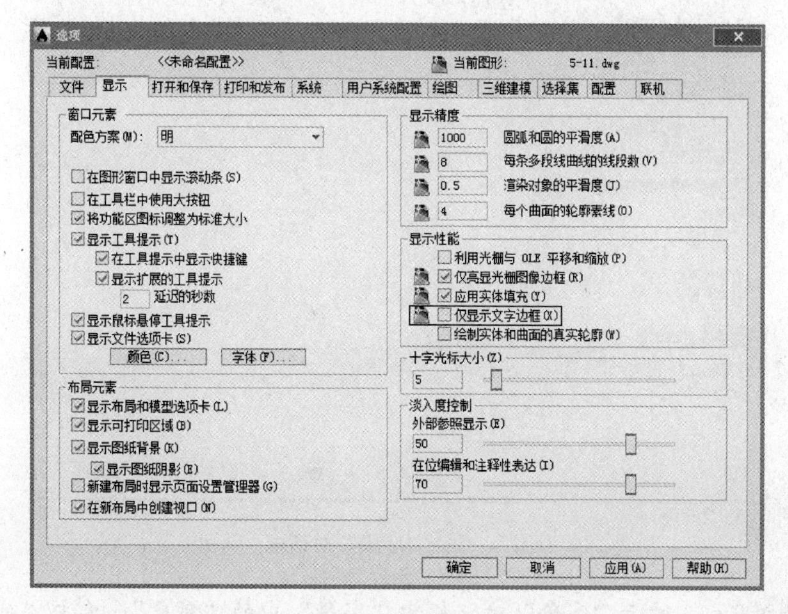

图5-18　“选项”对话框中“显示”选项卡

5.5　字段

用于在图形中经常变化的文字和数据信息，如日期、图纸编号、房间面积等。字段文字带有灰色背景。

5.5.1　创建字段

（1）命令行：FIELD。

（2）下拉菜单：插入→字段。

（3）工具栏：“多行文字”对话框中，插入字段按钮。

执行创建字段命令后，会出现如图5-19所示的字段对话框。

【例5-7】　绘制出圆的半径为50，创建以该圆半径值为对象的字段。

操作步骤如下：

（1）新建文件，调用A4样板图文件。

（2）执行圆命令，绘制半径为50的圆。

（3）执行MTEXT命令，在圆下方绘图区拖拽出一矩形框之后，在“文字格式”对话框中输入“圆的半径为”。

（4）单击“文字格式”对话框中的工具栏“插入字段”按钮如图5-20。打开如图5-19所示的“字段”对话框。

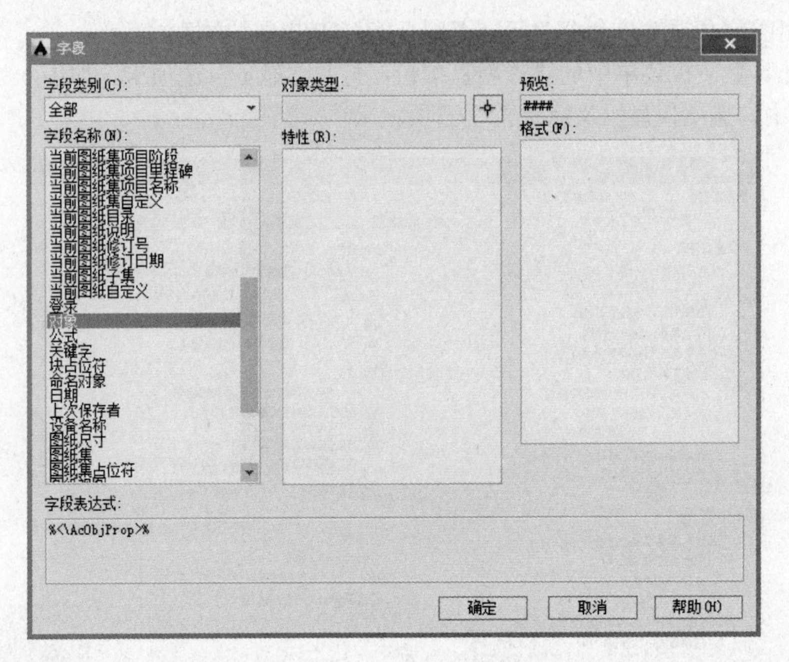

图 5-19 “字段”对话框

（5）选择图 5-19 所示“字段”对话框中“字段”中的“对象”，单击“对象类型”选择按钮，选择已绘制的圆，然后选择特性为半径，单击确定按钮。

（6）回到文字格式对话框，再单击“确定”按钮，如图 5-21 所示。

图 5-20 插入字段按钮　　　　图 5-21 创建字段

5.5.2 更新字段

当图形改变时，相应的字段内容也要改变，我们不需要手工地一个个去修改，只需要使用“更新字段”命令即可。

（1）命令行：UPDATEFIELD。

（2）下拉菜单：工具→更新字段。

（3）双击字段进入文字格式对话框，右键单击，在快捷菜单中选择编辑字段或更新字段选项。

【例 5-8】 如图 5-21 所示圆的半径为 50，修改圆的半径为 45，更新以该圆半径值为对象的字段。

操作步骤如下：

（1）修改圆的半径为45；

（2）调出“UPDATEFIELD”命令，命令行提示如下：

选择对象：找到1个 //选择文字“圆的半径为50”

选择对象： //回车结束选择

找到了1个字段。 //提示找到1个

更新了1个字段。 //提示已更新，字段已由“50”变成了“45”

更新后的结果如图5-22所示。

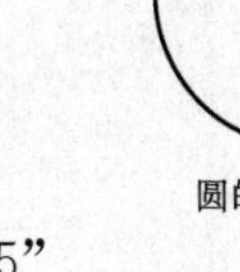

图5-22 更新字段

5.6 创建表格

从AutoCAD 2005开始，AutoCAD提供了制作表格的功能，用户可以方便的创建表格，修改表格的宽度、高度及表格内容，还可以在表格中使用公式。

5.6.1 表格样式

表格样式控制表格的外观，用于保证标准的字体、颜色、文字、高度和行距。用户可以使用默认的表格样式STANDARD，也可以根据需要自定义表格样式，表格样式可以指定标题、列标题和数据行的格式。

（1）命令行：TABLESTYLE。

（2）下拉菜单：格式→表格样式。

（3）工具栏：样式→表格样式按钮。

5.6.2 创建表格

（1）命令行：TABLE。

（2）下拉菜单：绘图→表格。

（3）工具栏：绘图→表格。

执行“表格”命令后，打开如图5-23所示的对话框。

可以用“指定插入点”或“指定窗口”方式放置表格。

特别提示：表格行的高度受文字高度和垂直页边距的影响。

表格行的高度≈文字高度×1.33×行高＋垂直页边距×2

例如，在如图5-28所示的对话框中：如果表格标题行的页边距垂直设置为1，文字高度设置为3.5，行数设置为1（行数设置如图5-23所示），则表格行的高度约等于6.67。

5.6.3 在表格中输入文字

（1）在表格单元内双击，然后开始输入文字。

（2）使用箭头键在文字中移动光标，按Enter键可以向下移动一个单元。

（3）要在单元中创建换行符，请按Alt＋Enter组合键。

（4）按Tab键可以移动到下一个单元，按Shift＋Tab组合键移动到上一个单元。在表格的最后一个单元中，按Tab键可以添加一个新行。

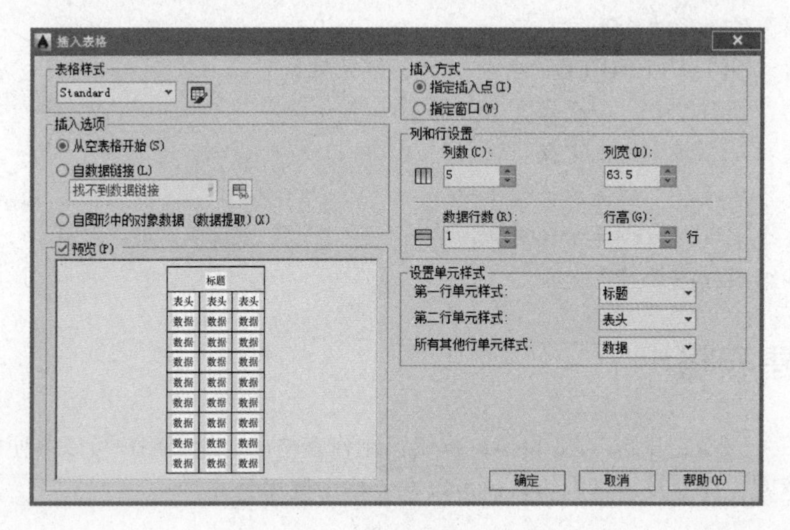

图 5-23 “插入表格”对话框

5.7 编辑表格

5.7.1 利用夹点编辑表格

在表格边框线上单击鼠标左键，表格将变成显示夹点模式，通过各个夹点可以修改表格的行高和列宽。

如果在改变相邻两列间的宽度时，不想改变表格的总宽，则可以按下 Ctrl 键。

5.7.2 利用“表格”管理器编辑表格

单击要编辑的单元格，出现如图 5-24 所示的表格管理器。用户可以对单元格的宽度、高度、文字对正方式、内容及高度等属性进行修改。

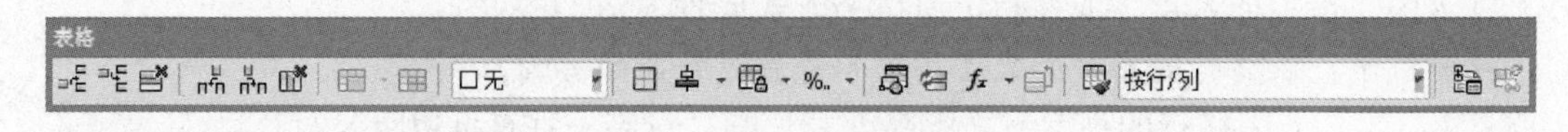

图 5-24 表格管理器

【例 5-9】 创建如图 5-25 所示的表格，“门窗表”字高为 1000，列标题字高为 500，数据行字高为 350，字体样式选择大字体 gbcbig. shx。

操作步骤如下：

(1) 新建文件；调用 A3 扩大 100 倍的样板图。

(2) 执行表格样式 TABLESTYLE 命令，打开如图 5-26 所示的“表格样式”对话框。

(3) 单击“新建”按钮，打开如图 5-27 所示的“创建新的表格样式”对话框。输入新样式名为“门窗表”。

门窗表

类别	设计编号	洞口尺寸/mm		数量	备注
		宽	高		
窗	C0621	600	2100	6	
	C1520	1500	2000	4	
	M1221	1200	2700	4	
门	M0921	900	2100	6	
	M1021	1000	2100	8	

1400 2200 1800 1800 2500 3500

1500 700 700 700 700 700

图5-25 门窗表

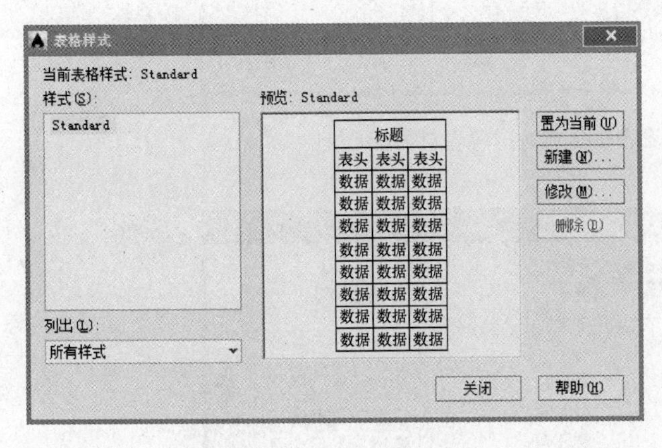

图5-26 表格样式对话框

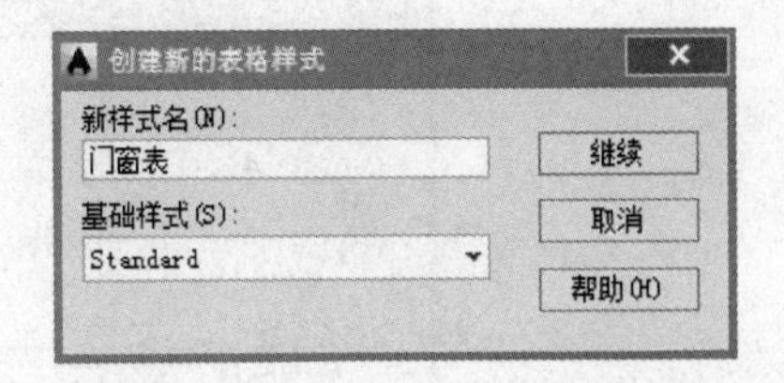

图5-27 创建新的表格样式

(4) 单击“继续”按钮，打开如图5-28所示“新建表格样式：门窗表”对话框。分别对单元样式中的标题、表头、数据的页边距、文字、边框样式进行设置。要使得“门窗表”的外边框不显示出来，应选择“单元样式”中的标题选项，再选择“边框”选项，单击右边的无边框按钮，如图5-29所示。

1) 标题页边距垂直设为1，文字高度设为1000。页边距水平都设置为1。

2) 表头页边距垂直设为1，文字高度设为500，页边距水平都设置为1。

3) 数据页边距垂直设为1，文字高度设为500，页边距水平都设置为1。

(5) 执行创建表格TABLE命令，出现如图5-23所示的对话框。将列数设为6，列宽设为1800，数据行数设为6，行高设为1（数据行有一行给表头）。

(6) 单击“确定”按钮，命令行提示：“指定插入点:”，在绘图区单击一点作为表格的放置点，拾取一点后，在绘图区放置一空白表格，同时光标定位在大标题单元格内，输入“门窗表”，为了调整表格的格式，可以单击如图5-11所示的文字格式对话框右上方的确定按钮，退出输入表格的文字。

(7) 调整表格尺寸，选中第一列表头的两个单元格，如图5-30所示。然后单击鼠标右键选择特性选项，或选择下拉菜单修改→特性，弹出特性对话框，如图5-31所示。在【单

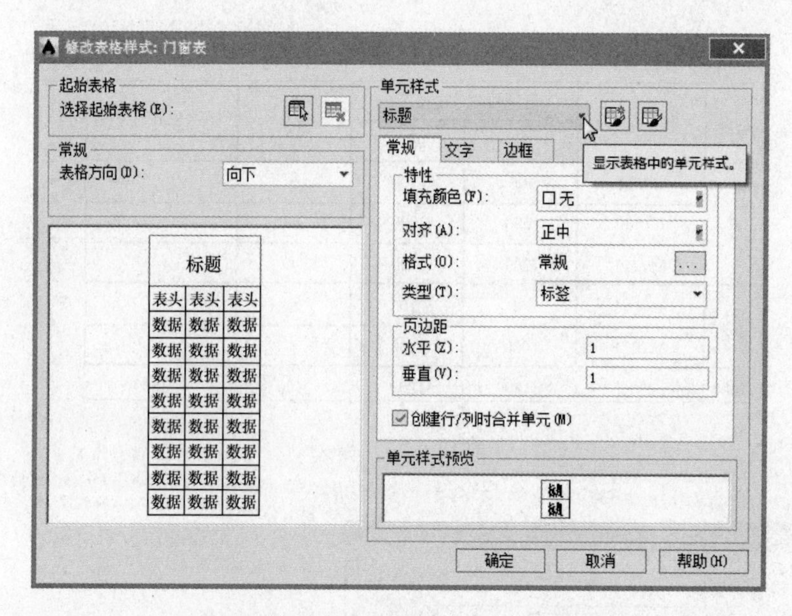

图 5-28　新建表格样式：门窗表对话框

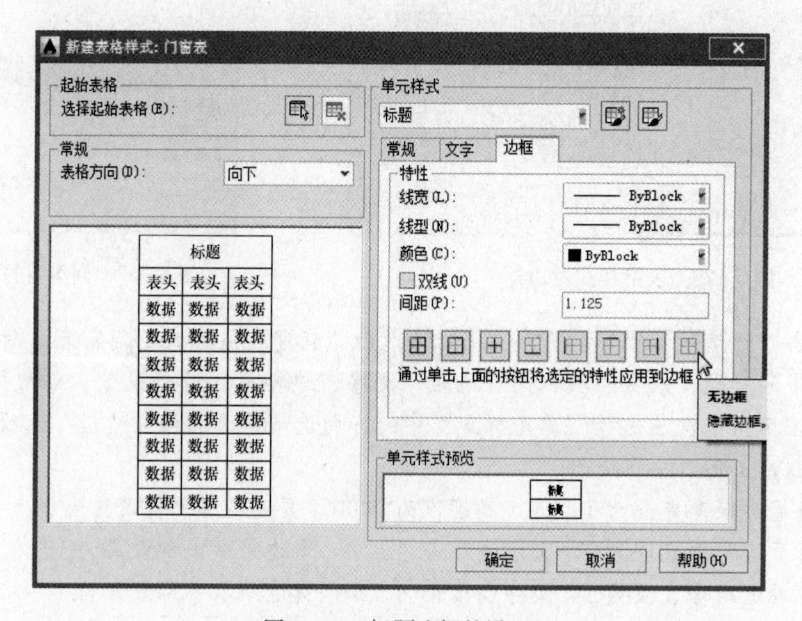

图 5-29　标题边框的设置

元】组中，在【单元宽度】输入 1400，在【单元高度】输入 750，然后使用同样的方法分别设置其他单元格的尺寸。

（8）合并单元格；表格中“类别”“洞口尺寸”“设计编号”“数量”“备注”“门”“窗”等多处单元格需要合并，例如，选中“洞口尺寸”两单元格，单击【表格】工具栏上的合并单元按钮旁边的倒三角，从列表中选择按行，如图 5-32 所示，或单击鼠标右键选择合并→按行，同样方法选择其他的合并单元格，单击鼠标右键选择合并→按列。

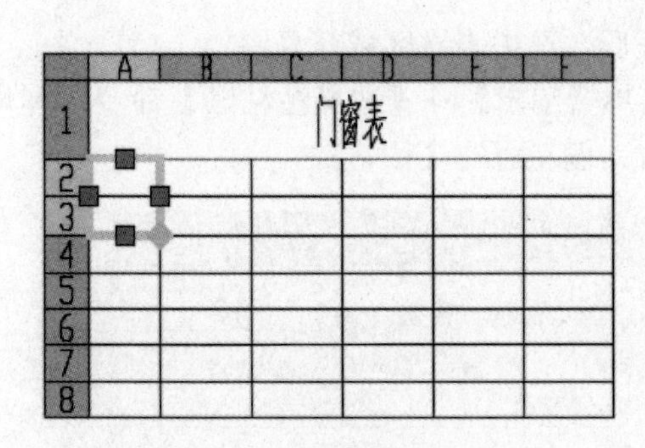

图5-30 调整表格尺寸

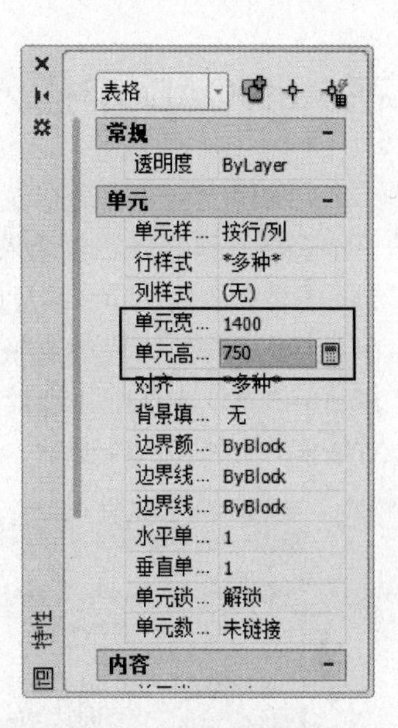

图5-31 调整单元格尺寸

图5-32 合并单元格

(9) 设置完成的表格如图5-33所示，调整好表格的尺寸和单元格的格式后就可以在单元格里输入文字，选中某个单元格，分别输入相关的文字，按Enter键在其他单元格输入表格内容。

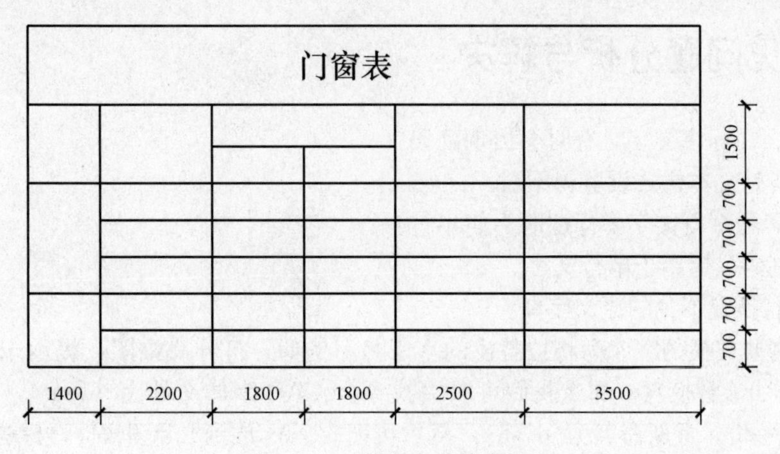

图5-33 设置完成的表格

5.8 在 AutoCAD 中插入 Excel 表格

在 Excel 中编辑表格非常简单。对于一些复杂的表格可以在 Excel 中进行编辑，选择合并等操作，将表格制作完成后再插入到 AutoCAD 中。

将 Excel 表格插入到 AutoCAD 的步骤如下：

（1）在 Excel 中将所需要的表格设置好后，选中表格区域并复制。

（2）在 AutoCAD 文件中，选择下拉菜单【编辑】→【选择性粘贴】命令，弹出【选择性粘贴】对话框，如图 5 - 34 所示。选中对话框左边的【粘贴】。

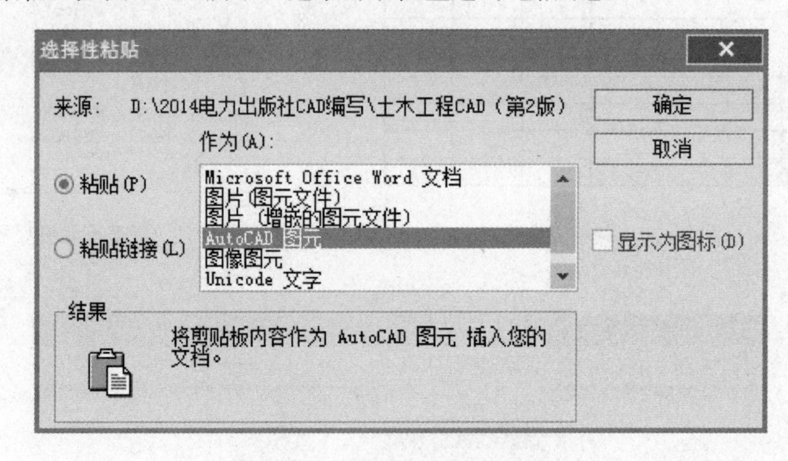

图 5 - 34 【选择性粘贴】对话框

（3）在列表中选择【AutoCAD 图元】选项，在 AutoCAD 绘图窗口确定插入点，即可将 Excel 表格转换为 AutoCAD 表格。

（4）插入表格后，要进行编辑，可以选定表格，在下拉菜单【特性】管理器中进行解锁。然后再按照前面所介绍的修改方式对表格进行调整尺寸、输入文字等操作。

5.9 常见问题分析与解决

1. 为什么在标注文字时有时会出现乱码？

答：主要是文本样式设置得不对。

2. 控制码在多行文字中标注时为何不行？

答：控制码只适用于单行文字。

3. 如何替换找不到的原文字体？

答：复制要替换的字库为将被替换的字库名，例如，打开一幅图，提示未找到字体 jd，要想用 hztxt. shx 替换它，那么我们可以去找 AutoCAD 字体文件夹（font），把里面的 hztxt. shx 复制一份，重新命名为 jd. shx，然后再把 jd. shx 放到 font 里面，再重新打开此图就可以了。以后如果打开的图中包含 jd 这样你机子里没有的字体，就再也不会不停地要求找字体替换了。

4. 为什么文字高度在输入时不能随时改变？

答：在“文字样式”对话框中的“高度”栏里，把指定的高度改为“0”即可。

5. 为什么输入的文字都倒着摆放？

答：在“文字样式”对话框中的“字体名”栏里，把设置的字体改为前面不带@的字体，如原来为仿宋_GB2312，将其改为 @仿宋_GB2312，如果改过后字体还倒着摆放，则需要检查一下是否设置了“指定文字的旋转角度”。

6. 表格中要想使得“标题”的外边框不显示出来，如何设置？

答：选择“表格样式”中的“标题”选项卡，先单击“无边框”按钮，然后单击“底部边框”按钮，最后单击“确定”按钮。这样，插入的表格标题外的边框会灰色显色，且不会打印出来。

5.10　上机实验

5.10.1　实验目的

（1）掌握文字样式的设置方法。

（2）掌握单行与多行文本的输入及其编辑方法。

（3）了解工程汉字中特殊符号的输入方法。

（4）了解表格的定义与填写方法。

5.10.2　实验内容

1. 用单行标注命令标注下列内容

（1）定义以下两种字体样式（标注样式对话框中文字高度为 0）：

1）仿宋 GB2312，宽高比为 0.7。

2）gbenor.shx→gbcbig.shx，宽高比为 1.0。

（2）分别用创建的两种样式标注下列文字并设置字高为 700，比较两种字体的区别：①平面图；②立面图；③客厅。

（3）标注下列符号和数字：±0.000；60°；Ø100；AutoCAD 2000。

（4）标注下列文字，文字样式设为楷体。

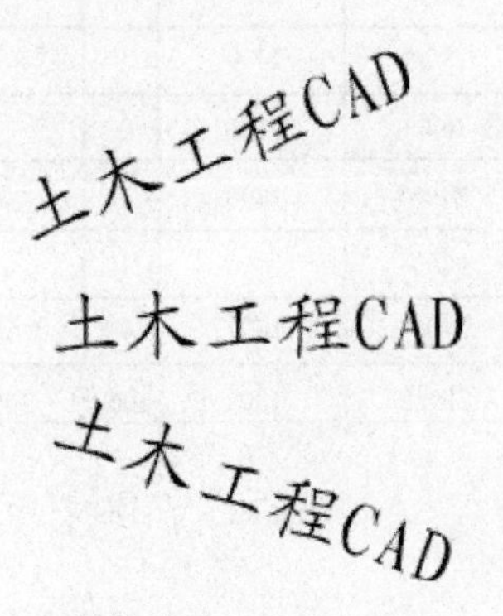

2. 用多行文字编辑器标注下列内容

（1）标注如习题图 5-1 所示的文字内容，设置标题字高为 500，内容字高为 350。

外墙防水:

1、各种墙体的砌筑砂浆均应饱满，砌体的搭接符合标准;

2、外墙在施工完后均应填补密实，并在面层相应部位用聚合物水泥砂浆做好填嵌处理及面层装饰;

3、加气砼砌块外墙抹灰前应按照施工规范施工。

习题图 5-1 多行文字输入

（2）标注下列堆叠文字，字体样式为 isocp. shx。

$\frac{8}{9}$ X^6 H_7 $\phi 67^{+0.015}_{-0.032}$ 12^8-6^7

4-Ø15↧20⌴Ø30

2X45° <u>abcdefg</u>

★※§∑∏≌

3. 制作如习题图 5-2 所示的“门窗表”，字高分别为 500 和 350。

门窗表

类别	设计编号	洞口尺寸		数量	采用标准图集及编号		备注
		宽/mm	高/mm		图集代号	编号	
门	M-1	1500	2100	1			防盗铁门
	M-2	1800	2400	1			推拉塑钢门
	M-3	800	2100	2			推拉塑钢门
窗	C-1	2400	2400	1			推拉塑钢窗
	C-2	1800	1800	1			推拉塑钢窗
	C-3	2400	1800	2			推拉塑钢窗

（尺寸标注：行高 2600、2400、2400；列宽 1000、2000、1800、1800、1000、2000、2500、2800）

习题图 5-2 门窗表

4. 绘出习题图5-3所示的标题栏，并填写文字内容。

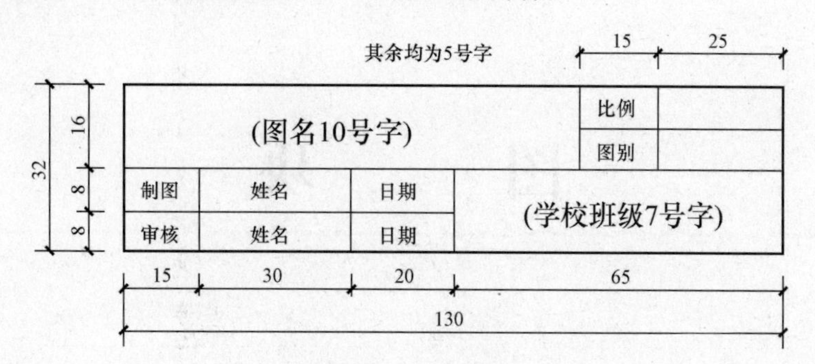

习题图5-3　标题栏

5. 绘制习题图5-4所示的图形。

习题图5-4　量角器的绘制

第 6 章

图　　块

6.1　图块的基本概念

在绘图过程中，经常会遇到一些重复出现的图形，如门、窗、标高符号等，采用复制命令不便于修改且所占的磁盘空间也比较大，因此把它们制作成图块，在使用时可以方便插入。图块是 AutoCAD 中提高绘图效率的最有效的工具，它不仅便于创建图库、附带属性且便于修改图形，增加绘图的准确性，提高绘图速度，减小文件大小等。

图块是一组图形实体的总称，作为一个单独的、完整的对象来操作。图块允许多级嵌套，但嵌套块不能与其内部嵌套图块同名，如 A 图块中可以包含 B 图块，B 图块中可以包含 C 图块，但 A 图块中不得含有名字为 A 的图块。

6.2　图块与图层的关系

在创建图块时，组成图块的实体可以分别位于不同的图层上，其颜色、线型和线宽特性将随图块一起保存。在插入块时，这些特性也一起插入，插入块中的对象可以保留原特性，可以继承所插入的图层的特性，或继承图形中的当前特性设置。

1. “0”层上图块特性

在创建图块时，如果组成块的实体对象位于“0”层，且所有特性设置为“随层”，则在插入图块时，插入的图块对象特性都继承当前层的设置。建议大家在创建图块时，在“0”层绘制对象，且将所有特性设置为“随层”。

2. “随层”图块特性

如果由某个层的具有“随层”设置的实体组成一个内部图块，这个层的颜色和线型等特性将设置并储存在块中，以后不管在哪一层插入都将保持这些特性。

在当前图形中插入一个具有“随层”设置的外部图块时，若外部图块所在层在当前图形中未定义，则 AutoCAD 将自动建立该层来放置图块，图块的特性与图块定义时一致；如果当前图形中存在与之同名而特性不同的图层，则当前图形中该层的特性将覆盖块原有的特性。

3. “随块”图块特性

如果组成图块的实体采用“随块”设置，则块在插入前没有任何层、颜色、线型、线宽设置，被视为白色连续线。当图块插入当前图形中时，图块的特性按当前绘图环境的层、颜色、线型和线宽进行设置；“随块”图块的特性是随不同的绘图环境而变化的。

4. 指定线型和颜色图块特性

如果组成图块的实体具有指定的颜色和线型，则图块的特性也是固定的，在插入时不受当前图形设置的影响。

5. 关闭或冻结层上图块的显示

如果插入图块后图块所在的图层被冻结，则该冻结层不可见。删除图块后，图块原有图层、线型、颜色依然存在。若在定义图块时图形中有被锁定或冻结的图层，则在插入新图中时将自动被删除。

6.3　图块的定义

图块定义分为内部图块定义和外部图块定义。

6.3.1　内部图块定义

内部图块是指保存在当前文件内部的命名图形实体组合。定义内部图块时，需要设定图块的名称、插入点及组成图块的图形实体对象。因此，内部图块只能在当前文件中调用。

(1) 命令行：BLOCK/BMAKE (B)。

(2) 下拉菜单：绘图→块→创建。

(3) 工具栏：绘图→创建块按钮。

执行内部图块命令后会弹出如图6-1所示的对话框。

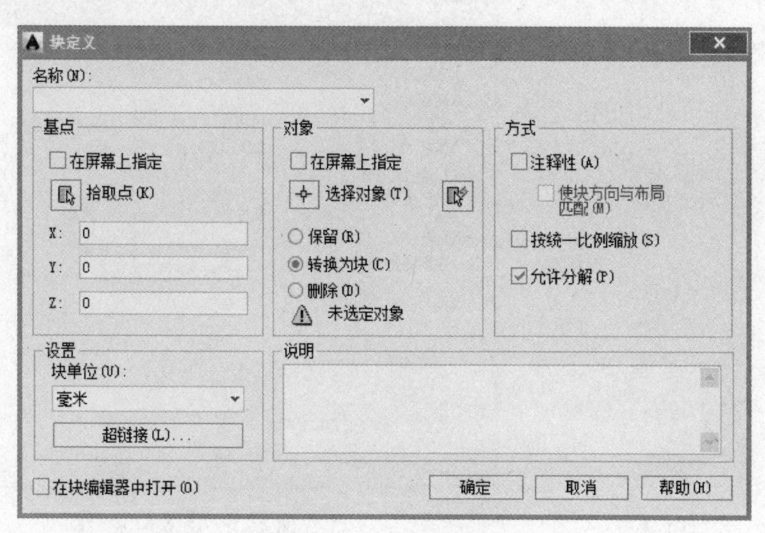

图6-1　定义内部图块

由于内部图块只能在当前文件中调用；外部图块可以作为一个文件保存起来，随时调用，当外部图块插入到某个文件后，就作为内部图块保留到该文件中，所以建议都以外部图块来创建。

6.3.2 外部图块定义

在命令提示下输入 _ WBLOCK 将显示“标准文件选择”对话框，从中可以按照命令行提示指定新图形文件的名称。如果 FILEDIA 系统变量设置为 0（零），将不显示该标准文件选择对话框。

6.4 图块的创建

图块的创建步骤一般分为三步：绘图、定义属性和创建图块。

6.4.1 标高符号图块的创建

将如图 6-2 所示左边的标高符号创建为外部图块。根据情况，图形也可以画成右边的形式。

创建标高符号外部图块的步骤如下：

（1）新建文件，调用 A4 样板图。

（2）选择细实线图层，绘制标高符号图形。

（3）定义属性（这一步根据情况可以不要）。选择菜单绘图→块→定义属性，弹出如图 6-3 所示的对话框。在标记中输入标高，提示栏中输入标高值，文字样式选尺寸，文字高度设为 5。选择左对齐对正方式。单击确定按钮，在标高符号上方单击即可。

±0.000　　±0.000

图 6-2　标高符号

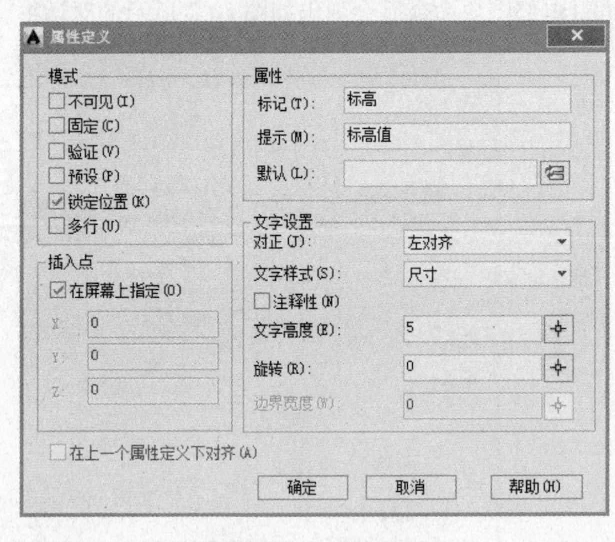

图 6-3　定义属性

（4）执行 WBLOCK 命令，弹出如图 6-4 所示的写块对话框。单击选择对象，选择标高图形和刚定义好的属性，基点选择在标高图形的下方，如图 6-5 所示。插入单位选择毫米，然后选择保存文件的路径。文件名为标高，单击确定按钮即可。

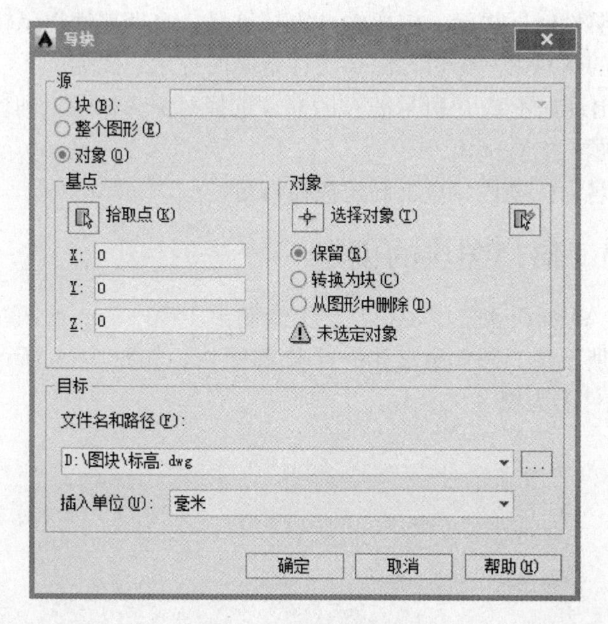

图6-4　写块对话框

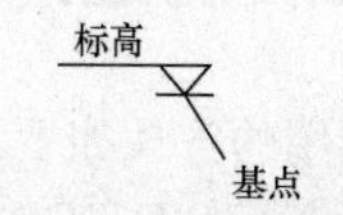

图6-5　基点选择

6.4.2　标题栏图块的创建

将如图6-6所示的标题栏定义成图块。

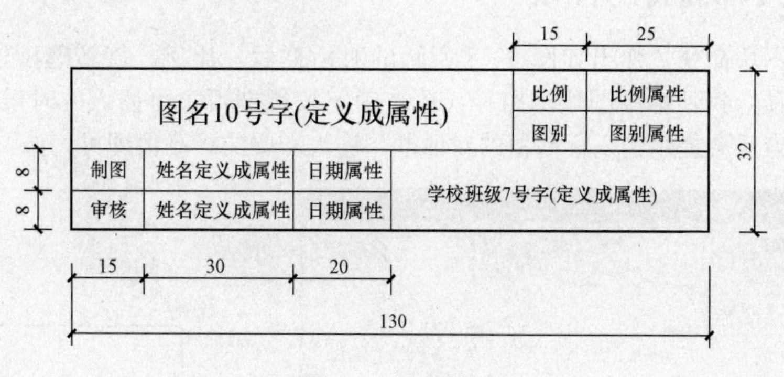

图6-6　标题栏

创建标题栏外部图块的步骤如下：

(1) 新建文件，调用A4样板图。

(2) 选择细实线图层，按照尺寸绘制出标题栏图形（不标尺寸），绘制完后选中标题栏的外部线型转换图层为粗实线。

(3) 执行TEXT或MTEXT文字命令，在标题栏中分别输入制图、审核、比例、图别等字体，这些用文字命令输入的文字，在插入图块时是不变化的。

(4) 执行定义属性的命令，弹出如图6-3所示的对话框。按照要求分别将标题栏中其他的文字信息定义成属性，特别注意在属性提示栏中，一定不要输错提示，如标题栏制图右边单元格姓名定义成属性时，提示一定要输入制图姓名，日期属性提示输入制图日期，标题栏审核右边单元格的姓名定义成属性时，提示一定要输入审核姓名，日期属性提示输入审核日期，其余的提示按照标题栏中的信息书写即可，图名属性定义时提示：图名。

（5）执行 WBLOCK 命令，出现如图 6－4 所示的对话框。选择对象为标题栏和标题栏中的文字、属性信息，基点选择标题栏的右下角。

（6）选择好保存路径，文件名为标题栏，点击确定按钮即可。

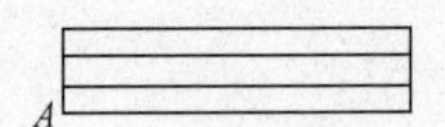

图 6－7　四线窗户图例

6.4.3　窗户图块的创建

在 A4 样板文件中，在 0 层上绘制出 1000×240 的四线窗户图例，将所示窗户图例定义为一个外部图块，如图 6－7 所示。不用定义属性，插入基点为 *A* 点。文件名为窗。

6.5　图块的插入

命令调用的方式如下：

（1）命令行：INSERT（I）。

（2）下拉菜单：插入→块。

（3）绘图工具栏：插入块按钮。

执行命令后会弹出如图 6－8 所示的插入块对话框。

6.5.1　插入标高符号图块

执行插入图块命令，弹出如图 6－8 所示的对话框后，比例、旋转选项根据情况选择，再选择浏览选项，找到标高图块的路径，单击确定按钮即可，再插入的时候确定好插入点后，单击插入点后会提示输入标高值的对话框，输入需要的标高值即可，如图 6－9 所示。

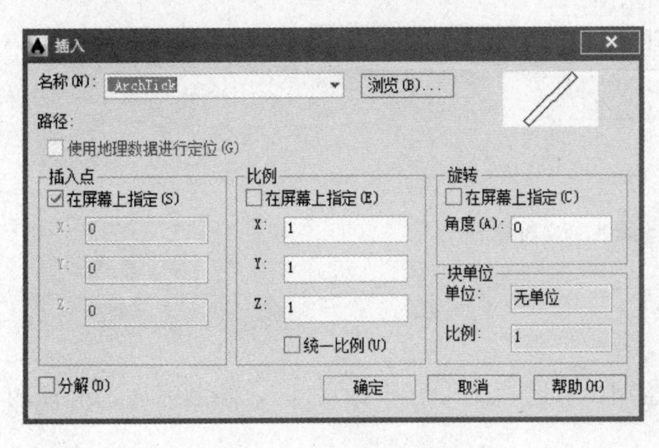

图 6－8　插入块对话框

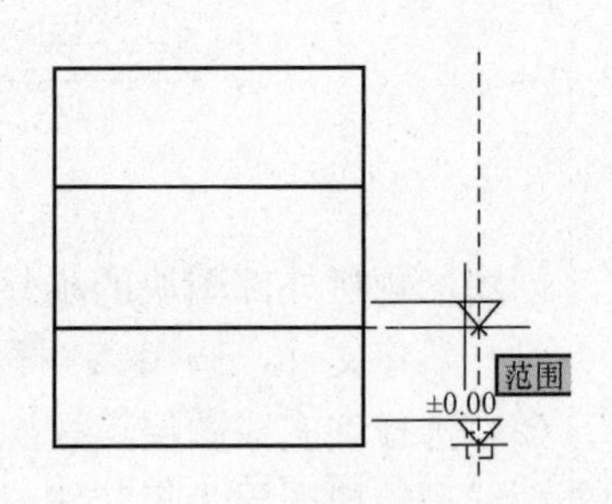

图 6－9　插入点

6.5.2　插入标题栏图块

打开原来绘制的 A3 样板文件，执行插入图块命令，弹出如图 6－8 所示的对话框后，比例、旋转选项根据情况选择，再选择浏览选项，找到标高图块的路径，单击确定按钮即可，将标题栏插入到图框线的右下角，单击插入点后会提示输入标题栏的各项值对话框，输入需要的信息即可，如图 6-10 所示。

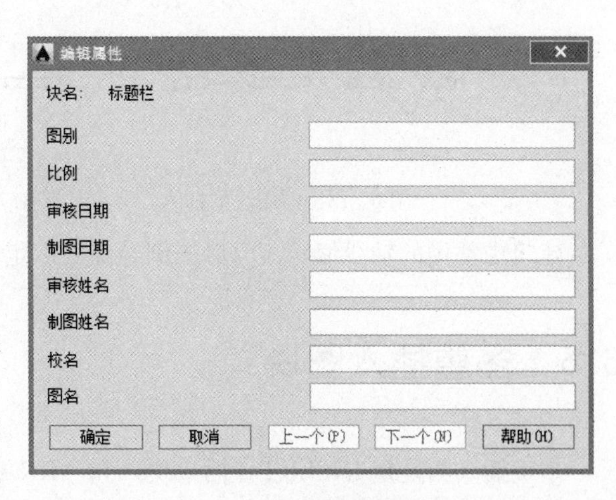

图 6-10　输入属性值

6.5.3　插入四线窗图块

新建文件，调用 A3 扩大 100 倍的样板图，先绘制如图 6-11 所示的图形。保存文件名为图 6-11。

执行插入命令，浏览路径找到窗图块，对于①～②轴线之间的窗，长度尺寸为 900，宽度和墙厚一样为 240，在如图 6-12 所示的“插入”对话框中将“缩放比例”栏中的 X 向比例因子设置为 0.9 即可；对于②～③轴线之间的窗，将“插入”对话框中的 X 向比例因子设置为 1.5 即可；同理③～④轴线之间的窗，将“插入块”对话框中的 X 向比例因子设置为 1.2。这样的话，我们只需要创建一个标准尺寸的图块，插入的图块会按给定的比例自动进行缩放。

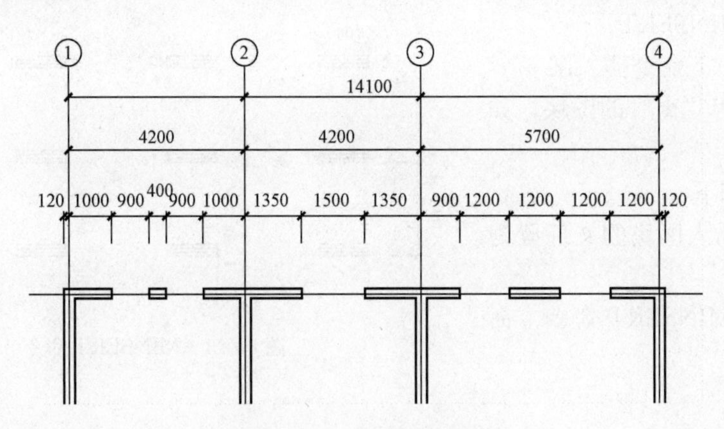

图 6-11　平面图局部图形

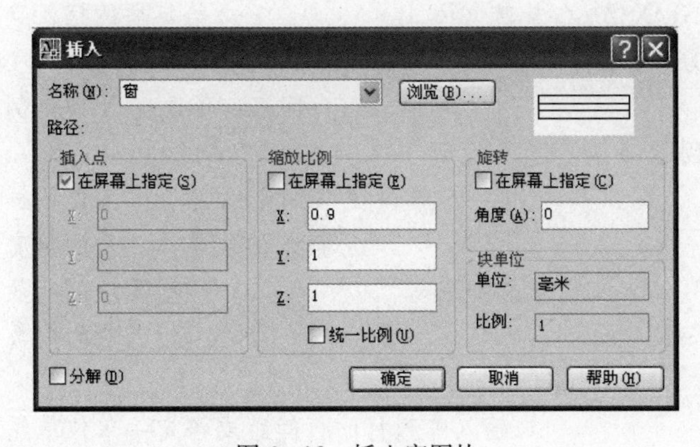

图 6-12　插入窗图块

6.5.4　插入门图块

完成如图 6-13（b）、（c）所示的图形。创建如图 6-13（a）所示的门为外部图块，图块的基点选在 A 点，再插入到如图 6-13（b）所示图形 1 点，当插入到 2 点时，可以选择插

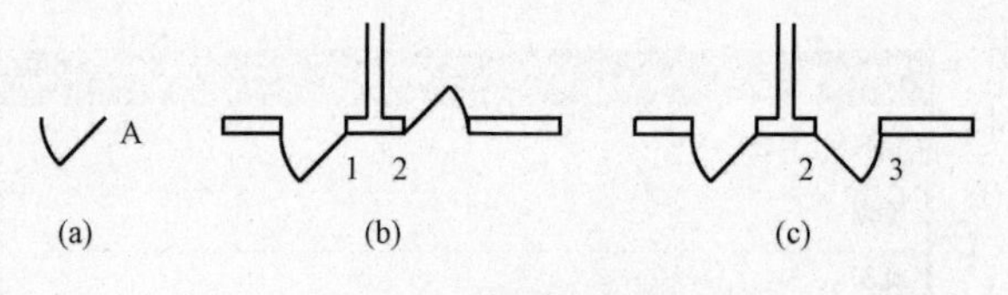

图6-13　门图块的插入

入 X 向比例系数为−1便可以得到如图6-13（c）所示的图形。再选择“镜像”命令，镜像线为2、3点，选择删除源对象，即可得到如图6-13（b）所示的图形。

建筑中常用的轴线编号、门窗图例等都可以定义成外部图块。

6.6　多重插入图块

多重插入图块是INSERT（插入块）和ARRAY（阵列）命令的综合，该命令不仅可以大大节省时间，提高绘图效率，而且还可以减少图形文件所占用的磁盘空间。

命令行：MINSERT。

用MINSERT命令插入图6-7中创建的名称为“窗”的图块，如图6-14所示。

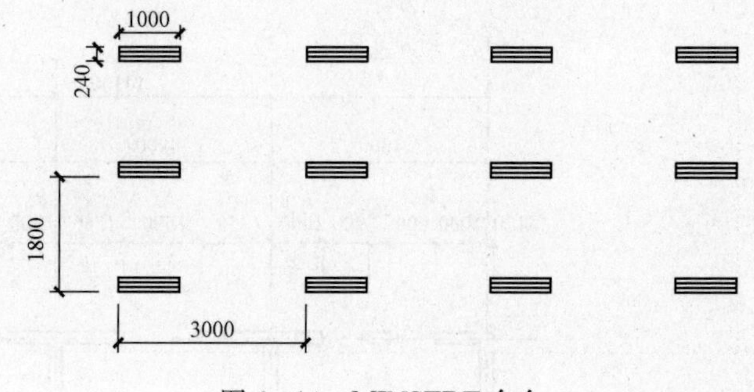

图6-14　MINSERT命令

操作步骤如下：

(1) 将要插入图块的文件置为当前。

(2) 调用MINSERT命令。命令行提示如下：

输入块名或[?]：窗　　//插入块的名称

单位：毫米　转换：1　　//插入块使用单位

指定插入点或[基点(B)/比例(S)/X/Y/Z/旋转(R)]：　　//给定块的插入点

输入X比例因子，指定对角点，或[角点(C)/XYZ(XYZ)]＜1＞：

//回车，不改变X向比例

输入Y比例因子或＜使用X比例因子＞：

//默认Y方向比例因子和X向一样

指定旋转角度＜0＞：　　//插入的块整体旋转的角度

输入行数(———)＜1＞：3　　//插入块的行数

输入列数(|||)＜1＞：4　　//插入块的列数

输入行间距或指定单位单元(———)：1800

//输入阵列行的行间距或给定一单位单元

指定列间距(|||)：3000　　//输入阵列的列间距

(3) 按以上设置插入后的图块如图6-14所示。

注意：ARRAY（阵列）中的每个目标都是图形文件中的单一对象，而MINSERT（多重插入）中的多个图块是一个整体，不能用分解（EXPLODE）命令炸开图块；阵列中的每一个图块均具有相同的比例系数和旋转方向，并呈规则行列分布。

6.7 利用“设计中心”插入图块

通过设计中心，用户可以组织对图形、块、图案填充和其他图形内容的访问，可以将源图形中的任何内容拖动到当前图形中，可以将图形、块和填充拖动到工具选项板上。源图形可以位于用户的计算机上、网络位置或网站上。另外，如果打开了多个图形，则可以通过设计中心在图形之间复制和粘贴其他内容（如图层定义、布局和文字样式）来简化绘图过程。

命令调用方法如下：

（1）命令行：ADCENTER。

（2）下拉菜单：工具→选项板→设计中心。

执行命令后会弹出如图6-15所示对话框，即可插入图块。

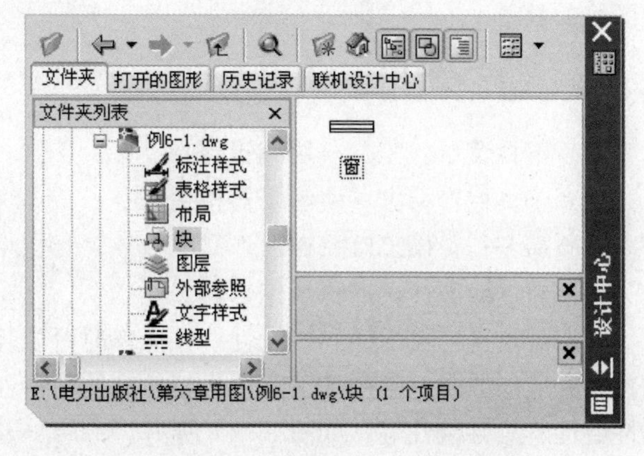

图6-15 “设计中心”选项板

6.8 图块与属性的编辑

属性的编辑分为创建图块之前和创建图块之后。

1. 创建图块之前

（1）命令行：DDEDIT（ED）。

（2）下拉菜单：修改→对象→文字→编辑。

（3）工具栏：文字→编辑文字按钮。

（4）直接在属性上双击。

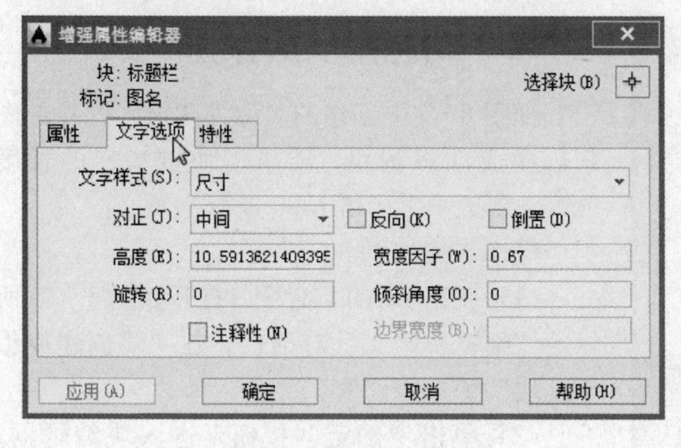

图6-16 编辑图块与属性

2. 创建图块之后

（1）命令行：EATTEDIT。

（2）下拉菜单：修改→对象→属性→单个。

（3）工具栏：修改Ⅱ→编辑属性按钮。

（4）直接双击带属性的块打开如图6-16所示的“增强属性编辑器”对话框。在对话框中可以对属性值、属性文字样式、对正关系、文字高度及属性文字的图层、颜色和线型等参数进行修改。

6.9 动态图块的定义

动态图块在图块中增加了可变信息，如可将不同长度、角度、大小、对齐方式的信息定义到一个图块中，这样不仅减少了大量重复工作，而且也便于控制管理，同时也减少了图库中图块的数量。

6.9.1 命令调用

（1）下拉菜单：工具→块编辑器。

（2）工具栏：标准→块编辑器按钮。

（3）命令行：BEDIT（BE）。

（4）右击块属性，选择块编辑器。

动态图块具有灵活性和智能性，在操作时可以轻松更改动态图块，可以通过自定义夹点或特性来操作图形。常用的动态图块特性有线性特性、对齐特性、旋转特性、翻转特性、可见性特性、查寻特性等，如图 6-17 所示。

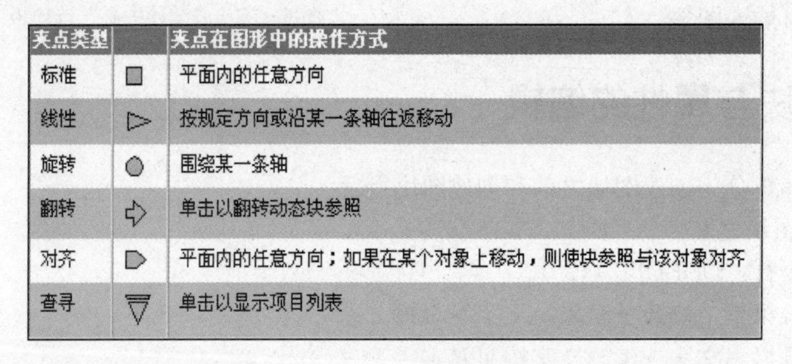

夹点类型		夹点在图形中的操作方式
标准		平面内的任意方向
线性		按规定方向或沿某一条轴往返移动
旋转		围绕某一条轴
翻转		单击以翻转动态块参照
对齐		平面内的任意方向；如果在某个对象上移动，则使块参照与该对象对齐
查寻		单击以显示项目列表

图 6-17　夹点类型及操作方式

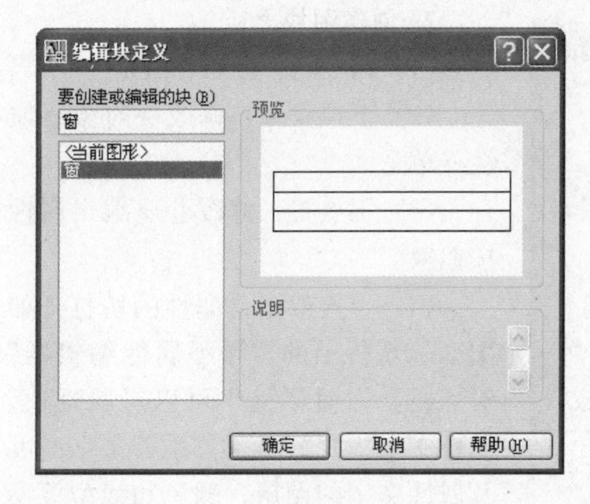

图 6-18　“编辑块定义”对话框

6.9.2 动态图块的操作

把图 6-7 中创建的名称为“窗”的外部图块创建成动态图块，要求图块按指定的长度 900、1200、1500 和 1800 进行拉伸。

操作步骤如下：

（1）调用 BEDIT 命令，打开如图 6-18 所示的“编辑块定义”对话框，在“要创建或编辑的块”中选择“窗”。

（2）单击“确定”按钮，进入块编辑器，同时会显示“块编辑器”工具栏和“块编写选项板”，如图 6-19 和图 6-20 所示。

图6-19　“块编辑器”工具栏

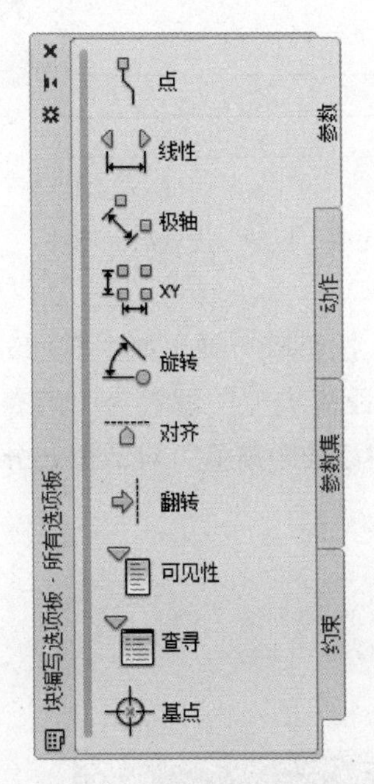

图6-20　块编写选项板

（3）在“块编写选项板”的“参数”选项卡中选择“线性参数”命令。命令行提示如下：

指定起点或［名称（N）/标签（L）/链（C）/说明（D）/基点（B）/选项板（P）/值集（V）］：

//捕捉图6-21的A点

指定端点：　　　　　　　　　//捕捉图6-21的B点

指定标签位置：　　　　　　//指定“距离”标签的位置。

（4）在“块编写选项板”的“动作”选项卡中选择“拉伸”命令。命令行提示如下：

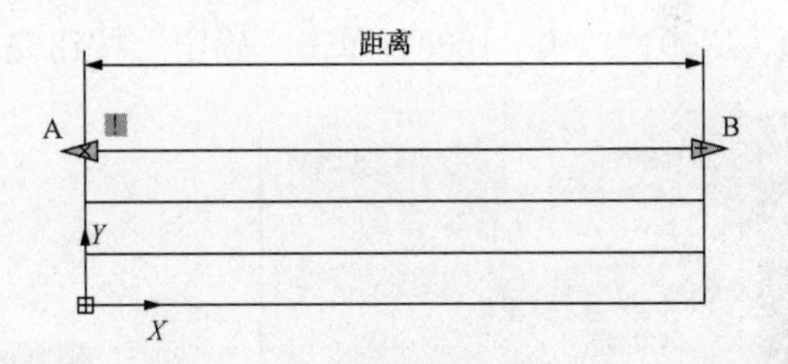

图6-21　“线性参数”命令

选择参数：　　　　　　　　　　　　　　　　　//选择“距离”标签

指定要与动作关联的参数点或输入［起点（T）/第二点（S）］＜起点＞：//选择关联点

指定拉伸框架的第一个角点或［圈交（CP）］：　　//指定拉伸框架，如图6-22所示

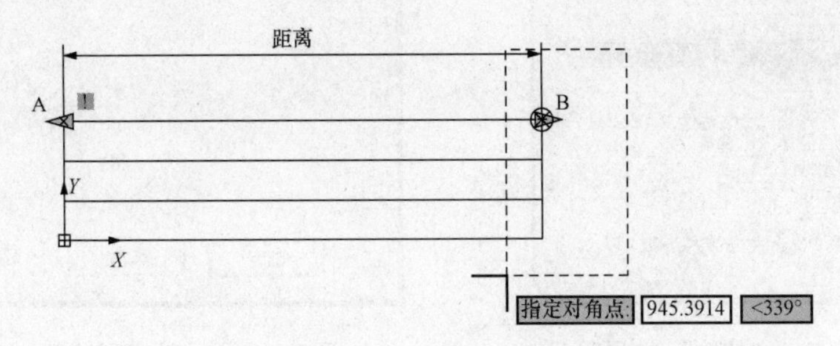

图6-22　指定拉伸框架

指定对角点：

指定要拉伸的对象

选择对象：指定对角点：找到6个　　　　　　//选择拉伸对象，如图6-23所示

选择对象：　　　　　　　　　　　　　　　　//回车，结束对象选择

指定动作位置或［乘数（M）/偏移（O）］：

//指定“拉伸”标签的位置，如图6-24所示

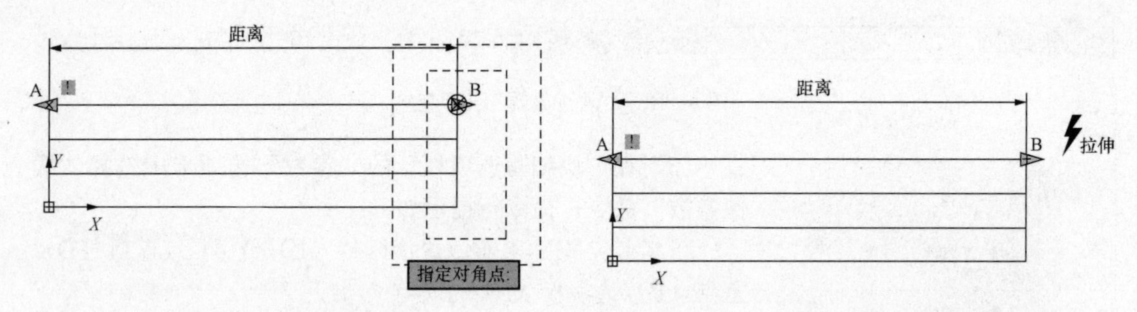

图 6-23　选择拉伸对象　　　　图 6-24　完成“拉伸”设置后的图块

（5）选中“距离”选项，单击“标准”工具栏中的“特性”按钮，弹出如图 6-25 所示的“特性”选项板，在选项板上找到“值集”选项组，将“距离类型”设置为“列表”，单击“距离值列表”栏中的按钮，将弹出如图 6-26 所示的“添加距离值”对话框，分别添加 900、1200、1500、1800。单击“确定”按钮完成列表设置。

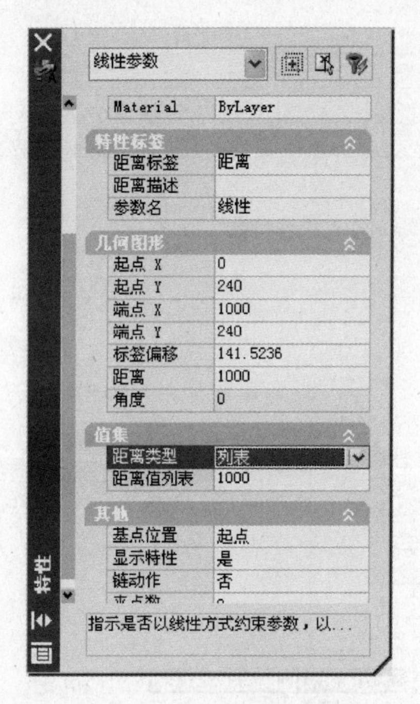

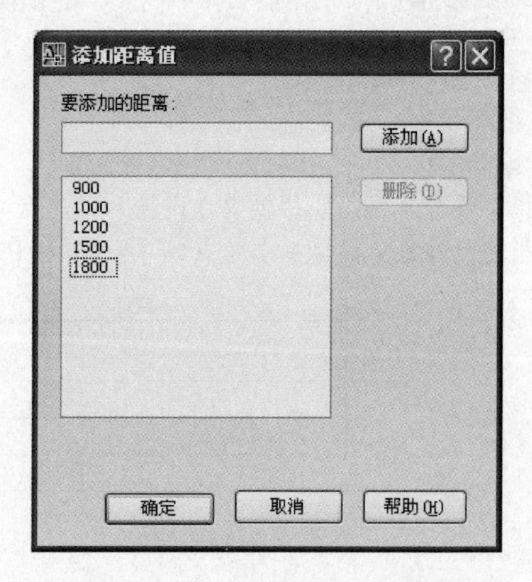

图 6-25　“特性”选项板　　　　图 6-26　“添加距离值”对话框

（6）选择图 6-19 所示的“块编辑器”工具栏，单击“保存块定义”按钮，保存所做的设置；然后单击“关闭块编辑器”按钮，回到绘图区域。

（7）调用 INSERT 命令，弹出如图 6-27 所示的“插入”对话框，选择创建的动态图块“窗”，将其插入到绘图区。

（8）单击选中插入动态图块“窗”，弹出“块参照”对话框，选择相应的距离，如图 6-28所示。

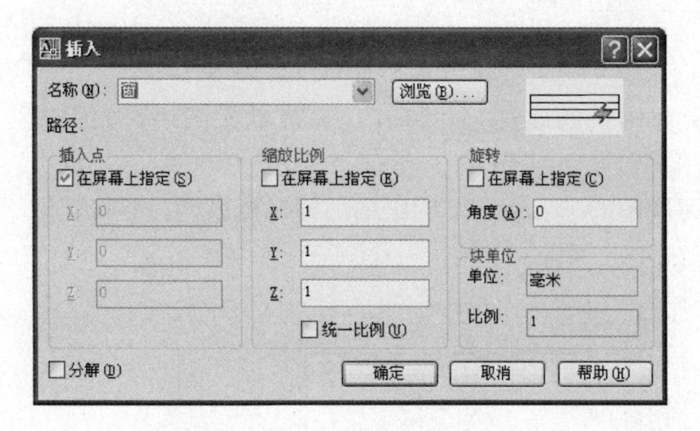

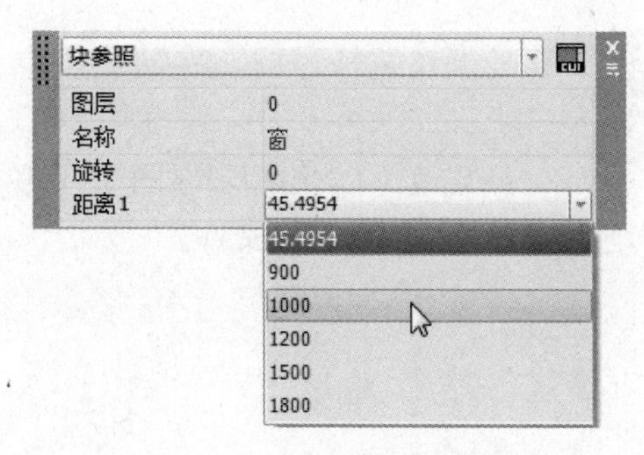

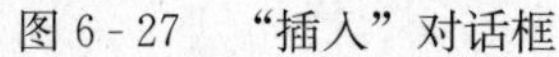
图 6-27 “插入”对话框

图 6-28 “块参照”对话框

6.10 常见问题分析与解决

1. 定制带属性图块应注意的问题有哪些?

答：在创建带属性图块时要注意创建的顺序：第一步先绘制出要创建图块的图形，第二步定义带属性的文字，第三步创建图块，在创建图块时选择对象要将图和属性全部选中。

2. 为什么不能分解 MINSERT 命令插入的图块?

答：MINSERT（多重插入）中的多个图块是一个实体，阵列中的每一个图块均具有相同的比例系数和旋转方向，不能用分解命令炸开。

3. 为何插入的图块无法分解?

答：用创建“内部块”命令创建的图块，插入后会提示“无法分解”，选择在“定义块”对话框中的“允许分解”选项，这样插入的图块才可以分解。

4. 为何插入的图块 X、Y、Z 方向的比例无法单独控制?

答：这是因为在“插入”对话框中的“缩放比例”栏项里勾选了“统一比例”选项，如果要想使三个方向缩放比例不同，则取消“统一比例”前的勾即可。

5. 为什么属性会显示成乱码?

答：如果属性所使用的字体不支持汉字，则会显示问号或乱码。要使用汉字，必须先在“文字样式”对话框中创建中文样式。

6.11 上机实验

6.11.1 实验目的

（1）理解内部块与外部块的含义，以及它们的制作过程。

（2）理解属性的定义。

（3）熟练掌握图块的创建方法。

6.11.2 实验内容

1. 绘制建筑轴号圆，将轴号值定义为图块的属性，并将其定义成动态图块，如习题图 6-1所示。

2. 按规范 1∶1 绘制习题图 6-2 和习题图 6-3 所示 A2 图纸的图框和标题栏，并将其创建成带有属性的外部块文件。

①

习题图 6-1　轴号

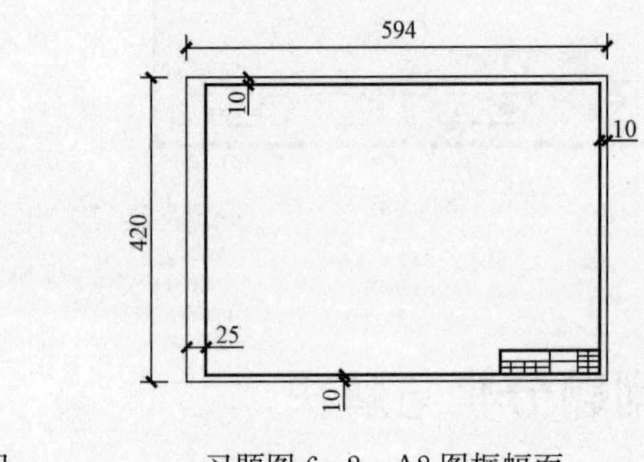

习题图 6-2　A2 图框幅面

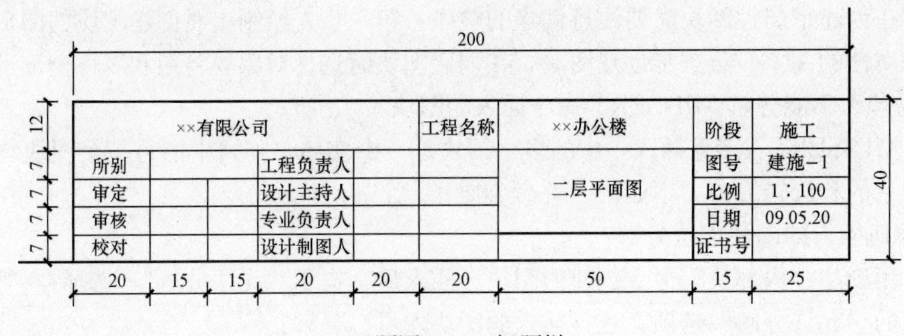

习题图 6-3　标题栏

第 7 章

施 工 图 的 绘 制

前面几章完整地介绍了绘图、编辑、文字、图案、尺寸、图块等基本命令与操作，本章将以绘制建筑施工图、结构施工图为例，将前面所介绍的知识完整地贯穿起来。

7.1　施工图样板文件的建立

要绘制一套施工图，其中包含的内容非常丰富，几乎概括了前面所学的所有知识，我们知道施工图有中心线、粗实线、中实线、细实线、虚线等各种线型，还有尺寸、文字等，这些内容在画图之前都要进行设置。如果每画一张图都要重新设置这些内容，必然会耽误很多时间。这样，我们可以在前面样板图的基础上对施工图的样板图进行修改。

7.1.1　设置样板图图层

选择打开文件，找到原来所设置好的 A3（扩大 100 倍）样板图文件（请参见第 2 章内容），主要对图层进行修改，调用 LAYER 命令打开【图层特性管理器】对话框，分别建立“墙体”、“轴线”、“门”、“窗”、“楼梯”、“尺寸标注”、“文本”、“符号”、“辅助线”、“其他”等图层，并为各层设置相应的颜色、线型和线宽，如图 7 - 1 所示。

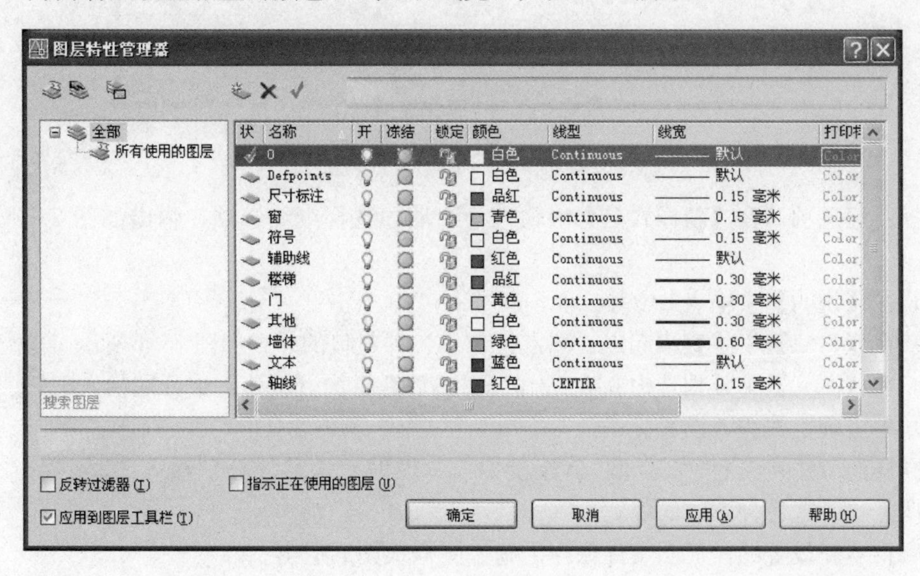

图 7 - 1　设置图层

7.1.2 设置多线样式

在施工图中，使用多线命令绘制墙身是最常用的方式之一。多线由 1 条至 16 条平行线组成，这些平行线称为元素。

（1）命令行：MLSTYLE。

（2）下拉菜单：格式→多线样式。

调用命令后弹出如图 7 - 2 所示的多线样式对话框。

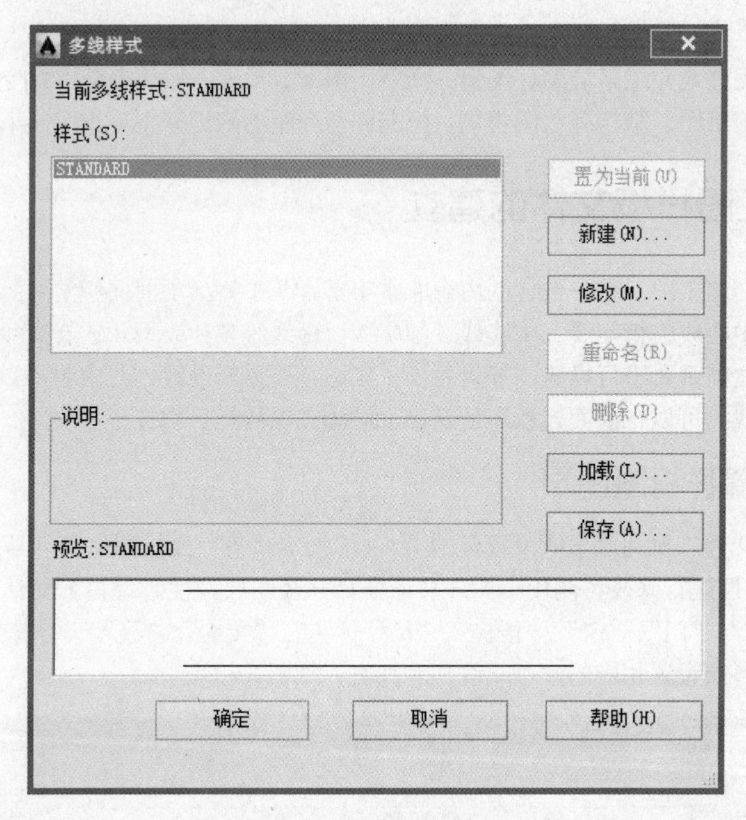

图 7 - 2 多线样式对话框

选择新建选项，在【新样式名】中输入 240 墙，选择继续选项，弹出如图 7 - 3 所示的对话框。

（1）在【说明】中输入 240 墙。

（2）在【封口】中将直线起点、端点打勾。各种封口的样式如图 7 - 4 所示。

（3）在【图元】中分别选中 0.5、－0.5，然后在下面【偏移】中分别输入 120、－120。

（4）单击确定按钮，设置完毕。

用同样的方法在设置“370 墙”（在设置 370 墙时，偏移处分别输入“250”、“120”）。可以根据需要设置各种不同的墙宽。

最后将重新设置的样板图文件保存为施工图样板图后退出。

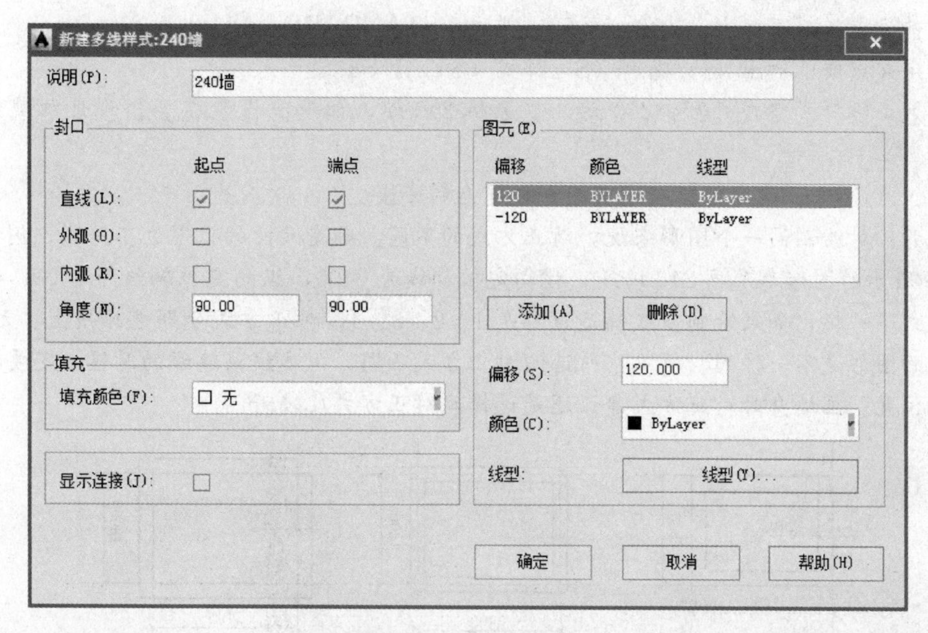

图7-3　多线样式设置

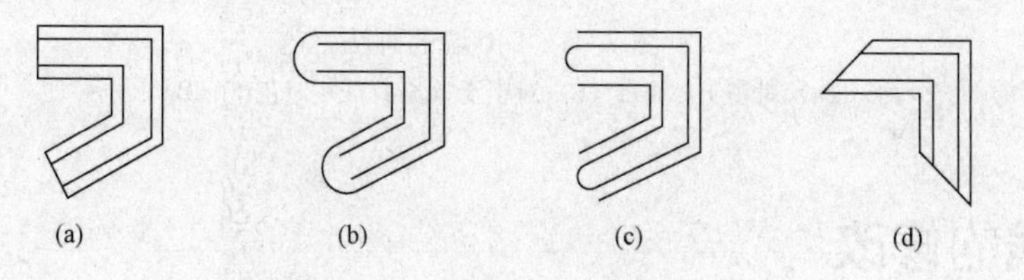

图7-4　多线样式封口示例

(a) 直线封口；(b) 外弧；(c) 内弧；(d) 45°直线封口

7.2　多线的绘制

7.2.1　命令调用

(1) 命令行：MLINE。

(2) 下拉菜单：绘图→多线。

7.2.2　操作步骤

(1) 新建文件，调用施工图样板图文件。

(2) 命令：_mline

当前设置：对正＝上，比例＝20.00，样式＝STANDARD

指定起点或［对正(J)/比例(S)/样式(ST)］：S　(注意一定要调整比例)

输入多线比例＜20.00＞：　1

当前设置：对正＝上，比例＝1.00，样式＝STANDARD

指定起点或［对正（J）/比例（S）/样式（ST）］：ST

输入多线样式名或［?］：240 墙　（选择 240 墙，如没有设置将会出现让加载的对话框）

对正（J）——确定如何在指定的点之间绘制多线。

注意：对绘制同一个图形来说，对正方式的不同，确定尺寸的位置也不一样。例如，如图 7-5 所示的图形都是画 240 墙线，横向定位轴线为 2400，纵向定位轴线为 1800，但由于对正方式不一样，如果绘制多线确定点都是 1、2、3、4，对正方式分别选择用上、无、下，绘制出的图形是不一样的。所以，所选的对正方式不同，用多线画墙线的时候一定要确定好各点的位置。画墙身时对正方式建议还是选择无对正方式比较好。

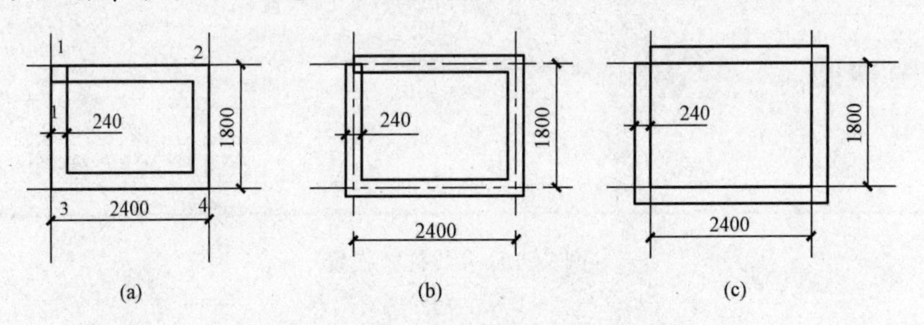

图 7-5　240 墙的画法

(a) 对正上（T）；(b) 对正无（Z）；(c) 对正下（B）

7.3　多线的修改

7.3.1　命令调用

(1) 命令行：MLEDIT。

(2) 下拉菜单：修改→对象→多线。

7.3.2　操作步骤

调用命令后弹出如图 7-6 所示的对话框。第一列控制十字交叉的多线，第二列控制 T 形相交的多线，第三列控制角点结合和顶点，第四列控制多线中的打断。

修改多线时，会提示选择第一条多线、第二条多线。一般情况下第一条是被修改的多线。

(1) 修改如图 7-5 所示的图形，选择【角点结合】选项，再分别选择水平和竖直两条多段线即可。

(2) 修改如图 7-7 所示的图形，选择【十字闭合】选项，在修改多线时，会提示选择第一条多线、第二条多线。第一条是被修改的多线，如图 7-7 所示。

其余的修改多线操作可以按 F1 帮助按键查看。这里不再介绍。

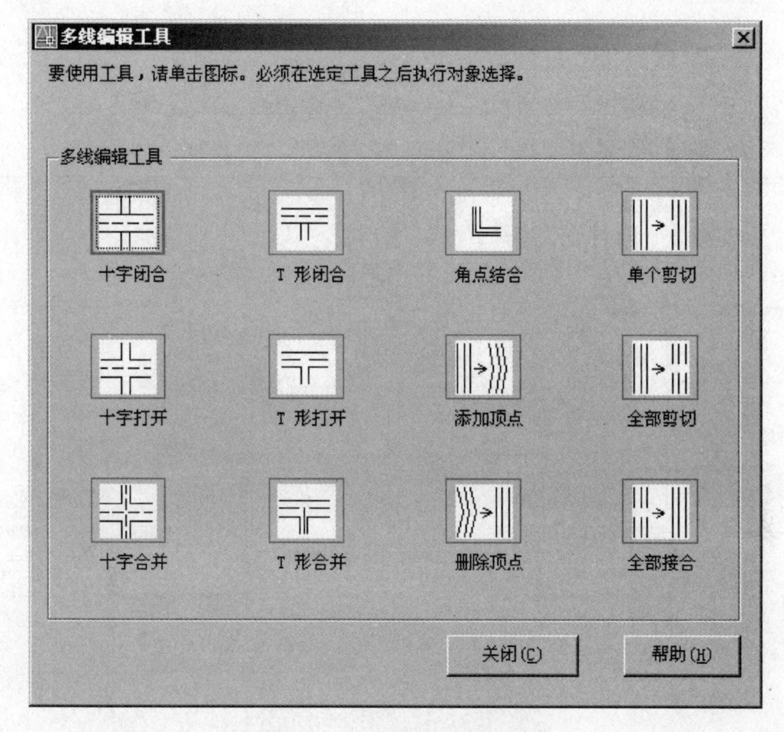

图 7-6　多线编辑工具对话框

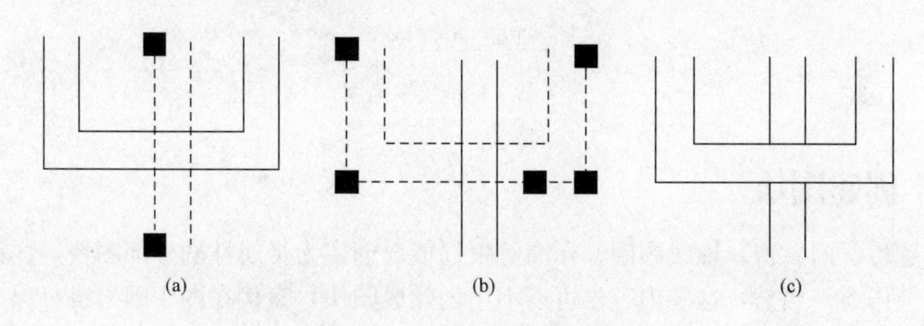

图 7-7　多线十字闭合的修改

(a) 选定第一条多线；(b) 选定第二条多线；(c) 结果

7.4　建筑平面图的绘制

绘制如图 7-8 所示的建筑平面图（标题栏、图框线这里不再介绍，具体内容参见前面章节）。

绘图步骤如下：

7.4.1　调用样板图

选择新建命令，将前面所保存的 A3 扩大 100 倍的施工图样板图打开，命名为建筑标准层平面图。

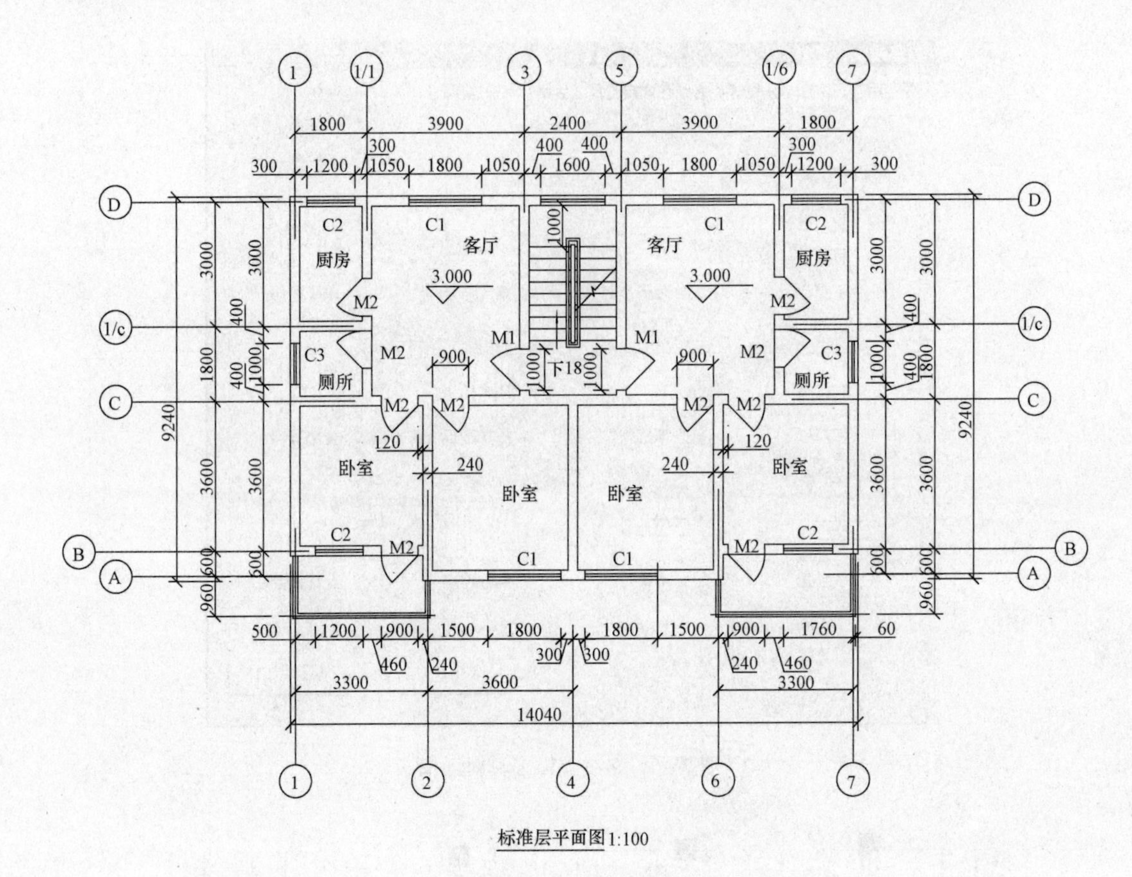

图 7-8　标准层平面图

7.4.2　创建图块

将标题栏、门、窗、轴线圆圈、标高等根据情况创建为带属性的外部图块，详细步骤参见前面章节内容。当然，这些内容也可以不用创建成图块，直接在图中画出也可以。

7.4.3　绘制图形

前面的工作都准备好后即可开始画图。由于图形相对于④轴是对称的，所以作图时可以先画出左半部分，然后再镜像就可以了。作图步骤如下：

（1）选择轴线为当前层，执行直线命令绘制出①轴和Ⓐ轴的轴线，然后利用偏移命令绘制①到④和Ⓐ到Ⓓ轴的定位轴线，如图 7-9 所示。轴线圆圈及编号先不画出。

（2）选择墙体为当前层，执行多线命令，选择设置好的 240 墙多线绘制墙身，对正方式选无，如图 7-10 所示。

注意：墙身也可以选择多段线、直线、构造线命令绘制，用多段线、直线命令绘制时先将轴线分别按照 120 的距离左右、上下偏移，然后再绘制，利用构造线命令可以直接偏移。

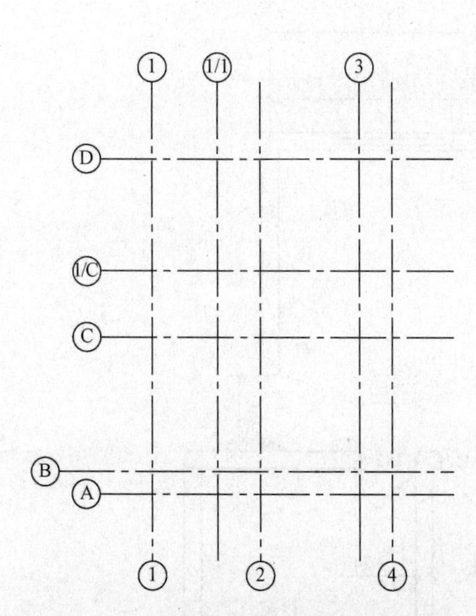

图7-9 利用偏移命令绘制定位轴线

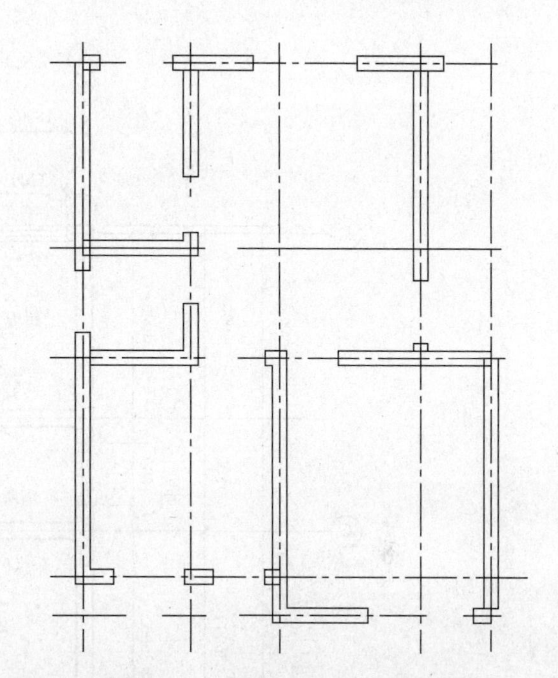

图7-10 利用多线命令绘制墙身

(3) 调用下拉菜单：修改→对象→多线，修改所绘制的多线墙身，注意修改时选择多线的顺序，第一条是修改线，修改完后绘制门、窗，如图7-11所示。门窗可以调用图块，也可以直接画出。

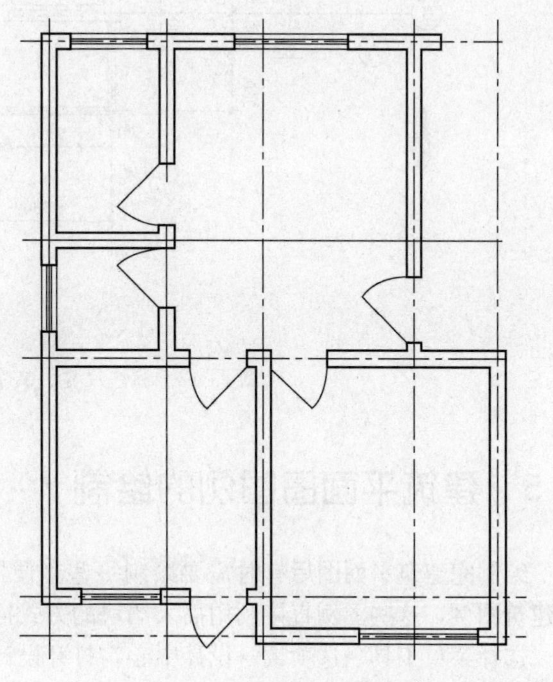

图7-11 修改墙身并绘制门窗

(4) 利用夹点快速编辑调整中心线的长度，然后绘制出阳台部分并标注尺寸，注意水平外部尺寸线、标高尺寸先不标注。

(5) 绘制轴线圆圈，书写轴线编号和有关的文字，如图7-12所示。

(6) 调用镜像命令，全选对象，以④轴作为镜像线镜像图形，镜像后图形如图7-13所示。

(7) 修改轴线编号，绘制出楼梯段处的图形，楼梯段的尺寸见后面内容。标注水平方向的外部尺寸，楼梯段的水平尺寸，标高尺寸、书写图名，完成图形，如图7-8所示。

提示：在绘图过程中一定要注意图层的转换。

建筑施工图其余的平面图形可以在标准层平面图的基础上进行适当的修改。

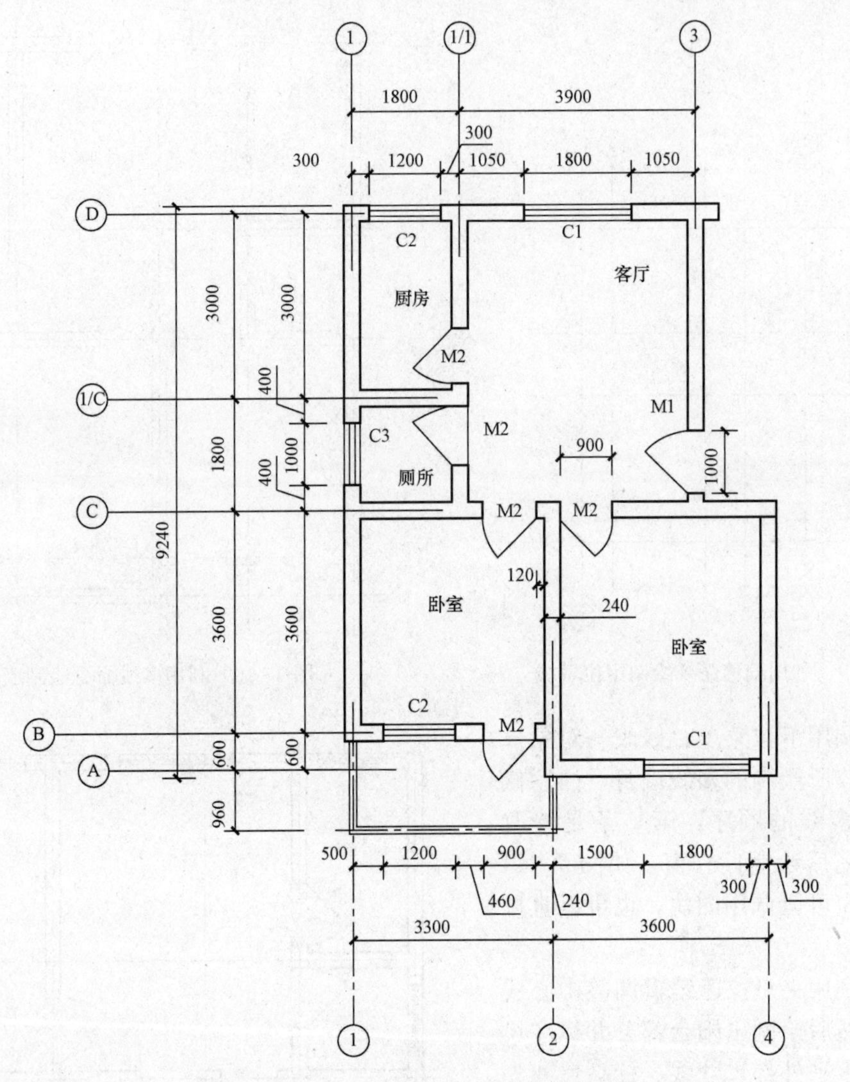

图 7-12　标注尺寸、文字、绘制轴线圆圈

7.5　建筑平面图图例的绘制

绘制完建筑平面图后有时需要绘制一些坐便器、沙发、床等图例，CAD 中包含了大量的建筑图例，这些图例直接利用插入图块的方式插入即可，再插入时要注意比例的设置。

选择菜单工具→选项板→设计中心，打开设计中心对话框后，选择打开文件，找到路径 C:\ program files \ Autodesk \ AutoCAD 2016 \ sample \ zh-cn \ designcenter（或 Dynamic Block），双击 Home-space planner、House Designer、Kitchens、Landscaping 等选项，然后再双击这些选项下面的块，会出现很多建筑上所需要的图例，用户选中所需要的图形，拖到绘图区域中即可，如图 7-14 所示。

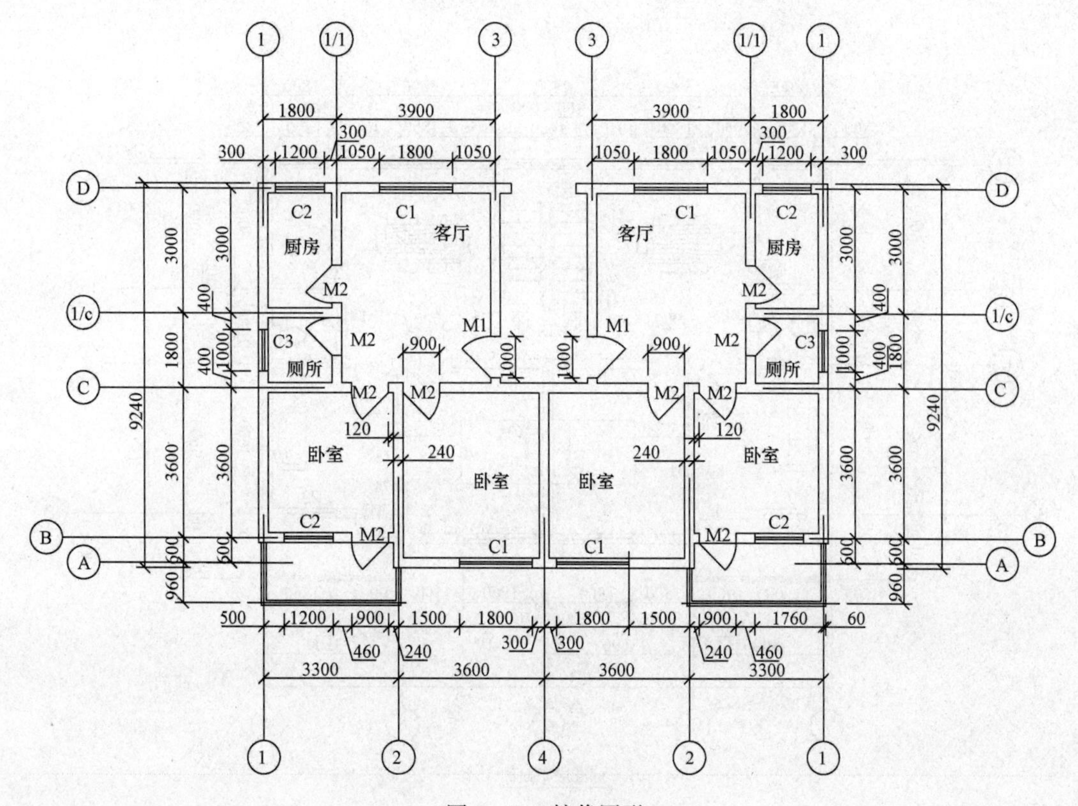

图7-13　镜像图形

7.6　建筑立面图的绘制

绘制如图7-15所示的建筑立面图（有关尺寸参见图7-8平面图的尺寸）。

绘图步骤介绍如下。

1. 调用样板图

选择新建命令，将前面所保存的A3扩大100倍的施工图样板图打开，命名为建筑立面图。

2. 绘制图形

（1）选择辅助线为当前层，执行构造线命令，绘制出各标高的高度线。选择墙体为当前层，执行直线命令，绘制外墙轮廓线，绘制地坪线，如图7-16所示。

（2）绘制出某一层的窗户、门、雨水管，如图7-17所示。

（3）调用镜像命令、复制命令得到如图7-18所示的图形。

（4）修剪图形，标注标高、文字标注、轴线绘制、图名书写，完成图形。

（5）将辅助线图层关闭。

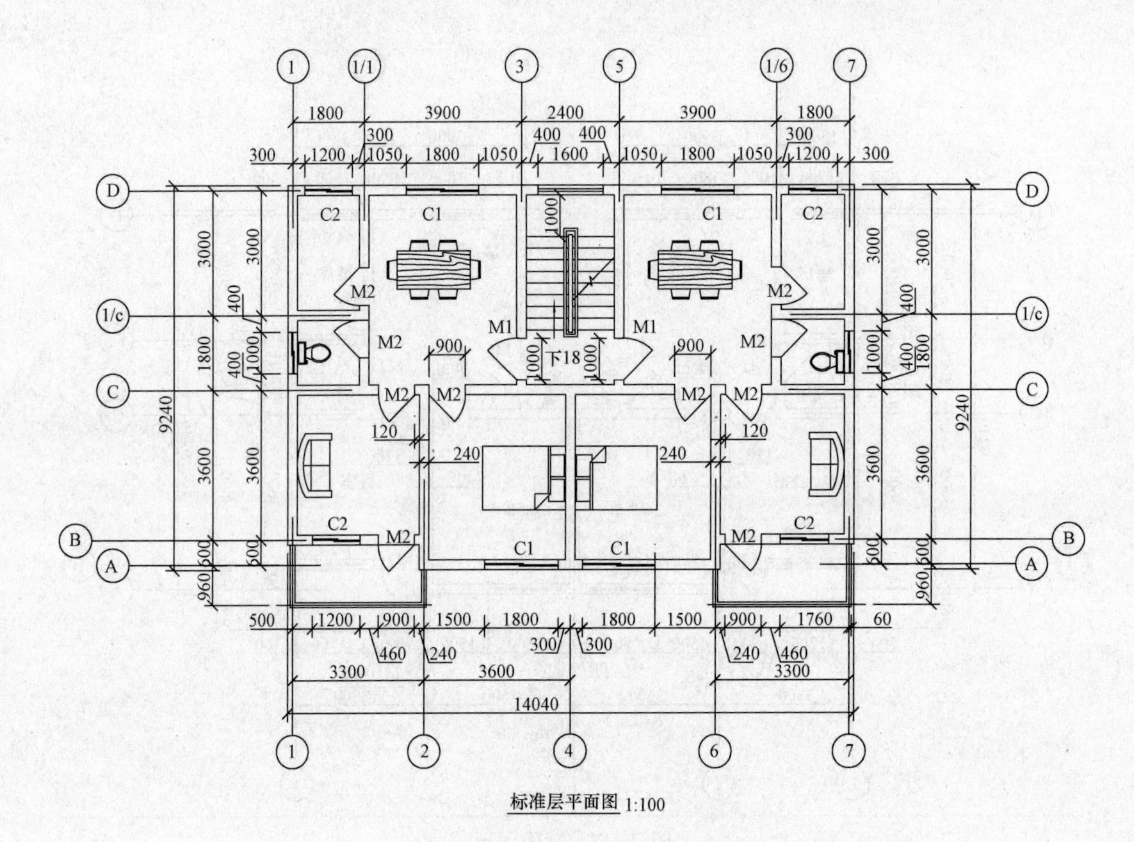

图 7-14　图例的绘制

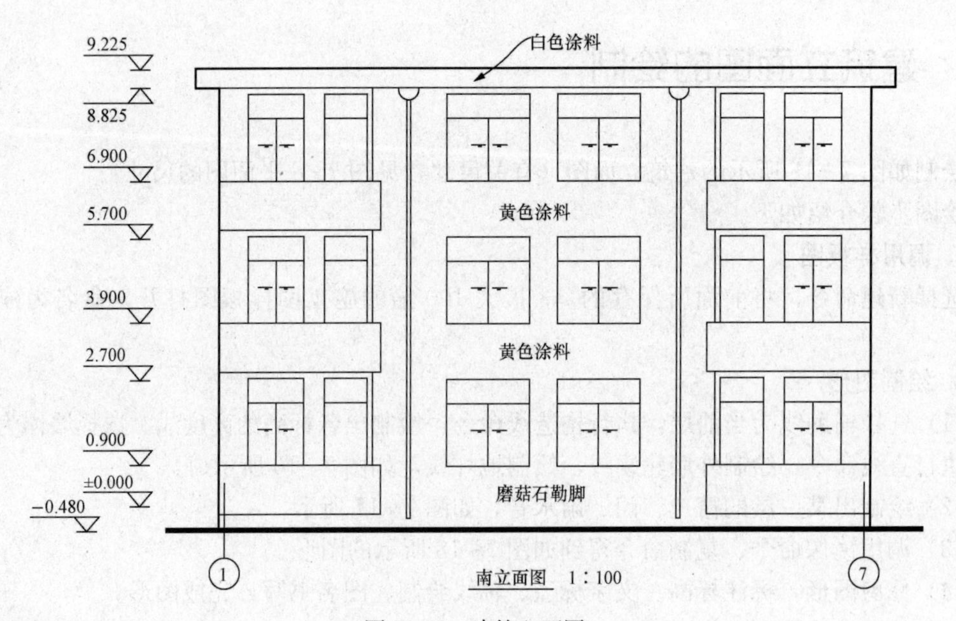

图 7-15　建筑立面图

图 7-16　构造线绘制各标高线

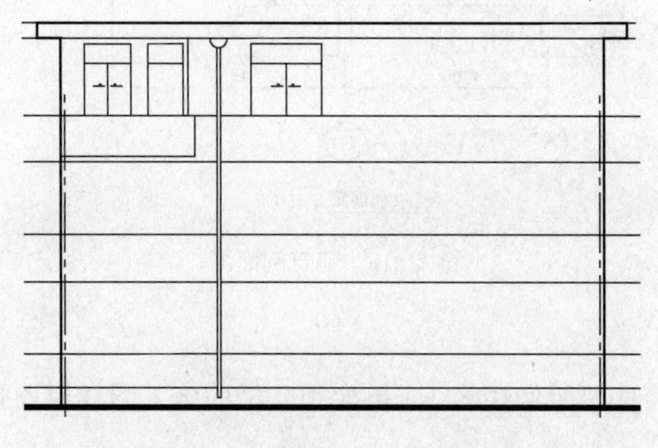

图 7-17　绘制门、窗、雨水管

图 7-18　绘制门、窗、雨水管

7.7　建筑剖面图的绘制

绘制如图 7-19 所示的剖面图（有关尺寸参见图 7-8 平面图的尺寸）。

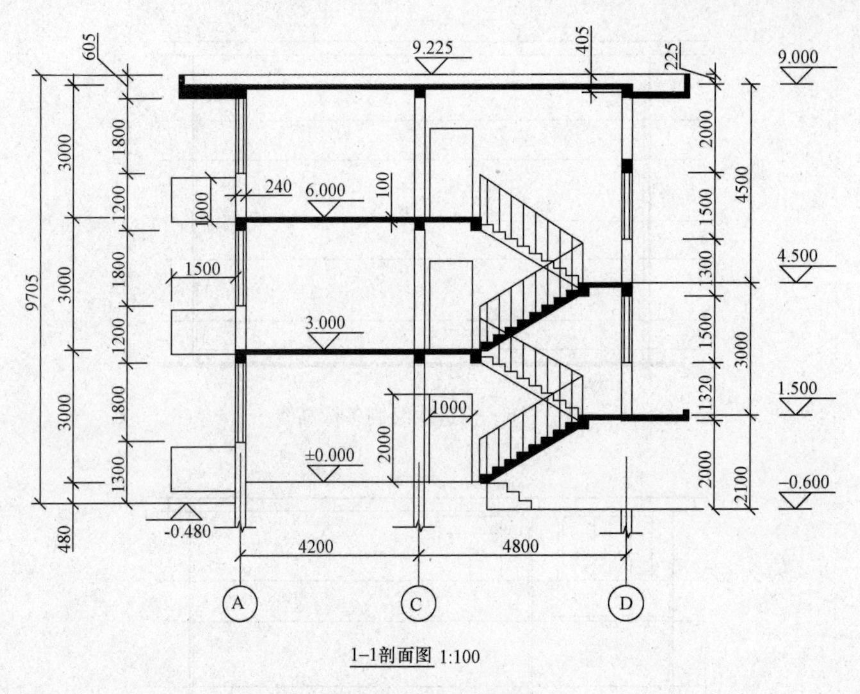

图 7 - 19　建筑剖面图

1. 调用样板图

选择新建命令，将前面所保存的 A3 扩大 100 倍的施工图样板图打开，命名为建筑剖面图。

2. 创建图块

根据情况创建图块。

3. 绘制图形

（1）选择轴线为当前层，绘制室外地坪、标高零点、楼层面及楼梯平台、楼梯间的定位线，如图 7 - 20 所示。

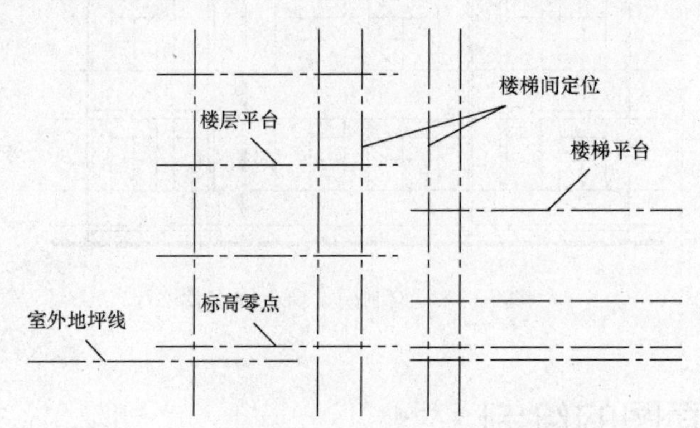

图 7 - 20　绘制室外地坪、标高零点、楼层面及楼梯平台、楼梯间的定位线

(2) 利用多段线、多线、复制、图案填充等命令绘制出楼板、墙面、楼梯板等，如图7-21所示。

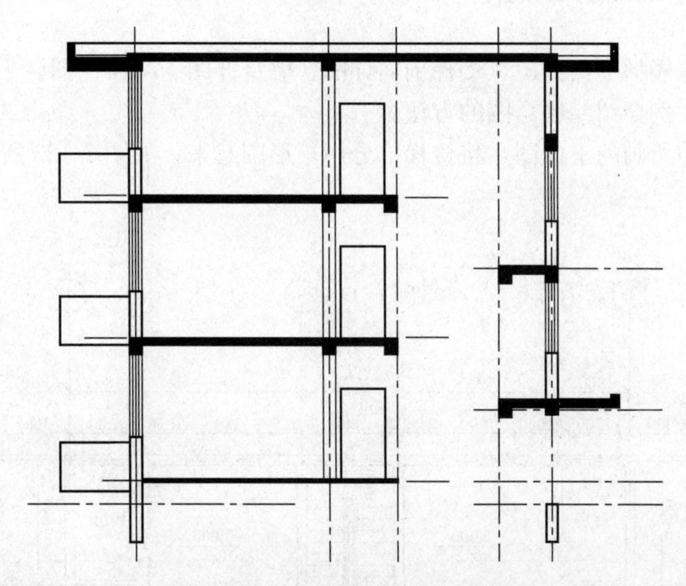

图7-21　绘制楼板、墙面、楼梯板

(3) 绘制楼梯，楼梯的绘制方法参见第3章内容，如图7-22所示。

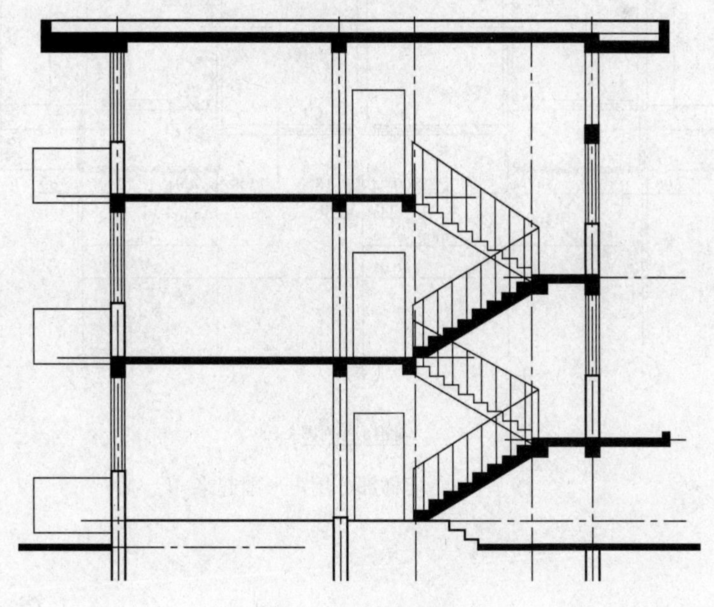

图7-22　绘制楼梯

(4) 删除定位线，标注尺寸，标注标高尺寸，书写文字，画出定位轴线圆圈。标注定位轴线编号。整理修剪图形，完成图形，如图7-19所示。

7.8 建筑详图的绘制

建筑详图包含楼梯平面详图、楼梯剖面详图、墙身详图、门窗详图、平面详图等。这里以楼梯平面详图为例介绍绘制详图的方法。

(1) 打开以前所画的平面图，将楼梯部分用矩形围起来，如图 7-23 所示。

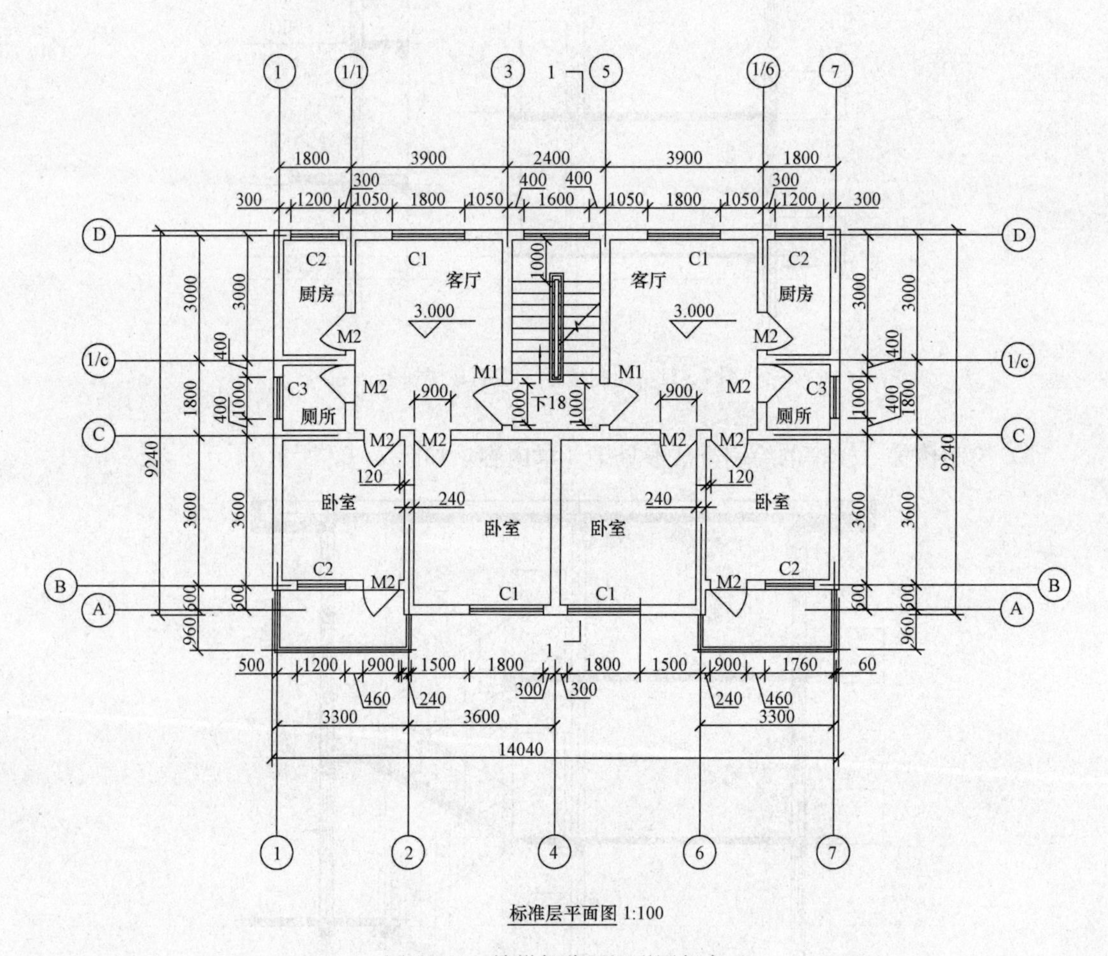

图 7-23　楼梯部分用矩形围起来

(2) 利用修剪及删除命令删去矩形外部的图形，得到如图 7-24 所示的图形。

(3) 删去矩形，修剪整理图形，标注尺寸。修改标注样式尺寸箭头为 1.5，调整使用全局比例为 70，对于其他字体的比例可以在下拉菜单：修改→特性里面调整字体的高度，标注完整的尺寸，完成后的图形如图 7-25 所示。

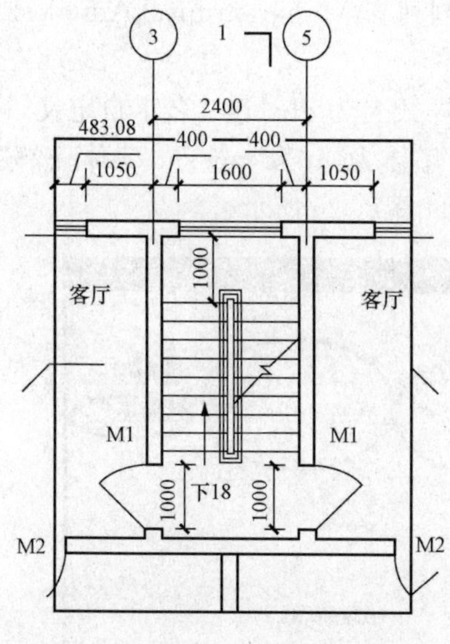

图7-24　楼梯部分用矩形围起来

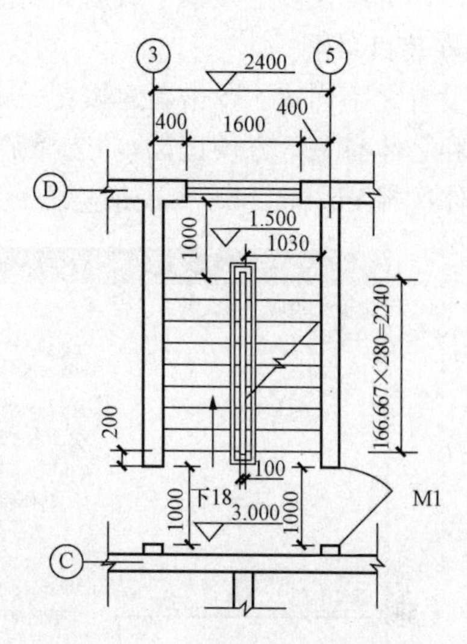

图7-25　楼梯标准层平面图

7.9　结构施工图的绘制

7.9.1　结构施工图概述

结构施工图是指根据建筑各方面的要求，进行结构选型和构件布置，再通过力学计算，确定房屋各承重构件的材料、形状、大小，以及内部构造等，最后将设计结果按正投影法绘制成图样以指导施工。这种图样称为结构施工图，简称“结施”，它是进行房屋结构定位、基坑放样和开挖、钢筋选配绑扎、构件立模浇筑等施工的重要依据。

结构施工图包含的内容有：结构总说明、基础布置图、承台配筋图、地梁布置图、各层柱布置图、各层柱配筋图、各层梁配筋图、屋面梁配筋图、楼梯屋面梁配筋图、各层板配筋图、屋面板配筋图、楼梯大样、节点大样等。

7.9.2　结构施工图绘制要点

结构施工图的绘制方法与建筑施工图基本一致，这里主要介绍一下结构施工图绘制过程中一些常用的图形和数据的处理。

1. 结构施工图中钢筋的绘制

钢筋图是结构施工图最常用的图形，在AutoCAD中可以使用多段线绘制各种钢筋的基本图形，定义块后创建线性参数，施加拉伸动作，定义钢筋规格及钢筋长度属性，做成动态块。需要时将块插入绘图空间就可以非常方便地绘制楼板钢筋，钢筋规格及间距可以随时修改，钢筋长度标注自动生成。

2. 钢筋符号的输入

在结构施工图中经常用到各种钢筋符号，需要tssdeng.shx字体，AutoCAD软件中不带有此字体，可以在网上搜索下载后，将字体复制到 C:\program files\Autodesk\CAD2016\Fonts 的安装目录下。

（1）设置文字样式。单击新建按钮→取文字样式名为 gbcbig（名字自定义，可以更改，最好还是和字体有关，方便记忆），选择字体 shx 字体为：tssdeng. shx 字体→勾选使用大字体→大字体选择 gbcbig. shx→单击应用→关闭，如图 7-26 所示。

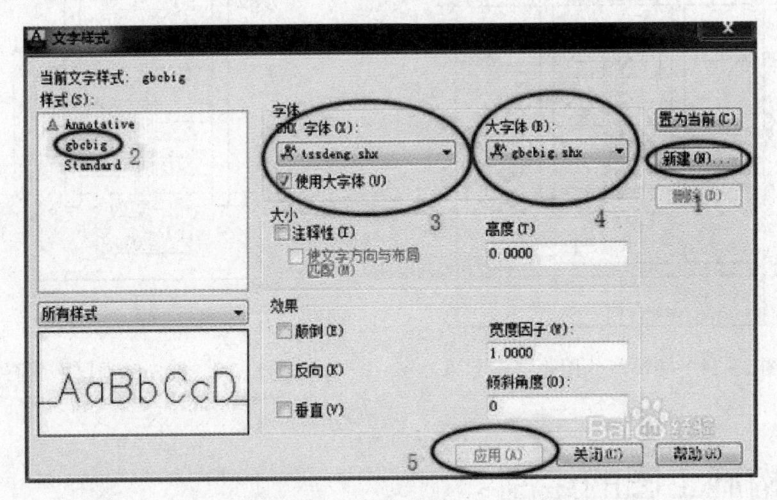

图 7-26

（2）钢筋符号的输入。在命令行输入 DT，设置好字体高和角度后，输入%%130 就会出现 HPB300 钢筋符号Φ。同样，输入%%131 就会出现 HRB335 钢筋符号Φ、输入%%132 就会出现 HRB400 钢筋符号Φ、输入%%133 就会出现 HRB500 钢筋符号Φ。

7.10 常见问题分析与解决

1. 绘制建筑施工图的一般步骤是什么?

答：建立模板文件，将常用设置如图层、标注样式、文字样式、多线样式等内容设置在一图形样板文件中（即另存为 *.dwt 文件），以后绘制新图时可以在创建新图形向导中单击使用模板来打开它，并开始绘图。在有些时候，需要从另一个文档中复制图层、标注样式、进行图块等设置时，就可以使用“设计中心”来实现，或者可以通过打开另一个文档来实现，“AutoCAD”可以在多文档中拖动复制各种对象和格式。

2. 如何提高绘制建筑施工图的速度?

答：为了提高作图速度，用户最好遵循以下的作图原则：

（1）作图步骤：设置图幅→设置单位及精度→建立若干图层→设置对象样式→开始绘图。

（2）绘图始终使用 1∶1 比例。为改变图样的大小，可以在打印时于图纸空间内设置不同的打印比例。

（3）为不同类型的图元对象设置不同的图层、颜色及线宽，而图元对象的颜色、线型及线宽都应该由图层控制（BYLAYER）。

（4）需要精确绘图时，可以使用栅格捕捉功能，并将栅格捕捉间距设为适当的数值。

（5）不要将图框和图形绘制在同一幅图中，应在布局（LAYOUT）中将图框按块插入，然后打印出图。

（6）对于有名对象，如视图、图层、图块、线型、文字样式、打印样式等，命名时不仅要简明，而且要遵循一定的规律，以便于查找和使用。

（7）将一些常用设置，如图层、标注样式、文字样式、栅格捕捉等内容设置在一图形模板文件中（即另存为 *.dwt 文件），以后在绘制新图时，可以在创建新图形向导中单击“使用模板”来打开它，并开始绘图。

3. 在 AutoCAD 中采用什么比例绘图好？

答：最好使用 1∶1 比例绘图，输出比例可以随便调整。画图比例和输出比例是两个概念，输出时使用“输出 1 单位＝绘图 500 单位”就是按 1/500 的比例输出，“输出 10 单位＝绘图 1 单位”就是放大 10 倍输出。用 1∶1 比例画图的好处有很多：第一，容易发现错误，由于按实际尺寸画图，因此很容易发现尺寸设置不合理的地方；第二，标注尺寸非常方便，尺寸数字是多少，软件自己测量，万一画错了，一看尺寸数字就发现了（当然，软件也能够设置尺寸标注比例，但要多费工夫）；第三，在各个图之间复制局部图形或者使用块时，由于都是 1∶1 比例，因此调整块尺寸方便；第四，用不着进行繁琐的比例缩小和放大计算，提高了工作效率，防止出现换算过程中可能出现的差错。

4. 如何将常用的一些床、办公桌、汽车、树木等图形插入到施工图中？

答：选择菜单工具→选项板→设计中心，打开设计中心对话框后，选择打开文件，找到路径 C:\program files\Autodesk\AutoCAD 2016\sample\zh-cn\designcenter（或 Dynamic Block），双击 Home-space planner、House Designer、Kitchens、Landscaping 等选项，然后再双击这些选项下面的块，会出现很多建筑上所需要的图块图形，用户选择所需要的图形，拖到绘图区域中即可。

7.11 上机实验

1. 按照建筑规范绘制如习题图 7-1 所示的别墅施工图形。图纸大小自己根据图形确定，标题栏、图中没有的尺寸由教师根据建筑规范自定。

2. 绘制如习题图 7-2 所示的基础施工图，图纸大小自己根据图形确定，标题栏、图中没有的尺寸由教师根据建筑规范自定。

3. 绘制如习题图 7-3 所示的楼板结构施工图，图纸大小自己根据图形确定，标题栏、图中没有的尺寸由教师根据结构设计规范自定。

4. 绘制如习题图 7-4 所示的结构详图，图纸大小自己根据图形确定，标题栏、图中没有的尺寸由教师根据结构设计规范自定。

5. 绘制如习题图 7-5 所示的桥墩桩基钢筋构造图，图纸大小自己根据图形确定，标题栏、图中没有的尺寸由教师根据道桥设计规范自定。

6. 绘制如习题图 7-6 所示的涵洞图，图纸大小自己根据图形确定，标题栏、图中没有的尺寸由教师根据结构设计规范自定。

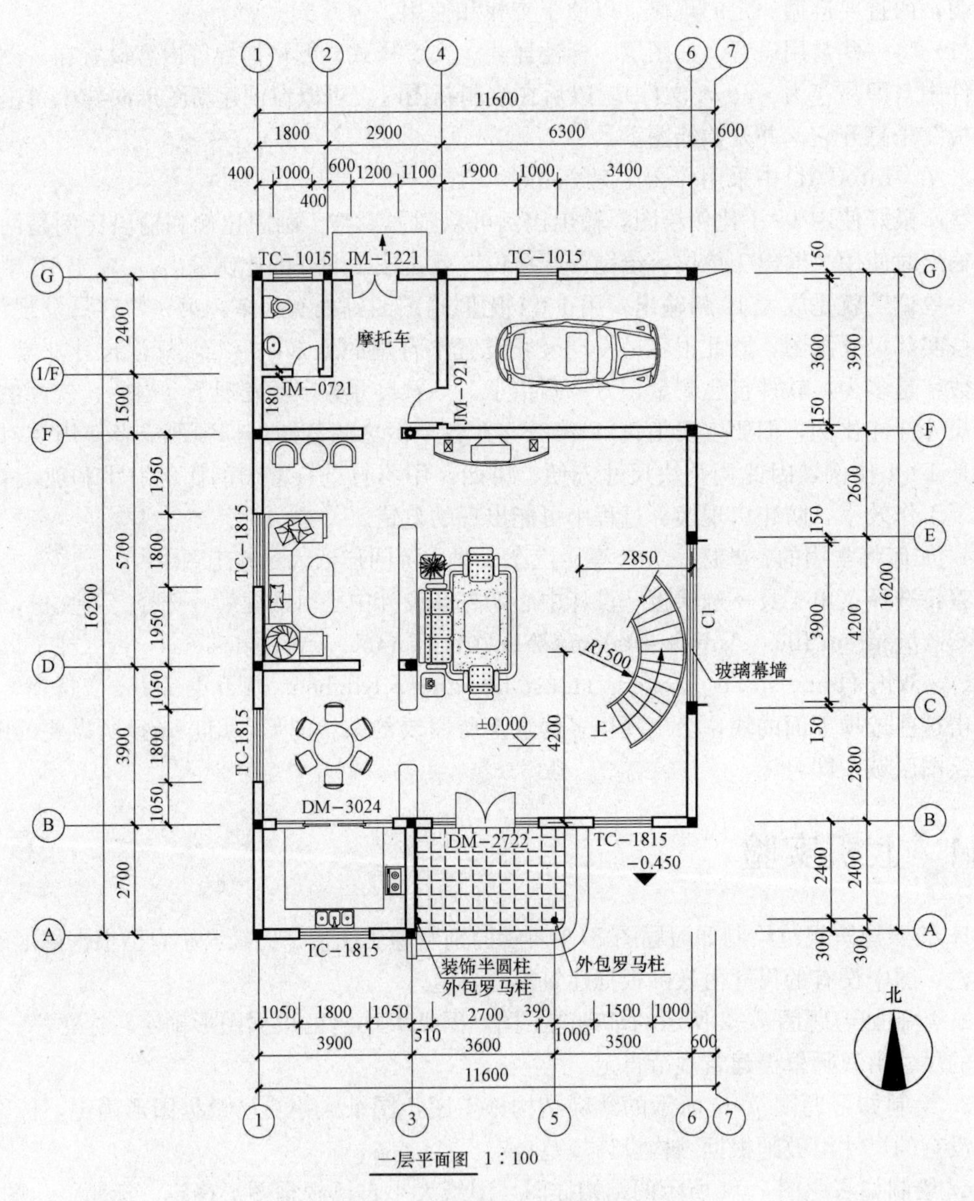

习题图 7-1　别墅施工图形（一）

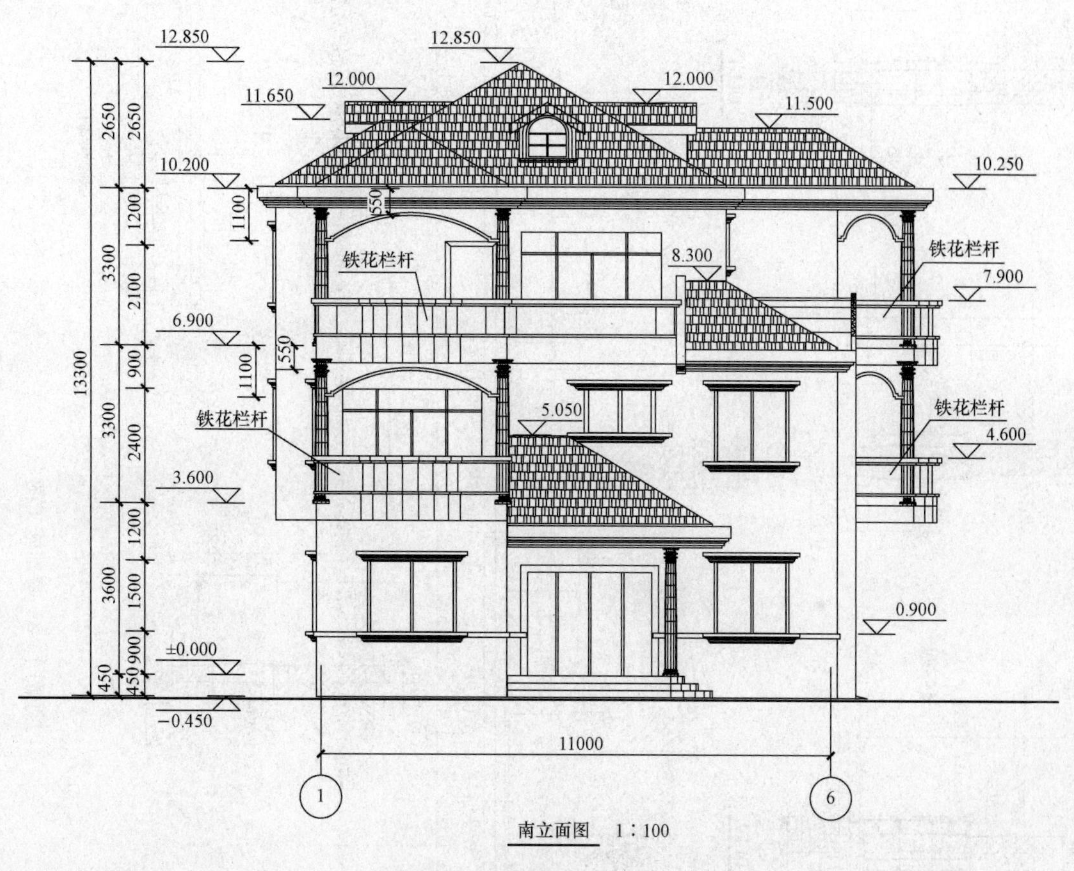

习题图 7-1　别墅施工图形（二）

7. 绘制如习题图 7-7 所示的道路平面图，图纸大小自己根据图形确定，标题栏、图中没有的尺寸由教师根据结构设计规范自定。

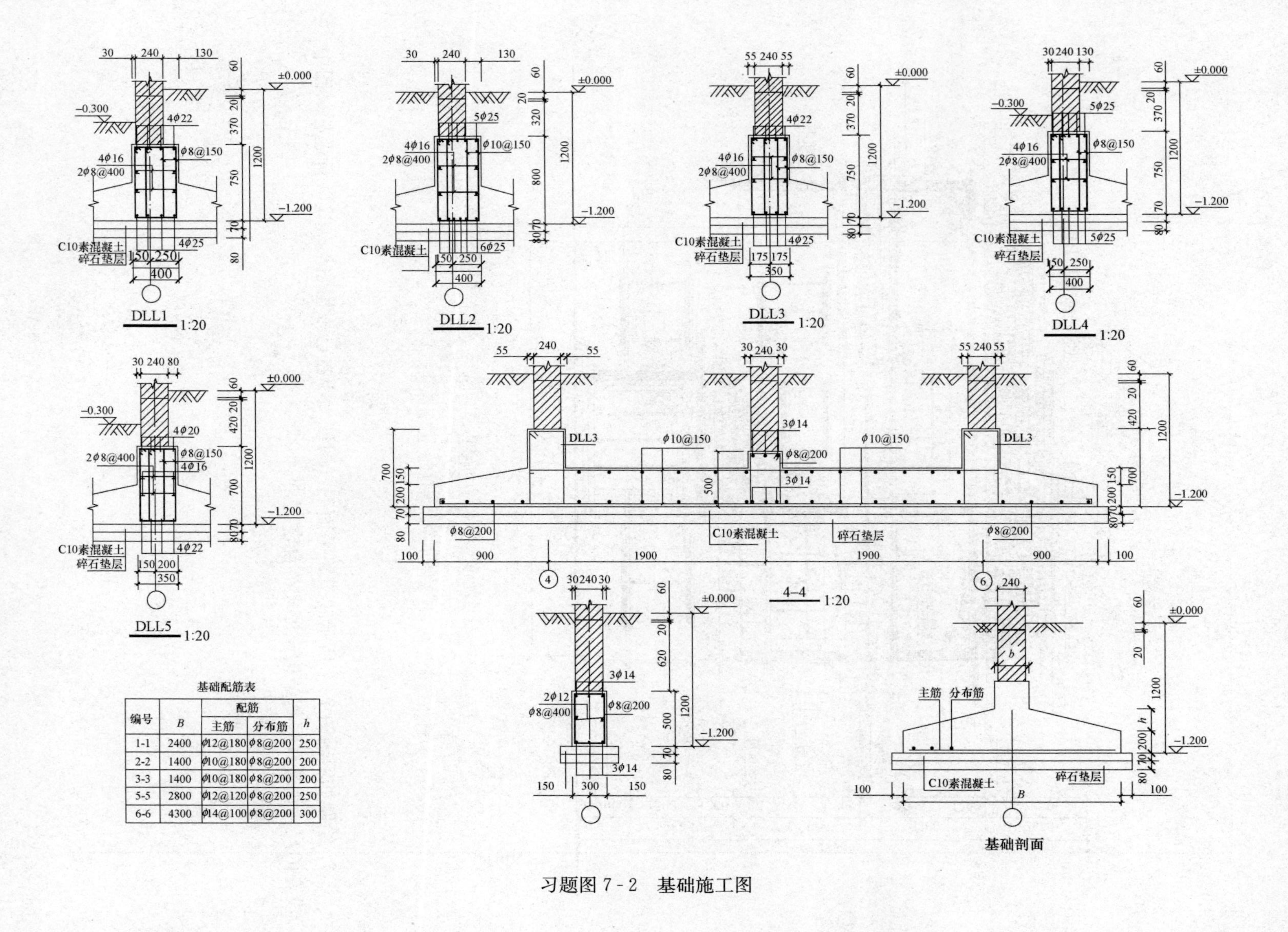

基础配筋表

编号	B	配筋		h
		主筋	分布筋	
1-1	2400	φ12@180	φ8@200	250
2-2	1400	φ10@180	φ8@200	200
3-3	1400	φ10@180	φ8@200	200
5-5	2800	φ12@120	φ8@200	250
6-6	4300	φ14@100	φ8@200	300

习题图 7-2 基础施工图

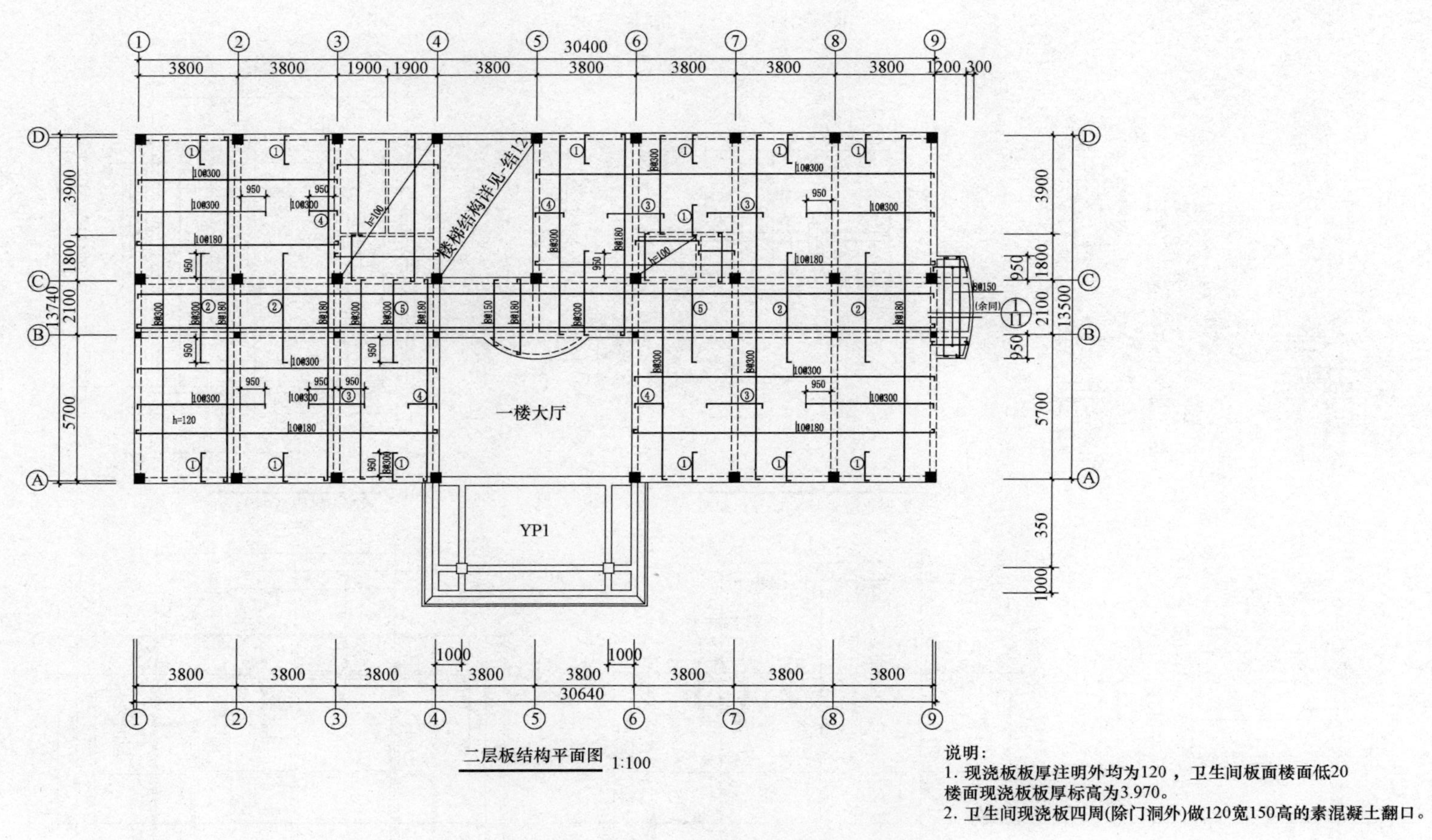

说明：
1. 现浇板板厚注明外均为120，卫生间板面楼面低20
楼面现浇板板厚标高为3.970。
2. 卫生间现浇板四周(除门洞外)做120宽150高的素混凝土翻口。

习题图 7-3　楼板结构施工图

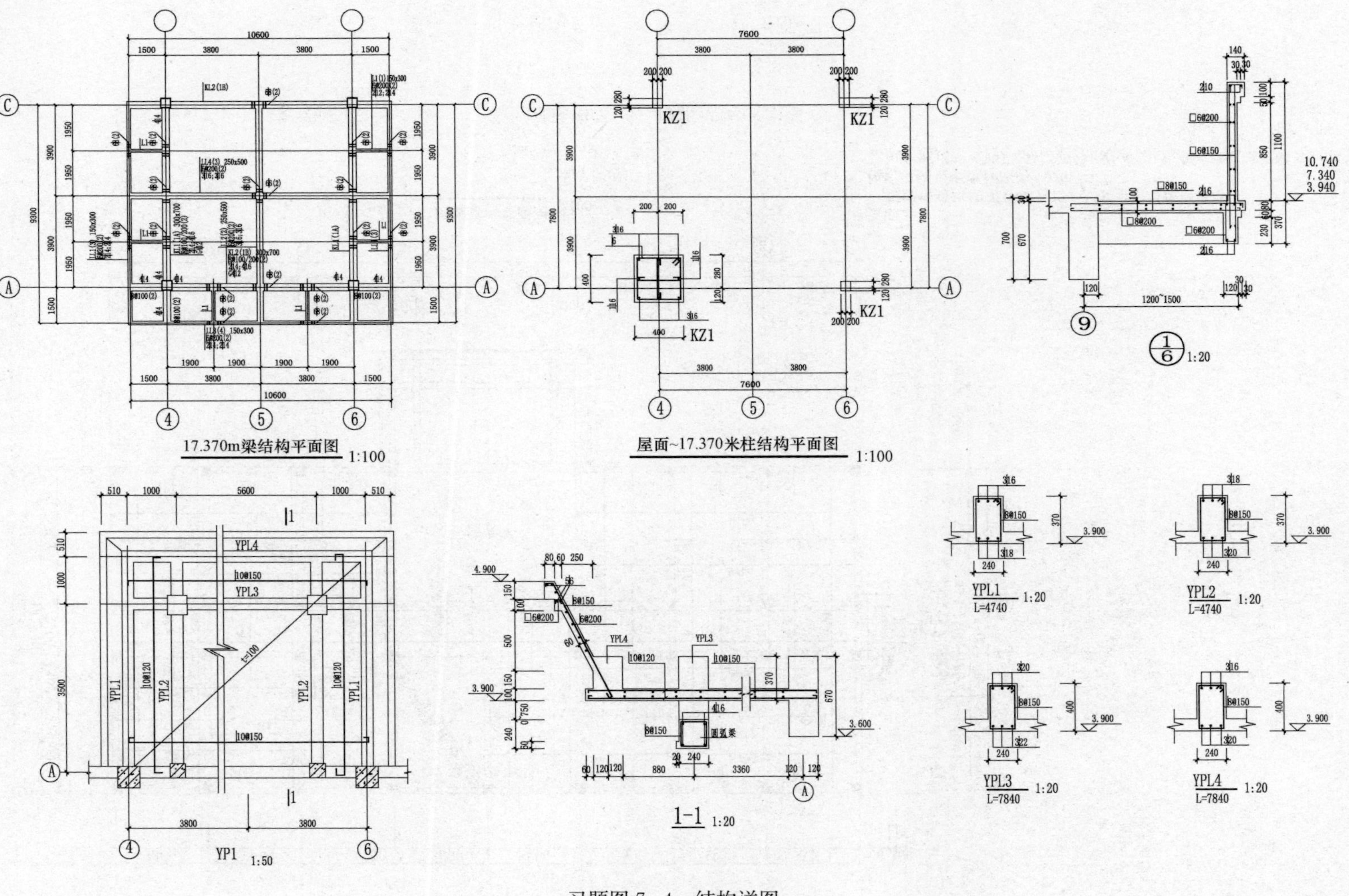
17.370m梁结构平面图 1:100
屋面~17.370米柱结构平面图 1:100
YP1 1:50
1-1 1:20
YPL1 1:20
L=4740
YPL2 1:20
L=4740
YPL3 1:20
L=7840
YPL4 1:20
L=7840

习题图 7-4 结构详图

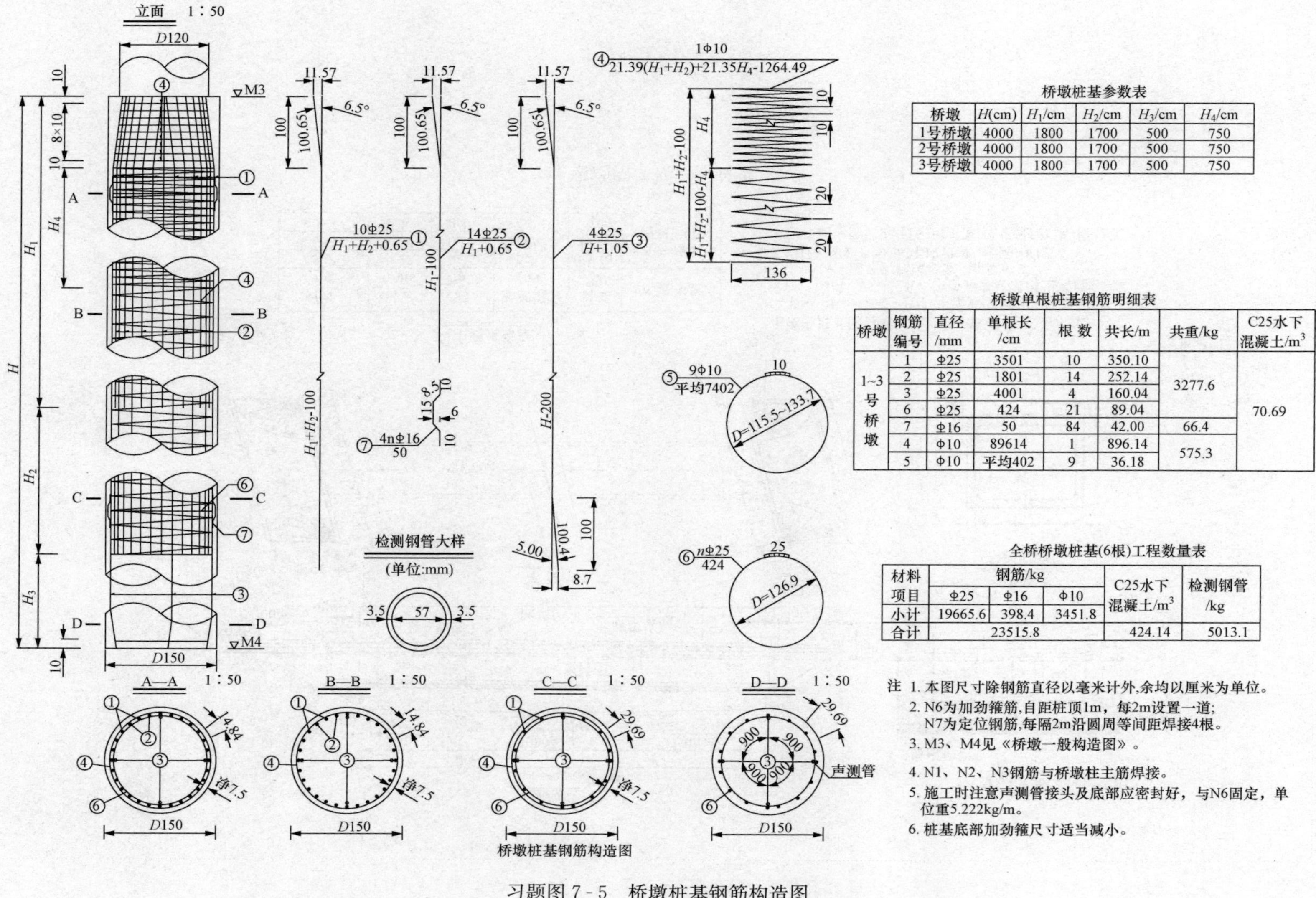

桥墩桩基参数表

桥墩	H(cm)	H_1/cm	H_2/cm	H_3/cm	H_4/cm
1号桥墩	4000	1800	1700	500	750
2号桥墩	4000	1800	1700	500	750
3号桥墩	4000	1800	1700	500	750

桥墩单根桩基钢筋明细表

桥墩	钢筋编号	直径/mm	单根长/cm	根数	共长/m	共重/kg	C25水下混凝土/m³
1~3号桥墩	1	Φ25	3501	10	350.10	3277.6	70.69
	2	Φ25	1801	14	252.14		
	3	Φ25	4001	4	160.04		
	6	Φ25	424	21	89.04		
	7	Φ16	50	84	42.00	66.4	
	4	Φ10	89614	1	896.14	575.3	
	5	Φ10	平均402	9	36.18		

全桥桥墩桩基(6根)工程数量表

材料项目	钢筋/kg Φ25	钢筋/kg Φ16	钢筋/kg Φ10	C25水下混凝土/m³	检测钢管/kg
小计	19665.6	398.4	3451.8	424.14	5013.1
合计	23515.8				

注 1. 本图尺寸除钢筋直径以毫米计外,余均以厘米为单位。
2. N6为加劲箍筋,自距桩顶1m，每2m设置一道;
N7为定位钢筋,每隔2m沿圆周等间距焊接4根。
3. M3、M4见《桥墩一般构造图》。
4. N1、N2、N3钢筋与桥墩柱主筋焊接。
5. 施工时注意声测管接头及底部应密封好，与N6固定，单位重5.222kg/m。
6. 桩基底部加劲箍尺寸适当减小。

习题图 7-5 桥墩桩基钢筋构造图

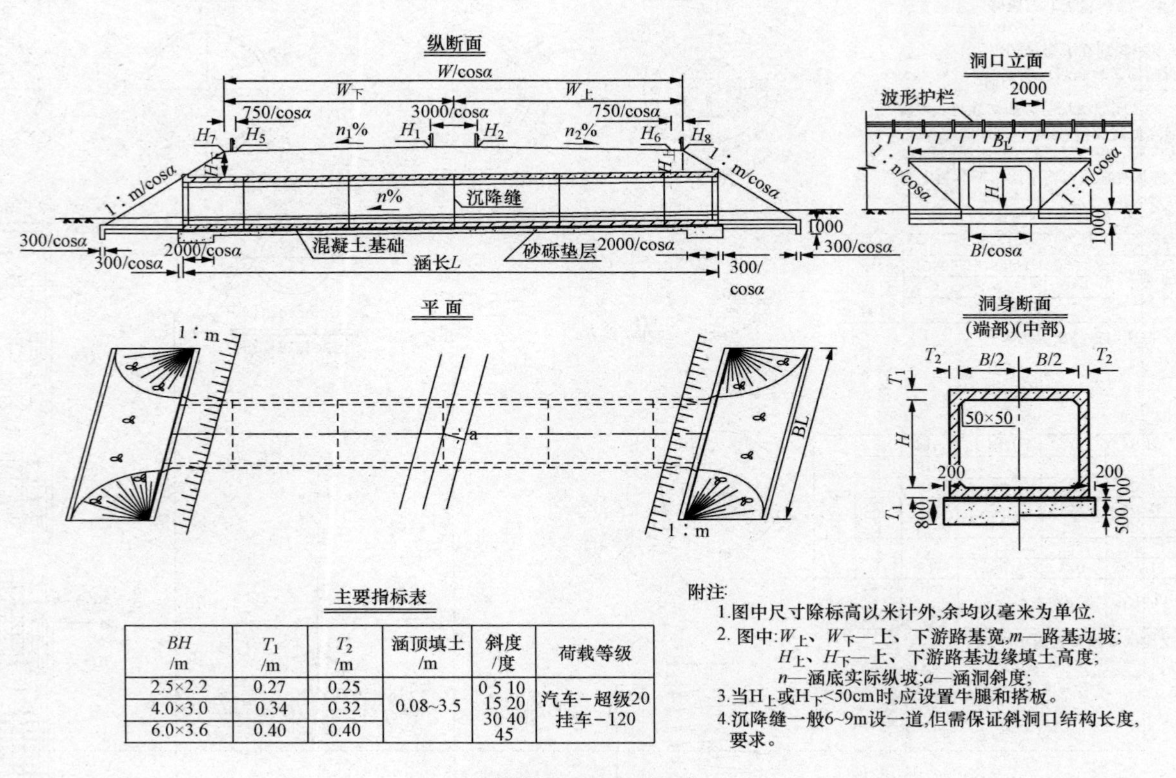

主要指标表

BH /m	T_1 /m	T_2 /m	涵顶填土 /m	斜度 /度	荷载等级
2.5×2.2	0.27	0.25	0.08~3.5	0 5 10 15 20 30 40 45	汽车－超级20 挂车－120
4.0×3.0	0.34	0.32			
6.0×3.6	0.40	0.40			

附注：

1.图中尺寸除标高以米计外,余均以毫米为单位.

2. 图中:$W_上$、$W_下$—上、下游路基宽,m—路基边坡;
   $H_上$、$H_下$—上、下游路基边缘填土高度;
   n—涵底实际纵坡;a—涵洞斜度;

3.当$H_上$或$H_下$<50cm时,应设置牛腿和搭板。

4.沉降缝一般6~9m设一道,但需保证斜洞口结构长度,要求。

习题图 7－6　涵洞图

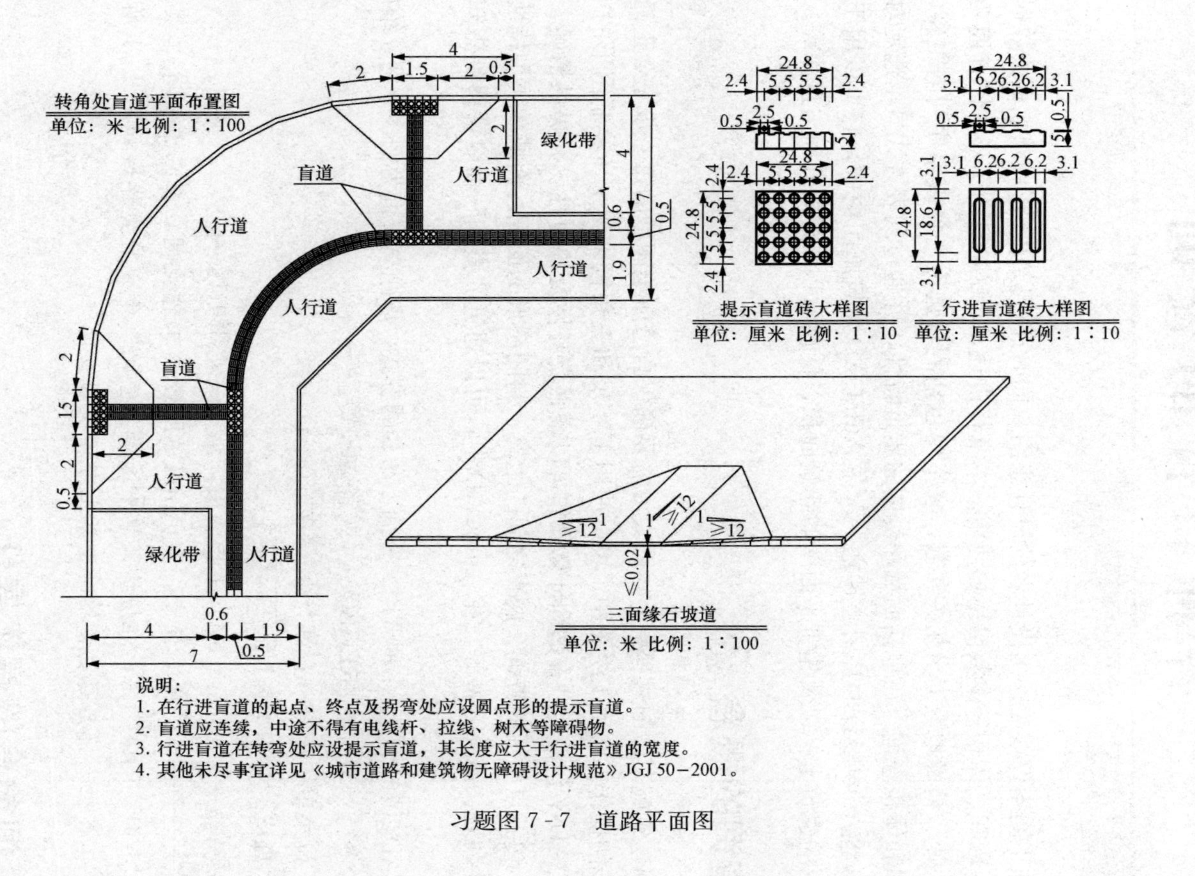

说明：

1. 在行进盲道的起点、终点及拐弯处应设圆点形的提示盲道。
2. 盲道应连续，中途不得有电线杆、拉线、树木等障碍物。
3. 行进盲道在转弯处应设提示盲道，其长度应大于行进盲道的宽度。
4. 其他未尽事宜详见《城市道路和建筑物无障碍设计规范》JGJ 50-2001。

习题图 7-7 道路平面图

第 8 章

各种特性的查询

工程施工图不仅能表达出设计者的设计意图，同时还可以从图形中获取相关数据，如距离、角度、面积、体积等参数供用户使用。本章将讲述 AutoCAD 的图形特性查询功能，该功能可以快速、精确地查询出相关参数，它主要包括测量选定对象或点序列的距离、半径、角度、面积和体积查询，还包括面域和实体的质量特性，并通过列表方式显示选定对象的特性数据等，是 AutoCAD 的常用工具之一。在 AutoCAD 建筑施工图中，它可以用于测量建筑总平面图的建筑坐标以及建筑平面图的建筑面积、使用面积、建筑开间与进深等。

8.1 查询的概念

在绘制建筑施工图的过程中，绘图人员需要确保自己所绘图纸的每一步完全正确，才能继续下一步的操作。在手工绘图中，可以使用丁字尺和三角板来测量所绘制图形的准确性，而在 AutoCAD 平台中通过查询和计算操作可以增强交互性及快捷性，并提供精确、高效的查询工具，包括点坐标的查询、两点之间的距离、封闭图形的面积、面域和质量特性、图形对象的特性列表、系统变量等。在 AutoCAD 中，可以通过“查询”命令，得到想知道的对象的信息。

AutoCAD 2016 提供了多种调用“查询”命令的方式，以距离查询为例，分别介绍如下：

（1）命令行：MEASUREGEOM（或者 MEA）。

（2）下拉菜单：工具→查询→距离(D)。

（3）工具栏：查询工具栏。

（4）工具面板：默认→实用工具→。

图 8-1 “查询”工具栏

注意：在 AutoCAD 经典工作空间，在任意一个工具栏上右击，在快捷菜单中选择“查询”命令将会弹出如图 8-1 所示的浮动“查询”工具栏，将其固定在界面边界上即可使用查询。

8.2 查询命令的基本操作

8.2.1 点坐标查询

1. 点坐标查询及其作用

在绘制建筑总平面图时通常采用坐标定位，因此在绘图过程中经常要查询对象的位置坐标，需要用到点坐标查询。

2. 点坐标查询命令的调用

可以通过以下三种方法调用点坐标查询命令：

(1) 命令行：ID。

(2) 下拉菜单：工具→查询→点坐标(I)。

(3) 查询工具栏：定位点按钮。

注意：在查询点坐标时，通常采用对象捕捉确定要查询的点。

8.2.2 距离查询

1. 距离查询及其作用

AutoCAD的距离查询是指测量两个拾取点之间的距离，以及两点间X轴、Y轴和Z轴的增量并给出两点构成的线在平面内的夹角。AutoCAD除了能查询两点之间直线的距离外，还能查询多点直线间的距离以及圆弧的长度。当配合对象捕捉命令时，距离查询将会得到非常精确的结果。

在绘制建筑施工图的过程中，对于其中的一些尺寸，在尚未进行尺寸标注（或尺寸标注不全）的情况下，可以运用距离查询来获知距离或线段、圆弧的长度。

2. 距离查询命令的调用

可以通过以下三种方法调用距离查询命令：

(1) 命令行：DIST。

(2) 下拉菜单：工具→查询→距离(D)。

(3) 查询工具栏：距离查询按钮。

3. 距离查询的举例

【例8-1】 查询外窗框的总长度，如图8-2所示。

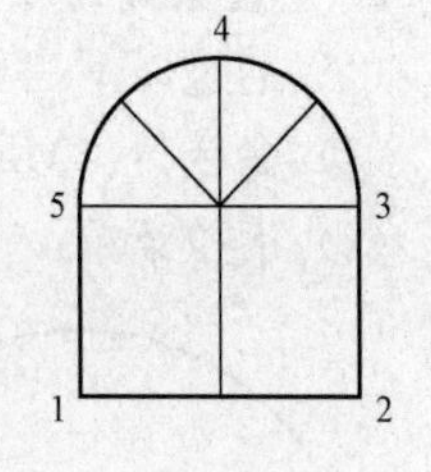

图8-2 查询外窗框的总长度

操作步骤如下：

执行距离查询命令。

命令：_ MEASUREGEOM

输入选项［距离（D)/半径（R)/角度（A)/面积（AR)/体积(V)]＜距离＞：_ distance

指定第一点：(选择1点)

指定第二个点或［多个点（M)]：M

指定下一个点或［圆弧（A)/长度（L)/放弃（U)/总计（T)]＜总计＞：(选择2点)

距离＝30.1902

指定下一个点或［圆弧（A)/闭合（C)/长度（L)/放弃（U)/总计（T)]＜总计＞：(选择3点)

距离＝50.0654

指定下一个点或［圆弧（A)/闭合（C)/长度（L)/放弃（U)/总计（T)]＜总计＞：A (转换为圆弧模式) 距离＝50.0654

指定圆弧的端点（按住Ctrl键以切换方向）或

［角度（A）/圆心（CE）/闭合（CL）/方向（D）/直线（L）/半径（R）/第二个点（S）/放弃（U）］：S（输入 S，确定圆弧的方式有很多，可以根据已知条件灵活运用）

指定圆弧上的第二个点：(选择 4 点)

指定圆弧的端点：(选择 5 点)

距离＝97.4880

指定圆弧的端点（按住 Ctrl 键以切换方向）或［角度（A）/圆心（CE）/闭合（CL）/方向（D）/直线（L）/半径（R）/第二个点（S）/放弃（U）］：L（转换为直线方式）

距离＝97.4880

指定下一个点或［圆弧（A）/闭合（C）/长度（L）/放弃（U）/总计（T）］＜总计＞：(选择 1 点)

距离＝117.3632

指定下一个点或［圆弧（A）/闭合（C）/长度（L）/放弃（U）/总计（T）］＜总计＞：按 Esc 键结束命令。

最后得出外窗框的总长度为 117.3632。

8.2.3 半径查询

1. 半径查询及其作用

半径查询是测量指定圆弧、圆或多段线圆弧的半径和直径。当配合对象捕捉命令时，距离查询将会得到非常精确的结果。

在绘制建筑施工图的过程中，在尚未进行尺寸标注（或尺寸标注不全）的情况下，可以运用半径查询的方法来获知圆或圆弧的半径和直径。

2. 半径查询命令的调用

可以通过以下三种方法调用半径查询命令：

(1) 命令行：MEASUREGEOM→选择半径（R）。

(2) 下拉菜单：工具→查询→半径(R)。

(3) 查询工具栏：半径查询按钮。

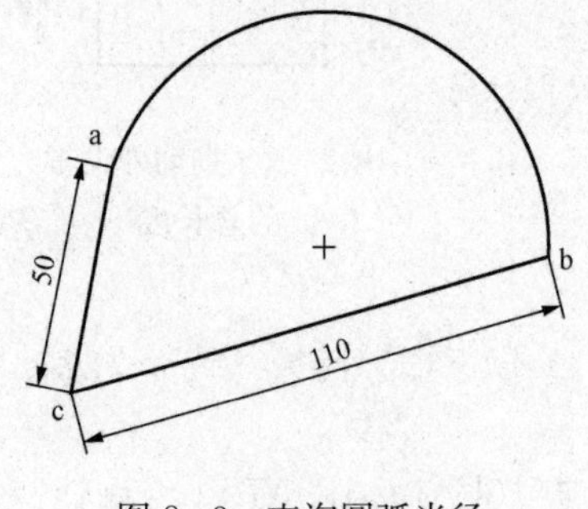

图 8-3 查询圆弧半径

3. 半径查询的举例

【例 8-2】 查询圆弧 ab 的半径，如图 8-3 所示。

命令：_MEASUREGEOM

输入选项［距离（D）/半径（R）/角度（A）/面积（AR）/体积（V）］＜距离＞：_radius

选择圆弧或圆：

半径＝50.0000

直径＝100.0000

8.2.4 角度查询

1. 角度查询及其作用

角度查询可以对选定的圆弧、圆、多段线线段和线对象关联的角度进行测量，具体测量方法如下：

（1）圆弧：使用圆弧的圆心作为顶点，测量在圆弧的两个端点之间形成的角度。

（2）圆：使用圆的圆心作为顶点，测量在最初选定的圆的位置与第二个点之间形成的锐角。

（3）直线：测量两条选定直线之间的锐角。直线无须相交。

（4）顶点：测量通过指定一个点作为顶点，然后选择其他两个点而形成的锐角。

在绘制建筑施工图的过程中，在尚未进行尺寸标注（或尺寸标注不全）的情况下，可以运用查询来获知圆、圆弧、直线之间的角度。

2. 角度查询命令的调用

可以通过以下三种方法调用角度查询命令：

（1）命令行：MEASUREGEOM→选择角度（A）。

（2）下拉菜单：工具→查询→角度(G)。

（3）查询工具栏：角度查询按钮。

3. 角度查询的举例

【例8-3】 查询圆弧 AB 的夹角；查询直线 AC 和 BC 的夹角，如图8-4所示。

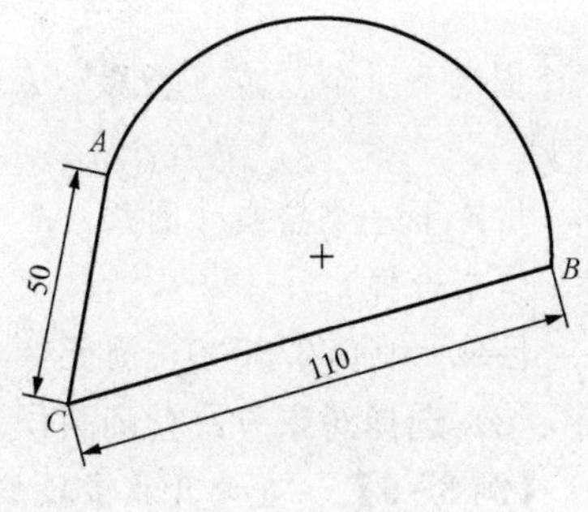

图8-4　查询角度

命令：_MEASUREGEOM

输入选项［距离（D）/半径（R）/角度（A）/面积（AR）/体积（V）］＜距离＞：_angle

选择圆弧、圆、直线或＜指定顶点＞：（注：拾取圆弧 AB）

角度＝162°

输入选项［距离（D）/半径（R）/角度（A）/面积（AR）/体积（V）/退出（X）］＜角度＞：（注：选择角度）

选择圆弧、圆、直线或＜指定顶点＞：（注：通过指定顶点的方式查询角度）

指定角的顶点：（注：指定点 C）

指定角的第一个端点：（注：指定点 A）

指定角的第二个端点：（注：指定点 B）

角度＝64°

8.2.5　面积查询

1. 面积查询及其作用

AutoCAD的面积查询是指通过选择对象（如圆、椭圆、样条曲线、多段线、多边形、面域和三维实体）或通过拾取序列点的方式来测量和显示所选对象或所定义区域的面积和周长。

2. 面积查询命令的调用

可以通过以下三种方法调用面积查询命令：

（1）命令行：AREA。

（2）下拉菜单：工具→查询→面积。

（3）查询工具栏：面积查询按钮。

3. 面积查询的举例

在进行查询面积命令的操作时，所查询的面积可以通过拾取点和选择对象的方式来计算查询面积。

（1）通过拾取点来查询面积。

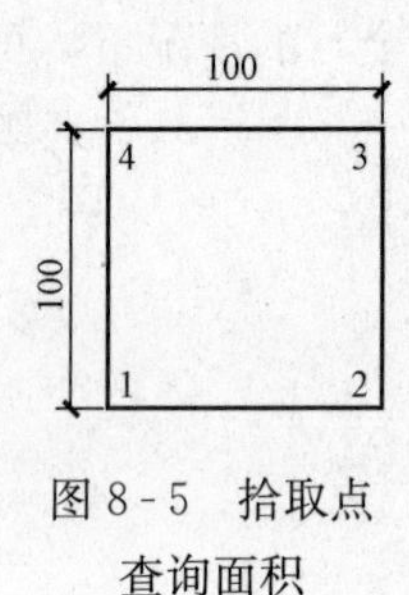

图 8-5 拾取点查询面积

【例 8-4】 查询如图 8-5 所示图形的面积。

命令：AREA（注：调用面积查询命令）

指定第一个角点或［对象（O）/增加面积（A）/减少面积（S）］＜对象（O）＞：（注：选择点 1）

指定下一个点或［圆弧（A）/长度（L）/放弃（U）］：（注：选择点 2）

指定下一个点或［圆弧（A）/长度（L）/放弃（U）］：（注：选择点 3）

指定下一个点或［圆弧（A）/长度（L）/放弃（U）/总计（T）］＜总计＞：（注：选择点 4）

指定下一个点或［圆弧（A）/长度（L）/放弃（U）/总计（T）］＜总计＞：（注：按Enter 键，结束选择）

区域＝10000.0000，周长＝400.0000（注：在命令行查看查询结果）

（2）选择对象方式查询面积。这种方式要求所绘制的图形必须是一个对象。

【例 8-5】 查询开放多段线所围的面积，如图 8-6 所示。

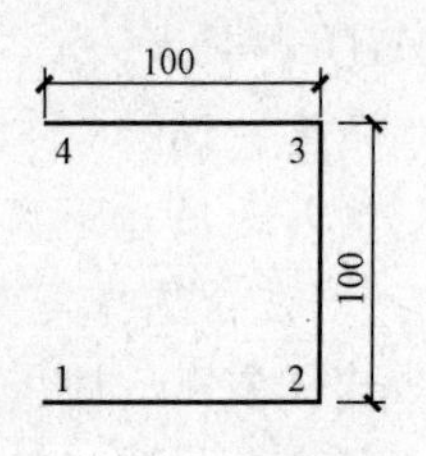

图 8-6 选择对象查询开放式面积

命令：AREA

指定第一个角点或［对象（O）/增加面积（A）/减少面积（S）］＜对象（O）＞：O（注：选择采用对象方式）

选择对象：（注：鼠标选择多段线对象）

区域＝10000.0000，长度＝300.0000（注：在命令行查看查询结果）

【例 8-6】 查询如图 8-7 所示图形的面积。

（1）方法一：通过拾取点的方式查询。

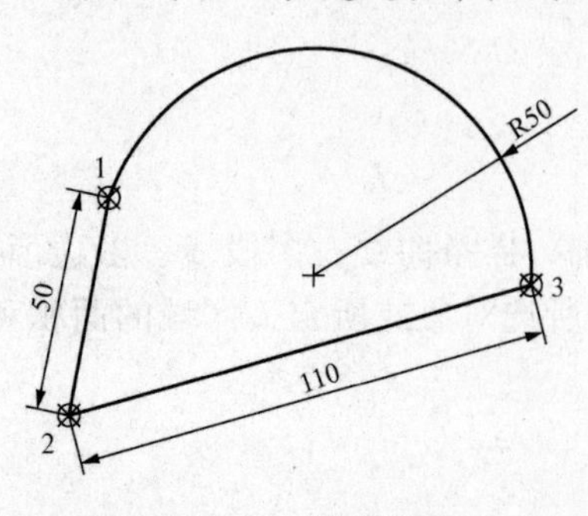

图 8-7 不规则图形

命令：AREA

指定第一个角点或［对象（O）/增加面积（A）/减少面积（S）］＜对象（O）＞：（注：选择点 1）

指定下一个点或［圆弧（A）/长度（L）/放弃（U）］：（注：选择点 2）

指定下一个点或［圆弧（A）/长度（L）/放弃（U）］：（注：选择点 3）

指定下一个点或［圆弧（A）/长度（L）/放弃（U）/总计（T）］＜总计＞：A

指定圆弧的端点或［角度（A）/圆心（CE）/闭合（CL）/方向（D）/直线（L）/半径（R）/第二个点（S）/放弃（U）］：ce（注：通过制定圆心的方式确定圆弧）

指定圆弧的圆心：

指定圆弧的端点或［角度（A）/长度（L）］：（注：选择点1）

指定圆弧的端点或［角度（A）/圆心（CE）/闭合（CL）/方向（D）/直线（L）/半径（R）/第二个点（S）/放弃（U）］：（注：按Enter键，结束选择）

区域＝5633.2790，周长＝301.6827

（2）方法二：通过选择对象的方式查询。首先将所查图形转变为一个对象，参见教材3.16节多个对象与一个对象的转换的相关内容。

命令：AREA

指定第一个角点或［对象（O）/增加面积（A）/减少面积（S）］＜对象（O）＞：o

选择对象：

区域＝5633.2790，周长＝301.6827

【例8-7】　图形面积的加减运算，求如图8-8所示的阴影部分的面积。

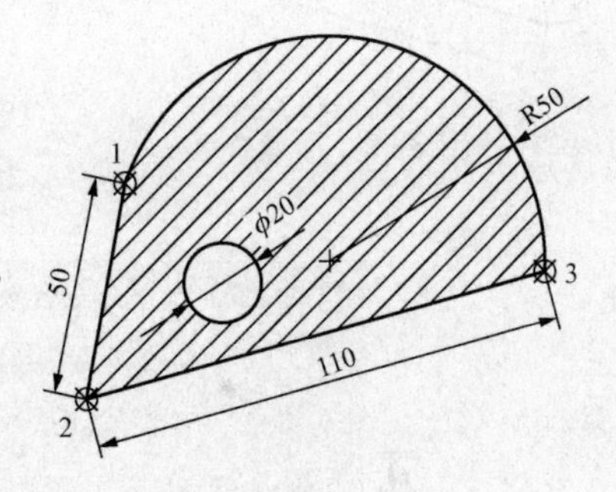

图8-8　求阴影面积

命令：AREA

指定第一个角点或［对象（O）/增加面积（A）/减少面积（S）］＜对象（O）＞：*A*（注：首先确定为“加”模式，通过对象方式测量总面积）

指定第一个角点或［对象（O）/减少面积（S）］：O

（“加”模式）选择对象：（注：选择外部图形对象）

区域＝5633.2790，周长＝301.6827

总面积＝5633.2790

指定第一个角点或［对象（O）/减少面积（S）］：S（注：转变为“减”模式，通过对象方式选择被剪去的对象）

指定第一个角点或［对象（O）/增加面积（A）］：O

（“减”模式）选择对象：（注：选择内部圆图形对象）

区域＝314.1593，圆周长＝62.8319（注：内部圆图形的面积和周长）

总面积＝5319.1197（注：减去内部圆形后的所求面积）

指定第一个角点或［对象（O）/增加面积（A）］：（注：按Enter键，结束选择）

总面积＝5319.1197

注意：在以上命令的执行过程中，有两个选项分别是加（A）和减（S）。当选择输入A时，就会把新选择对象的面积加到总面积当中去；当选择S时，就会把新计算的面积从总面积中减去。

8.2.6　面域/质量特性查询

1. 面域/质量特性查询及其作用

该命令用于计算和显示选定面域或三维实体的质量特性，包括面域的面积、周长、边界框、质心、惯性矩等参数，也可以计算三维对象的质量、体积、质心、惯性矩、旋转半径等。这对于工程设计人员来说是非常有用的。这些数据将被写到文件中，以便查询。

2. 面域/质量特性查询命令的调用

可以通过以下三种方法调用面域/质量特性查询命令：

（1）命令行：MASSPROP。

（2）下拉菜单：工具→查询→面域/质量特性(M)。

（3）查询工具栏：面域/质量特性查询按钮。

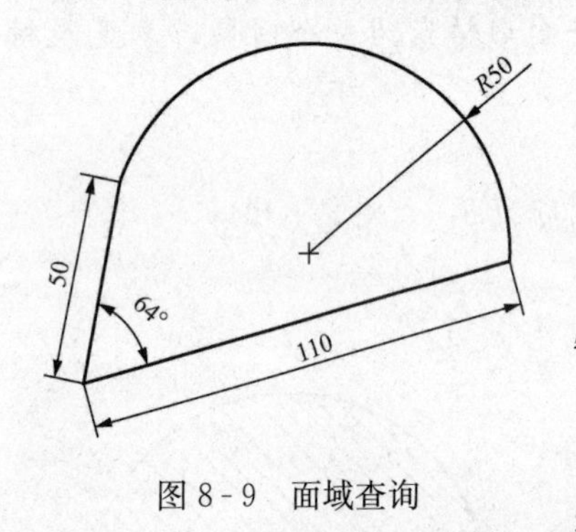

图 8-9　面域查询

3. 面域/质量特性查询的举例

【例 8-8】　查询下图面域特性，如图 8-9 所示。

命令：MASSPROP

选择对象：（注：拾取对象，按 Enter 键）

AutoCAD 弹出如图 8-10 所示的文本窗口来显示图形特性：

注意：用户可以将对象的面域信息写到一个文本文件中，文件类型为 .mpr。用同样的方法，用户可以查询三维对象特性。

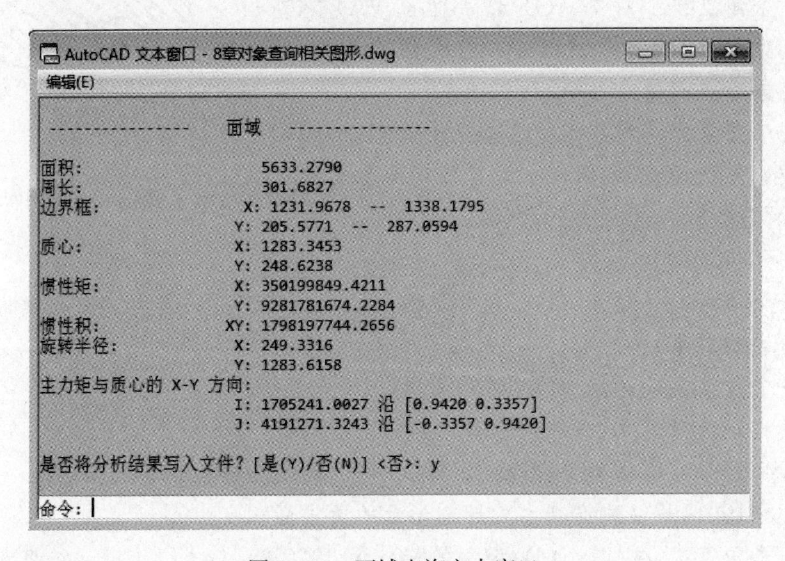

图 8-10　面域查询文本窗口

8.2.7　列表查询

1. 列表查询及其作用

在建筑施工图的绘制过程中，若要查询对象的详细信息，可以通过列表查询该对象。

列表查询是通过文本框的方式来显示对象的数据库信息，如对象类型、对象图层、相对于当前用户坐标系（UCS）的 X、Y、Z 位置以及对象是位于模型空间还是图纸空间等。如果颜色、线型和线宽没有设置为 BYLAYER，则列表显示命令将列出这些项目的相关信息。

列表显示命令还可以报告与特定的选定对象相关的附加信息。

2. 列表查询命令的调用

可以通过以下三种方法调用列表查询命令：

(1) 命令行：LIST。

(2) 下拉菜单：工具→查询→列表查询。

(3) 查询工具栏：。

3. 列表查询的举例

【例8-9】 列表查询特性，如图8-9所示。

命令：_list

选择对象：(注：用鼠标拾取需要查询的对象)

选择对象：找到1个（注：按Enter键，结束选择）

LWPOLYLINE　图层："0"

空间：模型空间

线宽：0.35mm

句柄=4b4

闭合

固定宽度　0.0000

面积　5633.2790

周长　301.6827

于端点　X=1482.6000　Y=250.4889　Z=0.0000

凸度　0.8568

圆心　X=1432.6682　Y=253.0999　Z=0.0000

半径　50.0000

起点角度　357

端点角度　159

于端点　X=1385.8766　Y=270.7221　Z=0.0000

于端点　X=1376.4565　Y=221.6175　Z=0.0000

8.3　查询建筑面积

8.3.1　与特性查询相关的建筑术语

欲用AutoCAD的查询功能正确测量出建筑施工图的特性，首先应正确理解与AutoCAD特性查询相关的建筑术语。以图8-11所示的建筑为例，这些术语主要包括以下几条：

(1) 横墙：指沿着建筑横向轴线方向的墙。

(2) 纵墙：指沿着建筑纵向轴线方向的墙。

(3) 进深：指纵墙之间的距离，以轴线为基准。

(4) 开间：指横墙之间的距离，以轴线为基准。

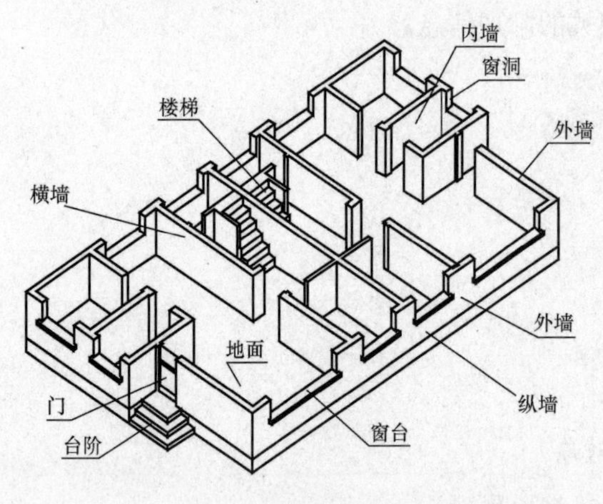

图 8-11　建筑术语示意图

（5）建筑面积：指建筑所占的面积，以外墙面为基准（共用墙以轴线为基准）；多层建筑的总建筑面积为各层建筑面积之和。

（6）使用面积：指房间内的净面积。

（7）交通面积：指建筑物中用于通行的面积。

（8）构件面积：指建筑构件所占用的面积。

8.3.2　查询建筑面积的操作

实际上，利用 AutoCAD 的查询功能不仅可以查询建筑平面图的建筑面积，还可以查询其使用面积、交通面积、开间、进深等。下面以图 8-12 所示的单层传达室平面图为例，来介绍利用 AutoCAD 来查询建筑特性的操作。

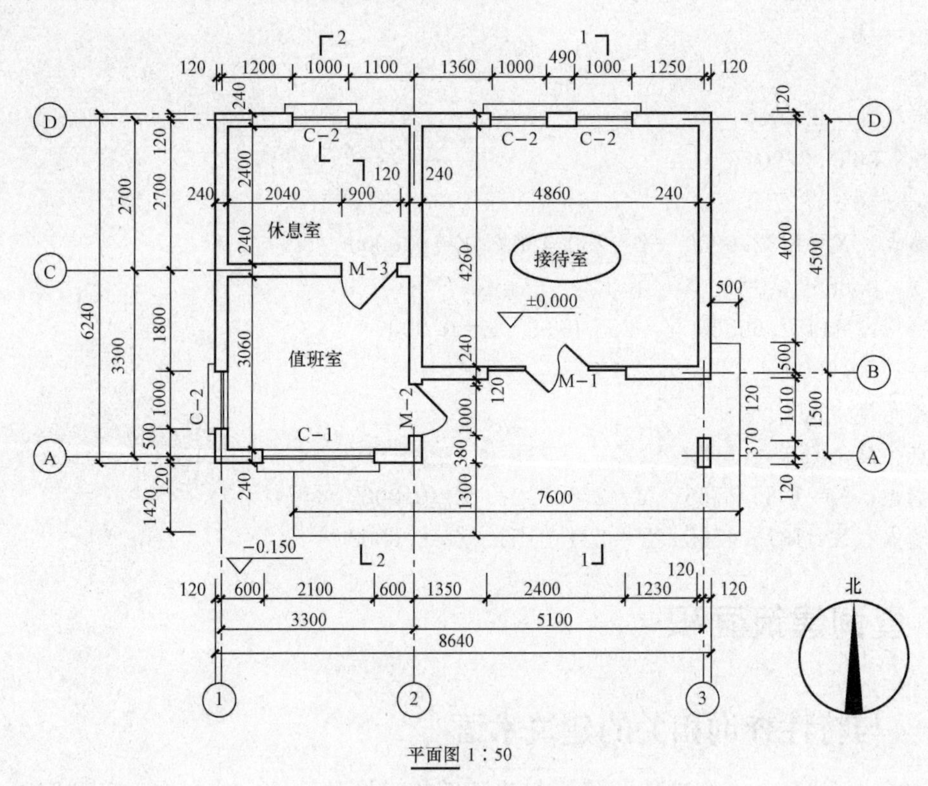

图 8-12　单层传达室平面图

1. 查询接待室的建筑面积

打开对象捕捉，在命令行输入 AREA，命令行提示如下：

命令：_area（注：调用面积查询命令）

指定第一个角点或［对象（O）/加（A）/减（S）］：（注：选择图 8-13 中的点 *a*）

指定下一个角点或按 ENTER 键全选：（注：选择图 8-13 中的点 *b*）
指定下一个角点或按 ENTER 键全选：（注：选择图 8-13 中的点 *c*）
指定下一个角点或按 ENTER 键全选：（注：选择图 8-13 中的点 *d*）
指定下一个角点或按 ENTER 键全选：（注：按 Enter 键，结束选择）
面积＝24742800，周长＝19920（注：提示查询结果）
由以上查询结果可知，接待室的建筑面积为 24.7428m²。

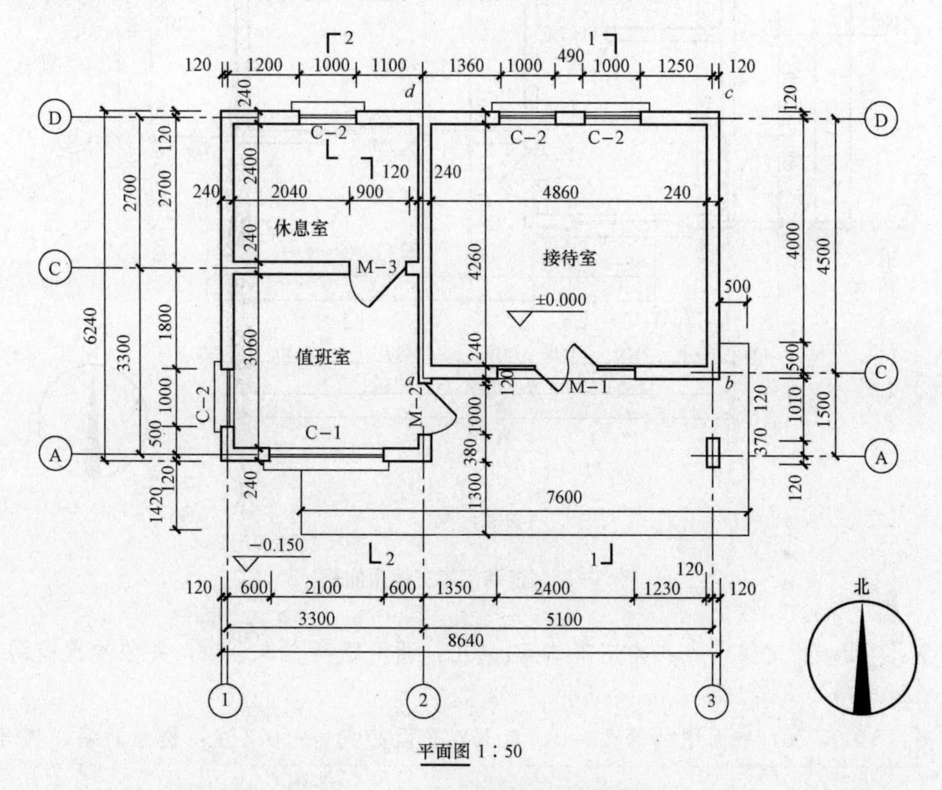

图 8-13 查询接待室建筑面积

2. 查询接待室的使用面积

打开对象捕捉，在命令行输入 AREA，命令行提示如下：
命令：_area（注：调用面积查询命令）
指定第一个角点或［对象（O）/加（A）/减（S）］：（注：选择图 8-14 中的点 *e*）
指定下一个角点或按 ENTER 键全选：（注：选择图 8-14 中的点 *f*）
指定下一个角点或按 ENTER 键全选：（注：选择图 8-14 中的点 *g*）
指定下一个角点或按 ENTER 键全选：（注：选择图 8-14 中的点 *h*）
指定下一个角点或按 ENTER 键全选：（注：按 Enter 键，结束选择）
面积＝20618400，周长＝18200（注：提示查询结果）
由以上查询结果可知，接待室的使用面积为 20.6184m²。

3. 查询接待室的开间和进深

（1）查询接待室的开间。打开对象捕捉，在命令行输入 DIST，命令行提示如下：

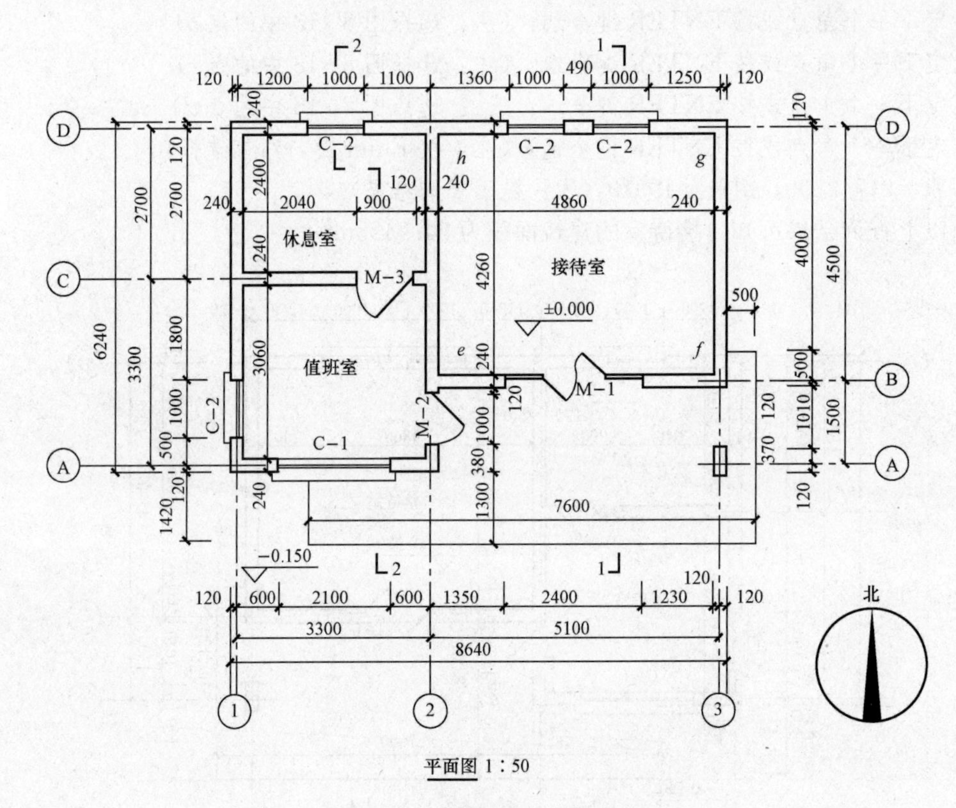

图 8‑14　查询接待室使用面积

命令：'_dist 指定第一点：指定第二点：（注：调用距离查询命令，并依次选择图 8‑15 中的点 i 和点 j）

距离：5100，XY 平面中的倾角＝0，与 XY 平面的夹角＝0（注：提示距离、夹角查询结果）

X 增量＝5100，Y 增量＝0，Z 增量＝0（注：提示两点的坐标增量）

由以上查询结果可知，接待室的开间为 5.1m。当然，对于进行了尺寸标注的建筑平面图，以上结果亦可以从平面图的尺寸标注中直接读出。

（2）查询接待室的进深。打开对象捕捉，在命令行输入 DIST，命令行提示如下：

命令：'_dist 指定第一点：指定第二点：（注：调用距离查询命令，并依次选择图 8‑15 中的点 j 和点 k）

距离：4500，XY 平面中的倾角＝90，与 XY 平面的夹角＝0（注：提示距离、夹角查询结果）

X 增量＝0，Y 增量＝4500，Z 增量＝0（注：提示两点的坐标增量）

由以上查询结果可知，接待室的进深为 4.5m。当然，对于进行了尺寸标注的建筑平面图，以上结果亦可以从平面图的尺寸标注中直接读出。

4. 查询值班室与休息室的使用面积之和

打开对象捕捉，在命令行输入 AREA，命令行提示如下：

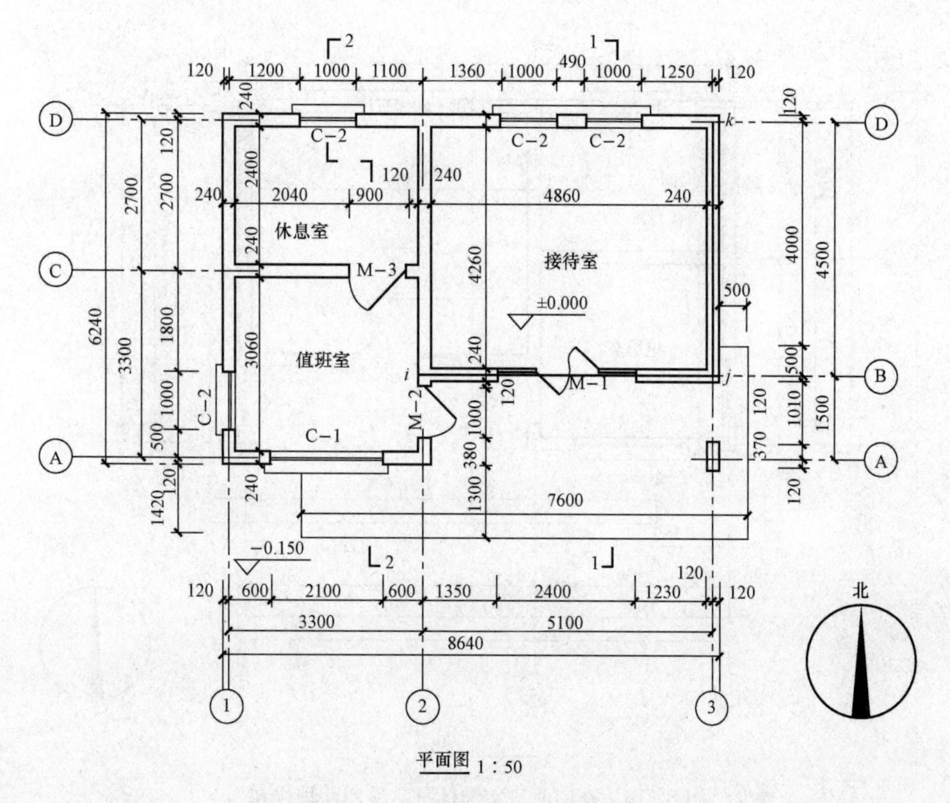

图 8-15　查询接待室开间与进深

命令：_area（注：调用面积查询命令）

指定第一个角点或［对象（O）/加（A）/减（S）］：*A*（注：选择面积相加方式）

指定第一个角点或［对象（O）/减（S）］：（注：选择图 8-16 中的点 *l*）

指定下一个角点或按 ENTER 键全选（｜加｜模式）：（注：选择图 8-16 中的点 *m*）

指定下一个角点或按 ENTER 键全选（｜加｜模式）：（注：选择图 8-16 中的点 *n*）

指定下一个角点或按 ENTER 键全选（｜加｜模式）：（注：选择图 8-16 中的点 *o*）

指定下一个角点或按 ENTER 键全选：（注：按 Enter 键，结束选择）

面积＝9363600，周长＝12240　总面积＝9363600（注：提示值班室查询结果）

指定第一个角点或［对象（O）/减（S）］：（注：选择图 8-16 中的点 *p*）

指定下一个角点或按 ENTER 键全选（｜加｜模式）：（注：选择图 8-16 中的点 *q*）

指定下一个角点或按 ENTER 键全选（｜加｜模式）：（注：选择图 8-16 中的点 *r*）

指定下一个角点或按 ENTER 键全选（｜加｜模式）：（注：选择图 8-16 中的点 *s*）

指定下一个角点或按 ENTER 键全选：（注：按 Enter 键，结束选择）

面积＝7 344 000，周长＝10 920　总面积＝16 707 600（注：提示值班室与休息室的最终查询结果）

由以上查询结果可知，值班室与休息室的使用面积之和为 16.7076m^2。值得注意的是，本例的面积相加模式亦可以用于多层建筑的总建筑面积查询等应用，读者可自行尝试。

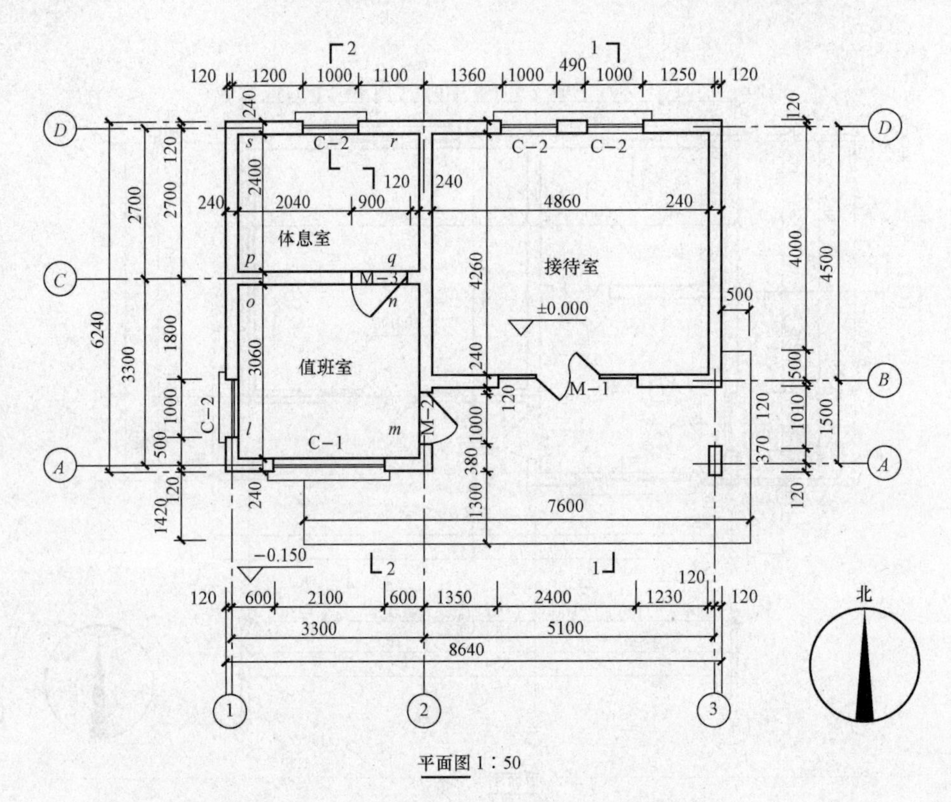

图 8-16　查询值班室与休息室使用面积之和

8.4　常见问题分析与解决

1. 在进行点坐标查询、距离查询或是面积查询时，如何提高查询的精确度？

答：在查询前打开对象捕捉命令，配合对象捕捉的特性查询将会得到非常精确的结果。

2. 距离查询除了可以量测两个拾取点之间的距离外，还有何用途？

答：距离查询除了量测两个拾取点之间的距离外，还可以量测两点构成的线在平面内的夹角，但所得的角度与两个点的拾取顺序有关。

3. 在进行距离查询时，端点的拾取顺序对查询结果有无影响？

答：在用距离查询工具量测两拾取点之间的距离时，端点的拾取顺序对查询到的距离无影响；但在用距离查询工具量测两拾取点构成的线在平面内的夹角时，端点的拾取顺序对查询到的夹角有影响。

4. 在进行面积查询时，是不是一定要求查询对象封闭？

答：不一定。面积查询可以测量一段开放的多段线所围成的面积，此时 AutoCAD 假定多段线之间有一条连线将其封闭，然后计算出相应的面积；此外，还可以用拾取点的方式来测量这些点所围成区域的面积。事实上，由于门窗洞口的缘故，建筑中的房间大多为非封闭区域，此时照样可以运用面积查询工具。

5. 当需要查询一幢多层建筑的总建筑面积时，怎么办？

答：打开面积查询中的面积相加模式（A模式），这样AutoCAD会自动累加所选定的各层建筑面积。

8.5　上机实验

1. 在AutoCAD建筑总平面图（如习题图8-1所示）中，先利用点坐标查询工具测量每一幢建筑左下角点和右上角点的坐标，然后利用查询结果补绘角点坐标。

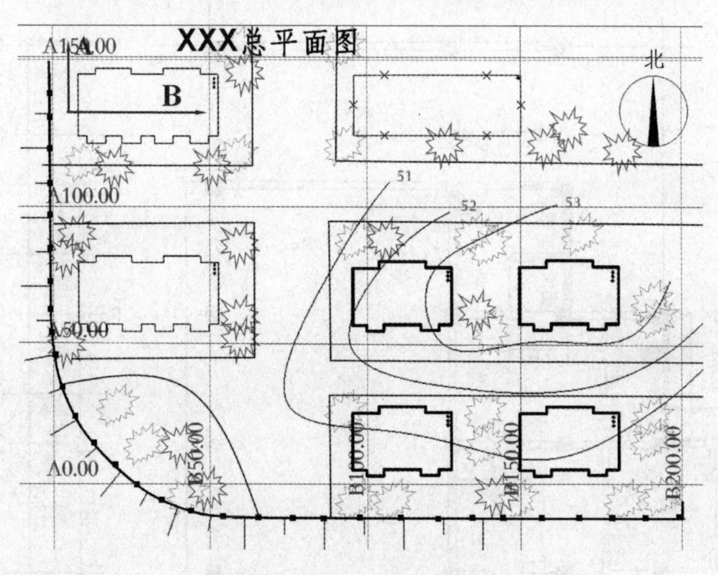

习题图8-1　建筑总平面图查询

2. 在AutoCAD建筑平面图（如习题图8-2所示）中，合理选用查询工具来测量该层建筑的总建筑面积，以及营业房、保姆房、值班室各自的使用面积与建筑面积。

3. 绘制如习题图8-3所示的图形：把小数精度从四位设置为两位，将图形的中心点定位在绝对坐标点（7.50，5.50）处，不用标注，绘制完图形后请根据图形回答问题。

（1）与弧“A”长度最接近的是（　　）

A. 3.10　　B. 3.20　　C. 3.30　　D. 3.40

（2）直线“D”的中点绝对坐标值为（　　）

A. 5.27，7.13　　B. 5.27，7.17　　C. 5.23，7.13　　D. 5.13，7.27

（3）在X－Y平面上，“B”点与弧“C”的中点连线相对于X轴正方向的倾角为（　　）

A. 13 degrees　　B. 15 degrees　　C. 17 degrees　　D. 19 degrees

（4）图形的总面积（除去中心的圆孔和键槽）为（　　）

A. 27.30　　B. 27.50　　C. 27.70　　D. 27.90

（5）应用SCALE命令缩放图形，其中缩放基点定位为（7.50，5.50），比例系数为0.83，则缩放后“E”点的绝对坐标值为（　　）

A. 8.12，8.71　　B. 8.12，8.76　　C. 8.12，8.81　　D. 8.12，8.86

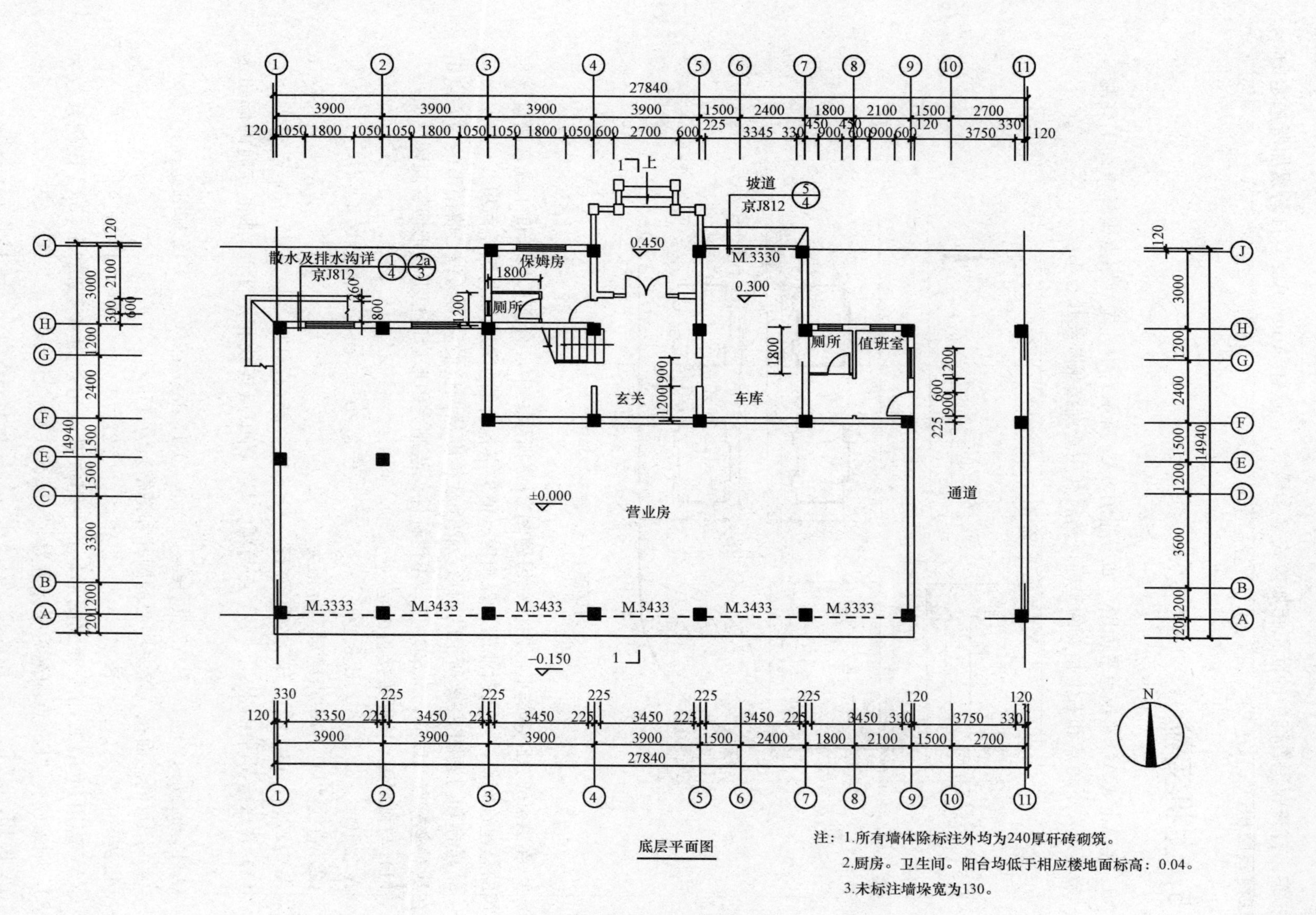

习题图 8-2　建筑平面图查询

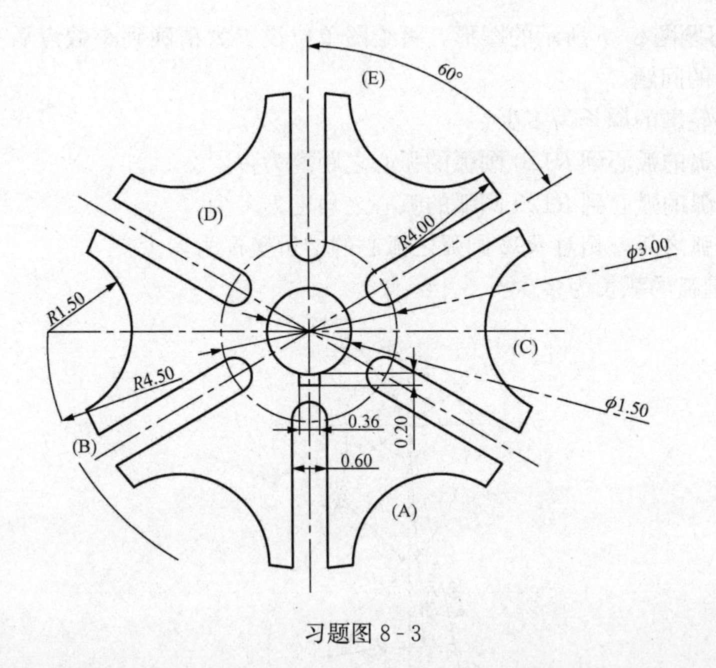

习题图 8-3

4. 绘制如习题图 8-4 所示的图形，把小数精从四位设置为两位，不用标注，绘制完图形后请根据图形回答问题。

（1）点 F 至点 P 的角度为多少？

（2）点 T 到点 J 之间的距离为多少？

（3）外部斜线区域内环（L1）的周长为多少？

（4）点 L 相对于点 W 的坐标值为多少？

（5）斜线区域的面积为多少？

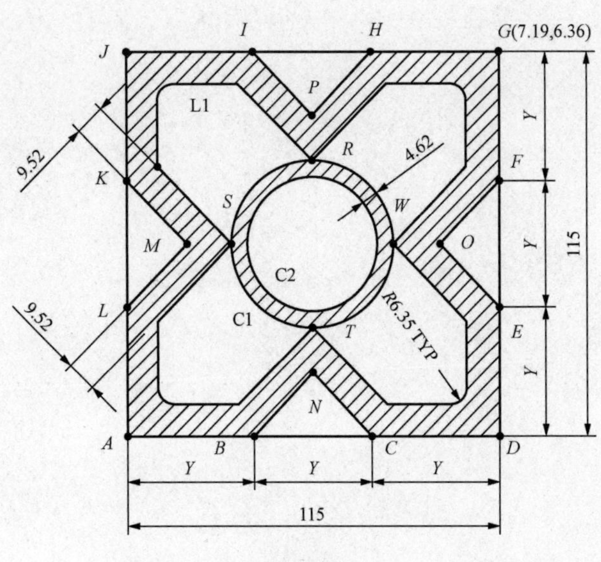

习题图 8-4

5. 绘制如习题图 8-5 所示的图形，将绘图单位设置为精确到小数点后三位，完成下图绘制，回答下面的问题。

（1）吊钩外轮廓的周长为多少？

（2）$R10$ 圆弧的弧心到 $R120$ 圆弧的弧心之距离为多少？

（3）$R92$ 圆弧的弧心到 $R120$ 圆弧的弧心之角度为多少？

（4）$R10$ 圆弧之弧心相对 $R92$ 圆弧之弧心的增量坐标为多少？

（5）$R180$ 圆弧的弧长为多少？

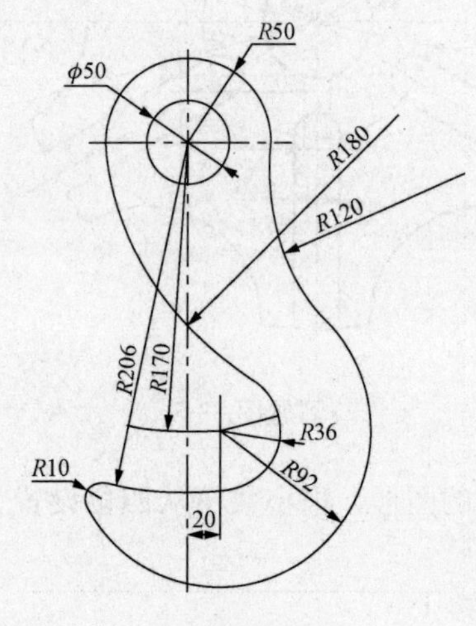

习题图 8-5

第9章

三维绘图与实体造型

利用 AutoCAD 可以绘制出三维线、三维平面以及用三维多边形网格表示的曲面，可以直接实现三维实体（SOLID）造型，并且允许用户对其进行相应的布尔运算。在本章中只是简要地介绍有关 AutoCAD 三维绘图的基本概念。

9.1 三维建模的基本概念

用户可以建立以下三种形式的三维模型。

9.1.1 线框模型

线框模型是三维对象的轮廓描述。线框模型没有面和体的特征，它由描述三维对象边框的点、直线、曲线所组成。利用 AutoCAD 2016，用户可以在三维建模中用二维绘图的方法建立线框模型，但构成三维线框模型的每一个对象必须单独用二维绘图的方法去绘制。对线框模型不能进行消隐、渲染等操作。

9.1.2 表面模型

表面模型不仅定义了三维对象的边界，而且还定义了它的表面，即表面模型具有面的特征。AutoCAD 的表面模型是用多边形网格（MESH）来定义表面中的各小平面的，这些小平面组合起来可以近似地构成曲面。这种建模只是一个表面的空壳，不能进行布尔运算，不能构造复杂实体。

9.1.3 实体模型

三维实体模型（SOLIDS）具有体的特征，用户可以对它进行挖孔、挖槽、倒角及布尔运算等操作，可以分析实体模型的质量特征，如体积、重心、惯性矩等，而且还能将构成实体模型的数据生成 NC 代码等。实体模型可以用线框模型或表面模型的显示方式去显示。

9.2 三维视点

视点是指用户观察图形的方向。进入到 AutoCAD 用户界面后，默认的视点是观察俯视图的方向。如果想从不同的角度观看图形，如主视图、西南轴测图等，那么这就有一个三维视点观看方向的问题。

可以通过输入一个点的坐标值或测量两个旋转角度定义观察方向，如图 9-1 所示。此点表示朝原点（0，0，0）观察模型时，用户在三维空间中的位置。视点坐标值相对于世界坐标系，除非修改 WORLDVIEW 系统变量。定义建筑（AEC）设计的标准视图约定与机械设计的相应约定不同。在 AEC 设计中，XY 平面的正交视图是俯视图或平面视图；在机械设计中，XY 平面的正交视图是主视图。

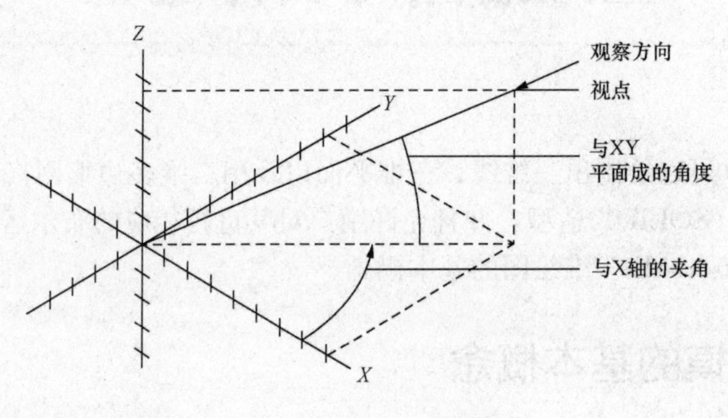

图 9-1　视点的概念

9.2.1　三维视点（VPOINT）命令

1. 命令调用

（1）命令行：VPOINT。

（2）下拉菜单：视图→三维视图→视点。

2. 操作步骤

系统默认的视点是俯视图的方向，视点值为（0，0，1），可以通过改变视点值来改变观看的方向。表 9-1 反映的是特殊视点不同方向时的视点值。

表 9-1　　不同方向的视点值

观察点	视点方向矢量	视图名称	菜单选项
顶部	0，0，1	俯视图	Top
底部	0，0，−1	仰视图	Bottom
左面	−1，0，0	左视图	Left
右面	1，0，0	右视图	Right
前面	0，−1，0	主视图	Front
后面	0，1，0	后视图	Back
左前上	−1，−1，1	（西南）轴测图	SW Isometric
右前上	1，−1，1	（东南）轴测图	SE Isometric
右后上	1，1，1	（东北）轴测图	NE Isometric
左后上	−1，1，1	（西北）轴测图	NW Isometric

如图 9-2 所示的图形反映了特殊视点值与方向的关系。

9.2.2　利用 DDVPOINT 设置视点

（1）命令行：DDVPOINT。

（2）下拉菜单：视图→三维视图→视点预置。

调用命令后出现如图 9-3 所示的对话框。

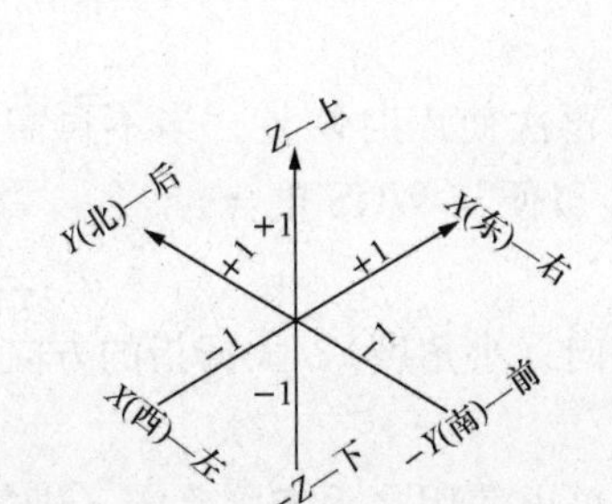

图 9-2　视点值与方向

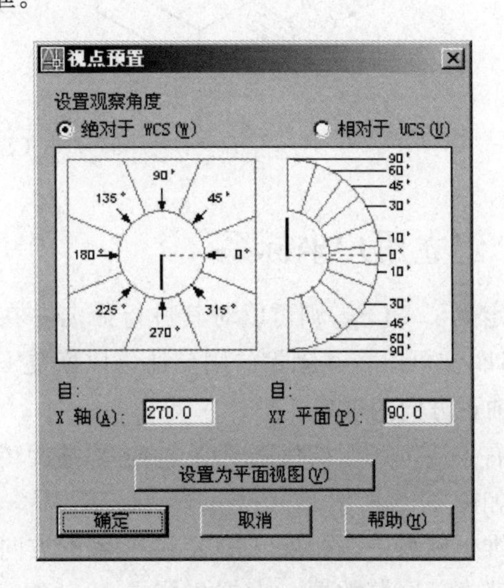

图 9-3　视点预置对话框

相对于世界坐标系（WCS）或用户坐标系（UCS）设置查看方向。

X 轴、XY 平面的概念如图 9-1 所示。

9.3　坐标系

AutoCAD 有两个坐标系统：一个称为世界坐标系（World Coordinate System，WCS，通用坐标系）的固定坐标系和一个称为用户坐标系（User Coordinate System，UCS）的可移动坐标系。

世界坐标系是固定、不能在 AutoCAD 中加以改变的坐标系。使用世界坐标系，AutoCAD 图形的生成和编辑都是在一个单一、固定的坐标系统中进行，这个系统中的点由唯一的 X、Y、Z 坐标确定，这对于二维绘图已足够了。当我们用 AutoCAD 绘图时，在屏幕的左下显示当前坐标系统的 X 轴、Y 轴的正方向。如果图标中有“W”，则表示当前的坐标系为 WCS，否则为 UCS。

绘制三维立体图时，对象上的各个点在一个固定坐标系中的坐标值是不同的，因此只在一个固定的坐标系中绘制三维立体图会给用户带来许多不便。为了使用户更方便地在三维空间中绘图，AutoCAD 允许用户建立自己专用的坐标系，即用户坐标系。利用 AutoCAD 的 UCS 功能，用户就可以很容易地绘制出三维立体图。下面介绍建立 UCS 的操作格式。

在绘制立体图时，首先要绘制二维图形，然后再进行相应的拉伸、旋转等三维操作，但是绘制二维图形只能在 XOY 平面上才能绘制。如要要绘制出如图 9-4（a）所示图形的圆柱体，因为此时圆柱体是在XOZ平面上，所以没法画圆，要想在矩形侧面上绘制圆，必须将XOY调整到侧面上，如图9-4（b）所示，这就需要调用用户坐标系来进行调整。

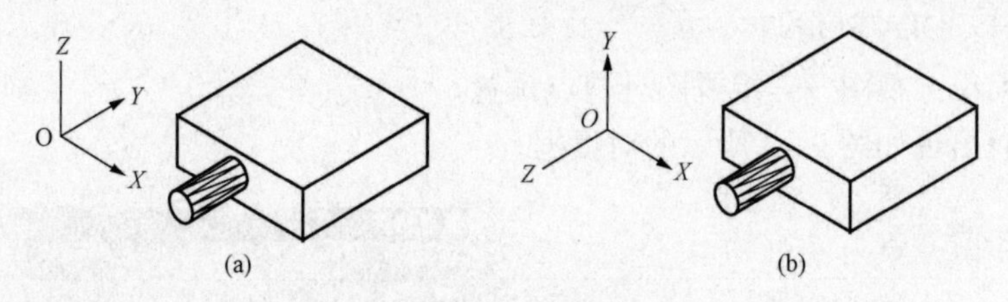

图9-4 UCS的概念

9.3.1 建立用户坐标系

一旦定义了UCS，则可以对其进行命名并在需要再次使用时恢复。当不再需要某个命名的UCS时，可以将其删除。用户还可以恢复UCS，以便与WCS重合。

1. Z轴正方向的确定

利用右手法则：四指代表从X轴向Y轴旋转的方向（小角度），大拇指的方向代表Z轴的方向，如图9-5所示。

在三维坐标系中，如果已知X和Y轴的方向，则可以使用右手定则确定Z轴的正方向。将右手手背靠近屏幕放置，大拇指指向X轴的正方向。如图9-6所示，伸出食指和中指，食指指向Y轴的正方向，中指所指示的方向即为Z轴的正方向。通过旋转手，可以看到X、Y和Z轴如何随着UCS的改变而旋转。

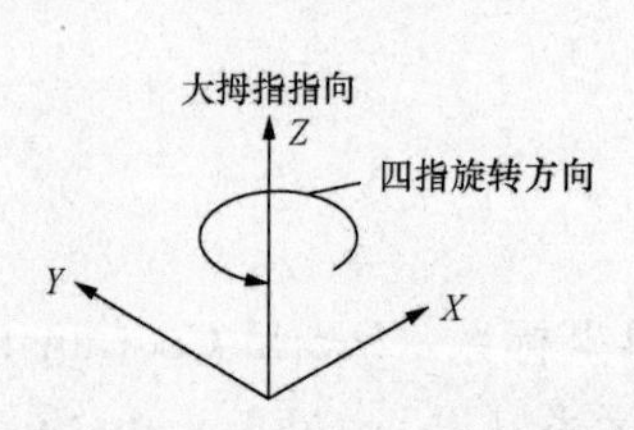

图9-5 Z轴正方向的确定

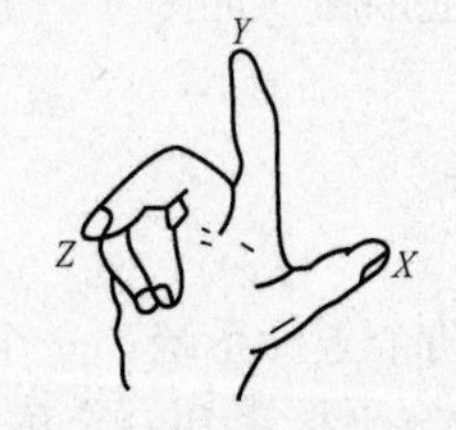

图9-6 Z轴方向的确定

2. UCS的命令调用

（1）命令行：UCS。

（2）下拉菜单：工具→新建UCS。

（3）UCS工具栏：。

3. UCS命令的操作

调用命令后会出现以下提示：

［新建（N）/移动（M）/正交（G）/上一个（P）/恢复（R）/保存（S）/删除（D）/应用（A）/？/世界（W）］＜世界＞：N

指定新UCS的原点或［Z轴（ZA）/三点（3）/对象（OB）/面（F）/视图（V）/X/Y/Z］＜0，0，0＞：

（1）原点：通过移动当前 UCS 的原点，保持其 X、Y 和 Z 轴方向不变，从而定义新的 UCS。

（2）Z 轴（ZA）：通过选择一新的坐标原点和 Z 轴正方向上的一点，在不改变 X 轴和 Y 轴方向的条件下，将 UCS 设置到指定位置，即将 UCS 沿着当前 UCS 的 Z 轴的正方向移动一定的距离。

（3）三点（3）：通过三个点来定义新的 UCS。这三个点分别是新 UCS 的原点、X 轴正方向上的一点和坐标值为正的 XOY 平面上的一点。

（4）对象（OB）：通过指定一个对象来定义一个新的坐标系。新 UCS 与所选目标具有同样的突出方向（即正的 Z 轴方向），它的原点以及 X 轴正方向按表所示的规则确定。确定了 X 轴和 Z 轴的方向后，新 UCS 的 Y 轴方向按右手规则产生。

（5）面（F）：将 UCS 与实体对象的选定面对齐。

（6）视图（V）：以垂直于观察方向（平行于屏幕）的平面为 XY 平面，建立新的坐标系。UCS 的原点保持不变。

（7）X/Y/Z：绕指定轴旋转当前 UCS。使用右手定则确定三维空间中绕坐标轴旋转的正方向。将右手拇指指向轴的正方向，卷曲其余四指。右手四指所指示的方向即轴的正旋转方向，如图 9-7 所示。如图 9-8 所示是绕不同坐标轴旋转的示例。

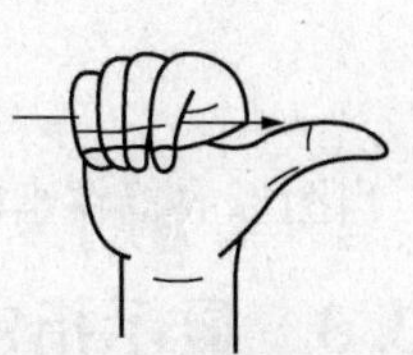

图 9-7　旋转轴方向的确定

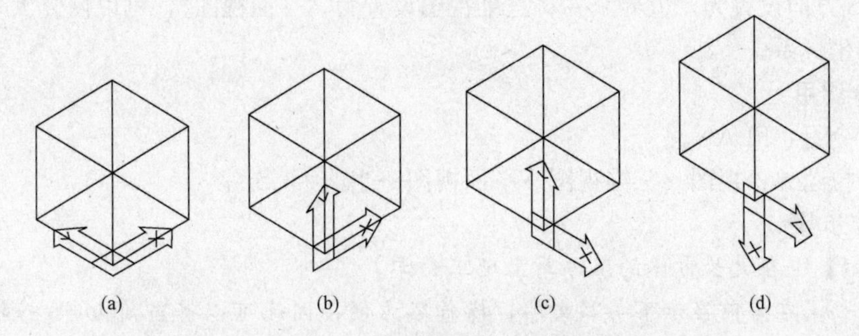

图 9-8　绕不同坐标轴的旋转

（a）原图；（b）绕 X 轴旋转 90°；（c）绕 Y 轴旋转－90°；（d）绕 Z 轴旋转－90°

9.3.2　控制 UCS 图标的可见性和位置

要了解当前用户坐标系的方向，可以显示用户坐标系图标。有几种版本的图标可供使用，用户可以改变其大小、位置和颜色，如图 9-9 所示。

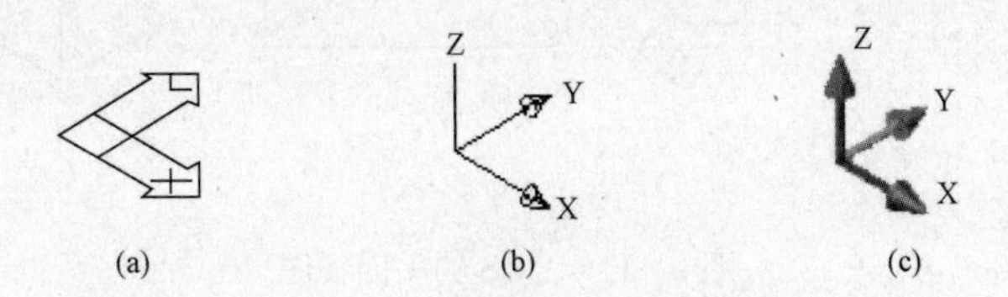

图 9-9　UCS 的三种图标

（a）二维 UCS 图标；（b）三维 UCS 图标；（c）着色 UCS 图标

可以使用 UCSICON 命令在二维 UCS 图标和三维 UCS 图标之间进行切换。也可以使用此命令改变三维 UCS 图标的大小、颜色、箭头类型和图标线宽度等。

如图 9 - 10 所示是一些图标的样例。

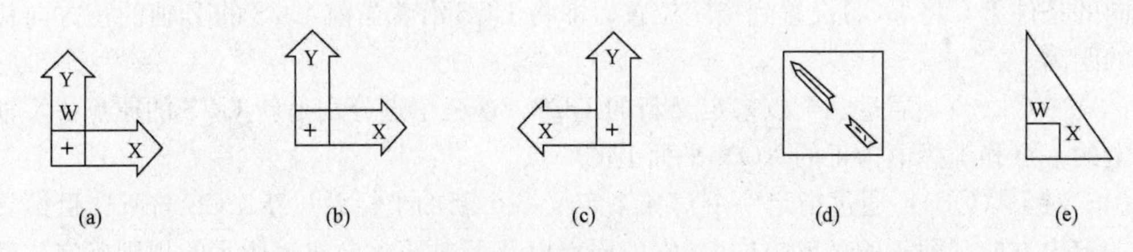

图 9 - 10　图标的样例

(a) 世界坐标系；(b) 用户坐标系（Z 朝外）；(c) 用户坐标系（Z 朝内）；
(d) 绘图区域垂直屏幕；(e) 图纸空间

当图标放置在当前 UCS 的原点上时，将在图标的底部出现一个加号（+）。

9.3.3　显示指定用户坐标系的平面视图

将当前视点更改为当前 UCS 的平面视图，这样在绘制新的图形时较为方便。平面视图是从 Z 轴正方向上的一点指向原点（0，0，0）的视图。这样可以获得 XY 平面上的视图。通过将 UCS 方向设置为“世界”并将三维视图设置为“平面视图”，可以恢复大多数图形的默认视图和坐标系。

1. 命令调用

(1) 命令行：PLAN。

(2) 下拉菜单：视图→三维视图→平面视图→当前 UCS。

2. 操作步骤

【例 9 - 1】　在大长方体的上方写上理工大学。

分析：如果在当前显示下书写文字，操作不方便，因此可以将当前 UCS 转换为平面视图，在二维状态下操作，然后再回到三维显示状态。如图 9 - 11 所示。

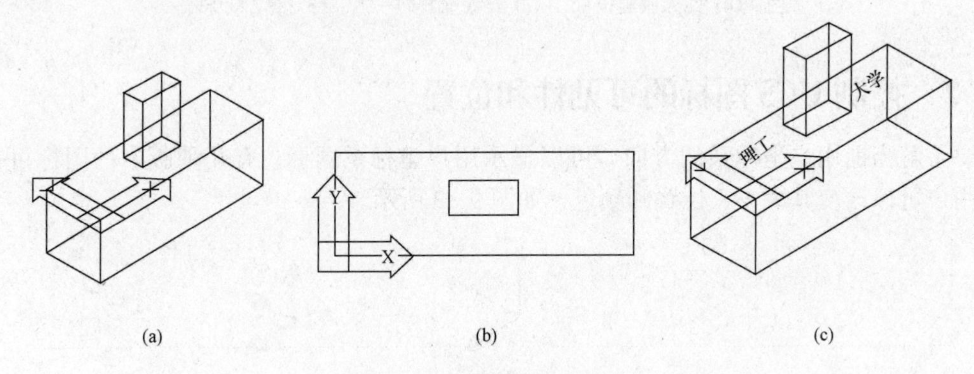

图 9 - 11　UCS 的平面视图

(a) 当前显示；(b) 当前 UCS 的平面视图；(c) 三维显示

9.4　设置新对象的标高与拉伸厚度

用户可以在当前UCS的XY平面以上或以下为新对象设置默认Z值。该值存储在ELEVATION系统变量中。一般情况下，建议将标高设置保留为零，并使用UCS命令控制当前UCS的XY平面。

9.4.1　命令调用

命令行：ELEV（或'elev用于透明使用）。

9.4.2　操作步骤

调用命令后提示如下：

指定新的默认标高＜0.0000＞：(确定新的高度基准)

指定新的默认厚度＜0.0000＞：(厚度用于设置二维对象被向上或向下拉伸后与标高的距离。正值表示沿Z轴正方向拉伸，负值表示沿Z轴负方向拉伸)

此命令所设置的厚度对直线、圆、圆弧、多边形、多段线、云线有效。

【例9-2】　绘制如图9-12所示图形。

作图步骤如下：

(1) 首先将三维视点调整到西南轴测方向。

(2) 命令行：ELEV。命令行提示如下：

指定新的默认标高＜0.0000＞：0

指定新的默认厚度＜0.0000＞：100

(3) 调用矩形命令即可画出400×400的矩形。

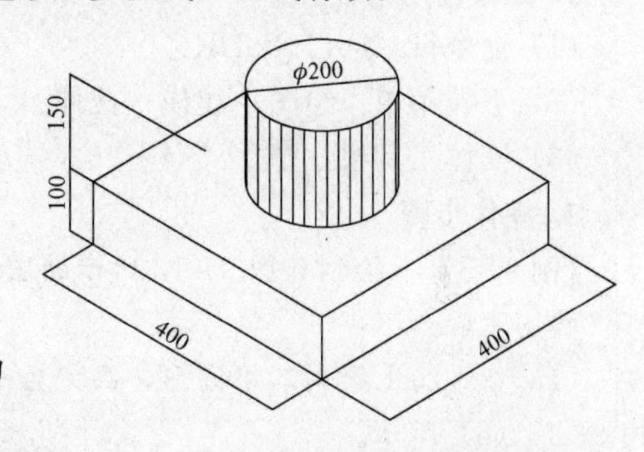

图9-12　设置标高与拉伸厚度实例

(4) 命令行：ELEV。命令行提示如下：

指定新的默认标高＜0.0000＞：100

指定新的默认厚度＜0.0000＞：150

这时，默认的作图平面就在矩形的上表面了。

(5) 调用圆命令，绘制直径为200的圆，按回车键结束命令即可得到圆柱体。

9.5　实体造型

实体造型具有体的特征，用户可以对其进行挖孔、切割以及布尔运算等操作。创建实体的方式有很多种，可以直接调用命令，也可以在二维图形的基础上拉伸、旋转，来达到创建实体的目的。

9.5.1　利用基本命令创建实体

AutoCAD提供了六种基本形体的创建。它们是长方体、球体、圆柱体、圆锥体、楔体和圆环体。

1. 命令调用

（1）命令行：BOX（长方体）、SPHERE（球体）、CYLINDER（圆柱体）、CONE（圆锥体）、WEDGE（楔体）、TORUS（圆环体）。

（2）下拉菜单：绘图→建模→选择各种三维操作。

（3）实体工具栏：实体 。

2. 操作格式

调用命令后，会在命令行中出现提示，用户可以根据提示按照要求进行实体造型的创建，这里不再介绍。

9.5.2 利用拉伸创建实体

将某些二维对象进行拉伸，建立新的三维实体。在拉伸过程中，用户不但可以指定拉伸的高度，而且还可以使实体的截面沿着拉伸方向进行变化。另外，还允许一些二维实体沿着指定的路径进行拉伸。要注意拉伸的二维图形必须是一个封闭的对象。

1. 命令调用

（1）命令行：EXTRUDE。

（2）下拉菜单：绘图→建模→拉伸。

（3）实体工具栏：。

2. 操作步骤

【例 9-3】 绘制如图 9-13 所示的图形。

作图步骤如下：

（1）在平面上绘制二维图形，画完后一定要创建面域，将二维图形转换为一个对象，如图 9-13（a）所示。

（2）调整三维视点为西南等轴测，如图 9-13（b）所示。

（3）调用拉伸命令拉伸，如图 9-13（c）所示。

（4）调用 UCS 命令，调整用户坐标系。选择新建→三点方式，如图 9-13（d）所示。

（5）调用 PLAN 命令，将当前用户坐标系变为当前平面状态画圆，如图 9-13（e）所示。

（6）调整三维视点为西南等轴测，如图 9-13（f）所示。

（7）拉伸圆，如图 9-13（g）所示。

（8）消隐图形，如图 9-13（h）所示。

（9）渲染图形，如图 9-13（i）所示。

【例 9-4】 将如图 9-14 所示的圆沿给定的路径拉伸。

分析：圆和路径不在一个平面上，所以可以先画出圆，然后利用 UCS 调整用户坐标系，再选择拉伸命令进行拉伸。

作图步骤如下：

（1）选择视点为西南等轴测方向，画圆，如图 9-15（a）所示。

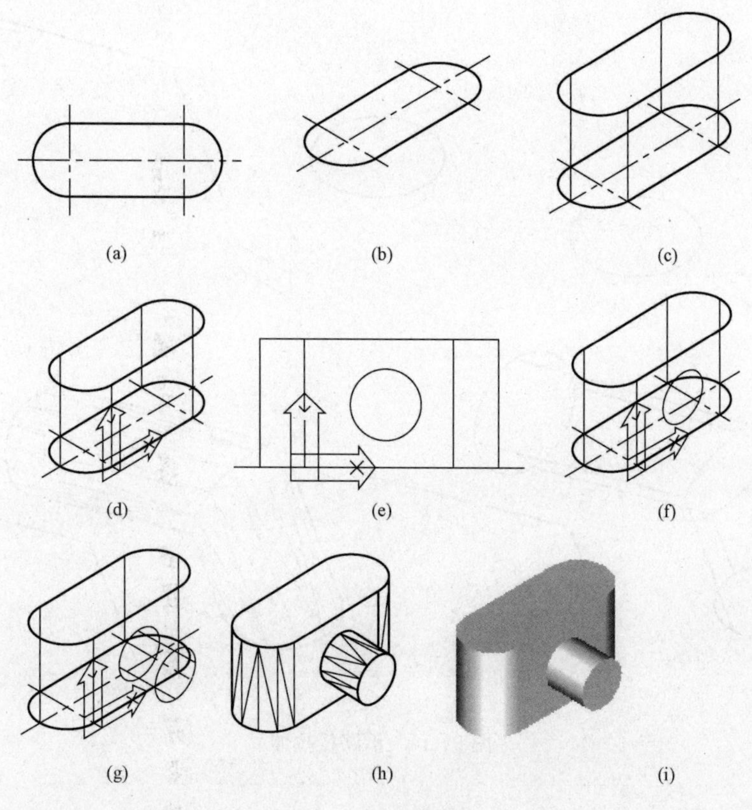

图 9-13 拉伸操作

(2) 调用 UCS 命令，绕 X 轴旋转 90°，画出路径。路径必须用多段线画出。若用直线画出，也必须转换成多段线，如图 9-15 (b) 所示。

图 9-14 延指定的路径拉伸

(3) 选择拉伸命令，出现提示，如图 9-15 (c) 所示。提示如下：

选择对象：选择圆

指定拉伸高度或［路径 (P)］：P

选择拉伸路径或［倾斜角］：选择拉伸路径

(4) 消隐，如图 9-15 (d) 所示。

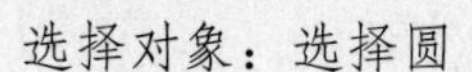

9.5.3 利用扫掠创建实体

【例 9-5】 绘制如图 9-16 所示的图形。

作图步骤如下：

(1) 首先，利用 UCS 命令调整好坐标系，绘制出如图 9-17 (a) 所示的图形。

(2) 利用 UCS 命令调整好坐标系，绘制出如图 9-17 (b) 所示的小圆。

(3) 调用扫掠命令 (SWEEP)，先选择小圆，再选择扫掠路径，即可得到如图 9-16 所示的图形。

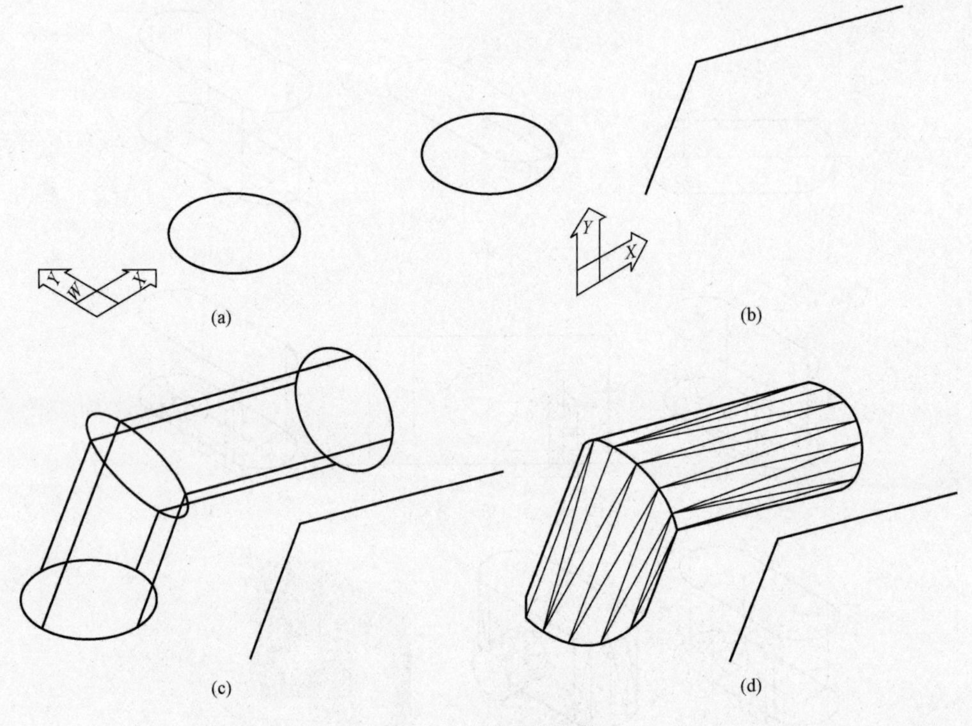

图 9-15　沿路径拉伸

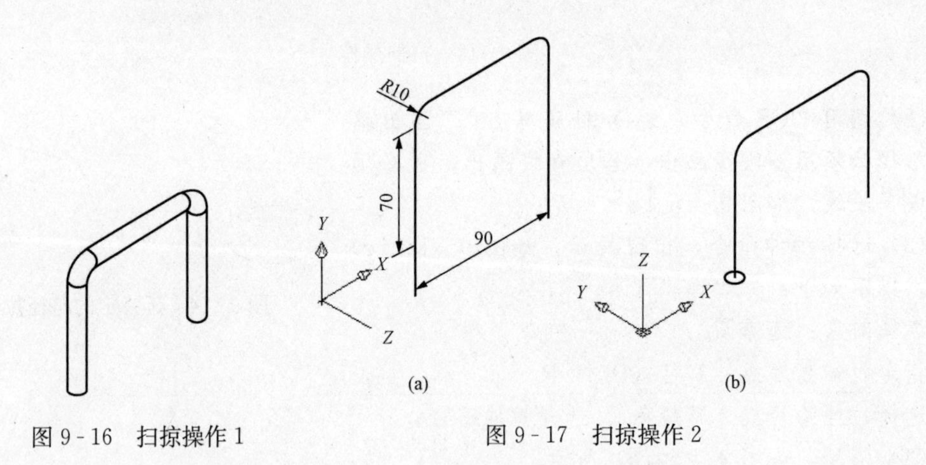

图 9-16　扫掠操作 1　　　　图 9-17　扫掠操作 2

9.5.4　利用旋转创建实体

将某些二维对象绕指定的轴线旋转，从而建立新的三维实体。旋转功能用于旋转的二维实体。旋转的实体必须是一个封闭的对象。

1. 命令调用

(1) 命令行：REVOLVE。

(2) 下拉菜单：绘图→建模→旋转。

(3) 实体工具栏：。

2. 操作步骤

【例9-6】　将如图9-18所示的截面绕轴线旋转。

作图步骤如下：

(1) 在西南等轴测方向上同时画出要旋转的截面和旋转轴，如图9-18 (a) 所示。

(2) 调用旋转命令，旋转截面，如图9-18 (b) 所示。

(3) 消隐，如图9-18 (c) 所示。

(4) 渲染，如图9-18 (d) 所示。

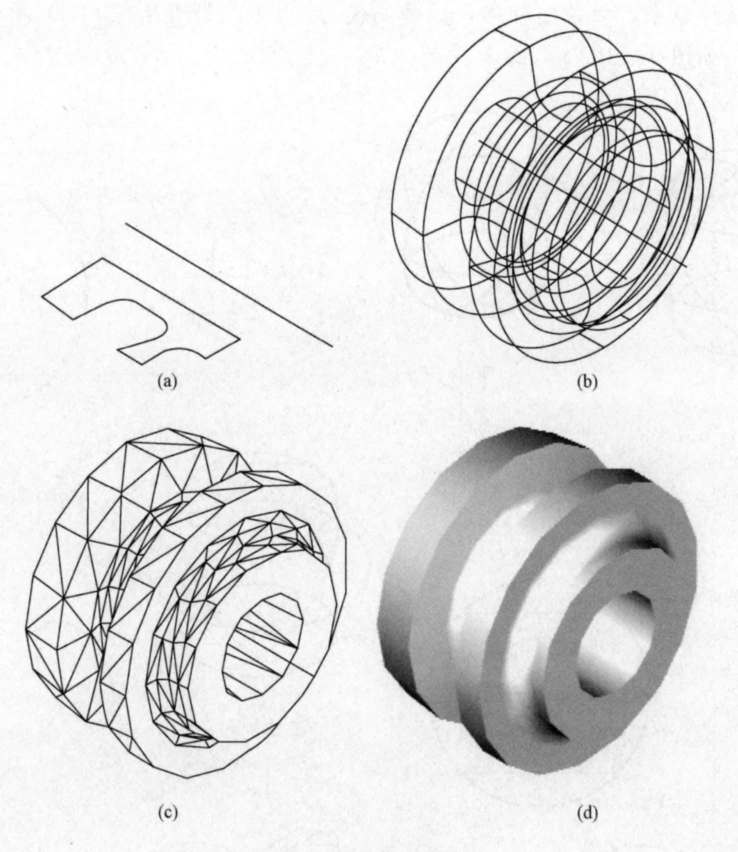

(a)　(b)　(c)　(d)

图9-18　旋转操作

9.5.5　对三维实体进行布尔运算

与面域一样，对三维实体也可以进行并集 (UNION)、差集 (SUBTRACT)、交集 (INTERSECTION) 的布尔运算。

调用命令的方式与第3章3.17节面域的布尔运算一样。

【例9-7】　分别对如图9-19所示的图形进行并集 (UNION)、差集 (SUBTRACT)、交集 (INTERSECTION) 的布尔运算。

作图步骤如下：

(1) 选择西南等轴测方向画出球体，直径为100，如图9-20 (a) 所示。

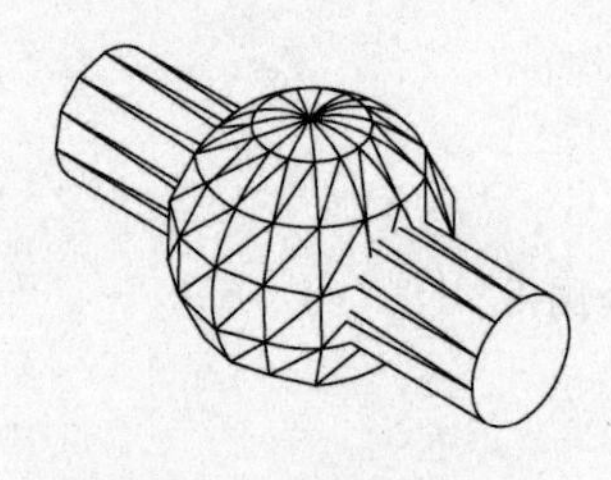

图 9-19　布尔运算 1

（2）调用 UCS 命令，绕 X 向旋转 90°。再调用 UCS 命令，将坐标原点沿 Z 向移动 100，如图 9-20（b）所示。

（3）执行 PLAN 命令，将当前视图变为平面，如图 9-20（c）所示。

（4）画圆，直径为 50，注意不要捕捉球心，如图 9-20（d）所示。

（5）调整到西南方向，如图 9-20（e）所示。

（6）调用拉伸命令，拉伸圆柱体，拉伸高度为－400，如图 9-20（f）所示。

（7）消隐，如图 9-20（g）所示。

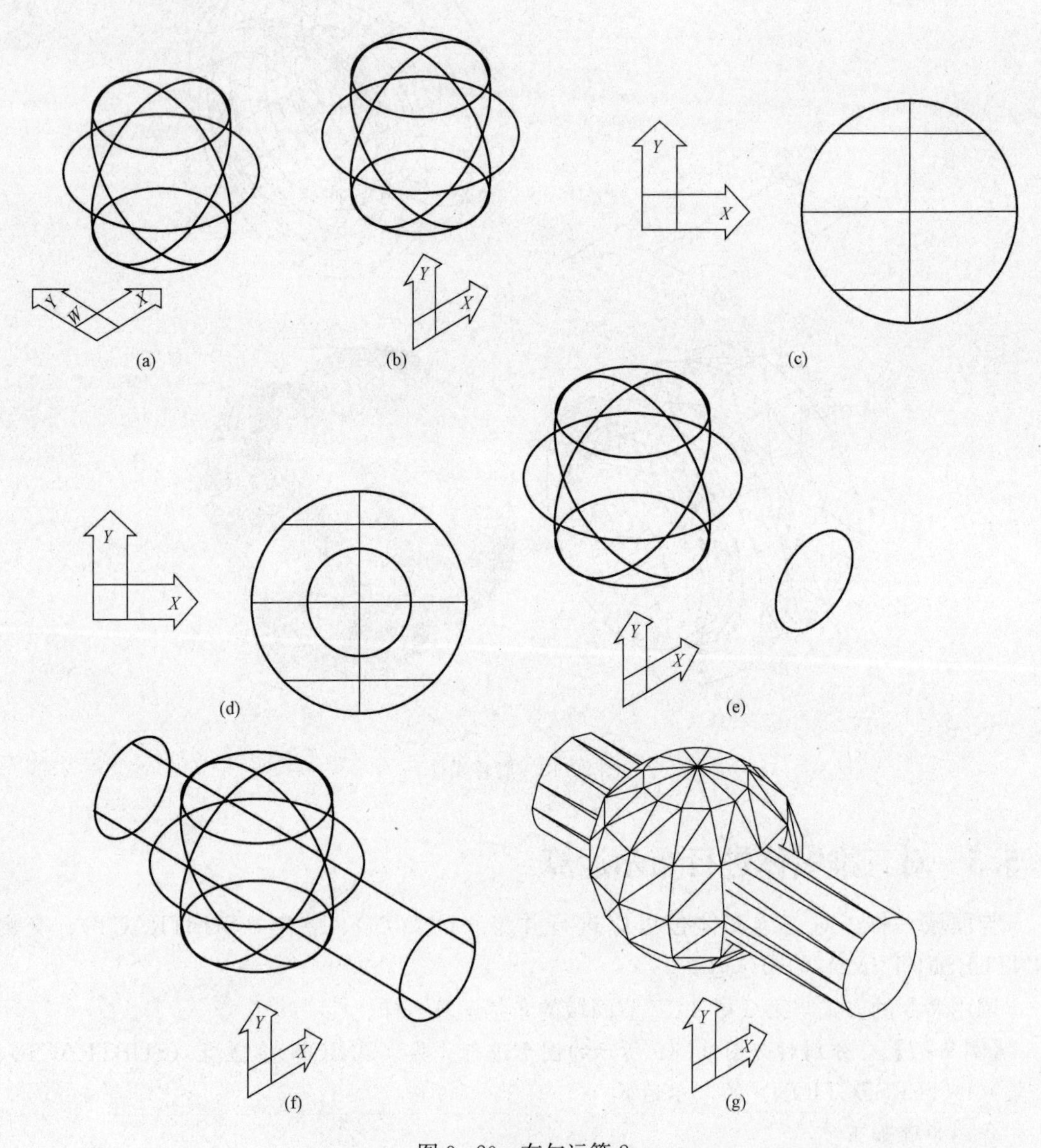

图 9-20　布尔运算 2

1. 并集（UNION）

在图 9 - 20（f）的基础上进行并集运算。调用并集命令，选择全部物体，运算结果将球体和圆柱体合并成一个组合体，如图 9 - 21 所示。

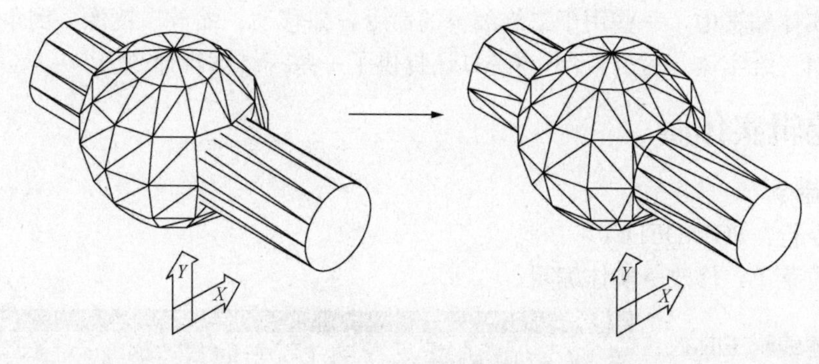

图 9 - 21　并集运算

2. 差集（SUBTRACT）

在图 9 - 20（f）的基础上进行差集运算。调用差集命令，先选择被减的对象（球体），再选择要减的对象（圆柱体），运算结果如图 9 - 22 所示。

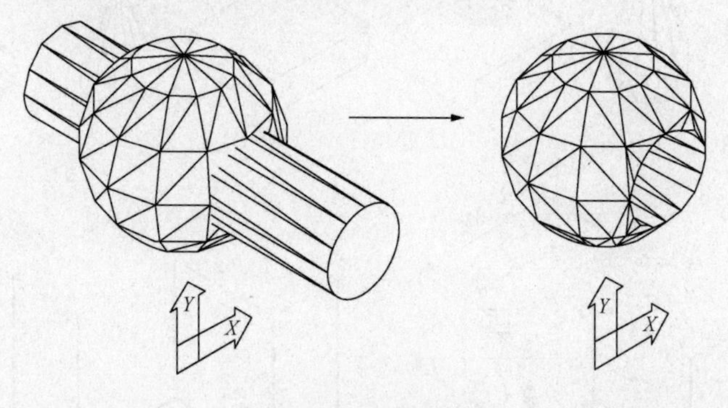

图 9 - 22　差集运算

3. 交集（INTERSECTION）

在图 9 - 20（f）的基础上进行交集运算。调用交集命令，选择全部物体，运算结果如图 9 - 23 所示。

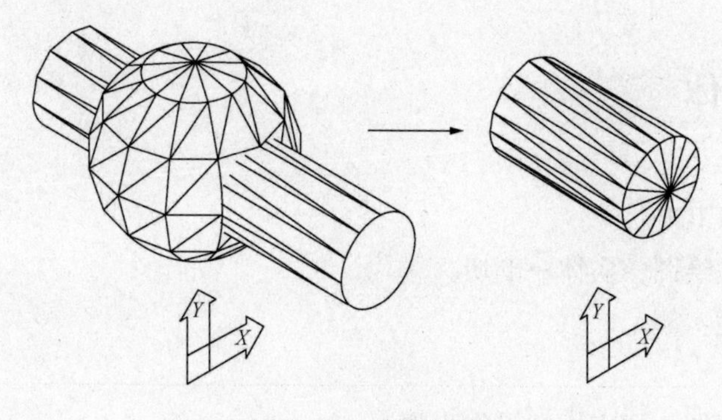

图 9 - 23　交集运算

9.6 编辑实体

在三维实体编辑中，一些用于二维编辑的命令，如移动、缩放、镜像、倒角、旋转等都可以用来编辑三维实体。另外，AutoCAD 还提供了一些三维编辑命令。

9.6.1 编辑实体面

1. 调用命令

（1）命令行：SOLIDEDIT。

（2）下拉菜单：修改→实体编辑。

（3）实体编辑工具栏：实体编辑。

2. 操作步骤

部分实体面操作如图 9 - 24 所示。

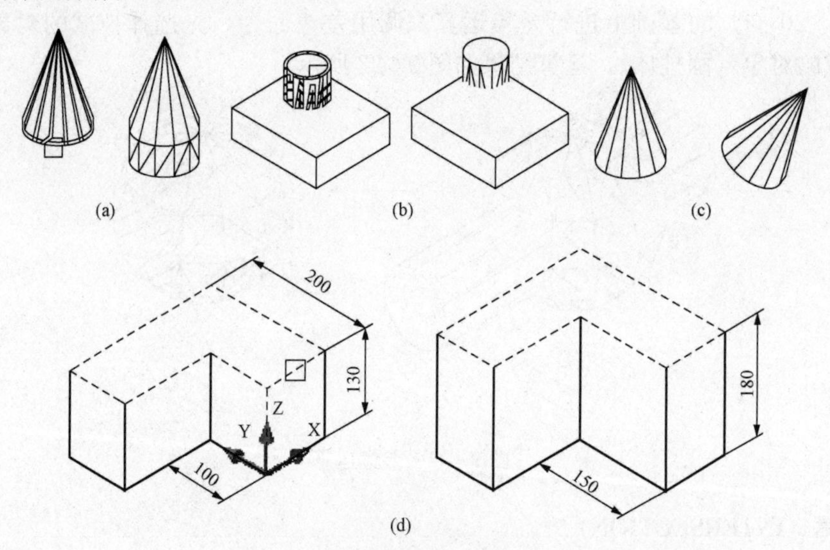

图 9 - 24 实体面的编辑操作示例

（a）拉伸面；（b）移动面；（c）旋转面；（d）偏移面（偏移距离为 50）

9.6.2 剖切实体

1. 命令调用

（1）命令行：SLICE。

（2）下拉菜单：绘图→实体→剖切。

（3）实体工具栏：。

2. 操作步骤

下面以实例来介绍剖切实体的操作步骤。

【例 9-8】　画出如图 9-25 所示的三维图形，然后进行剖切。

作图步骤如下：

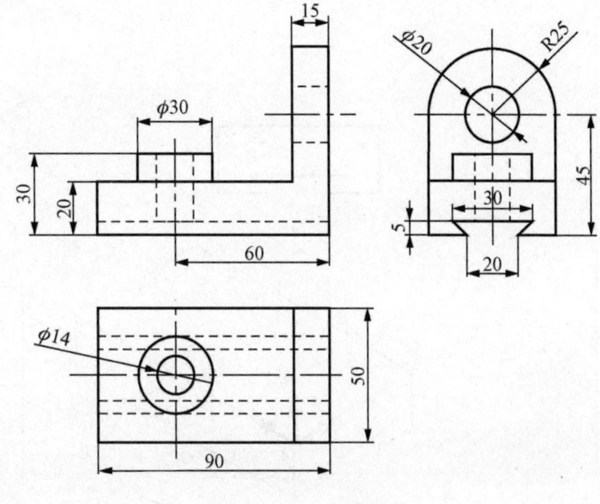

图 9-25　三视图

(1) 设置图形界限为 A3，设置图层中心线、虚线（也可以直接调用 A3 的样板图）。

(2) 首先选择三维视图的视点为左视方向，画出如图 9-26 (a) 所示的图形。

(3) 将如图 9-26 (a) 所示的图形建面域，然后调整三维视图视点为西南方向，进行实体拉伸，拉伸长度为 90，如图 9-26 (b) 所示。

(4) 调用 UCS 命令，将坐标系原点调整到如图 9-26 (c) 所示的位置。

(5) 选择三维视图的视点为俯视方向，画出 $\phi30$ 的圆，如图 9-26 (d) 所示。

(6) 选择实体拉伸 $\phi30$ 的圆，拉伸高度为 10，如图 9-26 (e) 所示。

(7) 在 $\phi30$ 圆的上表面上画 $\phi14$ 的小圆，然后进行实体拉伸，拉伸高度为－30，如图 9-26 (f) 所示。

(8) 选择差集命令，得到如图 9-26 (g) 所示的图形，然后选择 UCS 命令将坐标系调整到如图 9-26 (g) 所示的位置。

(9) 调用 PLAN 命令，然后画出如图 9-26 (h) 所示的图形（小圆先不画）。

(10) 调整三维视图视点为西南方向，进行实体拉伸，拉伸高度为 15。选择并集命令，将立板和底板的图形并在一起，再画 $\phi20$ 的小圆，拉伸高度为 15，然后选择差集命令挖出小孔，如图 9-26 (i) 所示。

(11) 剖切实体，调用剖切命令，选择全部对象，然后分别选取第 1、2、3 点确定剖切平面，单击要留下的部分即可完成剖切，如图 9-26 (j) 所示。

9.6.3　创建截面图

1. 调用命令

(1) 命令行：SECTION。

(2) 下拉菜单：绘图→实体→截面。

(3) 实体工具栏：。

2. 操作步骤

下面以图 9-27 为例介绍创建截面图的步骤。

(1) 当完成如图 9-26 (i) 所示的图形后，调用截面命令，选择全部对象，然后分别选取 1、2、3 点，即可创建截面，如图 9-27 (a) 所示。

(2) 选择移动命令，将截面移到图形外面，如图 9-27 (b) 所示。

(3) 选择三维视点为主视方向，再选择为西南等轴测方向，将 UCS 的坐标原点调整到

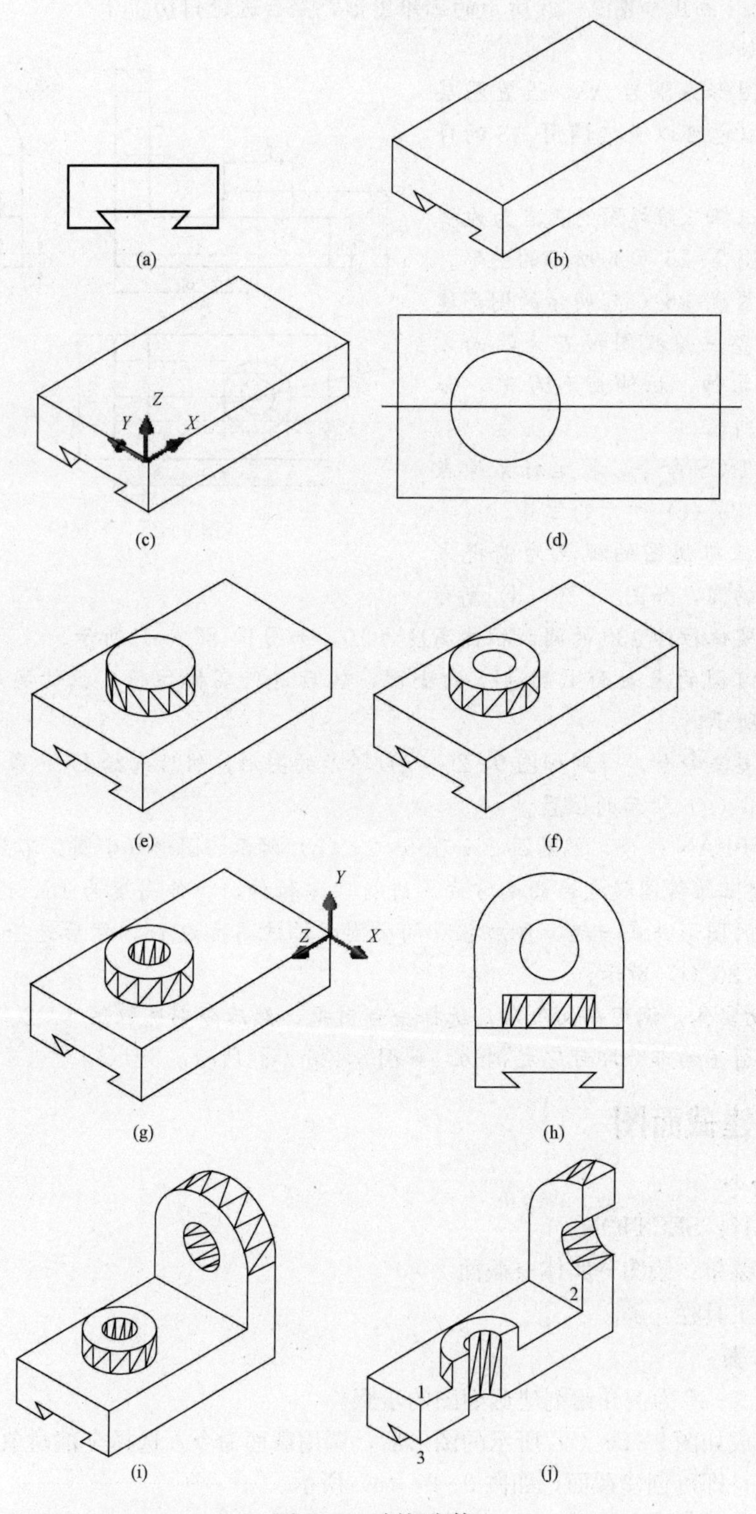

图 9-26 剖切实体

如图 9-27（c）所示的位置。然后，调用图案填充命令，填充剖面线。

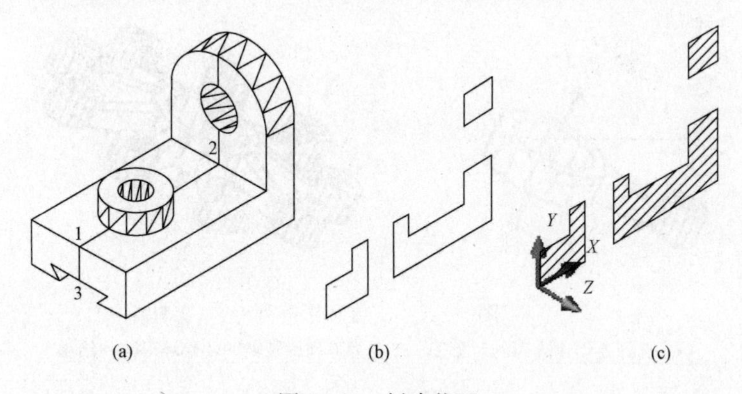

图 9-27　创建截面

9.6.4　三维旋转、阵列、镜像

1. 三维旋转

（1）命令行：ROTATE 或 ROTATE3D。

（2）下拉菜单：修改→三维操作→三维旋转。

旋转三维对象时，可以使用 ROTATE 命令，也可以使用 ROTATE3D 命令。

（1）使用 ROTATE，可以绕指定基点旋转对象。旋转轴通过基点，并且平行于当前 UCS 的 Z 轴。

（2）使用 ROTATE3D，可以根据两点、对象、X 轴、Y 轴或 Z 轴，或者当前视图的 Z 方向指定旋转轴。

2. 三维阵列

（1）命令行：3DARRAY。

（2）下拉菜单：修改→三维操作→三维阵列。

（3）在三维空间中创建对象的矩形阵列或环形阵列。除了指定列数（X 方向）和行数（Y 方向）以外，还要指定层数（Z 方向）。

创建对象的三维矩形阵列的步骤如图 9-28 所示。

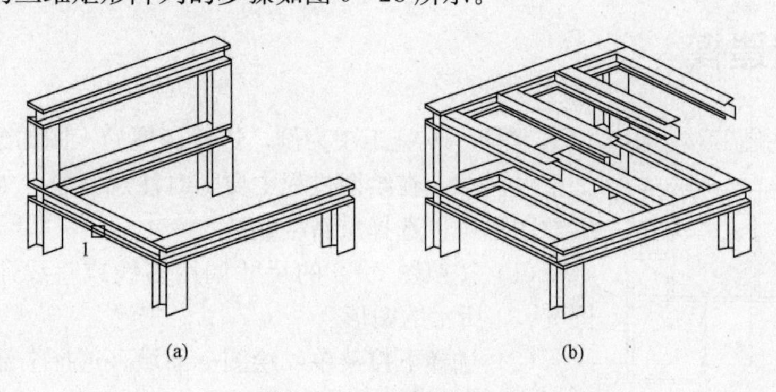

图 9-28　三维矩形阵列

（a）选择要创建阵列的对象 1；（b）矩形阵列结果

创建对象的三维环形阵列的步骤如图 9-29 所示。

图 9-29　三维环形阵列

（a）选择要创建阵列的对象 1，2、3 为阵列旋转轴；（b）环形阵列结果

3. 三维镜像

（1）命令行：MIRROR3D。

（2）下拉菜单：修改→三维操作→三维镜像。

镜像操作需要指定镜像平面中的对象。镜像平面可以是以下平面：

（1）平面对象所在的平面。

（2）通过指定点且与当前 UCS 的 XY、YZ 或 XZ 平面平行的平面。

（3）由三个指定点（2、3 和 4）定义的平面。

操作步骤如图 9-30 所示。

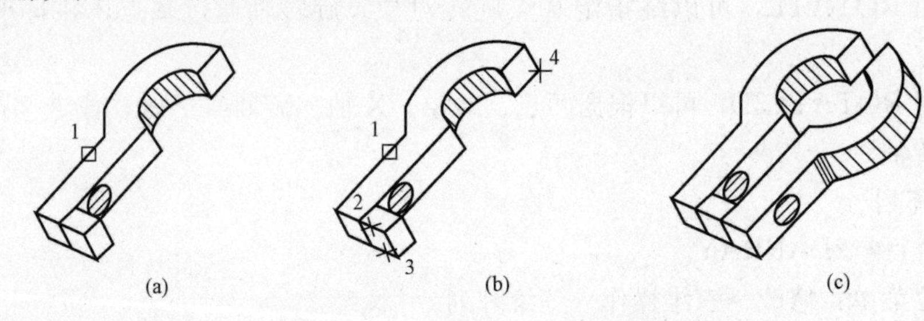

图 9-30　镜像的三维实体

（a）要镜像的对象；（b）定义镜像平面；（c）结果

9.7　房屋建模

以第 7 章的图 7-8、图 7-15、图 7-19 施工图为例，进行房屋施工图的建模。作图步骤如下（注意：在绘图过程中要随时注意消隐，如果消隐后不能缩放图形可以选择重新生成）：

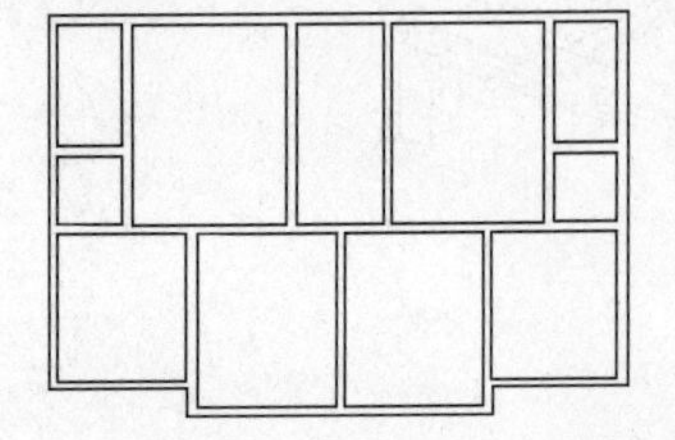

图 9-31　绘制平面视图

（1）按照图 7-8 的尺寸调用多线或直线命令，绘制出如图 9-31 所示的图形。

（2）选择下拉菜单：绘图→面域（选择全部图形）。

（3）选择下拉菜单：视图→三维视图→西南等轴测，然后选择拉伸命令，拉伸高度为 3000，消隐，得到如图 9-32 所示的图形（注意：拉伸时必须一个一个地选择对象，否则会出现消隐后房屋内部被挡住的图形）。

（4）调用UCS用户坐标系。提示如下：

命令：ucs

指定UCS的原点或［面（F）/命名（NA）/对象（OB）/上一个（P）/视图（V）/世界（W）/X/Y/Z/Z轴（ZA）］<世界>：(将原点移到如图9-33所示的位置)

指定X轴上的点或<接受>：(直接回车)

命令：ucs

指定UCS的原点或［面（F）/命名（NA）/对象（OB）/上一个（P）/视图（V）/世界（W）/X/Y/Z/Z轴（ZA）］<世界>：X

指定绕X轴的旋转角度<90>：90（回车）

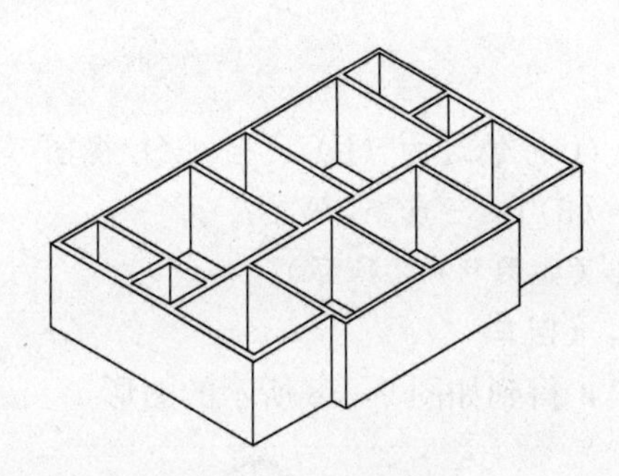

图9-32 拉伸图形

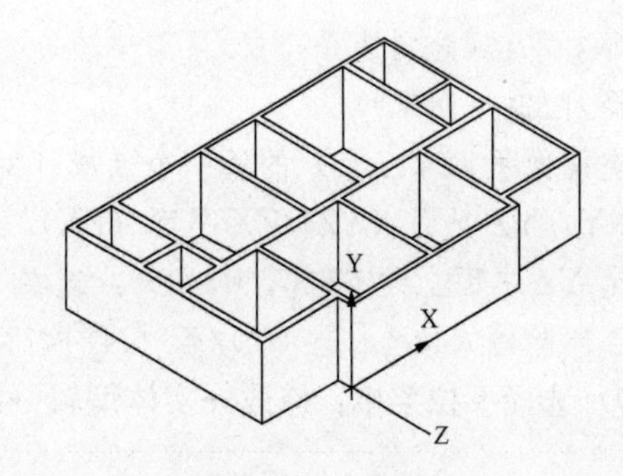

图9-33 移动原点

（5）调用平面命令，得到如图9-34（a）所示的图形。调用矩形命令绘制出窗户图形，如图9-34（b）所示。注意窗户尺寸的确定。与前面绘制二维图形一样，利用捕捉基点的方式确定窗户的位置。

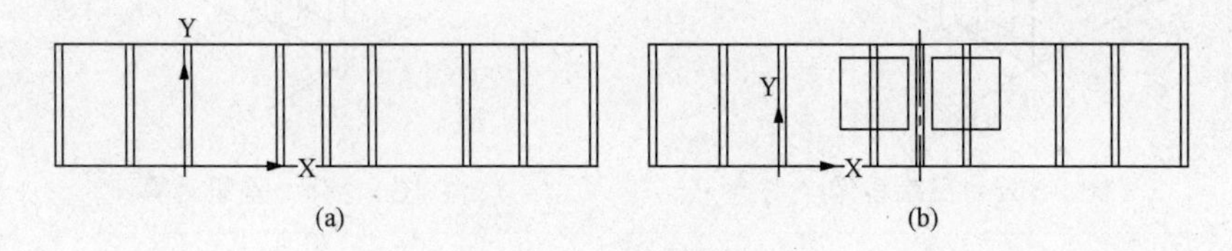

图9-34 绘制窗户

命令：plan

输入选项［当前UCS（C）/UCS（U）/世界（W）］<当前UCS>：(直接回车)

（6）调整视图→三维视图→西南等轴测，选择拉伸命令，拉伸高度为−240（拉伸正负与Z轴方向有关），然后选择差集命令进行操作。消隐，得到如图9-35所示的图形。

（7）再调整UCS坐标系，用矩形命令绘制出如图9-36所示的门窗（注意：如果使用直线或者多段线命令绘制门窗，一定要创建面域）。

（8）然后将如图9-36所示的门窗进行拉伸，拉伸高度为−240。

（9）拉伸完后，选择下拉菜单：修改→三维操作→三维镜像。

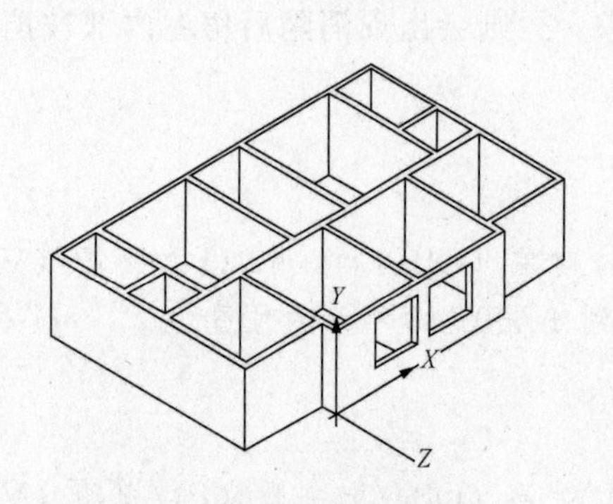

图 9 - 35　拉伸操作

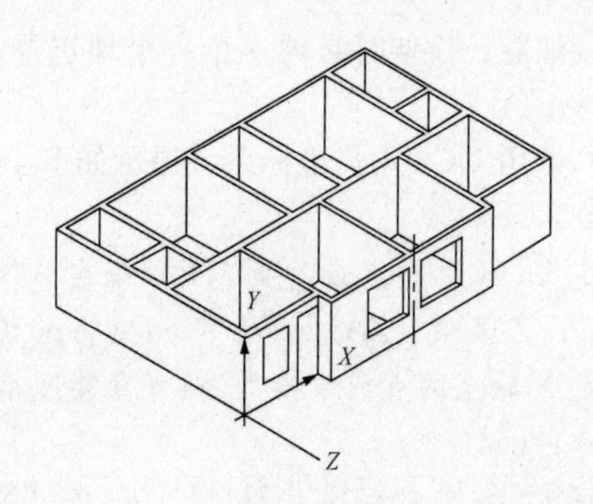

图 9 - 36　绘制门窗

命令：_ mirror3d

选择对象：(分别选择门窗)

选择对象：(回车)

指定镜像平面（三点）的第一个点或［对象（O)/最近的（L)/Z 轴（Z)/视图（V)/XY 平面（XY)/YZ 平面（YZ)/ZX 平面（ZX)/三点（3)]＜三点＞：YZ

指定 YZ 平面上的点＜0，0，0＞：选在 1 点（如图 9 - 37 所示）

是否删除源对象？[是（Y)/否（N)]＜否＞：(回车)

(10) 选择下拉菜单：修改→实体编辑→差集，得到如图 9 - 38 所示的图形。

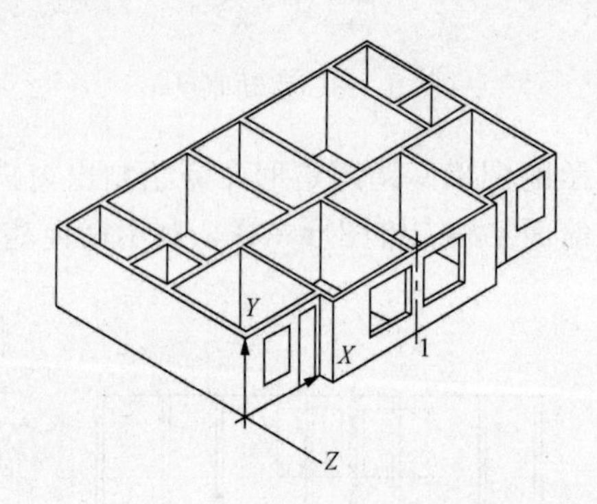

图 9 - 37　三维镜像

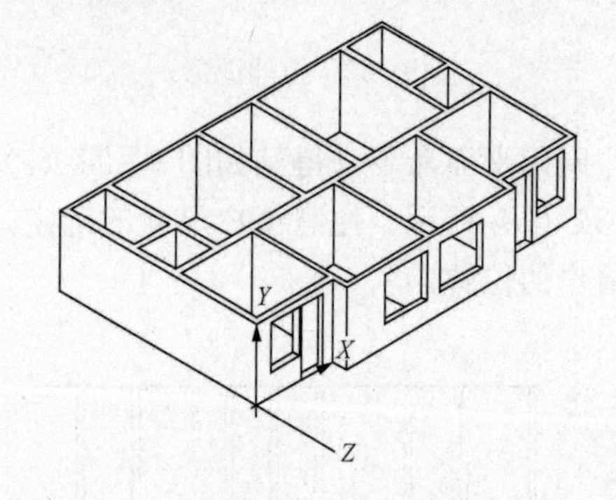

图 9 - 38　差集运算

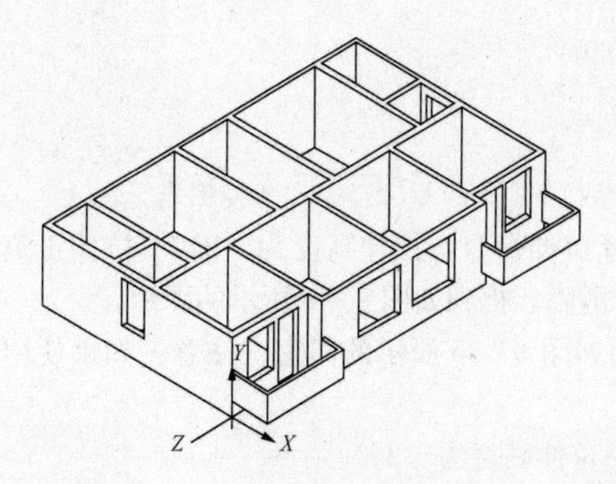

图 9 - 39　绘制阳台及横墙上的窗户

(11) 调整用户坐标系，绘制出阳台，然后分别作拉伸、镜像、差集操作，如图 9 - 39 所示。

(12) 调整用户坐标系，绘制横墙上的窗户，然后分别作拉伸、镜像、差集操作，如图 9 - 39 所示。

(13) 复制，得到如图 9 - 40 所示的图形。

(14) 绘制散水坡，注意将用户坐标系调整到房屋的左下角。调用多段线命令绘制出房屋外形 1 线的封闭图形，然后再利用偏移命令选中 1 线，往外偏移 600，得到 2 线，如图 9 - 41 所示。

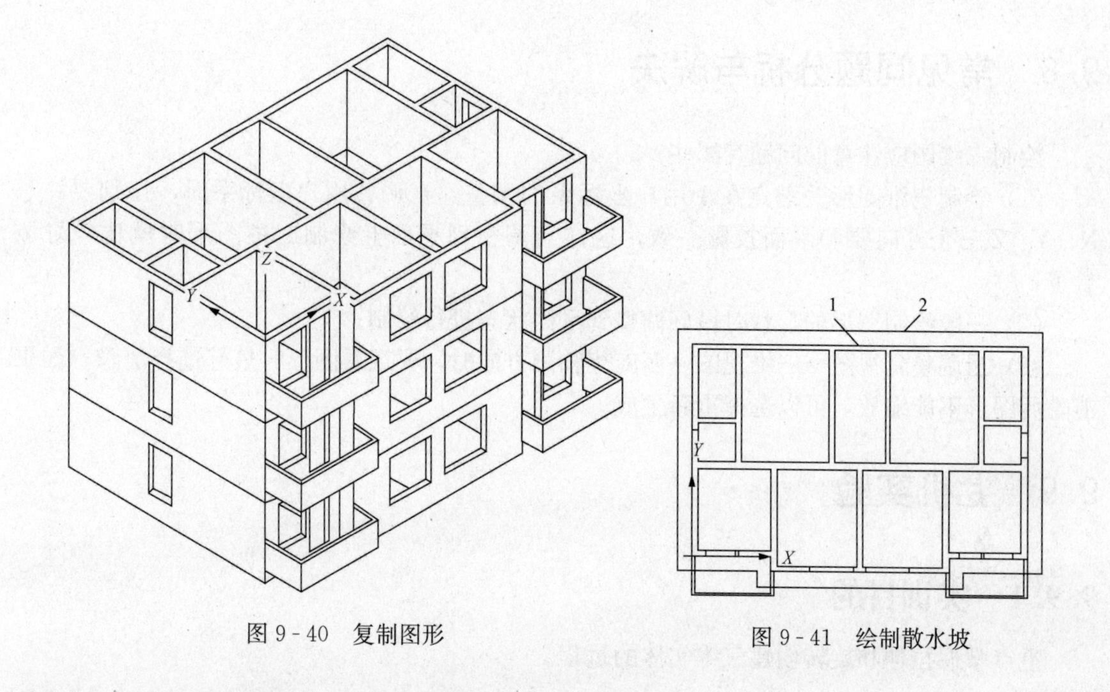

图 9-40　复制图形　　　　图 9-41　绘制散水坡

（15）调用下拉菜单修改→三维操作→三维移动，将 2 线移动，移动基点选择 2 线的左下角，移动距离@0，0，－100。

（16）选择下拉菜单绘图→建模→放样，分别选择 1 线和 2 线，得到如图 9-42 所示的图形。

（17）调整用户坐标系的位置，绘制出屋面，如图 9-43 所示。

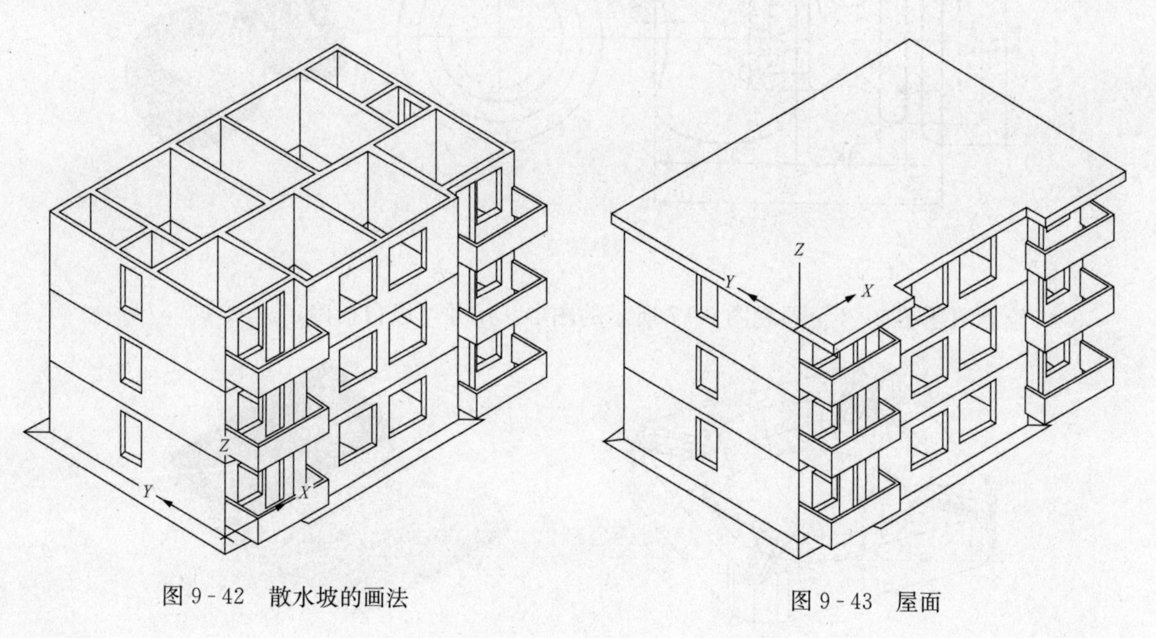

图 9-42　散水坡的画法　　　　图 9-43　屋面

9.8 常见问题分析与解决

绘制三维图应注意的问题有哪些?

（1）绘制三维图形关键点在于用户坐标系的调整，在调整用户坐标系时，特别要注意 X、Y、Z 三个方向要和平面投影一致，这样当调整到平面上绘制二维图形时就比较好测量了。

（2）一般绘制图形的形状时最好调整到平面状态进行绘制。

（3）当调整到视图→三维视图→西南等轴测方向时，要观看图形时最好选择消隐，如果消隐后图形不能缩放，可以选择重新生成。

9.9 上机实验

9.9.1 实训目的

重点掌握拉伸和旋转创建三维实体的过程。

9.9.2 实训内容

1. 绘制如习题图 9 - 1 所示的图形。

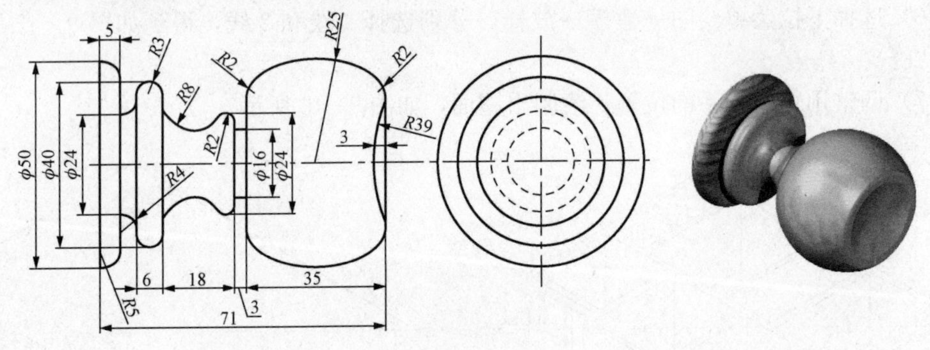

习题图 9 - 1

2. 绘制习题图 9 - 2 至习题图 9 - 7 所示的图形。尺寸可以自行确定。

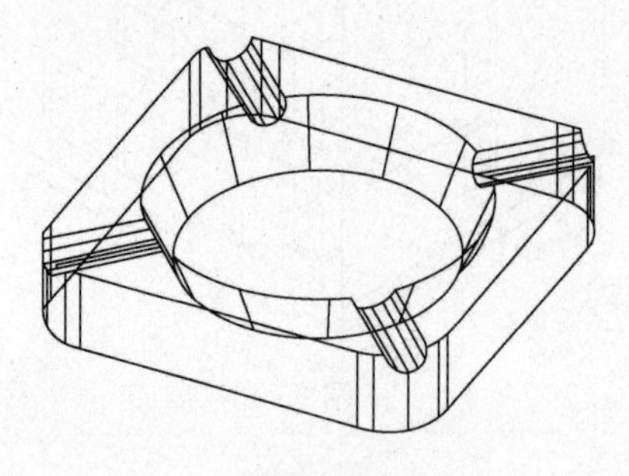

习题图 9 - 2

习题图 9 - 3

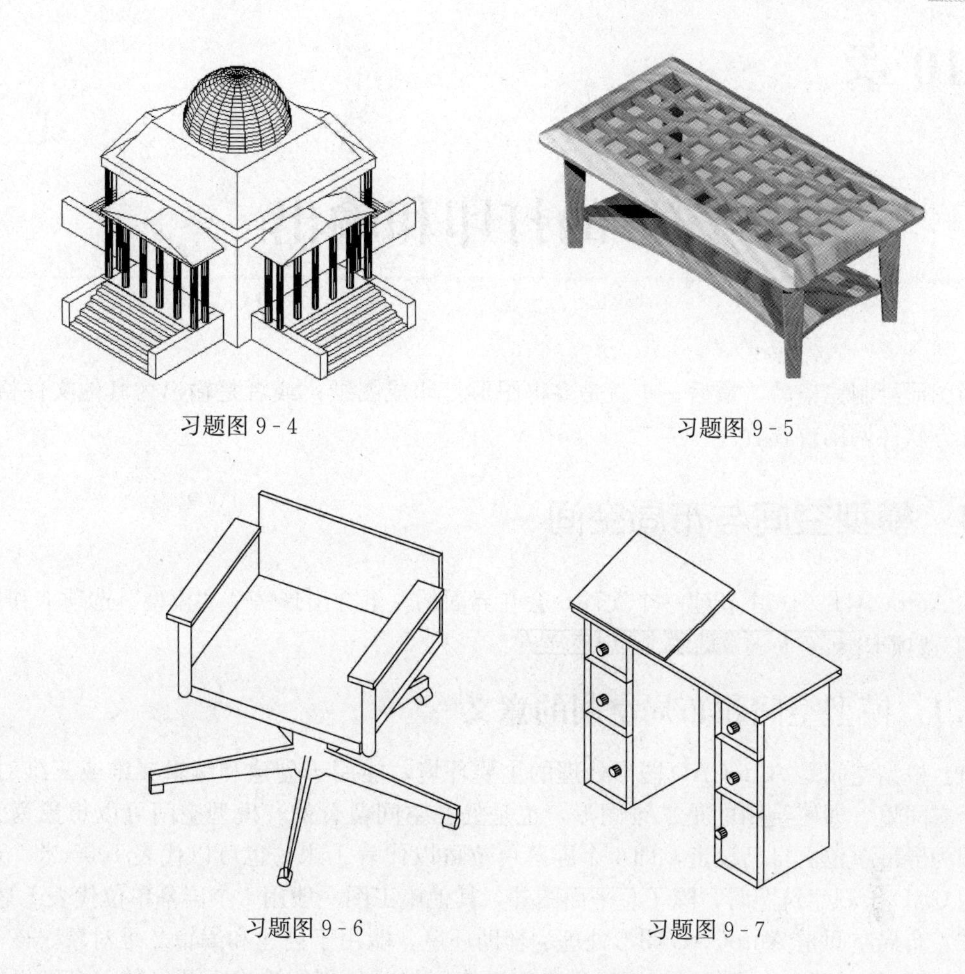

习题图 9-4　　习题图 9-5

习题图 9-6　　习题图 9-7

3. 按照第 7 章上机实验中所给的别墅施工图进行三维建模。

第 10 章

图形的打印和输出

当图形绘制完毕后，最后一步就是要将图形打印成图纸；或者是输出为其他文件格式，供第三方软件调用或查看。

10.1 模型空间与布局空间

在 AutoCAD 2016 中新建一个文件，会在界面的左下方出现一个“模型”选项卡和两个“布局”选项卡 模型 布局1 布局2 。

10.1.1 模型空间和布局空间的意义

（1）模型空间是 AutoCAD 图形处理的主要环境，能用于创建和编辑二维或三维对象。在这个空间里，即使绘制的是二维图形，也是处在空间位置的。模型空间可以想象为无限大，因为屏幕单位由自己设定，即 1 个屏幕单位可以代表 1 米，也可以代表 1000 米。通常在利用 CAD 绘制建筑图时，除了总平面图外，其他施工图一般用 1 个屏幕单位代表 1 毫米。

（2）布局空间是 AutoCAD 图形处理的辅助环境，能用于创建和编辑二维对象。该空间也称为“图纸空间”，主要是针对在模型空间里绘制的对象打印输出而开发的一套图纸输出体系，一般不用其进行绘图或设计工作，但是可以在图纸空间进行图形的标注或文字编辑等工作。

10.1.2 模型空间和布局空间的关系

关于模型空间和布局空间的关系，可以按下面的方式来理解。

把模型空间看成对真实对象的模拟，采用 1∶1 的比例在里面进行二维图形或三维模型设计。在模型空间上方放置一张白纸（即为“布局空间”），假设这张白纸为无限大，能完全遮住模型空间。在白纸上挖一个洞口（即为“视口”），透过这个洞口可以看到模型空间里的对象。这个洞口可以挖在白纸上不同的地方，所以该“视口”也称为“浮动视口”。

但是，在透过白纸上的洞口观看下面模型空间的对象时，洞口上可以认为是粘了张透明的纸，用户只能观看下面的对象，而不能修改下面模型空间上的对象。所以，用户在布局上进行相关的文字标注或尺寸标注，只在布局空间上有效，而和下面模型空间上的对象没有关系。

如果把洞口上的透明纸掀开，便成了一个真正的洞口，这叫作“激活视口”，激活视口后用户可以通过这个洞口对下面模型空间上对象进行修改，且所做的修改在由布局空间切换到模型空间后仍然保留。

调整白纸和模型空间的距离（即进行 ZOOM 命令操作），从该洞口看到模型空间里的对象就相应地放大或缩小（故模型空间里同一个对象，能在布局空间以不同的比例反映出来）。两者之间的距离越近，看到的对象越少也越大；反之，两者距离越远，则看到的对象越多也越小。

用户既可以选择直接在模型空间里打印，也可以在布局空间里打印。在模型空间里打印，因为其操作原理比较容易理解，故被不少用户广泛使用；而被专门设计出来用于打印的布局空间，由于操作不太好理解，反而容易被初学者弃用。其实，两种空间出图各有优缺点，关键看用户自己如何选择了。

10.2　页面设置

页面设置是关于打印设备、图纸大小、打印比例和其他涉及输出外观及格式的所有设置的集合。两种空间的页面设置除了比例设定不同外，其余参数设置的思路是一致的。需要注意的是：针对模型空间打印设置的页面布局不能用到布局空间，反之亦然。

无论是在模型空间里还是在布局空间里打印，在打印出图前，首先都应进行页面设置。

进入到“页面设置”的操作步骤为：选择菜单栏上的“文件”→“页面设置管理器”→“修改”命令。

下面就“页面设置管理器”面板上的各常用参数加以说明，如图 10 - 1 所示。

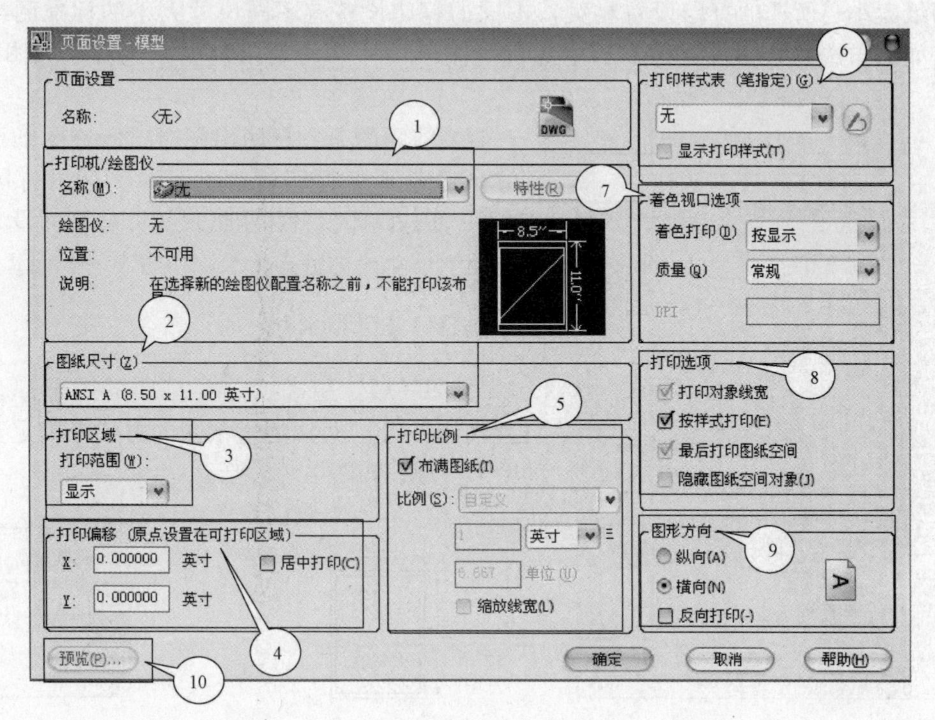

图 10 - 1　页面设置

10.2.1 打印机/绘图仪选择

单击页面设置面板里打印机/绘图仪下方的▾按钮，即可显示本机可供使用的打印设备，用户可以根据实际情况选择相应的打印设备，如图 10-2 所示。

图 10-2　打印机/绘图仪选择

在计算机没有安装真实打印机的情况下，可以通过选择不同的打印设备，输出不同格式的文件，供第三方软件打开。

不同打印机输出的文件格式如下：

（1）Microsoft office Document Image Writer：输出为 *.mdi 格式的文件。

（2）DWF6 eplot.pc3：输出为 *.dwf 格式的文件。

（3）DWG To PDF.pc3：输出为 *.pdf 格式的文件。

（4）Publish To Web JPG.pc3：输出为 *.jpg 格式的文件。

（5）Publish To PNG JPG.pc3：输出为 *.png 格式的文件。

10.2.2 图纸尺寸

页面设置面板上的"图纸尺寸" 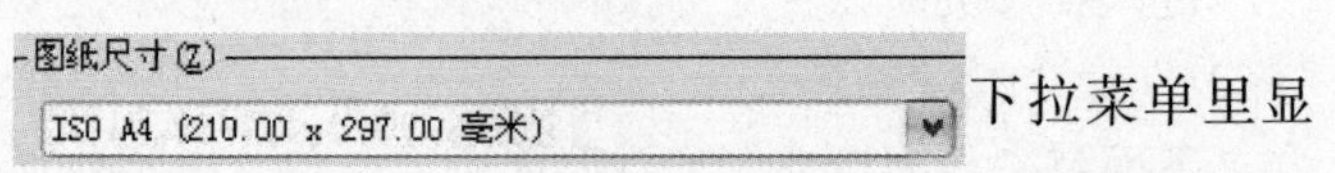

下拉菜单里显示的图纸大小与所选的打印设备相关，不同的打印设备有不同尺寸大小的标准图纸可供选用。如果未选择绘图仪，将显示全部标准图纸尺寸的列表以供用户选择，如图 10-3 所示。

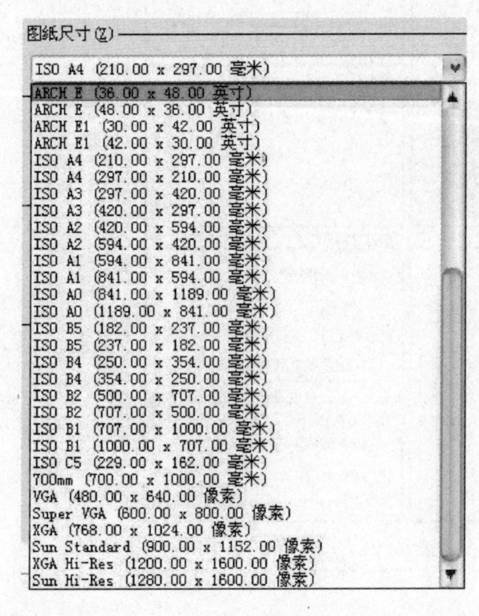

图 10-3　图纸尺寸

需要注意的是：打印出图时，所选图纸可能有部分页边是不可打印的。图纸的实际可打印区域（取决于所选打印设备和图纸尺寸）在页面设置面板上的图纸尺寸预览里有显示，如图 10-4 所示。

10.2.3 打印区域

"打印区域"用来指定要打印的图形部分。在"打印范围"下，可以通过不同的方式来确定要打印的图形区域，如图 10-5 所示。

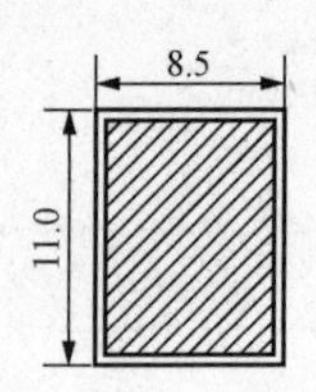

图 10-4　可打印区域预览

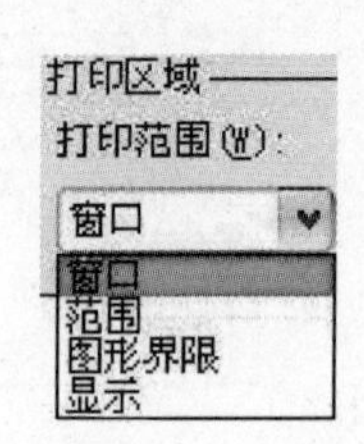

图 10-5　打印区域

1. 窗口

打印指定的图形部分。

如果选择“窗口”，则窗口(O)<按钮将变为可用按钮。单击它，页面设置面板将会消失，回到空间。通过指定矩形选框的两个对角点，拖出一个矩形框，把需要打印的对象用该矩形框框在里面。指定好矩形框的两个对角点后，即回到页面设置面板，打印对象就被局限在所指定的矩形框里。

2. 范围

当前空间内的所有几何图形都将被打印。打印前，可能会重新生成图形以重新计算范围。

3. 图形界限（针对模型空间）/布局（针对布局空间）

（1）“图形界限”是在模型空间里进行页面设置所特有的。使用该选项将打印出栅格界限定义的整个图形区域。如果当前视口不显示平面视图，则该选项与“范围”选项效果相同。

（2）“布局”是在布局空间里进行页面设置所特有的。使用该选项将打印出指定图纸尺寸的可打印区域内的所有内容，其原点从布局中的（0，0）点计算得出。

4. 显示

打印选定的“模型”选项卡当前视口中的视图或布局中的当前图纸空间视图。

10.2.4　打印偏移

对“打印偏移”选项进行设置，指定打印区域相对于可打印区域左下角或图纸边界的偏移量。

通过在“X偏移”和“Y偏移”框中输入正值或负值，可以偏移图纸上的几何图形，如图10-6所示。图纸中的绘图仪单位为英寸或毫米。

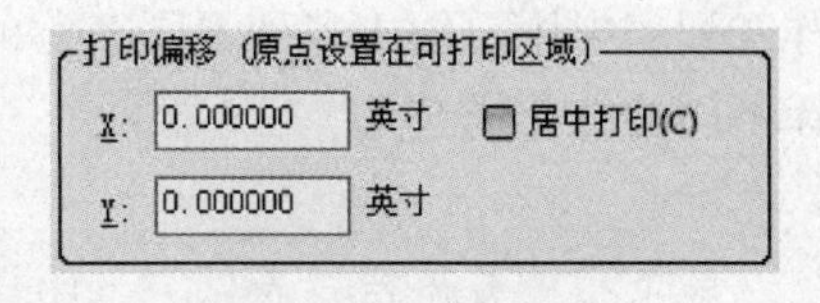

图10-6　打印偏移

（1）居中打印：自动计算X偏移和Y偏移值，在图纸上居中打印。当“打印区域”设置为“布局”时，此选项不可用。

（2）X：相对于“打印偏移定义”选项中的设置指定X方向上的打印原点。

（3）Y：相对于“打印偏移定义”选项中的设置指定Y方向上的打印原点。

需要注意的是：图纸的可打印区域由所选的输出设备决定，在图纸尺寸预览中以虚线表示。修改为其他输出设备时，可能会修改可打印区域。

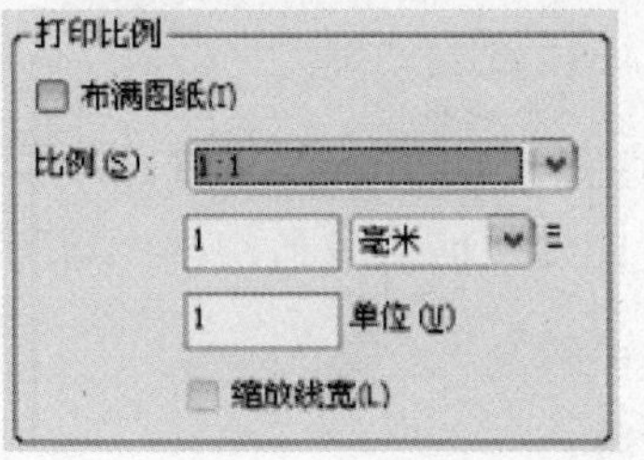

图10-7　打印比例

10.2.5　打印比例

用户可以通过设置“打印比例”来控制图形单位与打印单位之间的相对尺寸，如图10-7所示。

从“模型”选项卡打印时，默认设置为“布满图纸”。在布局空间打印时，默认缩放比例设置为1∶1。

（1）布满图纸。缩放打印图形以布满所选图纸，并在

“比例”、“毫米（英寸）”和“单位”框中显示自定义的缩放比例因子。

（2）比例。定义打印的精确比例。“自定义”可以定义用户定义的比例，可以通过输入与图形单位数等价的英寸（或毫米）数来创建自定义比例。

在“打印”对话框中指定要显示的单位是英寸还是毫米。默认设置为根据图纸尺寸，并且会在每次选择新的图纸尺寸时更改。“像素”仅在选择了光栅输出时才可以使用。

（3）单位。设置与指定的英寸数、毫米数或像素数等价的图形单位数。

（4）缩放线宽。与打印比例成正比缩放线宽。线宽通常用于指定打印对象的线的宽度，并按线宽尺寸打印，而不考虑打印比例。

10.2.6 打印样式表

打印样式是通过确定打印特性（如线宽、颜色和填充样式）来控制对象或布局的打印方式。

与颜色和线型一样，打印样式也属于对象特征的范畴，可以用其来设定打印图形的外观，这些外观包括对象的颜色、线型和线宽等，也可以指定对象的端点、连接和填充样式，以及抖动、灰度、笔指定和淡显等输出效果。

打印样式表有两种类型：颜色相关和命名。

（1）颜色相关。颜色相关打印样式表以对象的颜色为基础，共有 255 种颜色相关打印样式。在颜色相关打印样式模式下，通过调整与对象颜色对应的打印样式，可以控制所有具有同种颜色的对象的打印方式。例如，图形中所有被指定为红色的对象均以相同的方式打印。

（2）命名。命名打印样式表可以直接指定对象和图层的打印样式。使用这些打印样式表可以对图形中的每个对象指定任意一种打印样式，而不管对象的颜色是什么。例如，在打印样式列表中用户创建多种不同名称的打印样式，然后在图形中的图层管理器里为每个图层选择不同的打印样式。

颜色相关打印样式表以“.ctb”为文件扩展名进行保存，而命名打印样式表以“.stb”为文件扩展名进行保存，均保存在 AutoCAD 系统主目录中的“plot styles”子文件夹中。

一个图形只能使用一种类型的打印样式表。用户可以在两种打印样式表之间转换，也可以在设置了图形的打印样式表类型后，修改所设置的类型。

AutoCAD 2016 打印样式表中收集了多组打印样式。

1. 颜色相关打印样式

（1）acad.ctb　按对象的颜色进行打印

（2）DWF Virtual Pens.ctb　采用 DWF 虚拟笔的颜色打印

（3）Fill Patterns.ctb　设置前 9 种颜色使用前 9 个填充图案，所有其他颜色使用对象的填充图案

（4）Grayscale.ctb　打印时将所有颜色转换为灰度

（5）monochrome.ctb　将所有颜色打印为黑色

（6）screening 100%.ctb　对所有颜色使用 100%墨水

（7）screening 75％. ctb　对所有颜色使用 75％墨水

（8）screening 50％. ctb　对所有颜色使用 50％墨水

（9）screening 25％. ctb　对所有颜色使用 25％墨水

2. 命名打印样式

（1）acad. stb　按对象的颜色进行打印

（2）monochrome. stb　将所有对象打印为黑色

10. 2. 7　着色视口选项

用户通过“着色视口选项”指定着色和渲染视口的打印方式，并确定它们的分辨率大小和每英寸（或毫米）的点数（DPI），如图 10 - 8 所示。

说明：DPI 为指定渲染和着色视图的每英寸点数，最大可为当前打印设备的最大分辨率。只有在“质量”框中选择了“自定义”后，此选项才可以使用。

1. 着色打印

指定视图的打印方式，如图 10 - 9 所示。

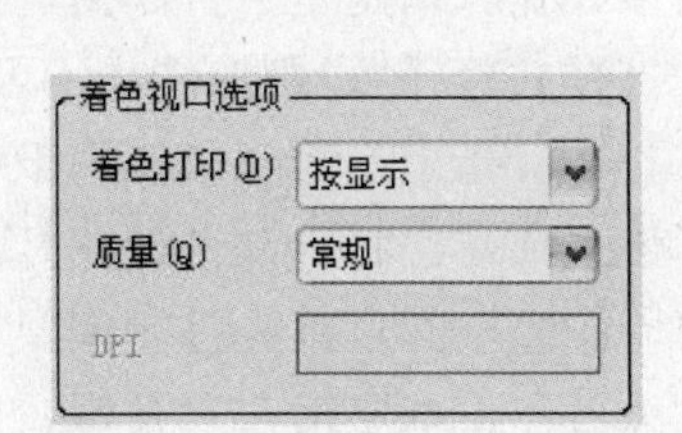

图 10 - 8　着色视口选项

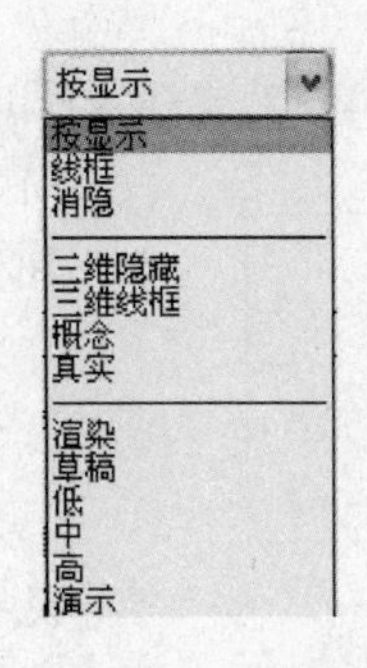

图 10 - 9　着色打印下拉菜单

在“模型”选项卡上，可以从下列选项中进行选择：

（1）按显示：按对象在屏幕上的显示方式打印。

（2）线框：在线框中打印对象，不考虑其在屏幕上的显示方式。

（3）消隐：打印对象时消除隐藏线，不考虑其在屏幕上的显示方式。

（4）三维隐藏：打印对象时应用“三维隐藏”视觉样式，不考虑其在屏幕上的显示方式。

（5）三维线框：打印对象时应用“三维线框”视觉样式，不考虑其在屏幕上的显示方式。

（6）概念：打印对象时应用“概念”视觉样式，不考虑其在屏幕上的显示方式。

（7）真实：打印对象时应用“真实”视觉样式，不考虑其在屏幕上的显示方式。

（8）渲染：按渲染的方式打印对象，不考虑其在屏幕上的显示方式。

注意：要为布局选项卡上的视口指定此设置，请选择该视口，然后在“工具”菜单中单击“特性”按钮。

2. 质量

指定着色和渲染视口的打印分辨率。可以从下列选项中进行选择：

（1）草稿：将渲染和着色模型空间视图设置为线框打印。

（2）预览：将渲染模型和着色模型空间视图的打印分辨率设置为当前设备分辨率的四分之一，最大值为 150DPI。

（3）普通：将渲染模型和着色模型空间视图的打印分辨率设置为当前设备分辨率的二分之一，最大值为 300DPI。

（4）演示：将渲染模型和着色模型空间视图的打印分辨率设置为当前设备的分辨率，最大值为 600DPI。

（5）最大：将渲染模型和着色模型空间视图的打印分辨率设置为当前设备的分辨率，无最大值。

（6）自定义：将渲染模型和着色模型空间视图的打印分辨率设置为“DPI”框中指定的分辨率，最大可为当前设备的分辨率。

10.2.8 打印选项

指定线宽、打印样式、着色打印和对象的打印次序等选项，如图 10 - 10 所示。

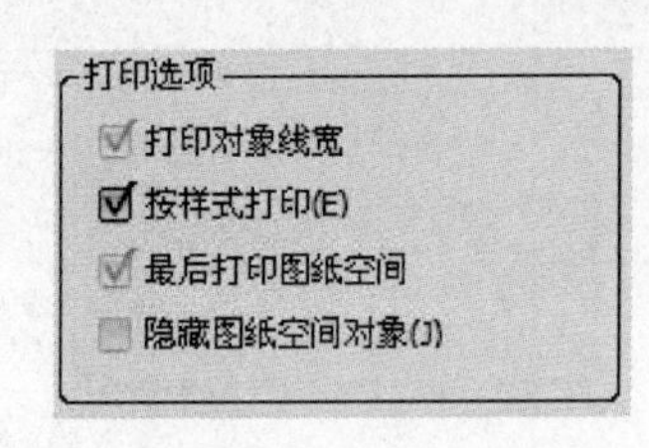

图 10 - 10 打印选项

（1）打印对象线宽。指定是否打印指定给对象和图层的线宽。如果选定“按样式打印”，则该选项不可用。

（2）按样式打印。指定是否打印应用于对象和图层的打印样式。如果选择该选项，也将自动选择“打印对象线宽”。

（3）最后打印图纸空间。首先打印模型空间几何图形。

说明：通常先打印图纸空间几何图形，然后再打印模型空间几何图形。

（4）隐藏图纸空间对象。指定 HIDE 操作是否应用于图纸空间视口中的对象。此选项仅在布局选项卡中可用。此设置的效果反映在打印预览中，而不是反映在布局中。

10.2.9 图形方向

用户可以通过选择不同“图纸方向”以指定图形在图纸上的打印方向，如图 10 - 11 所示。

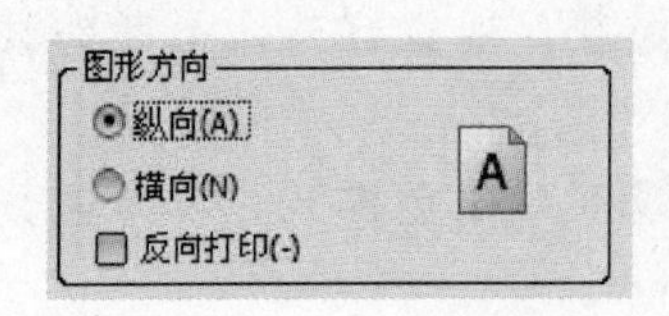

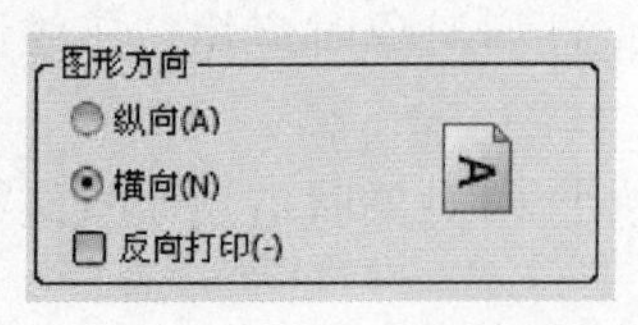

图 10 - 11 图形方向

（1）纵向。使图纸的短边位于图形页面的顶部。

（2）横向。使图纸的长边位于图形页面的顶部。

（3）反向打印。上下颠倒地放置并打印图形。

10.2.10　预览

用户可以通过该选项预览打印输出图形的结果。要退出打印预览并返回“打印”对话框，请按 Esc 键，然后按 Enter 键或单击鼠标右键，接着单击快捷菜单上的“退出”按钮。

页面设置完毕后，点击面板上的“确定”按钮即可。

10.3　在模型空间里打印

10.3.1　在模型空间里打印前的绘图注意事项

打印文件前，应先保证在模型空间里的施工图按照以下要求绘制好。

（1）按照 1∶1 的比例绘制图形（不包括文字和标注）。

（2）标注说明性文字时，文字高度按照输出图形时的比例反向放大相应倍数。

例如，图纸将以 1∶100 的比例输出，则在标注说明性文字时，文字高度应放大 100 倍。在此情况下，10 号、7 号和 5 号字，所对应的文字高度应分别设为 1000、700 和 500。这样，当用户在模型空间按照 1∶100 的比例打印出图时，所有对象都将被缩小 100 倍，则可以保证最后打印出来的说明性文字的实际高度为 10 毫米、7 毫米和 5 毫米。

说明：一般不在菜单栏上的“格式”→“文字样式”里设置文字高度（即将其设为 0），而是在直接输入文字时，根据命令提示行上的提示确定文字高度。

（3）对图形对象进行尺寸标注前，要对“标注样式”相关选项进行设置：在菜单栏上选择“格式”→“标注样式”命令。

1）“标注样式”→“文字”→“文字高度”＝字高（图 10 - 12 中字高设为 3）。

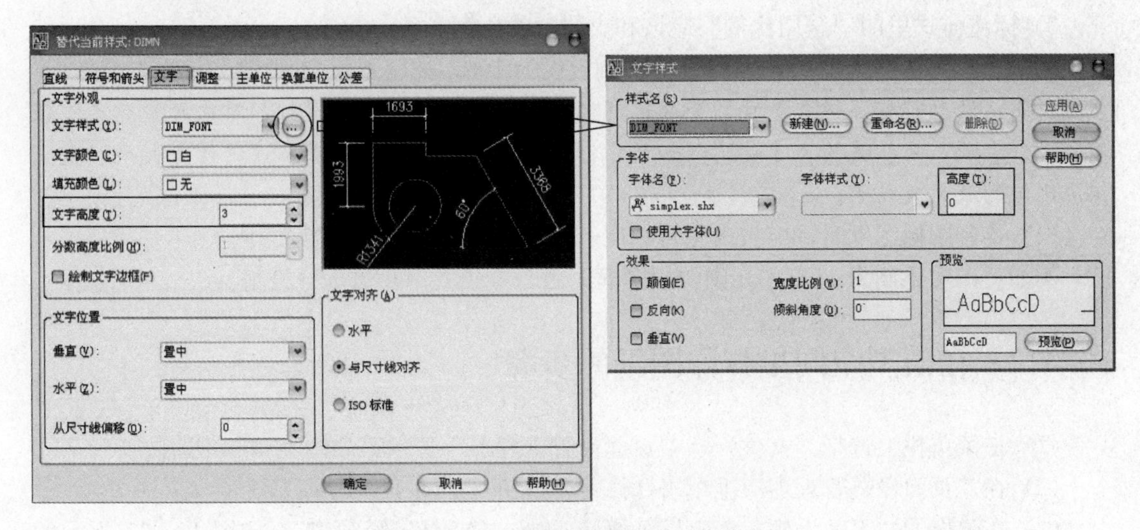

图 10 - 12　标注样式里文字高度设定

说明：标注样式中的文字高度只涉及标注尺寸里的文字高度，和说明性文字无关。

2）“标注样式”→“主单位”→“测量单位比例”设为 1，如图 10 - 13 所示。

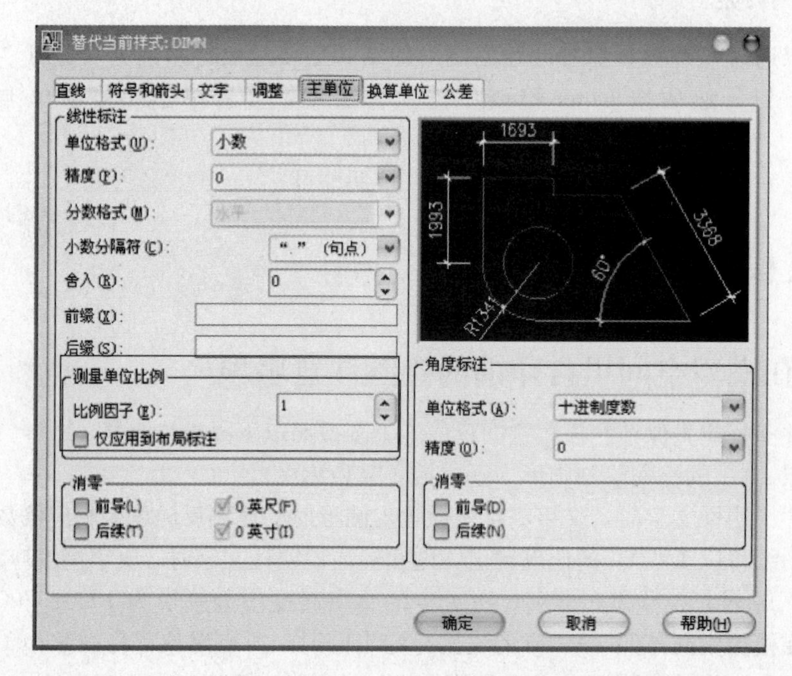

图 10 - 13　标注样式里的主单位设定

说明：“测量单位比例”选项决定在度量对象尺寸时，是否要按照一定比例放大数值。

在模型空间按照 1∶1 的比例绘制图形，默认测量单位设为 1，表明度量时，数据反映的是绘图的实际长度。而如果把“测量单位比例”改为其他数字（如 10），则在度量尺寸时会把绘图数据放大（如 10 倍）。

3）标注样式里的“全局比例”应该和出图时的比例一致。

例如：出图比例为 1∶100，则全局比例也设为 100，如图 10 - 14 所示。

说明：修改“标注样式”里的全局比例数值，则在进行对象标注时，对象的实际尺寸值不会受到影响，而相关的尺寸要素（如尺寸标注上数据的文字高度和标注的箭头大小）发生相应比例的放大或缩小。

（4）绘制图幅图框时，应按出图时的比例放大相应倍数进行绘制。

例如：出图比例为 1∶100，则图幅图框绘制时应放大 100 倍进行绘制。

10.3.2　在模型空间里打印图纸的步骤

（1）在菜单栏上选择“文件”→“页面设置管理器”选项，如图 10 - 15 所示。

（2）在“页面设置管理器”上单击“修改”按钮，如图 10 - 16 所示。

（3）在弹出的“页面设置—模型”面板上选择“打印机/绘图仪”。如图 10 - 17 所示的示例中选用 DwF6 eplot. pc3，代表将输出为 PDF 格式的文件。

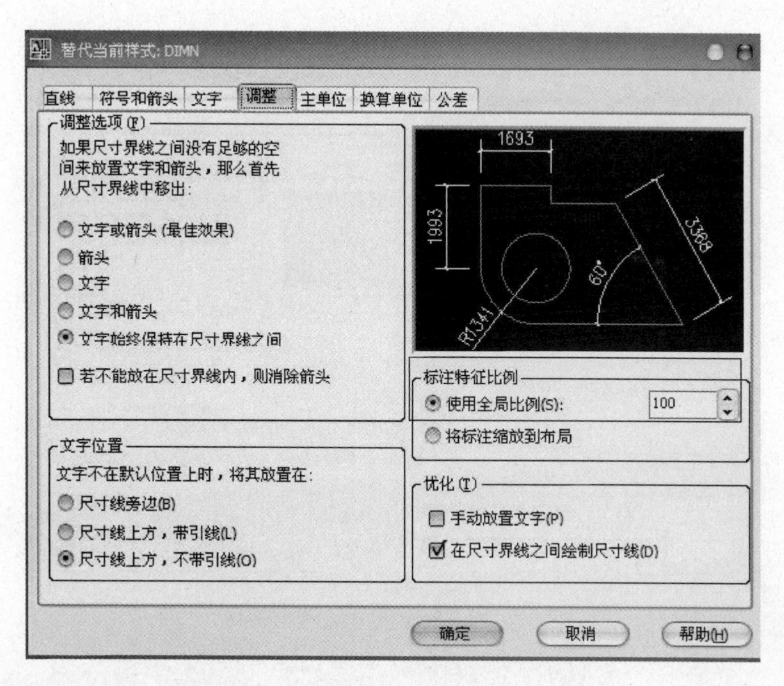

图 10－14　标注样式里全局比例的设定

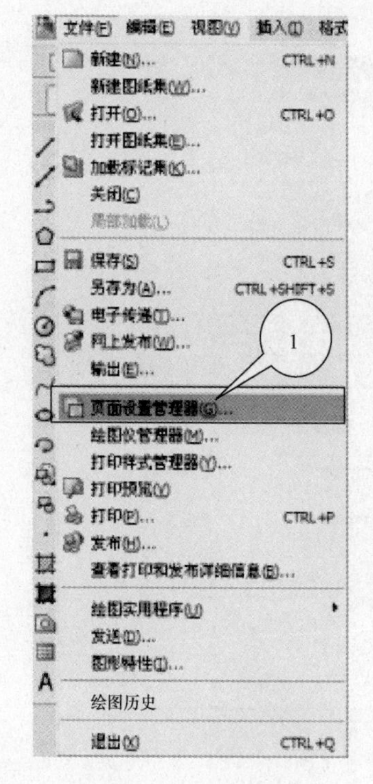

图 10－15　页面设置

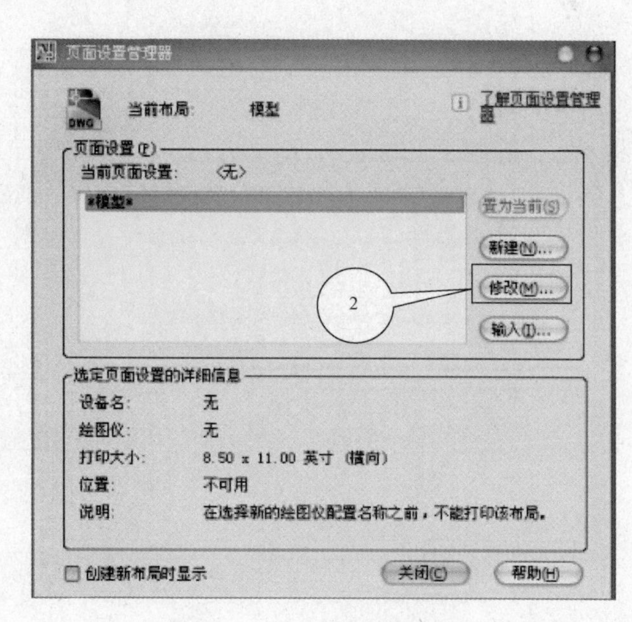

图 10－16　修改页面设置

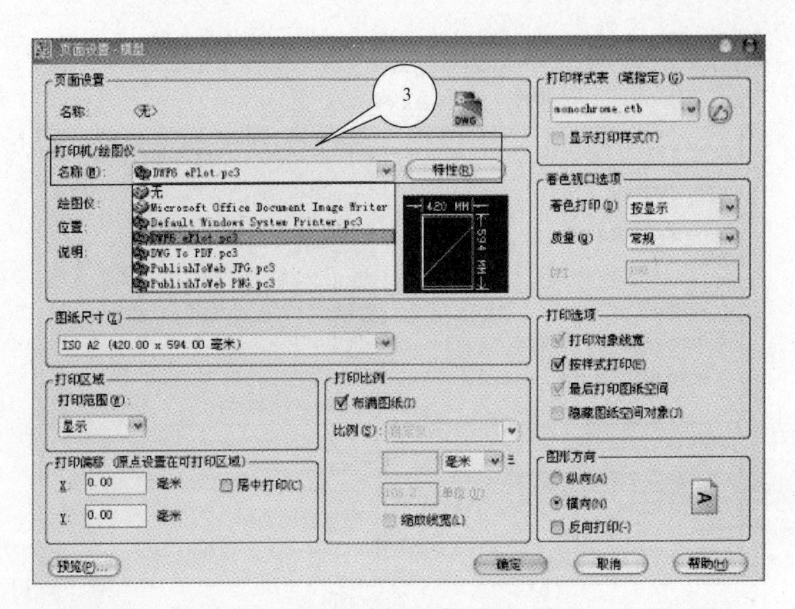

图 10-17 打印机/绘图仪的选择

（4）选择“图纸尺寸”。图片示例中选择图纸尺寸为 ISO A2（420×594 毫米），如图 10-18所示。

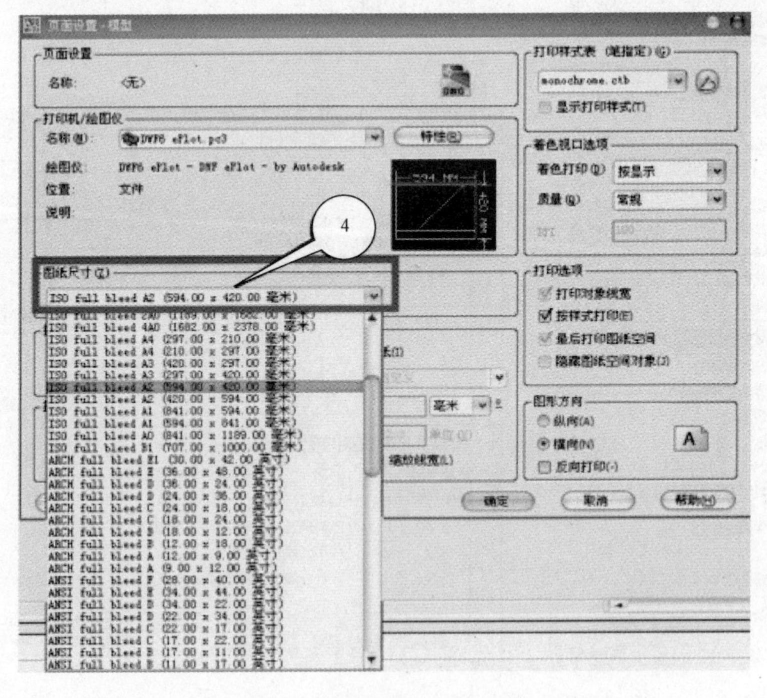

图 10-18 图纸尺寸选择

（5）在“打印范围”里选择“窗口”（如图 10 - 19 所示），面板会消失，这时需要拉出一个矩形框，用来确定用户实际打印的对象。

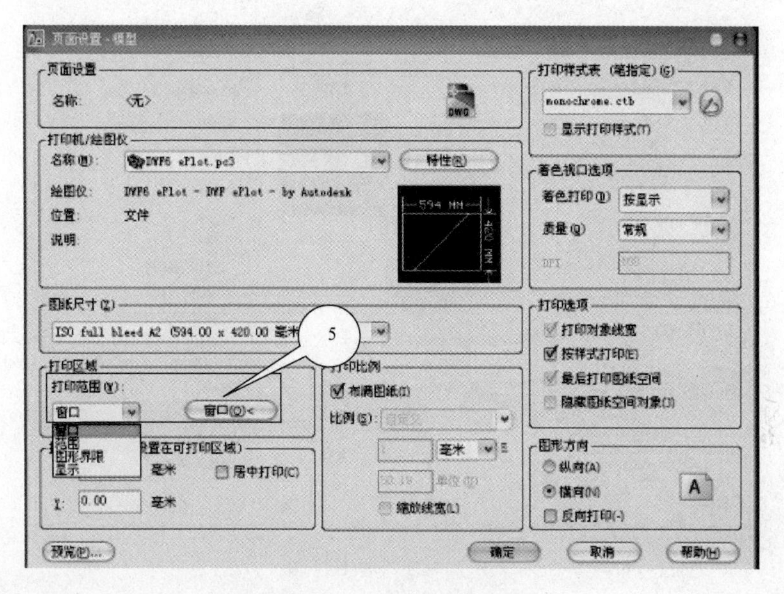

图 10 - 19　打印范围选择

（6）设置“打印比例”。在如图 10 - 20 所示的示例中打印比例为 1∶100。

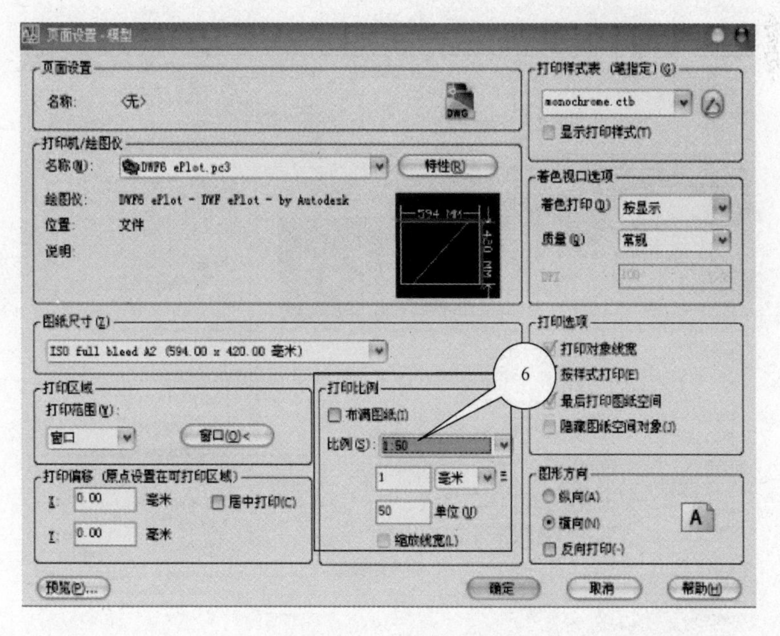

图 10 - 20　打印比例

（7）在“打印偏移”里把“居中打印”勾选上，如图 10 - 21 所示。

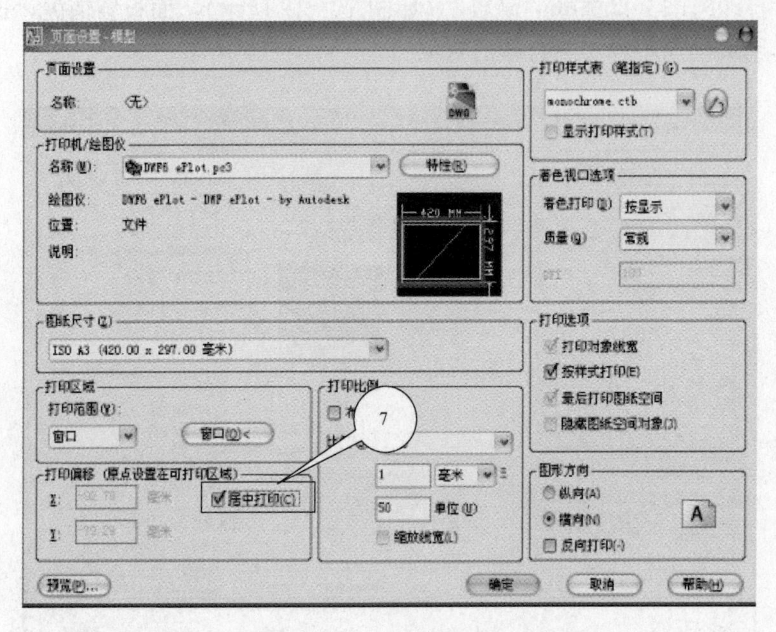

图 10 - 21　居中打印

（8）进行“打印样式表（笔指定）”设定。在如图 10 - 22 所示的示例中选用 monochrome.ctb 打印样式表，代表将用黑白色打印图形。

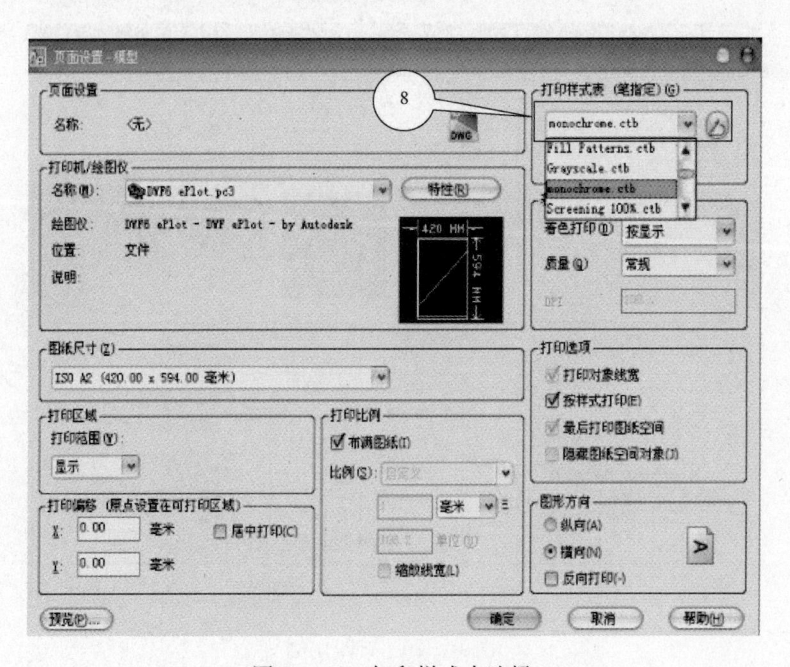

图 10 - 22　打印样式表选择

（9）单击“确定”按钮，结束页面设置，如图 10 - 23 所示。

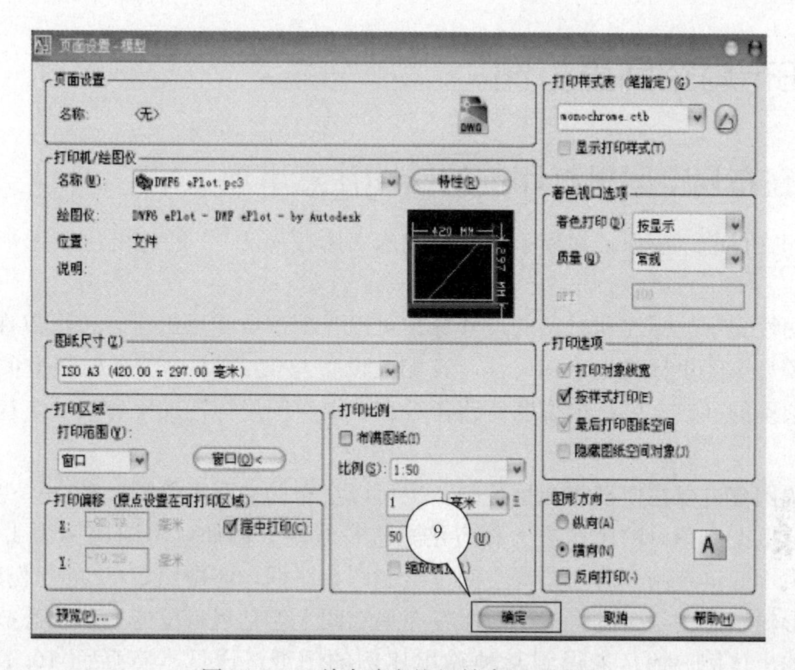

图 10 - 23　单击确定按钮结束页面设置

(10) 打印。

1) 方法一：选择菜单栏上的“文件”→“打印”命令，如图 10 - 24 所示。

2) 方法二：单击“标准”工具栏上的“打印”按钮。

3) 方法三：在命令行中输入 PLOT 后按 Enter 键。

图片示例中选择输出为 DWF 格式的文件，输出后的文件打开后如图 10 - 25 所示。

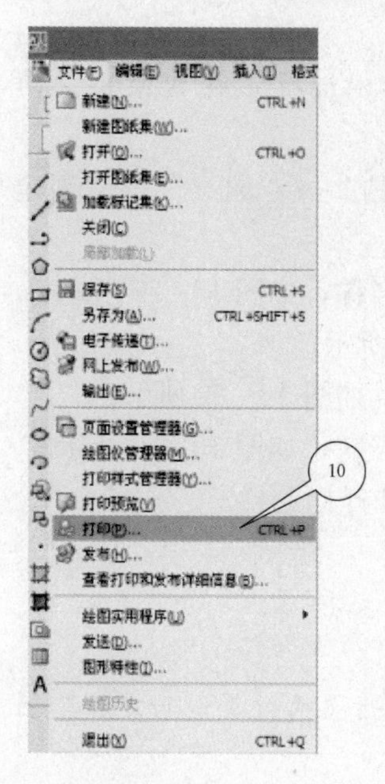

图 10 - 24　打印

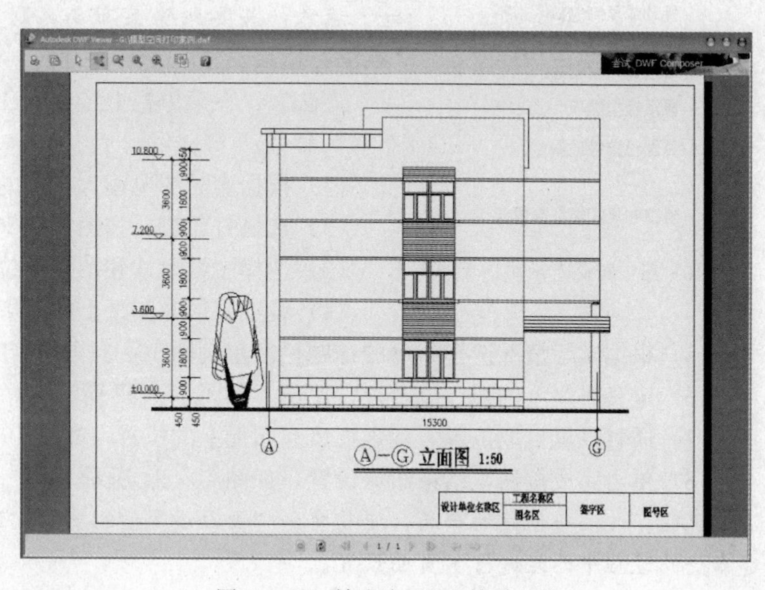

图 10 - 25　输出为 DWF 格式文件

10.4 在布局空间里打印

10.4.1 在布局空间里打印前的绘图注意事项

（1）打印文件前，应保证在模型空间里的施工图按照 1∶1 的比例绘制图形（不包括文字和标注）。

（2）说明性文字的标注和对象的尺寸标注可以在模型空间里进行，也可以在布局空间里进行。若在模型空间里标注文字和尺寸，其相关设置与 10.3.1 小节在模型空间里打印前的绘图注意事项里的（2）、（3）项说明一致；若在布局空间里标注文字和尺寸，应按照1∶1的比例进行标注。

（3）图幅图框可以在模型空间里绘制，也可以在布局空间里绘制。若在模型空间里绘制图幅图框，应该按出图时的比例放大相应倍数进行绘制。例如，出图比例为 1∶100，则图幅图框应放大 100 倍绘制；若在布局空间里绘制图幅图框，应按照 1∶1 的比例绘制。

（4）图形输出比例，通过将输出对象在布局空间上浮动视口里的显示状态放大或缩小一定比例（和输出比例一致）来得到某种输出比例的图纸。详见本章后面 10.4.4 小节的第 4 条。

10.4.2 新建布局

系统默认有两个布局，如果想增加新的布局可以使用以下的方法进行操作：

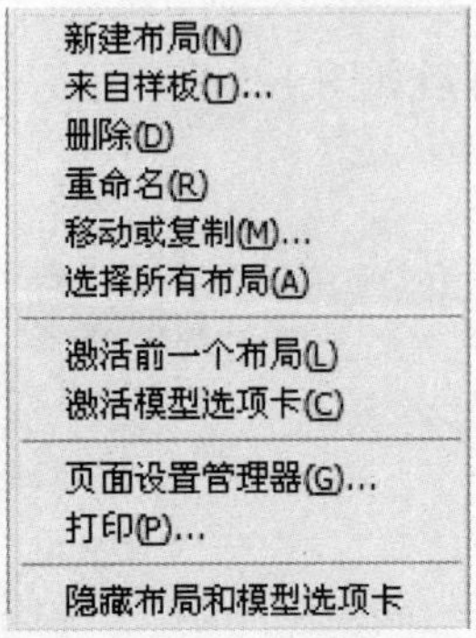

方法一：在布局 模型 布局1 布局2 上单击鼠标右键，在出现的右键快捷菜单（如图 10-26 所示）中选择“新建布局”命令。

新建布局(N)
来自样板(T)...
删除(D)
重命名(R)
移动或复制(M)...
选择所有布局(A)
激活前一个布局(L)
激活模型选项卡(C)
页面设置管理器(G)...
打印(P)...
隐藏布局和模型选项卡

图 10-26 布局右键快捷菜单

注意：若要删除某布局，则可以选择该快捷菜单上的“删除”选项。

方法二：在菜单栏上选择“工具”→“向导”→“创建布局”命令。

（1）根据实际情况输入布局的名称，如图 10-27 所示。

（2）选择打印机，如图 10-28 所示。

（3）选择图纸尺寸和图形单位，如图 10-29 所示。

（4）设置图形在图纸上的放置方向，如图 10-30 所示。

（5）根据实际情况选择布局的标题栏。示例图 10-31 中没有选择标题栏。

（6）定义布局上的视口以及视口比例，如图 10-32 所示。

（7）通过设置拾取位置，确定视口在布局上的位置，如图 10-33 所示。

（8）单击完成按钮，结束布局设置，如图 10-34 所示。

说明：方法一创建的布局，还需要到“页面设置管理器”中进行页面设置；而方法二创建布局的过程中已经进行了页面设置。

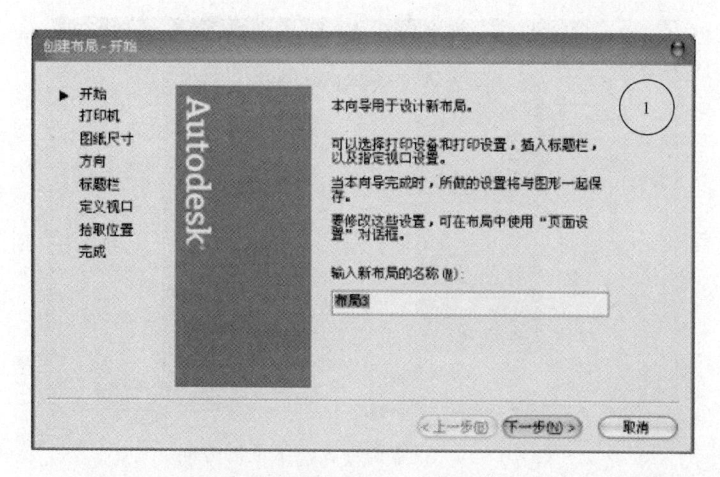

图 10 - 27　输入布局的名称

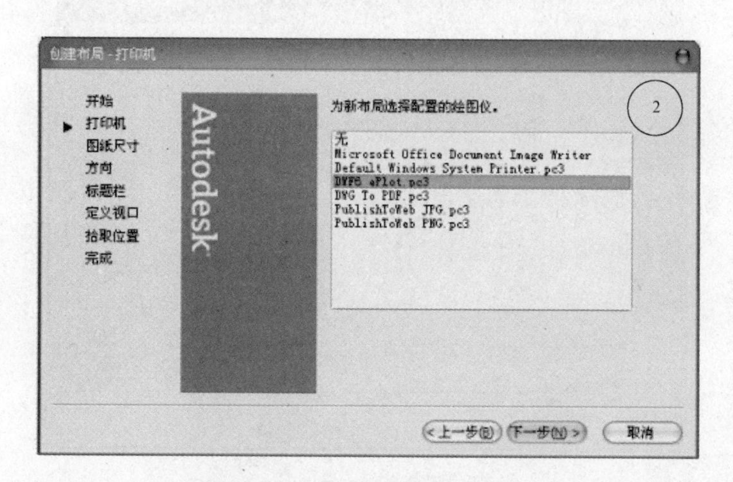

图 10 - 28　为当前布局选择打印机

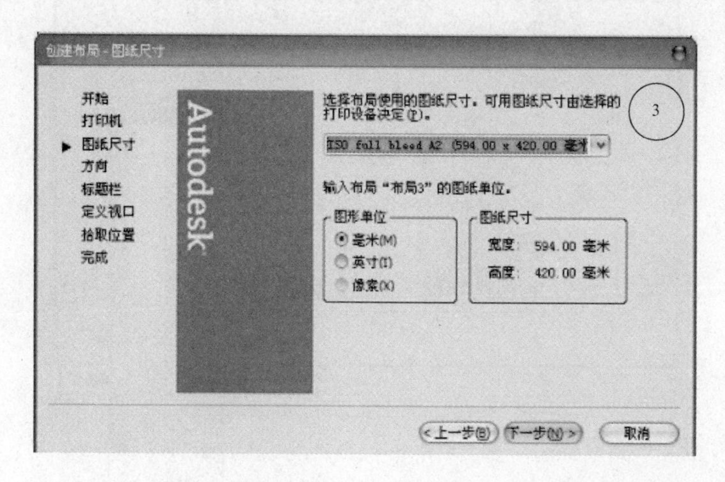

图 10 - 29　设置图纸尺寸

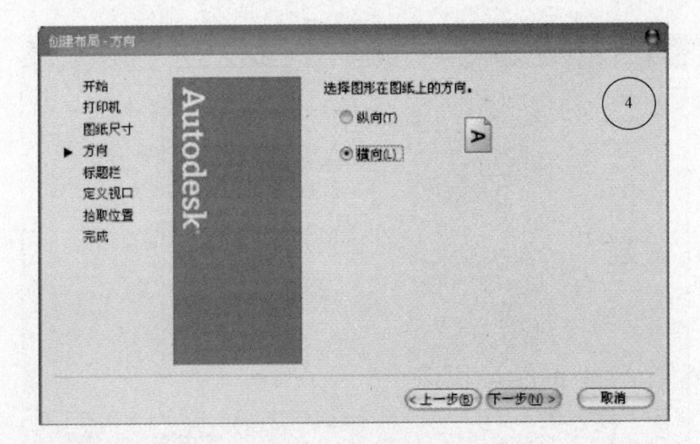

图 10 - 30　设置图形在图纸上的方向

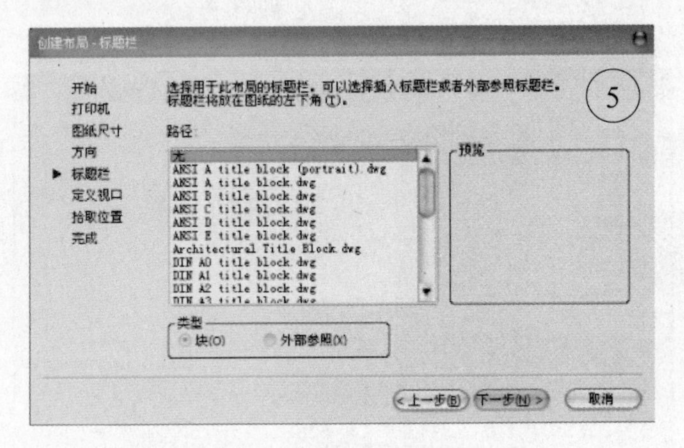

图 10 - 31　选择标题栏

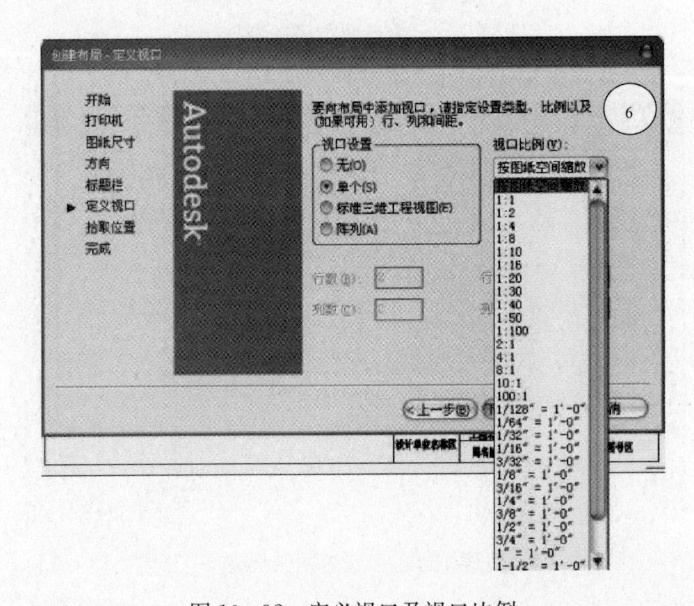

图 10 - 32　定义视口及视口比例

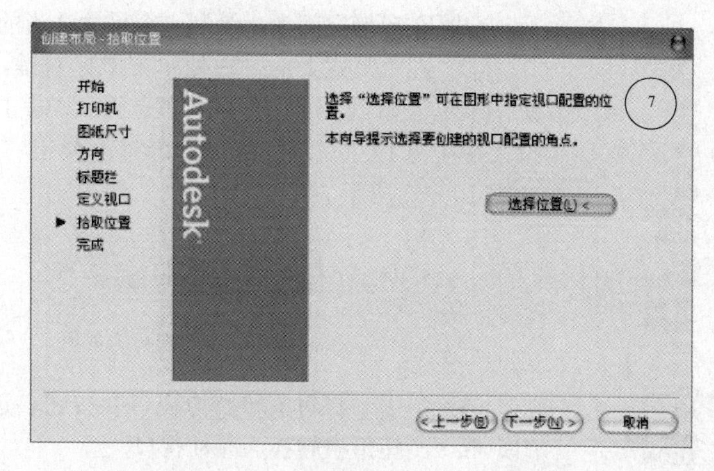

图 10-33　设置视口在布局上的位置

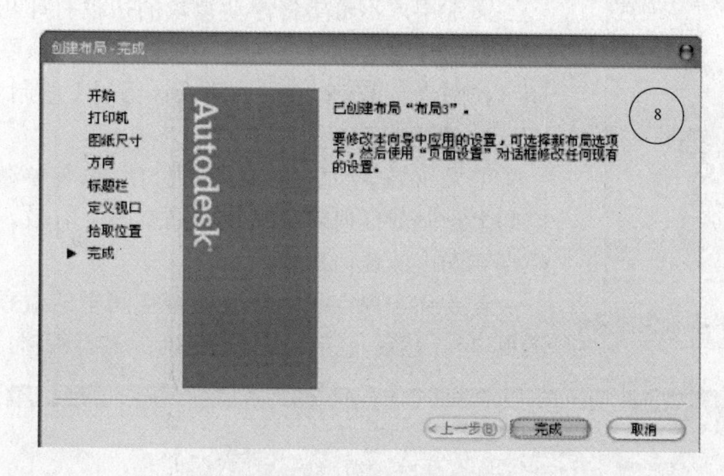

图 10-34　完成布局创建

10.4.3　浮动视口

模型空间里也有视口，其视口是固定不动的；而在布局空间里视口可以移动，所以也称其为“浮动视口”。

当用户首次由模型空间转到布局空间后，系统会自动生成一个浮动视口，该视口默认显示出模型空间里所有的图形对象。用户可以根据实际情况选择保留该视口，或删掉该视口后自己新建一个或多个浮动视口。

1. 新建浮动视口

在布局空间里新建浮动视口的方法如下：

(1) 方法一：在命令提示行上输入快捷命令“MV”，采取和绘制矩形一样的方法，在布局空间里新建一个矩形浮动视口。

(2) 方法二：把一个特定的封闭图形转换为一个视口。

例如，把一个矩形转换为视口，可以通过下面的步骤进行：

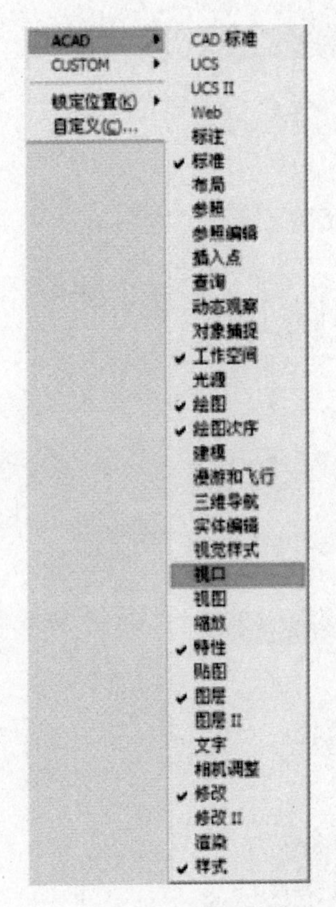

图 10 - 35　工具栏右键快捷菜单

（1）在布局空间上，绘制一个尺寸适当的矩形。

（2）在工具栏上的空白处单击鼠标右键，在出现的右键快捷菜单（如图 10 - 35 所示）里选择“ACAD”，在出现的下拉菜单里选择“视口”选项。屏幕上弹出“视口”工具条，如图 10 - 36 所示。

图 10 - 36　视口工具条

（3）单击“将对象转换为视口”按钮，选择已经绘制好的矩形，则矩形被转换为浮动视口。

2. 设置浮动视口的边框为不可打印

通常用户不希望将浮动视口的边框打印出来，因此用户可以专门针对浮动视口新建一个图层，将该图层设为不可打印（如图 10 - 37 所示），然后在该图层上绘制浮动视口。

3. 激活视口

如果布局空间里的“浮动视口”没有被激活，则在布局空间上绘制的任何对象只在布局空间上有效，而不会影响到模型空间上的任何对象。

若要在布局空间上修改模型空间里的对象，则可以“激活视口”，然后直接对视口里的对象进行编辑。在激活视口状态下，对视口里的对象所做的修改不仅在当前布局上有效，而且在切换到模型空间后仍被保留。

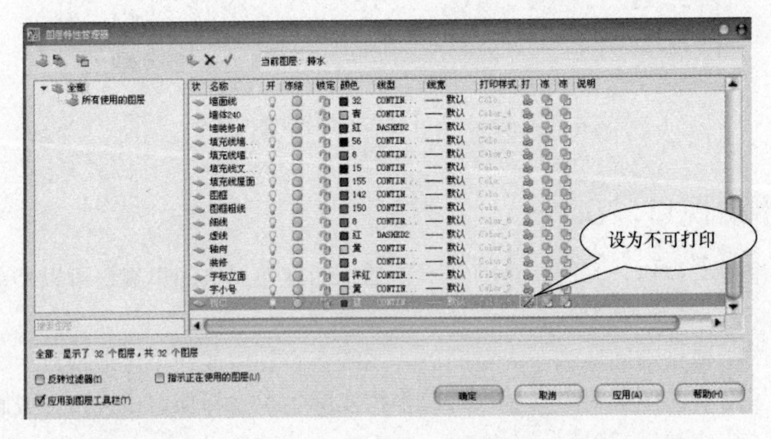

图 10 - 37　新建一个视口图层，并把该图层设为不可打印

激活视口的方法如下：

（1）方法一：在命令提示行输入快捷命令 MS。

（2）方法二：在浮动视口内部双击鼠标左键。

4. 跳出激活视口状态，回到布局空间

跳出激活视口状态，回到布局空间的方法如下：

（1）方法一：在命令提示行输入命令快捷 PS，跳出“激活视口”。

（2）方法二：在浮动视口外部双击鼠标左键。

在跳出“激活视口”状态后，用户可以根据实际情况，对整个布局进行调整和编辑。

10.4.4　在布局空间里打印图纸的步骤

1. 转换到布局空间

当用户从模型空间转换到布局空间后，系统会自动生成一个浮动视口，该视口默认显示出所有模型空间上的对象，如图 10-38 所示。

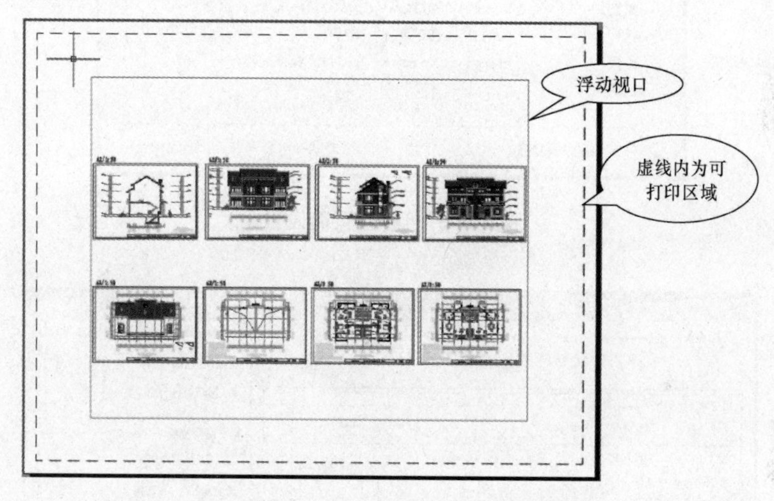

图 10-38　由模型空间转换到布局空间

2. 页面设置

（1）在布局空间，进入“页面设置管理器”进行页面设置的方法如下：

1）方法一：在菜单栏上选择“文件”→“页面设置管理器”命令，单击面板上的“修改”按钮。

2）方法二：模型 布局1 布局2 在当前布局名称上单击鼠标右键，弹出右键快捷菜单（如前面图 10-26 所示），选择“页面设置管理器”，然后在出现的面板上单击“修改”按钮，如图 10-39 所示。

（2）“页面设置管理器”中各参数的设置如图 10-40 所示。

1）根据实际情况，选择“打印机/绘图仪”。

注意：不同的打印设备可以选择的图纸尺寸并不一样。

2）根据实际情况，选择“图纸尺寸”。

3）设置“打印比例”和单位。一般在布局空间里打印时，打印比例设为 1∶1。

说明：在布局空间输出特定比例的图纸，是把“页面设置管理器”里的打印比例设为 1∶1，再通过布局空间“激活视口”后，将输出对象在视口里的显示状态放大或缩小一定比例（和输出比例一致）而得到的。

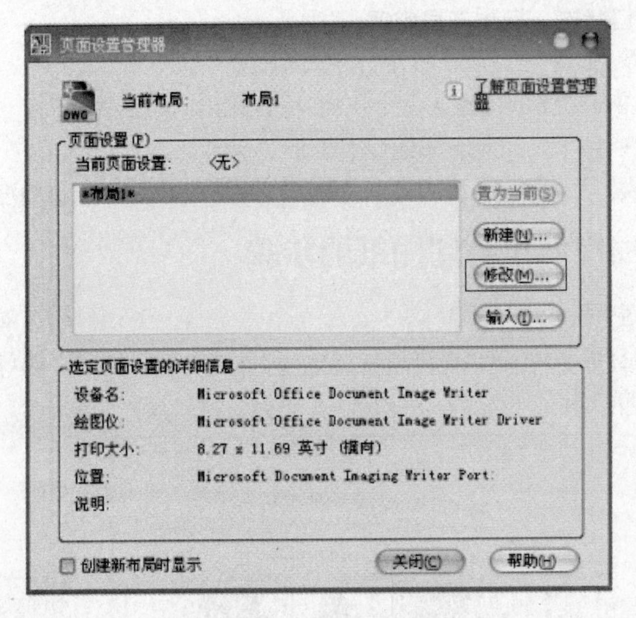

图 10-39　修改页面设置

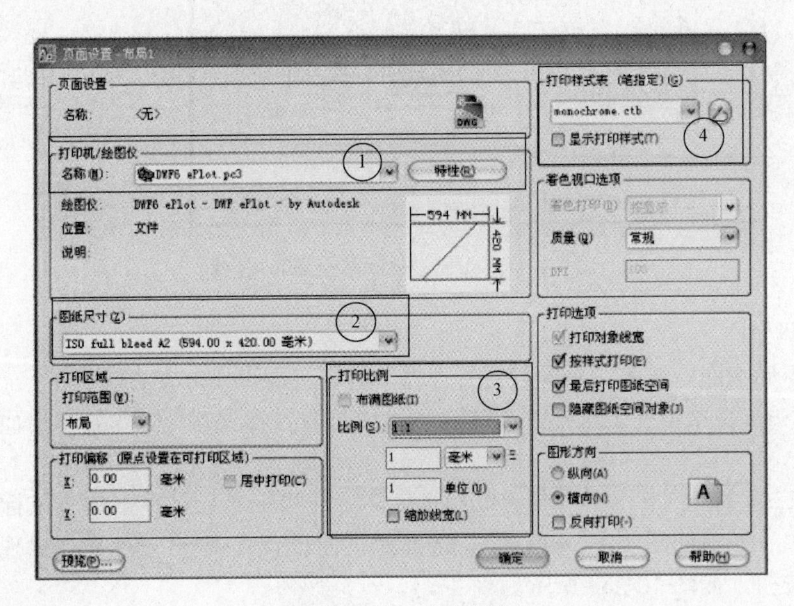

图 10-40　页面设置

4）根据实际情况，设置“打印样式表”。

3. 修改浮动视口

设置完“页面设置管理器”后，如果发现在布局空间里原来的浮动视口变得不合适了，可以删掉该视口，重新绘制一个浮动视口。

在布局空间里新建一个图层，并置为当前图层，并将该图层设为不可打印。

在命令提示行上输入快捷命令 MV，采取和绘制矩形一样的方法新建一个矩形浮动视口。

4. 激活视口，对视口里对象的显示状态进行设置

激活视口，然后放大或缩小视口里需要输出的对象显示状态，以使对象在视口里的显示状态和输出比例相一致。

该操作对于在布局空间里打印非常关键。对象在视口里的显示状态就是输出后的状态。在模型空间里，打印是通过设置打印比例 1∶N，然后输出时把对象缩小 N 倍来得到确定输出比例的图纸（类似于快捷命令 SC）。

而在布局空间里打印，打印比例为 1∶1。输出比例 1∶N 的确定是通过把视口里的对象显示状态缩小 N 倍来确定的。注意不是把对象缩小 N 倍（类似于快捷命令 SC），而是把它的显示状态缩小 N 倍（类似于快捷命令 Z）。

具体的操作步骤如下：

（1）“激活视口”：在浮动视口内部双击鼠标左键或在命令提示行输入快捷命令 MS。

（2）放大或缩小显示浮动视口里需要被输出的对象，以使其和输出比例相一致。

1）在“激活视口”状态下，在命令提示行输入视口对象显示缩放快捷命令 Z，然后选择比例“S”，设置输出比例。

注意：要在比例的后面加上 XP，表明是打印比例。例如，出图比例是 1∶100，则此时应该输入 0.01XP。

2）在命令提示行输入平移快捷命令 P，调整输出对象到浮动视口里合适的位置。

注意：在浮动视口里已经设置好视口对象显示缩放比例后，就不能再使用缩放功能（在命令提示行输入快捷命令 Z 或滚动鼠标滚轮），否则会修改输出比例。

为了避免设置好的显示比例被修改，可以用视口“显示锁定”来固定视口内部对象的显示比例。方法是用鼠标左键双击视口外的外部空白处，跳出激活视口状态。然后，用鼠标左键单击视口，再用鼠标右键单击，在弹出的右键快捷菜单上选择“显示锁定”，把“是”选项勾选上。

5. 跳出激活视口

在浮动视口外部双击鼠标左键或在命令提示行输入快捷命令 PS，即可跳出激活视口状态，回到布局。

在跳出“激活视口”状态后，根据实际情况对浮动视口在布局里的位置进行调整。

6. 打印

（1）方法一：选择菜单栏上的“文件”→“打印”。

（2）方法二：选择“标准”工具栏上的“打印”命令，如图 10-41 所示。

（3）方法三：在命令行中输入 PLOT 后按 Enter 键。

图片示例中选择输出的是 DWF 文件，指定输出文件存放位置后进行打印，在指定位置生成一个新的 DWF 文件，文件图标如图 10-42 所示。

图 10-41　标准工具栏

布局空间打印案例.dwf

图 10-42　DWF 文件图标

双击打开该文件，如图 10-43 所示。

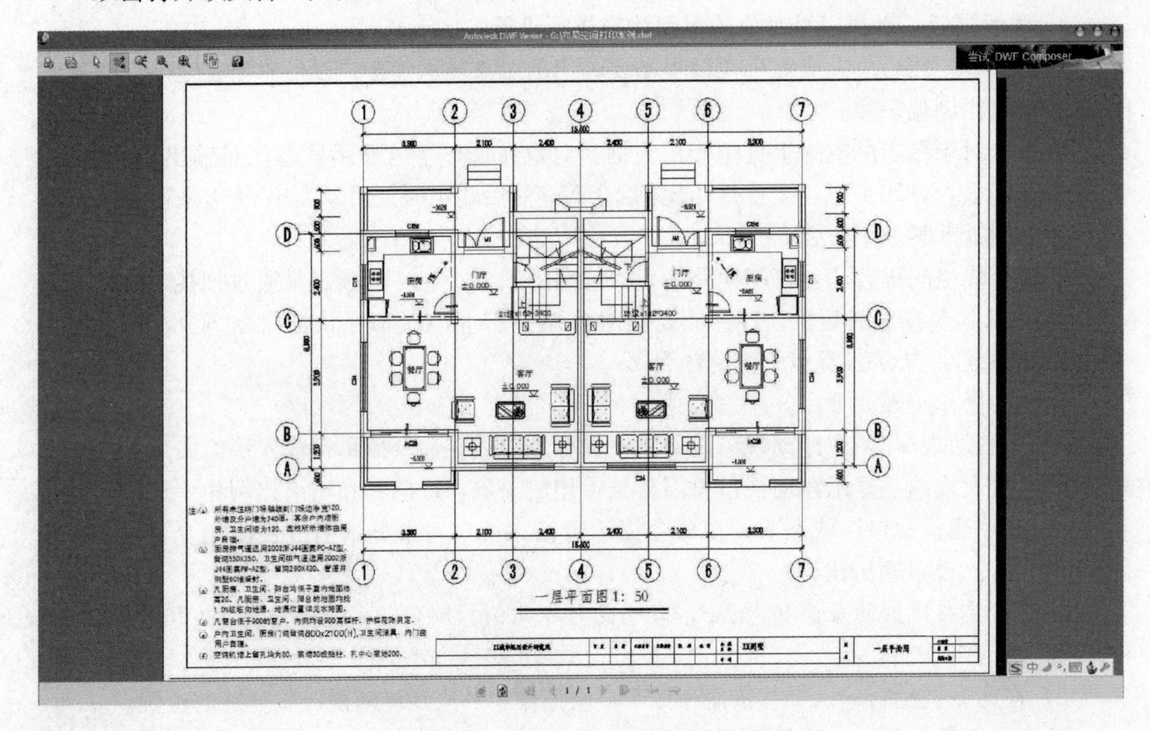

图 10-43 打开输出的 DWF 格式文件

10.4.5 在布局空间里进行多比例布图

有时，用户需要在一个幅面上布置多种比例的对象，这种情况下就只能在布局空间完成出图。

在同一个幅面上多比例布图，最容易出现的问题是：同一幅面上不同输出比例的图形，其文字和标注的尺寸在输出后的高度不一致。

同一幅面上多比例布图时文字或标注大小不一致，可以用以下方法来解决：

（1）方法一：在模型空间按照 1∶1 的比例绘制图形，转换到布局空间按照 1∶1 的比例进行文字和尺寸的标注。该方法在操作时最简单。

（2）方法二：在模型空间里按照 1∶1 的比例绘图，同时也在模型空间里标注文字和尺寸。需要注意的是：对不同出图比例的图形进行文字和尺寸标注时要考虑出图的比例，把文字高度和标注样式里的全局比例相应地分别反向放大相应倍数。设置方法详见本章前面 10.3.1 小节里第 2、3 条的说明。

由于大多数用户习惯在模型空间里完成所有的绘图和标注工作，因此下面以在一张 A4 幅面的图纸上布置一个输出比例为 1∶100、尺寸为 6000×9000 的大矩形和输出比例为 1∶25、尺寸为 1500×2250 的小矩形为例，详细讲解在模型空间里绘图和标注，然后在布局空间进行多比例布图的步骤（注意：此处大矩形尺寸是小矩形尺寸的 4 倍，采用不同比例在图纸上输出后，大、小矩形应该是一样大的）

绘图及输出步骤如下：

(1) 在模型空间里采用1∶1的比例绘制大、小矩形。

(2) 在模型空间里对大、小矩形进行文字标注时，字高要相应地乘以输出图形时的反向比例。案例中大矩形的输出比例为1∶100，则要在大矩形内标注5号字，字高应设为5×100=500。而小矩形的输出比例为1∶25，所以在小矩形内标注5号字时，字高设为5×25=100。

(3) 在模型空间里进行尺寸标注。

对大矩形进行尺寸标注的步骤如下：

1) 单击菜单栏上的“格式”→“标注样式”按钮。

2) 在弹出“标注样式管理器”上单击“修改”按钮。

3) 在弹出的“修改样式管理器”里选择“调整”命令，把“使用全局比例”设为100后单击确定按钮，如图10-44所示。其他参数设置见第5章文字标注的相关内容。

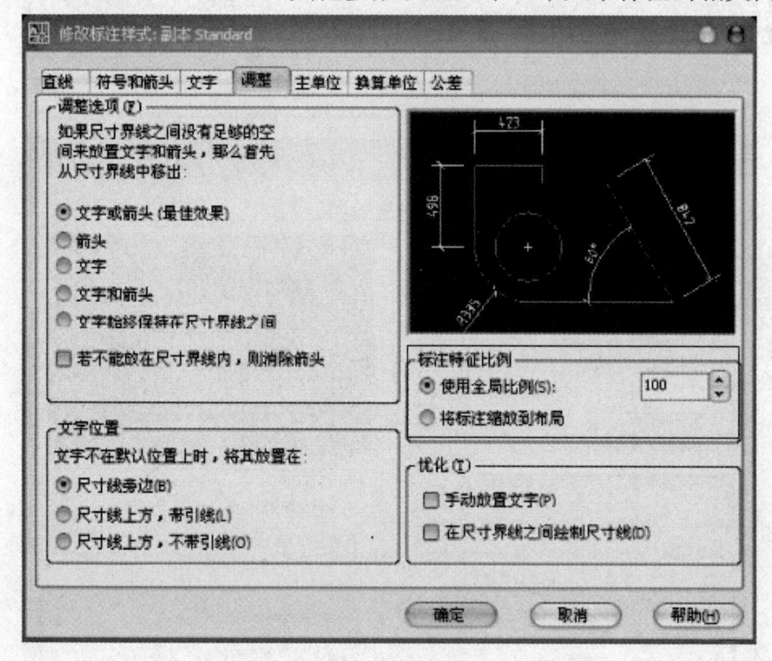

图10-44　大矩形的全局比例

4) 对大矩形进行尺寸标注。

对小矩形进行尺寸标注的步骤如下：

1) 单击菜单栏上的“格式”→“标注样式”按钮。

2) 在弹出的“标注样式管理器”上单击“新建”按钮，新建一个刚才标注大矩形时已经设置好的标注样式副本（如图10-45所示），然后单击“继续”按钮。

3) 在弹出的“修改样式管理器”里选择“调整”命令，把“使用全局比例”改为25后单击“确定”按钮，如图10-46所示。

4) 把新建标注样式置为当前，如图10-47所示。

5) 对小矩形进行尺寸标注。

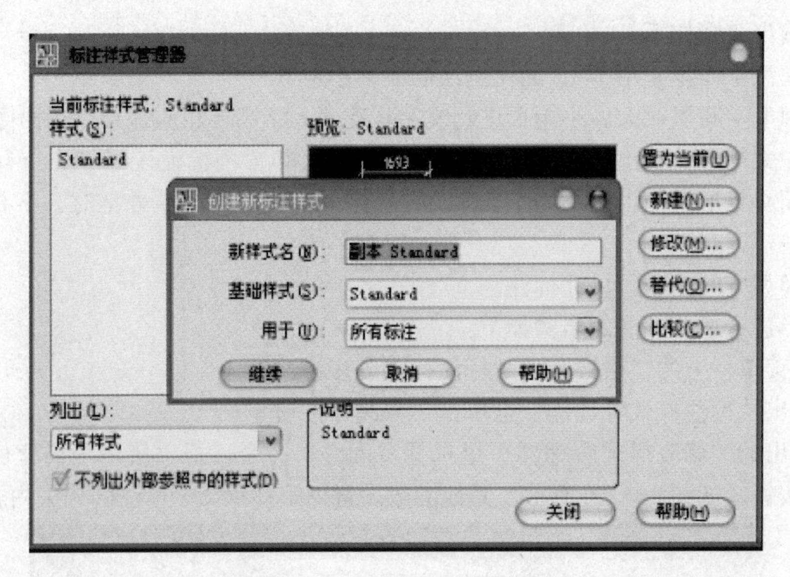

图 10 - 45　新建一个标注样式

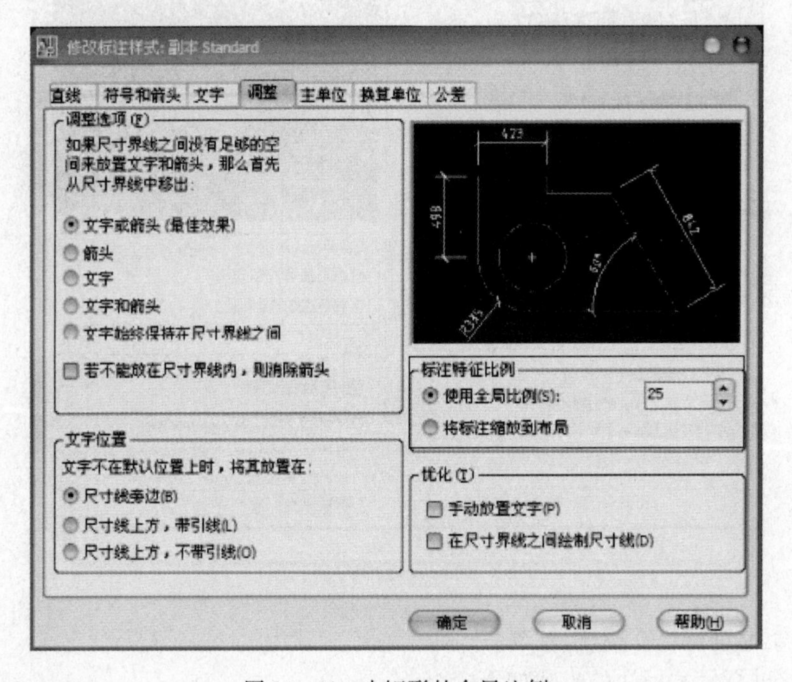

图 10 - 46　小矩形的全局比例

（4）由模型空间转换到布局空间。系统自动生成的浮动视口如图 10 - 48 所示。

（5）对“页面管理器”进行设置。单击菜单栏上的“文件”→“页面管理器”命令，对相关参数进行设置。案例中页面设置面板上的各参数设置如图 10 - 49 所示。

（6）回到布局空间，会发现浮动视口发生了变化，不再适合当前布局，所以应删掉原有的浮动视口，然后新建一个浮动视口。

1）在命令提示行输入快捷命令 E，选择原有浮动视口后按 Enter 键，将原有浮动视口

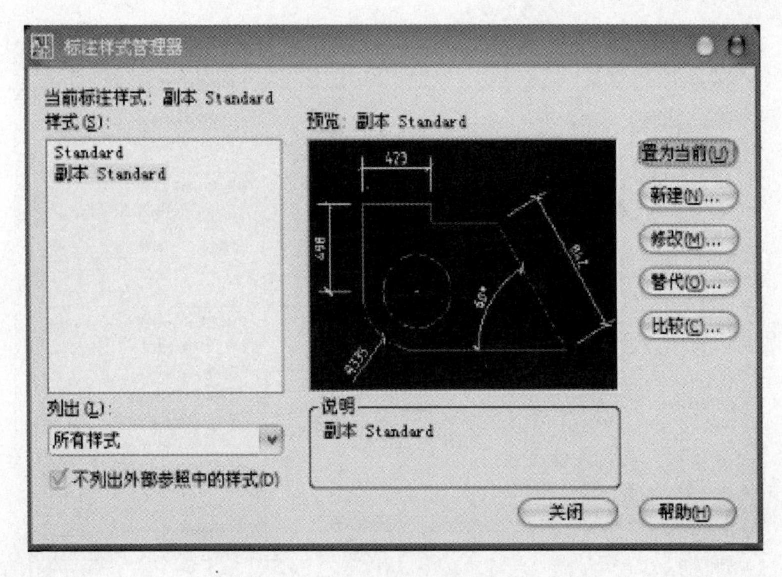

图 10-47　把新建标注样式置为当前

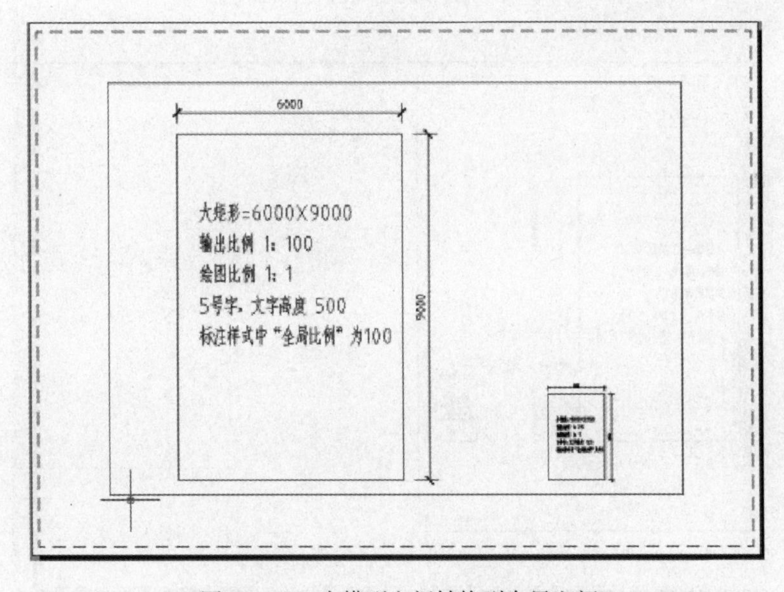

图 10-48　由模型空间转换到布局空间

删掉。

2）在命令提示行输入快捷命令 MV，新建一个视口（注意：为了避免视口边框被打印出来，应先新建一个图层，把该图层设为不可打印并置为当前，然后在该图层上绘制新的浮动视口），绘制好的视口如图 10-50 所示。

（7）针对大矩形进行布局。

1）在命令提示行上输入快捷命令 MS 或鼠标左键双击浮动视口内部，激活该浮动视口。

2）在命令提示行输入显示缩放快捷命令 Z 后，输入 S，然后再输入 1/100XP 后按 Enter 键。

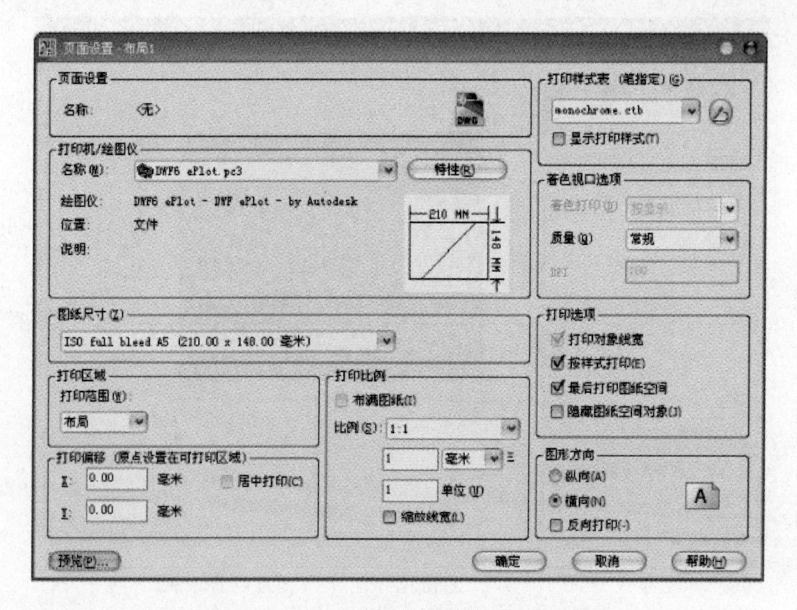

图 10-49　对布局空间进行页面设置

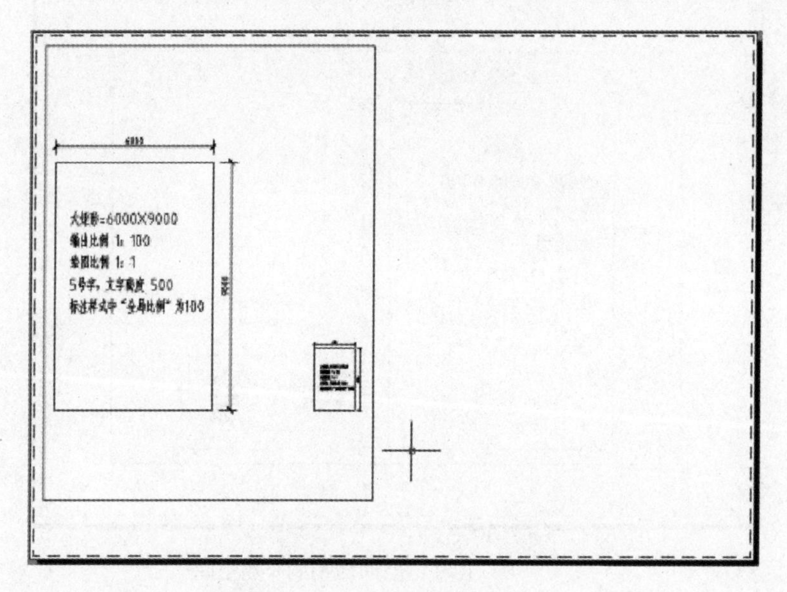

图 10-50　新建一个浮动视口

3）在命令提示行输入平移快捷命令 P，移动大矩形使之在浮动视口里的位置合适。

4）在命令提示行输入快捷命令 PS 或鼠标左键双击浮动视口外部，跳出激活视口状态，回到布局，调整浮动视口，最后结果如图 10-51 所示。

（8）针对小矩形进行布局。

1）在命令提示行输入快捷命令 MV，新建一个浮动视口。

2）在命令提示行上输入快捷命令 MS 或鼠标左键双击浮动视口内部，激活新的浮动视口。

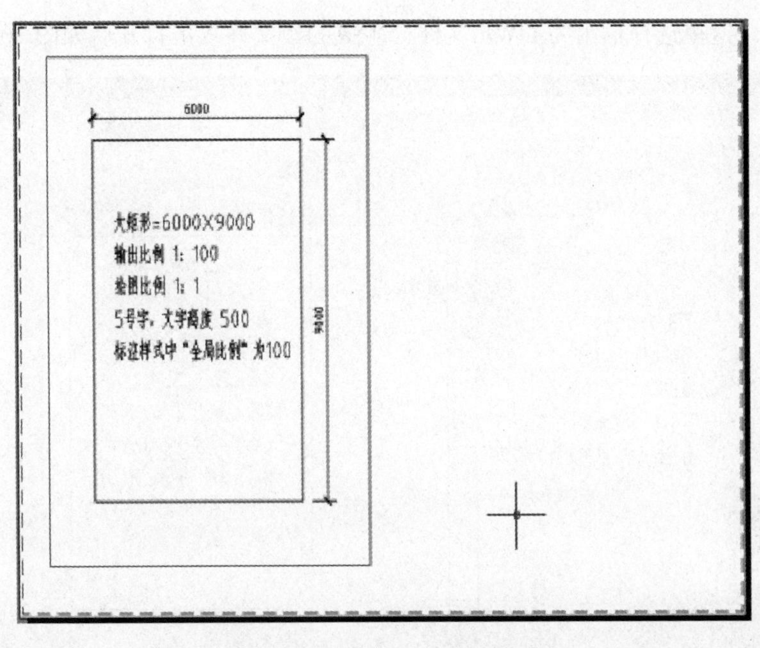

图 10-51　放置好大矩形的布局

3）在命令提示行输入显示缩放快捷命令 Z 后输入 S，然后再输入 1/25XP 后按 Enter 键。

4）在命令提示行输入平移快捷命令 P，移动小矩形到合适位置。

5）在命令提示行输入快捷命令 PS 或鼠标左键双击浮动视口外部，跳出激活视口状态，回到布局。在命令提示行输入快捷命令 M，把两个视口移动到布局中适当的位置，调整后的最终结果如图 10-52 所示。

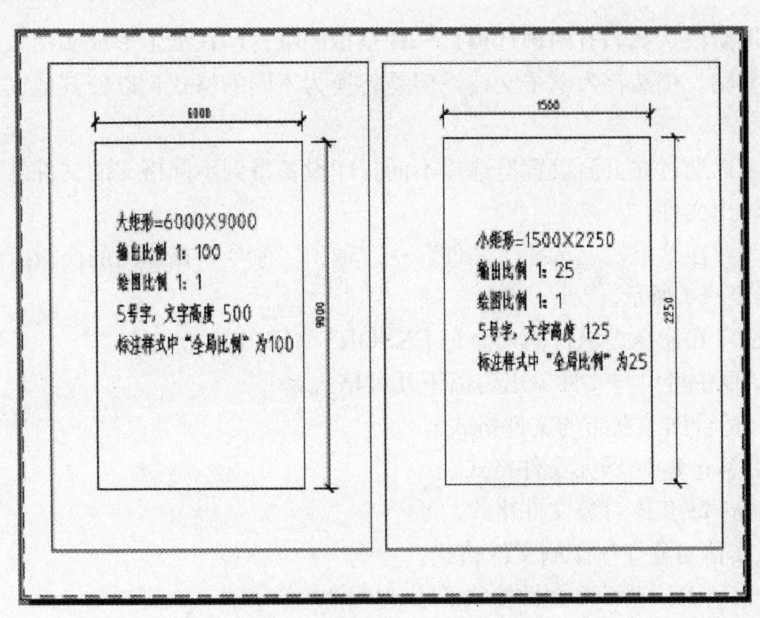

图 10-52　放置好小矩形的布局

（9）打印。这里选择输出为 DWF 文件，生成的新文件双击打开后如图 10-53 所示。

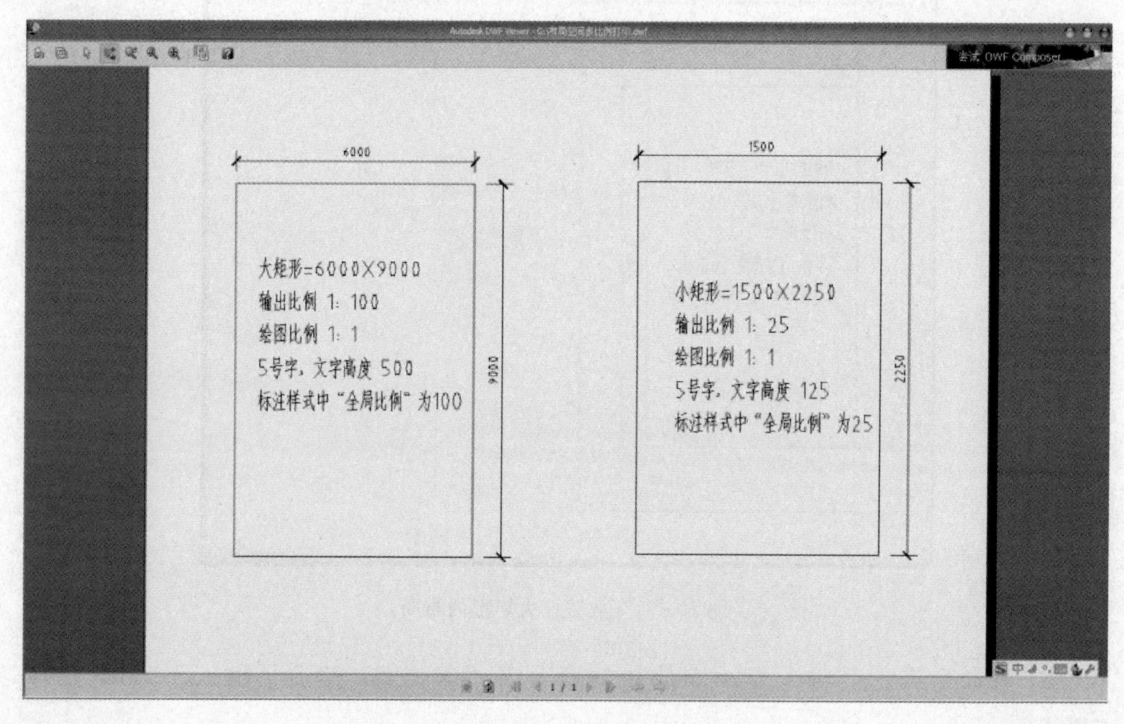

图 10-53　打开输出为 DWF 格式文件

10.5　图形输出的其他方式

在最后出图阶段，我们有两种选择：一种是把图纸打印在纸上形成实物；还有一种就是不把文件变为实物，仍然存为电子文档，但是转换为不同的格式，以便其他文件或程序调用或查看。

用户除了可以通过在页面设置里选择不同打印设备得到不同格式的文件外，还可以通过以下几种方法输出文件：

（1）方法一：在菜单栏上选择“文件”→“输出”命令，在弹出的面板上选择输出文件的格式，如图 10-54 所示。

（2）方法二：在命令提示行输入命令 EXPORT（EXP）。

在 AutoCAD 中可以将文件输出为以下几种格式：

1）DWF：适合网上发布的文件格式。

2）WMF：Windows 图元文件格式。

3）SAT：ACIS 实体对象文件格式。

4）STL：实体对象立体印刷文件格式。

5）EPS：封装 PostScript 文件格式。

6）DXX：属性提取 DXF 文件格式。

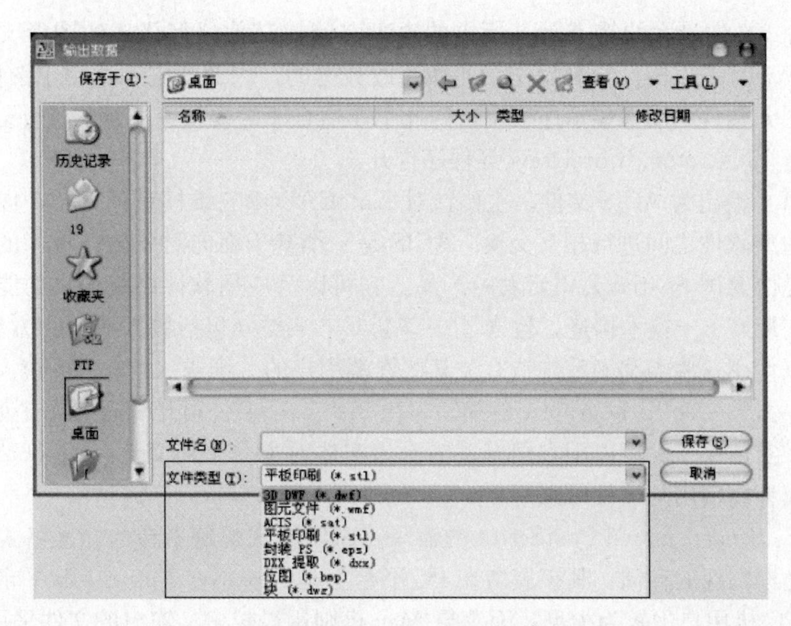

图 10 - 54　文件输出的格式

7）BMP：独立于设备的位图文件格式。

8）3DS：3D Studio 文件格式。

9）DWG：AutoCAD 图形文件格式。

10.6　常见问题分析与解决

1. 为什么有些图形能显示，却打印不出来？

答：如果图形绘制在 AutoCAD 自动产生的图层（DEFPOINTS、ASHADE 等）上，就会出现这种情况。因此，应避免在这些层上绘制实体。

2. 各种文件格式的含义分别是什么？

答：（1）DWF：为了能够在 Internet 上显示 AutoCAD 图形，Autodesk 采用了一种称为 DWF（Drawing Web Format）的新文件格式。DWF 文件格式支持图层、超级链接、背景颜色、距离测量、线宽、比例等图形特性。用户可以在不损失原始图形文件数据特性的前提下通过 DWF 文件格式共享其数据和文件。

DWF 文件与 DWG 文件相比，具有以下优点：

1）DWF 文件可以被压缩。它的大小比原来的 DWG 图形文件小 8 倍。

2）DWF 在网络上的传输速度较快。由于 DWF 文件较小，因此在网上的传输时间便缩短了。

3）DWF 格式更为安全。由于不显示原来的图形，因此其他用户无法更改原来的 DWG 文件。

（2）WMF：Windows Metafile 的缩写，简称图元文件，它是微软公司定义的一种 Windows 平台下的图形文件格式。目前，其他操作系统尚不支持这种格式，如 Unix、Linux

等。WMF 格式文件最大的特点是其所占的磁盘空间比其他任何格式的图形文件都要小得多。但由于 WMF 是以图像绘制操作序列来存放数据的，因此，它不适用于图像处理领域；其次，由于图元文件的图像显示速度慢，因此也不适合于需要快速显示的场合。图元文件可以用 Acdsee、Illustrator、CoreDraw 等程序打开。

（3）SAT：输出为 ACIS 文件。主要针对 AutoCAD 中三维模型的输出，以便文件可以在别的三维造型软件之间进行相互交换。ACIS 是一个基于面向对象软件技术的三维几何造型引擎，它是由美国 Spatial 公司研发的产品。它可以为应用软件系统提供功能强大的几何造型功能。它用 C＋＋技术构造，包含了一整套 C＋＋类（包括数据成员和方法）和函数，开发人员可以使用这些类和函数构造有关某些终端用户的二维或三维软件系统。

（4）STL：STereo Lithography 的缩写，由 3DSystems 公司开发而来，它使用三角形面片来表示三维实体模型。可以用它把模型输出为实体对象立体化文件，AutoCAD 中一般利用其做快速成型。输出的文件可以用 Magics pro、3D Exploration 等打开。

（5）EPS：Encapsulated PostScript 的缩写。EPS 格式是跨平台的标准格式，主要用于矢量图像和光栅图像的存储。其扩展名在 PC 平台上是 . eps；在 Macintosh 平台上是 . epsf。这种格式在 PC 机用户中较为少见，而苹果 Mac 机则用得较多。输出的文件采用 PostScript 语言形成一种 ASCII 码文件格式，可以同时包含像素信息和矢量信息。主要用于排版、打印等输出工作。输出的文件可以用 Illustrator、Photoshop 等打开。

（6）DXX：属性提取 DXF 文件格式。生成 AutoCAD 图形交换文件格式的子集，其中只包括块参照、属性和序列结束对象。DXF 格式提取时不需要样板。从文件扩展名 . dxx 可以将这种输出文件与普通 DXF 文件区分开来。

（7）BMP：bitmap 的缩写，即为位图图片。位图图片以“像素”为单位存贮图像信息。可以用 Photoshop、ACDSee 等程序打开。

（8）DWG：AutoCAD 图形文件格式。

10.7 上机实验

实验内容

打开一个已经绘制好的施工图，分别在模型空间和布局空间里，将文件按照 1∶100 的比例输出为 DWF 格式的文件。

第 11 章

BIM 简 介

11.1 什么是 BIM

BIM，即 Building Information Modeling（建筑信息模型）。先把 BIM 中间的字母 I 去掉，只剩下 Building Modeling，即建筑模型，这个模型既可以是用塑料、木料做成的实体模型，也可以是各类软件构成的虚拟模型，这些模型能让人对建筑物有一个感性的认识，能大体了解建筑物各部分的布局和比例。

BIM 中的 I，即 Information，是指通过数字信息仿真模拟建筑物所具有的真实信息。在这里，信息的内涵不仅仅是几何形状描述的视觉信息，还包含了大量的非几何形状信息，如建筑构件的材料、重量、价格、采购信息、施工进度等。实际上，对于一个建筑物而言，在它的报建、规划、设计、施工、监理、支付、使用、维护过程中的所有信息都可以被存储进去，也可以随时被读出来，以便于使用。

由此可以说，BIM 的技术核心是一个由计算机三维模型所形成的数据库，它不仅包含了建筑师的设计信息，而且可以容纳从设计到建成使用，甚至是到使用周期终结的全过程信息，并且各种信息始终是建立在一个三维模型数据库中。这些信息既完整可靠又完全协调，并且能够在综合数字环境中保持信息的不断更新，还可以提供访问，使建筑师、工程师、施工人员以及业主等各参与方可以清楚、全面地了解项目。在项目的不同阶段，不同参与方都可以在 BIM 中插入、提取、更新和修改信息，在共同的模型中实现协同作业，如图 11-1 所示。

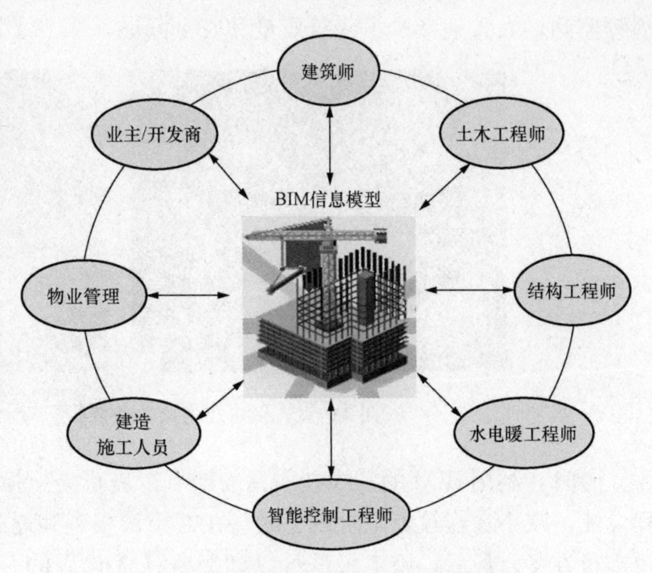

图 11-1　BIM 建筑信息模型示意图

11.2 BIM 的价值

11.2.1 对设计者的价值

（1）支持设计者以更自然的设计交互模式工作。采用 BIM 进行建筑设计类似于创建和实际的建筑相对应的数字化建筑模型的过程，创建模型的过程类似于为建筑挑选并添加不同的建筑构件，如墙体、门窗、屋顶、楼梯等。采用这种虚拟建造的应用模式，相对于传统的基于图形的计算机制图系统来说更为形象、直观。

（2）设计修改高度智能及自动化。基于 BIM 技术的参数化模型包含一个集成的数据库，模型中的所有内容都是参数化和相互关联的。和传统的制图系统相比，BIM 产生的是“协调、内部一致的可运算的建筑信息”，BIM 模型成果具有参数化模型固有的双向联系性、修改的及时性及全面传递变更的特性。另外，参数化模型与尺寸标注是双向关联的，对各个对象间关系所做的任何修改都会立刻通过参数化修改引擎在整个设计中反映出来，从而大大地提高了设计的质量和效率，最大程度地减少了图纸出错的可能性。

11.2.2 对施工企业的价值

施工企业注重以 BIM 应用为载体的项目管理信息化，以提高项目生产效率，提高建筑质量，缩短工期，降低建造成本。具体体现在以下几个方面：

（1）虚拟施工，有效协同。BIM 的一大特点是三维可视化，如图 11-2 所示。三维可视化功能再加上时间维度，可以进行虚拟施工，随时随地、直观快速地将施工计划与实际进展进行对比，同时进行有效协同，施工方、监理方甚至非工程行业出身的业主等人员，都对工程项目的各种问题和情况了如指掌。这样，通过 BIM 技术结合施工方案、施工模拟和现场视频监测，大大地减少了建筑质量和安全问题，减少了返工和整改。

图 11-2　实际管线安装与模拟三维管线安装布置图

同时，利用 BIM 的三维技术在前期可以进行碰撞检查，如图 11-3 所示。它可以优化工程设计，减小在建筑施工阶段可能存在的错误损失和返工的可能性，而且优化净空，优化管线排布方案。最后，施工人员可以利用碰撞优化后的三维管线方案进行施工交底和施工模拟，提高施工质量，同时也提高了与业主沟通的能力。

（2）快速算量，多算对比，有效管控。BIM 数据库的数据粒度达到构件级，通过建立 5D 关联数据库，可以准确、快速地计算工程量，提高施工预算的精度与效率。BIM 数据库可以实现任一时点上工程基础信息的快速获取，通过合同、计划与实际施工的消耗量、分项单价、分项合价等数据的多算对比，可以有效地了解项目运营是盈是亏、消耗量有无超标、进货分包单价有无失控等问题，实现对项目成本风险的有效管控。

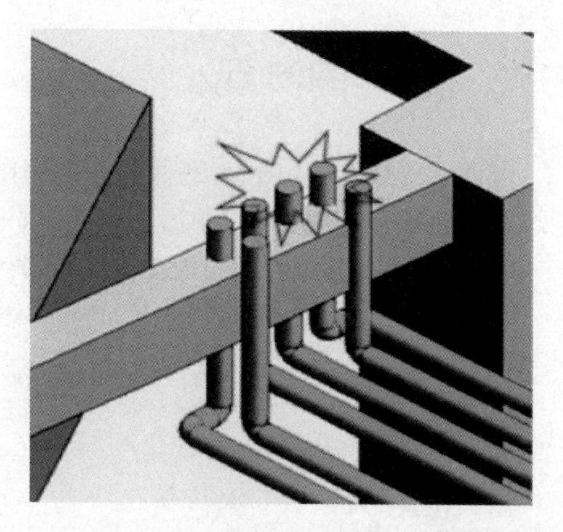

图 11－3　碰撞检查——暖通水立管和结构梁碰撞

（3）精确计划，减少浪费。施工企业精细化管理很难实现的根本原因在于，海量的工程数据无法快速、准确获取，以支持资源计划，致使经验主义盛行。而 BIM 的出现可以让相关管理条线快速、准确地获得工程基础数据，为施工企业制定精确人材计划提供有效的支撑，大大减少了资源、物流和仓储环节的浪费，为实现限额领料、消耗控制提供了技术支撑。

11.2.3　对业主的价值

业主作为建筑生命周期的使用者，是 BIM 的直接受益者。由于 BIM 模型存储了建设项目的所有几何、物理、性能、管理信息，事实上它已经成为实际项目的克隆或 DNA，在此基础上的 4D/5D 及更多维度的应用为业主提供了传统 CAD、效果图或手工绘图无法实现的价值。

（1）实现项目各方的沟通协调。设计不仅有建筑、结构、给水排水、暖通、电气、概预算等专业，还有数据、通信、安全、节能等专业，这些专业之间的分工是清晰的，合作是模糊的，每个专业的图纸都是对的，合在一起就会出现一些问题。通过协调综合，把设计图纸的错误在招标以前都找出来一并修改好，让招标图纸不出错，这样就可以大大地减少目前出现的图纸错误和设计变更问题。

（2）对施工过程进行有效控制。通过 BIM 模型的四维模拟、五维模拟，业主可以把承包商提供的施工方案依照实际情况模拟出来，把不可行或不合理的施工方案都预先侦查出来并且在施工开始前调整修改好，对采购、运输、安装过程和每天的施工计划进行动态集成管理和跟踪等，这样可以保证施工现场不出错，并且能够保证项目按时建成，大大减少追加预算。

（3）保证有效的物业管理和维护。虚拟模型和建筑实体虚实结合，可以让运营维护不出错。到了运营维护阶段，有一个虚拟的建筑物模型，这个 BIM 模型和数据是一直在更新的，保证跟实际建筑物的内容是一样的。要对这个实际建筑物做一些主动的维护和维修，可以在虚拟模型上先进行分析和研究，选择相应的手段，保证它不会出现一些不可预见的问题。

11.3 BIM 的实现

如前文所述，BIM 技术有如此大的作用。那么，对于一个准备应用 BIM 技术的企业或组织，应该如何实现 BIM 的应用呢?

一个完整的 BIM 应用系统由专门组织中的人员、信息、计算机硬件、计算机软件四部分组成，如图 11-4 所示。

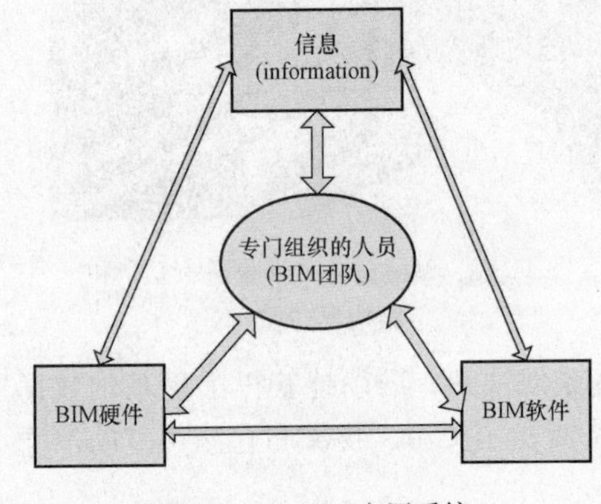

图 11-4　BIM 应用系统

图 11-4 中强调的是专门组织的人员，即 BIM 团队，这样是要表达一个思想：BIM 应用需要依靠强大的团队来完成，单纯依靠一个人或者几个人的力量来完成的难度非常大。原因也非常简单，从投标开始至交付竣工，同时涉及的专业有建筑学、结构、装饰、强电、弱电、消防、采暖、通风与空调等，这不是依靠个人之力就能够完成的。所以，BIM 必须依靠一个团队来实现，团队成员之间应该有明确的分工。这是 BIM 应用成功的组织保证。

信息（information），即 BIM 中的 I。BIM 模型集成的建筑工程项目的各种相关信息，为设计师、建筑师、水电工程师、开发商乃至最终用户等各环节的人员进行“模拟和分析”提供了数据支持。

计算机硬件在 BIM 应用中起到了关键作用，硬件选择必须与计算机 BIM 软件相匹配。因 BIM 基于三维的工作方式，因此它对硬件的计算和图形处理能力提出了很高的要求。就最基本的项目建模来说，BIM 建模软件相比较传统的二维 CAD 软件，在计算机配置方面，需要注重 CPU、内存和显卡的配置。但从项目应用 BIM 的角度出发，需要考虑的不仅仅是单个软件产品的配置要求，还需要考虑项目的大小、复杂程度、BIM 的应用目标、团队应用程度、工作方式等。

常用的 BIM 软件硬件配置建议如图 11-5 所示。

计算机软件是 BIM 应用的发动机。目前，BIM 软件正在日新月异地涌现出来，BIM 理念也越来越受重视。企业在选择软件时，首先需要明确 BIM 应用业务目标：我们为什么要采用 BIM 技术，用它来为我们做什么。三维设计远远比二维设计复杂得多，BIM 又是基于从项目规划、设计、施工、运维等工程建设全生命周期的理念，BIM 软件平台远远比二维的 CAD 系统复杂。目前，没有任何一家公司的软件能够解决所有 BIM 问题，也找不到功能、性能、多专业支持、数据交换、扩展开发、价格、厂商实力等各方面都比其他软件有优势的任何一款软件。因此只能根据主要业务目标和项目的实际情况选择“适合”的软件来完成相应的 BIM 应用内容。只要明确了目标，明确了哪个软件平台能够最大限度地帮助我们实现 BIM 应用的业务目标，哪个软件平台就是最合适的。

我们将在下一部分内容对 BIM 系列软件进行详细的介绍。

操作系统	Microsoft Windows 7 SP1 64位：（企业版、旗舰版、专业版） Microsoft Windows 8 64位：（企业版、专业版） Microsoft Windows 8.1 64位（企业版、专业版）		
硬件配置	最低配置（入门级配置）	通用配置（平衡价格和性能）	推荐配置（服务器，性能优先
参考价格	4000元	6000元	9000元
购置建议	项目结构复杂，建筑面积5万以上不建议使用	建议建模硬件、BIM系统应用硬件均配置此硬件	每个项目至少一台，用于展示
CPU	I5-4590 3.3 GHz +	I7-4770 3.4GHz +	E3-1240V3 3.40GHz
内存	16GB	32GB	64GB
硬盘	500GB（7200转）	1TB（7200转）	1TB（7200转）
显卡指标	1280 * 1024 DirectX 11 Shader Model 4	1680 * 1050 DirectX 11 Shader Model 4	1920 * 1200 DirectX 11 Shader Model 4
显卡型号(供参考)	AMD R7 250 Nvidia GTX 650	AMD R7 260 Nvidia GTX 750	AMD R9 270 Nvidia GTX 760 NVIDIA Quadro系列

图 11-5 BIM 软件硬件配置

11.4 BIM 系列软件

曾见有人问 BIM 是什么软件？这个问法欠妥。BIM 不是一个软件的问题，也不是一类软件的问题，BIM 所涉及的软件可以分成很多类，从规划开始直到建筑物生命结束；它可以分成很多的阶段，每个阶段都会涉及至少一种专业软件。

BIM 核心建模软件（BIM Authoring Software）是 BIM 得以存在和应用的基础。其他应用软件都是通过与 BIM 核心软件在不同层次上的信息交换，为项目不同参与方利用 BIM 提高了各自的工作质量和效率服务。但是，目前国内在 BIM 核心建模软件这个领域上基本处于空白状态。

除了 BIM 核心建模软件以外，与 BIM 相关的软件共有 12 种，分别是 BIM 方案设计软件、与 BIM 接口的几何造型软件、可持续分析软件、机电分析软件、结构分析软件、可视化软件、模型检查软件、深化设计软件、模型综合碰撞检查软件、造价管理软件、运营管理软件、发布和审核软件。在这 12 类相关软件中，目前国内处于空白状态的共有 7 类之多。需要说明的是，这 12 类软件只是目前能够和 BIM 核心建模软件通过信息交换进行联合工作的软件，与 BIM 相融合互通的软件种类随时可能会有增减，但整体格局在较长的时间内不会有大的变化。

目前，国内 BIM 应用主要集中在两个方面：BIM 建模和 BIM 造价管理。下面介绍一下国内这两个方面常用的 BIM 软件。

1. BIM 建模软件

（1）Autodesk 公司的 Revit 系列。包括建筑（Revit Architecture）、结构（Revit Structure）和机电（Revit MEP），在民用建筑市场借助 AutoCAD 的天然优势占据了很大市场，是我国建筑业 BIM 体系中使用最广泛的软件之一。

（2）Bentley AECOsim。AECOsim 是 Architecture、Engineering、Construction、Operation、Simulate（建筑、工程、建造、运营、仿真）的缩写。包含建筑、结构、机械和电气四个模块。Bentley 产品主要应用在工厂设计（石油、化工、电力、医药等）和基础设施（道路、桥梁、市政、水利等）领域。

（3）PKPM。是一款集建筑、结构、设备一体化设计的软件系统，采用参数化构件和三维可视化设计，采用统一的核心数据架构，可以实现数据共享和互传。PKPM 的建筑设计软件 APM 已实现三维模型与施工图的双向关联，同步调整。目前，PKPM 实现了虚拟漫游、碰撞检查、精确统计算量等功能，是国内比较认可的非常接近 BIM 理念的设计软件系统。

（4）ArchiCAD。它可以说是最早的一个具有市场影响力的 BIM 核心建模软件。ArchiCAD 可以完成各阶段的详细设计，其界面直观，使用方法相对简单。但其建筑专业模块的功能较强，其他专业模块的功能较弱。

（5）Magicad。是一款用于机电 3D 设计的 BIM 软件。MagiCAD 软件目前支持 AutoCAD 及 Revit 双平台，可以保证在 AutoCAD 及 Revit 中生成的模型及数据能完整地进行转换。基于 Revit 平台的 MagiCAD 模块可以弥补 Revit MEP 的缺陷，同时可以将模型及数据一键传递回 AutoCAD 平台。

目前，国内常用的 BIM 建模软件应用如图 11-6 所示。

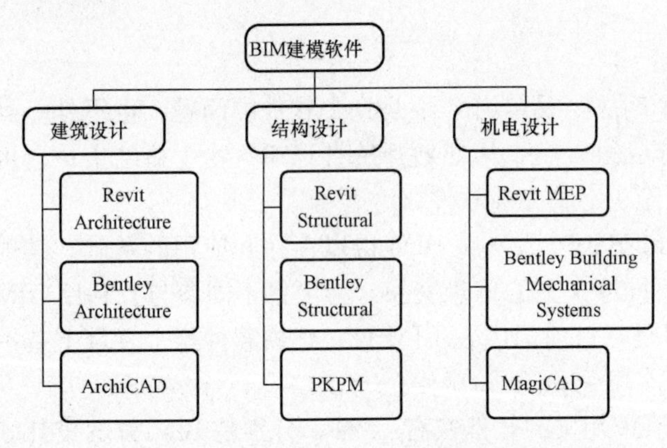

图 11-6　国内 BIM 建模软件应用

2. BIM 造价管理软件

算量软件是 BIM 技术的一种典型应用。目前，国内基于 BIM 技术的造价管理软件主要有广联达、鲁班和清华斯维尔。广联达是自主平台，鲁班和斯维尔是基于 AutoCAD 的平台。这三类软件在造价管理方面的 BIM 应用包括在原有图形算量软件的基础上增加 BIM 扩展功能。除此之外，还开发了专门的 BIM 建造阶段的技术应用。

（1）广联达软件。广联达软件目前在 BIM 方面的应用主要有三个：一个是建模软件 GMT；第二个是模型检查软件 GMC；第三个是 BIM5D 软件。由于广联达是自主平台，因此在建模方面有很大的优势。应用广联达 BIM 软件的时候要先分专业分别建模，并使用“文件→导出算量工程”功能，导出算量工程就可以在广联达的算量软件中进行工程量的计量。同时，还可以在 BIM5D 软件中进行碰撞检查。广联达 BIM5D 的具体功能在下一节（第 11.5 节）中进行介绍。

（2）鲁班软件。鲁班在导出算量工程和工程计量方面与广联达软件基本相同。鲁班软件的特色是集合了云应用功能，其数据更新效率更高。鲁班开发的基础数据分析系统（Luban PDS）属于项目级、企业级的 BIM 应用，而且是基于互联网的应用，可以跨越时间地域的界限，利用系统创造价值。对于鲁班开发的 Luban MC 系统，只要将包含成本信息的 BIM

模型上传到系统服务器，系统就会自动对数据进行处理，通过互联网技术，系统将不同的数据发送给不同的人，可以看到项目资金使用的情况，可以看到造价指标信息，可以查询下月的材料使用量，不同岗位、不同角色各取所需，共同受益，提高协同效率，从而使得不同角色的人对所开发项目的各类动态数据了如指掌，能实时掌控动态成本，实现多算对比。

（3）清华斯维尔软件。斯维尔和广联达、鲁班，作为三维算量和预算软件，有很多的相似之处。但斯维尔 BIM 软件的最大特点是：它是一款集结构、钢筋、建筑、装饰一体化的真三维算量软件，能完全实现工程量和钢筋二合一，只需建立一次模型。斯维尔软件可以进行动态修改、模型共享、工程量和钢筋量计算，可以分也可以合。

基于造价管理的土建、钢筋、安装等算量软件是 BIM 的工具软件，BIM 是系统软件，如何实现融合仍是个难题，里边还有许多技术难题需要解决。

11.5　BIM5D 软件应用实践

BIM 是一个信息中心，其信息量巨大，且不同组织对 BIM 的信息需求不同，希望达到的目的也不同。因此，在应用 BIM 前，应先明确目标。我们以建筑施工企业的 BIM 应用为目标进行介绍。

下面以广联达 BIM5D2.0 软件为例，介绍 BIM 施工软件的相关功能及操作流程，希望对大家学习 BIM 软件有所帮助。

1. BIM5D 软件的安装

BIM5D 软件为广联达研发的侧重施工阶段 BIM 应用的 BIM 平台。用户可以在广联达 BIM 系列产品的官方论坛 BIM 之路上下载学习版和正式版的广联达 BIM5D 软件，网站的网址是：http：//bim. fwxgx. com。学习版软件的试用期为 30 天。如果需要导入 Revit 模型，还需要同时下载 Revit for 5D 插件。在该网站上还可以下载 BIM 三维审图软件 GMC 和 BIM 浏览器。

安装完成后，桌面上会出现广联达 BIM5D2.0 的启动图标，如图 11-7 所示。

图 11-7　广联达 BIM5D2.0 启动图标

2. 工作界面及操作流程

（1）主界面构成。双击桌面上的广联达 BIM5D2.0 图标，即可启动广联达 BIM5D2.0 软件。初始界面如图 11-8 所示。主要包括系统工具栏（如图 11-9 所示）、屏幕菜单栏、快速访问栏和快速指南区（如图 11-10 所示）等。

1）单击启动界面左上角的 BIM5D 图标，弹出系统工具栏界面，在弹出的菜单中可以进行新建工程、打开工程、导入 5D 工程包等操作。

2）屏幕菜单栏主要包括新建工程、打开工程、保存工程、设置和关闭当前工程等五个快捷功能操作按钮。

3）BIM5D 启动界面的中间区域是快速访问栏，可以进行新建工程、打开工程和打开最近工程文件的操作。

4）在启动界面的右侧区域是软件的快速指南区，在这里可以进行联网视频学习。

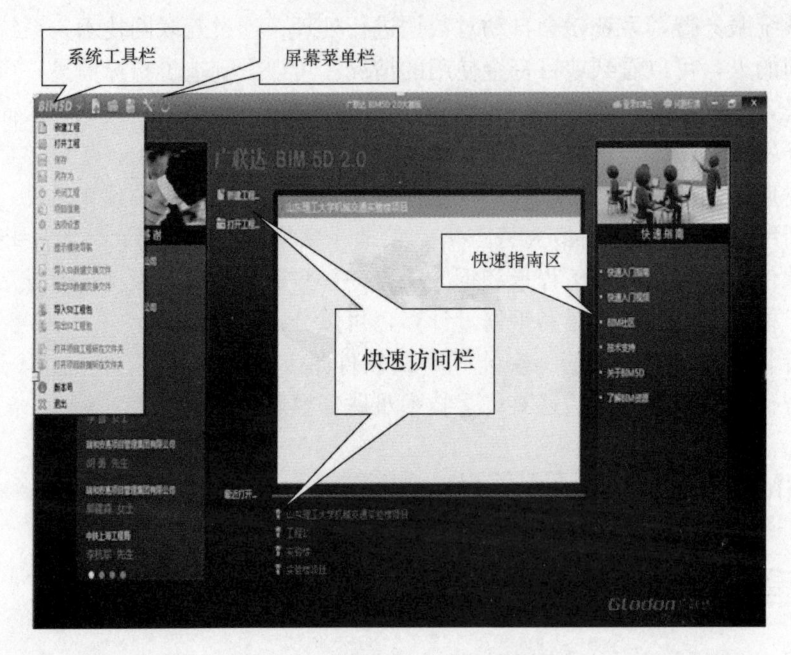

图 11-8　BIM5D 软件启动界面

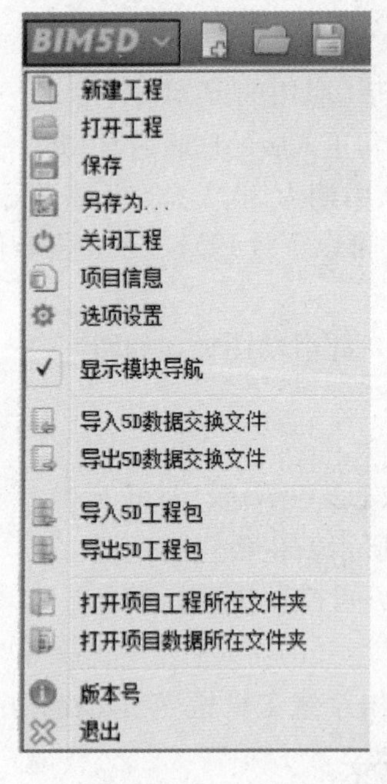

图 11-9　系统工具栏下拉菜单

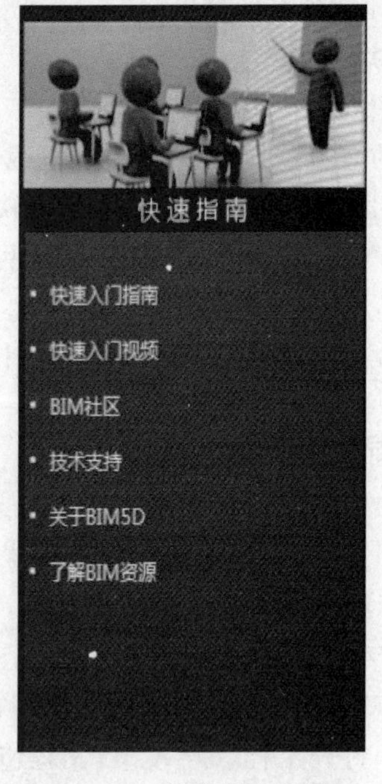

图 11-10　快速指南区图示

下面通过一个简单的案例工程向大家演示广联达 BIM5D2.0 软件的具体操作步骤。

注意：使用 BIM5D 软件时，请提前使用广联达相关软件将所建工程项目的土建建模模型.GMT、钢筋模型.GGJ、三维施工场地模型.GSL 导出 IGMS 格式文件，并使用 Office Project 软件编写工程项目进度计划表.MPP，以备在 BIM5D 软件中导入使用。

(2) 软件操作流程图。BIM5D2.0 软件的操作流程如图 11-11 所示。

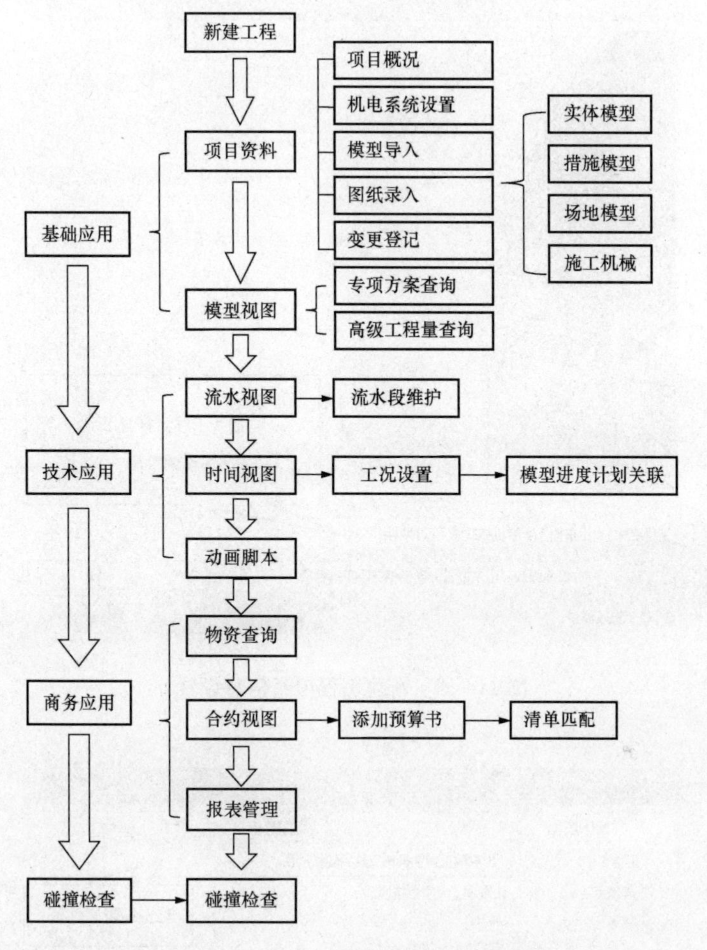

图 11-11　软件操作流程图

3. 案例展示及软件操作

(1) 新建工程。

第一步：双击桌面上的快捷方式广联达 BIM5D2.0 ，启动 BIM5D2.0 软件。

第二步：单击“新建工程”按钮，在弹出的对话框中输入所建工程的项目信息，即项目的“工程名称”和“工程存放路径”，系统默认的存放路径是存放在软件安装盘所在的 WorkSpace 文件夹中，也可以通过单击“浏览”按钮自行设置项目文件的存放路径，如图 11-12 所示。

第三步：单击“下一步”按钮，进行所建项目的属性编辑，包括工程名称、工程地点、工程造价、建筑规模、开工日期、竣工日期、建设单位、设计单位、施工单位等属性，通过单击属性栏中所对应的条目将所建项目的信息录入到对应的选项卡中，最后单击“完成”按钮，完成新建工程的设置向导，如图 11-13 所示。

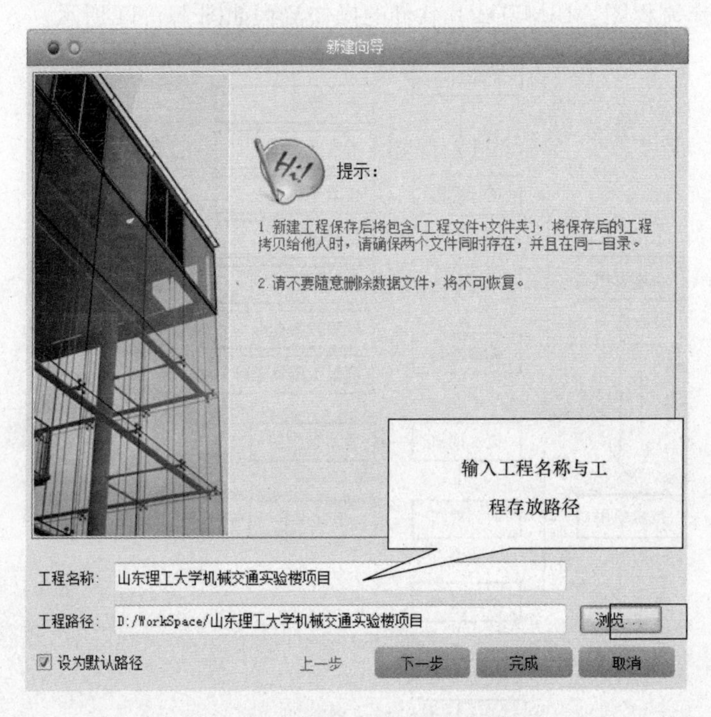

图 11－12　新建工程项目信息设置

图 11－13　新建工程属性编辑

(2) 项目资料设置。完成新建项目的设置向导后，系统会自动弹出“项目资料”设置界面，用户可以在此界面完成项目概况、单体楼层设置、机电系统设置、模型导入、图纸录入、变更登记、施工单位等操作。

第一步：在项目概况栏下添加项目效果图。单击项目概况栏下的添加效果图按钮，可以上传添加多张本地格式为 PNG/JPG/JPNG 格式的图片文件作为所建项目的效果图，如图 11-14 所示。上传多张效果图时，可以左右切换查看。

图 11-14 添加效果图图示

第二步：可以对上传的效果图进行删除操作，通过单击“删除效果图”按钮，即可删除已上传的图片。

第三步：可以通过单击“查看项目信息”按钮，对先前保存的所建项目的设置向导资料进行查看或更改。

第四步：单击“模型导入”按钮，在弹出的对话框中有实体模型、措施模型、场地模型和施工机械四种模型导入窗口；首先，我们选择“实体模型”导入窗口；然后，单击新建分组按钮，将新建分组命名为“土建”，单击“添加模型”按钮，将准备好的本地存放的土建建模模型（导出 IGMS 格式文件）文件添加到实体模型中；可以根据此步骤完成“钢筋”等专业的实体模型导入工作。措施模型、场地模型和施工机械模型导入的步骤与实体模型导入的方法相同（场地模型的导入应分成基础施工阶段、主体施工阶段和装修阶段分别导入）。

第五步：由于实体模型与场地模型导入完成后，系统不会自动匹配两种模型的位置，这时就需要进行手动整合：返回“实体模型”窗口界面中，单击模型预览按钮，然后单击按钮，在模型预览视图下选择实体模型的一个特征点，使用鼠标拖动实体模型，将土建模型与场地模型中的实体模型 CAD 底图进行整合，如图 11-15 和图 11-16 所示。

(3) 模型视图设置。

第一步：在界面左侧可以进行勾选“楼层”或“专业构件类型”的过滤操作，如图 11-17所示。在楼层选项中勾选“第 4 层”并在专业构件类型中勾选“梁”和“柱”，则

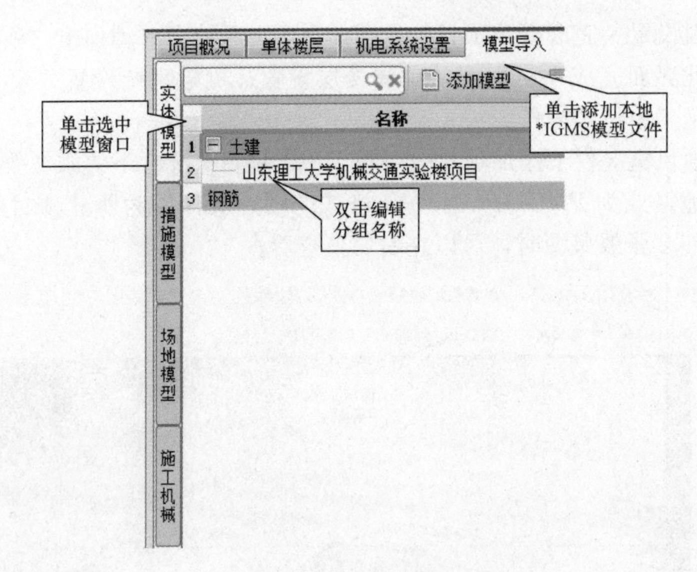

图 11 - 15　添加模型文件

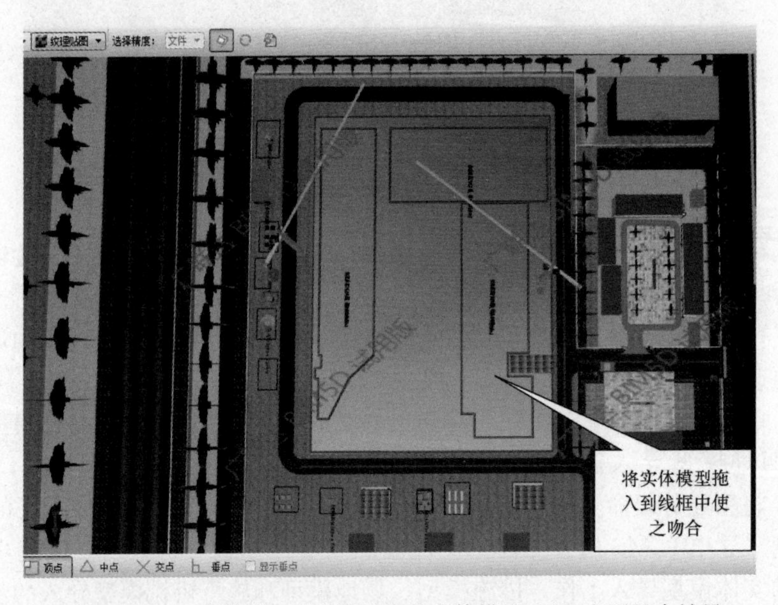

图 11 - 16　土建模型与场地模型中的实体模型 CAD 底图整合效果

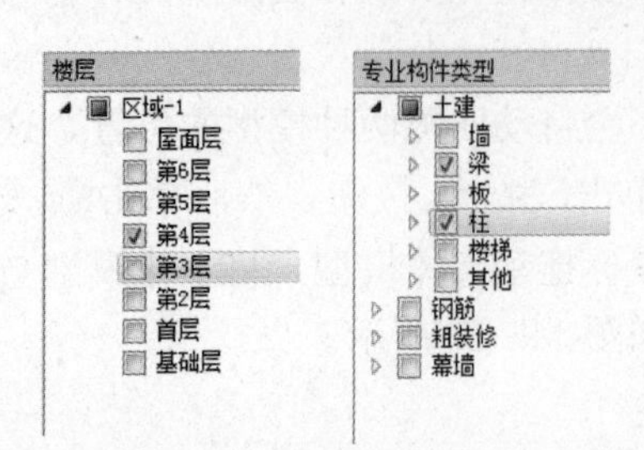

图 11 - 17　模型视图过滤设置

在模型视图中只显示出项目模型的第四层的梁和柱，即勾选的楼层和构件将会在模型显示界面中显示出来，而未被选中的楼层或构件将被隐藏。

第二步：显示图元树，单击模型界面右边栏的“图元树”按钮，选中所要编辑的柱、梁、板、墙等建筑构件，可以对其进行颜色和材质的修改。在广联达 BIM5D2.0 中，软件提供了常见的构件材质，用户可以结合所建项目特点对所建实体模型进行材质渲染，使模型更加美观，同时也可通过新增材质载入自己想要的建筑材质。

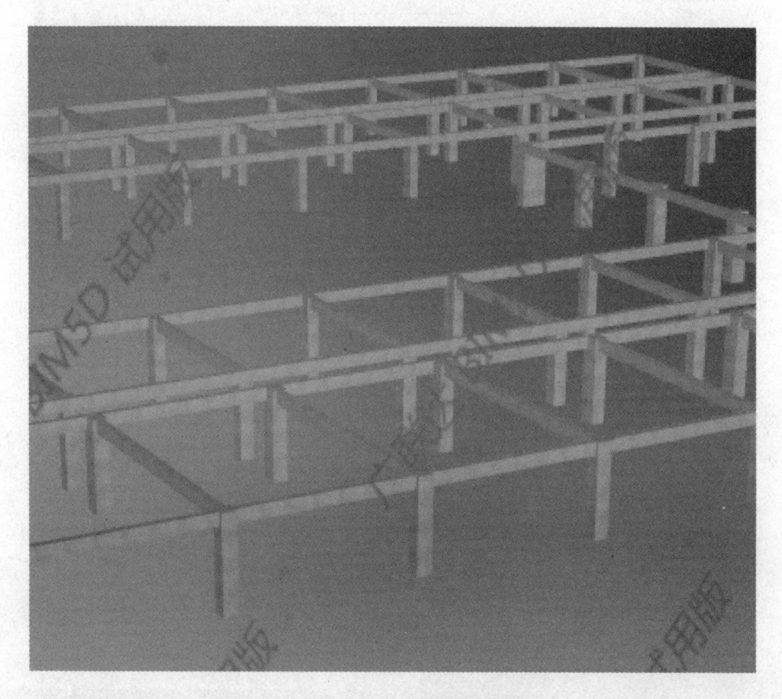

图 11-18　模型过滤视图显示

第三步：下面我们示范将六层的墙的材质设置成“砖 001”。在右侧选中第 6 层→土建→墙，如图 11-19 所示。单击鼠标右键，选择“编辑材质”选项，在弹出的“材质管理”对话框中选择 19 号“砖 001”，如图 11-20 所示。然后单击“确定”按钮即可。

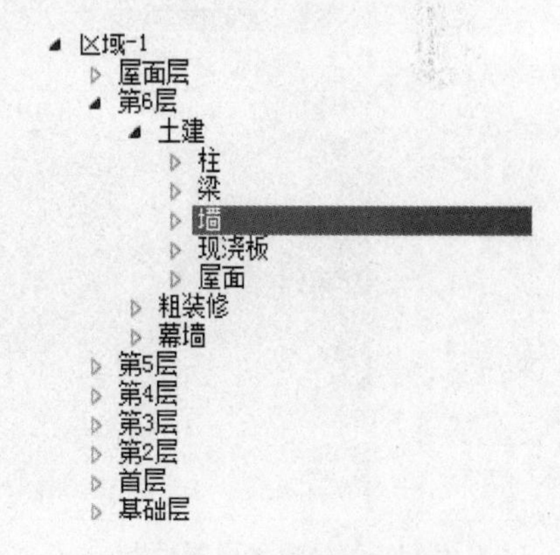

图 11-19　构件材质过滤设置

（4）流水视图设置。

注意：流水视图阶段流水段的划分要与编写的 project 进度计划文件相一致，以保证其能在时间视图中进行相关的进度关联工作。

第一步：单击“流水视图”按钮，弹出如图 11-21 所示的流水视图设置界面。单击 流水段维护 按钮，对所建项目进行施工流水段维护。

第二步：在弹出的“流水段维护”对话框中，单击左上角的按钮，弹出“新建分组”界面，用户可以根据所建项目的模型特点，对实体模型的基础层、标准层、屋面等进行土建专业、钢筋专业、粗装修专业等进行流水段的自定义分类，如图 11-22 所示。进行“土建专业基础层”的新建分组作业，并将其命名为“基础层”，最后单击“确定”按钮完成新建分组。

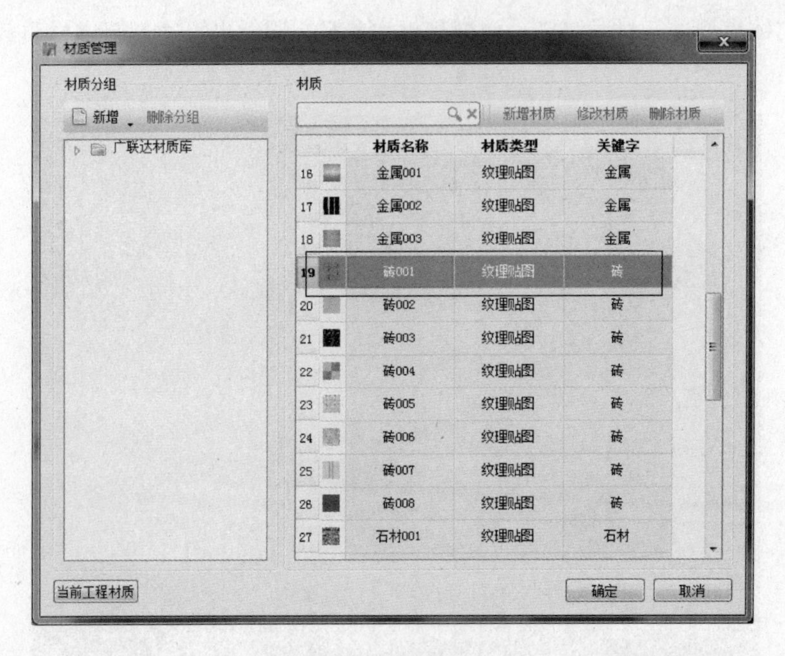

图 11 - 20　构件材质管理

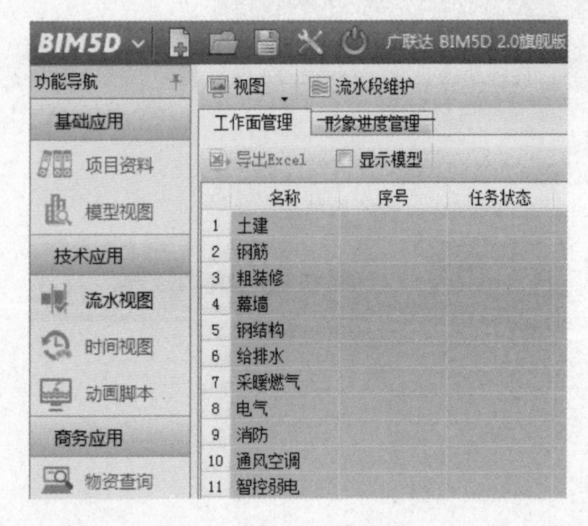

图 11 - 21　流水视图设置

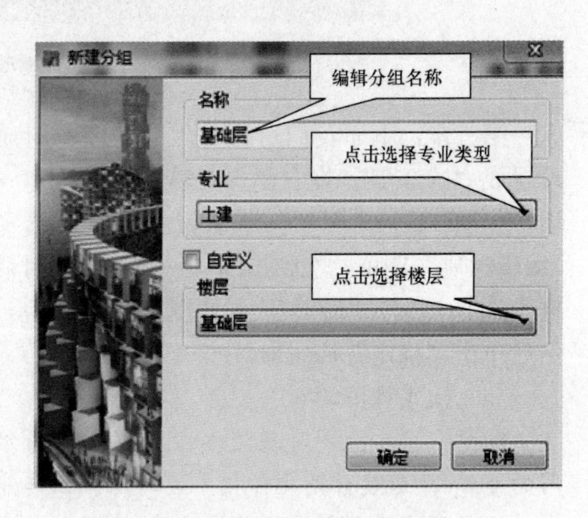

图 11 - 22　新建流水段分组

第三步：基础层新建分组完成后单击按钮新建流水段，在弹出的“流水段创建”界面中，首先在左侧勾选基础层流水段所建的建筑构件独立基础、垫层和基坑土方（图示锁被锁住即表示勾选成功），在此我们将所有基础作为一个流水段，单击按钮进行流水段划分，将图示的所有构件用闭合曲线框选中，单击界面右下角的“确定”按钮，完成基础层流水段的划分，如图 11 - 23 所示。

第四步：单击左上角的按钮，进行首层的流水段划分。由于此项目的地上土建工程比较复杂，因此我们人工地将其分为四个流水段。首先，编辑分组名称“A 段”，勾选土建

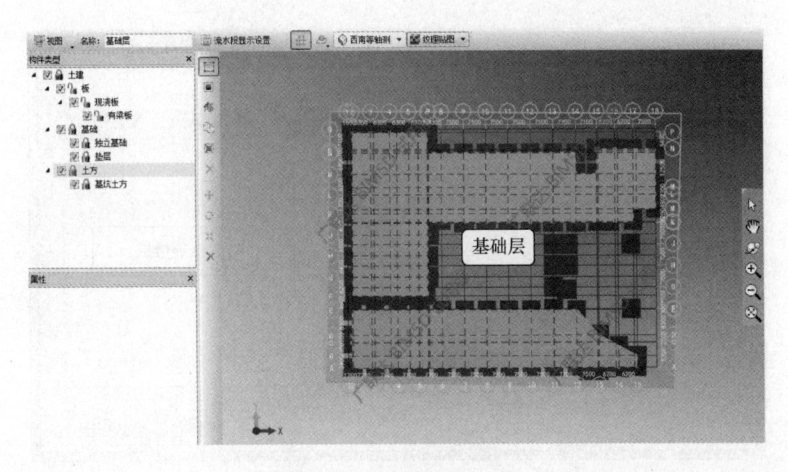

图 11 - 23　创建流水段

专业的所有构件类型，将其锁住；然后，单击按钮，然后编辑重复上述操作步骤，完成 B 段、C 段、D 段的流水段划分。

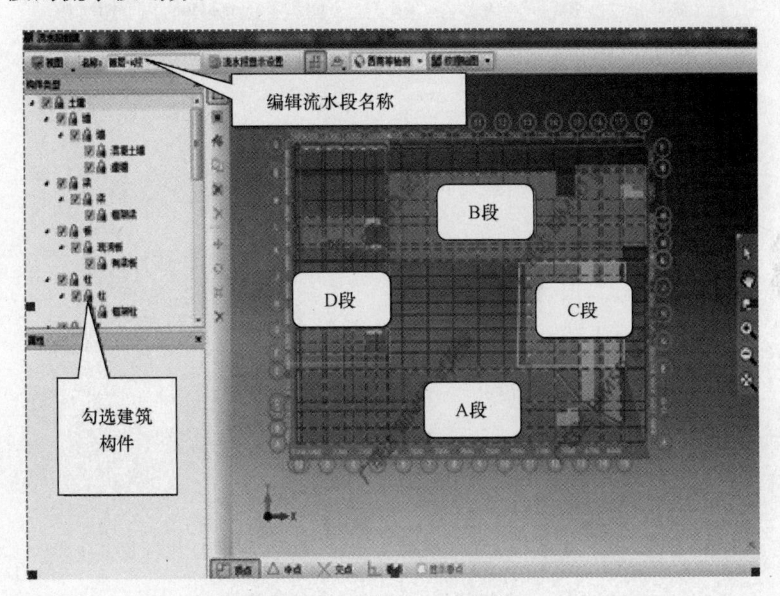

图 11 - 24　首层流水段划分

第五步：由于地上自然层构件布局基本相同，所以我们可以将首层划分的流水段复制到其他自然层。单击按钮，弹出“复制流水段”界面，选中“复制到楼层”，勾选“第 2 层”至“屋面层”，然后单击“确定”按钮，如图 11 - 25 所示。这样，整个项目的土建专业流水段划分工作便完成了。

依照上述步骤，依次完成粗装修、玻璃幕墙的流水段划分，如图 11 - 26 所示。

(5) 时间视图设置。

时间视图的设置主要包括进度关联、工况设置、进度模拟、资源查看、进度跟踪等。

注意：时间视图的设置需要在计算机上安装 Microsoft Office Project 2010/2013 软件。

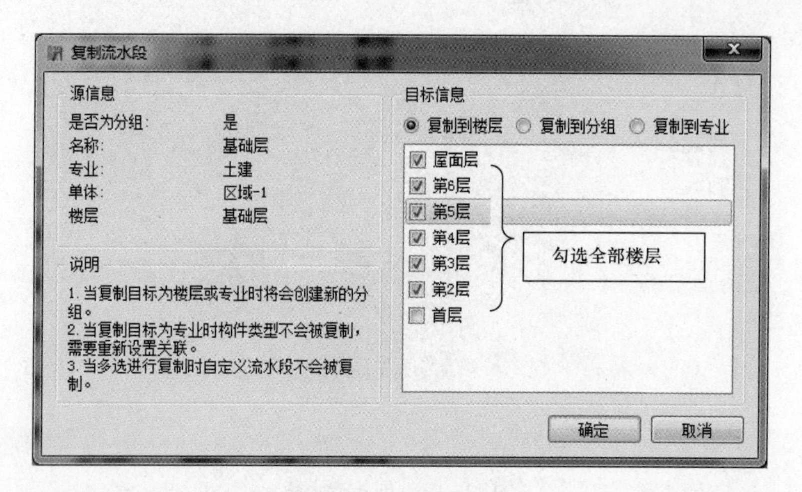

图 11 - 25　复制流水段

当前单体：区域-1

	名称	编码	专业	单体	楼层	标高范围	构件类型
1	⊟ 土建						
2	⊞ 基础层	JCC B00	土建	区域-1	基础层		
4	⊞ 首层	SC L001	土建	区域-1	首层		
9	⊞ 二层	EC L002	土建	区域-1	第2层		
14	⊞ 三层	SC L003	土建	区域-1	第3层		
19	⊞ 四层	SC L004	土建	区域-1	第4层		
23	⊞ 五层	WC L005	土建	区域-1	第5层		
26	⊞ 六层	LC L006	土建	区域-1	第6层		
30	⊞ 屋面层	WMC L007	土建	区域-1	屋面层		
33	⊟ 粗装修						
34	⊞ 首层	SC L001	粗装修	区域-1	首层		
36	⊞ 二层	EC L002	粗装修	区域-1	第2层		
38	⊞ 三层	SC L003	粗装修	区域-1	第3层		
40	⊞ 四层	SC L004	粗装修	区域-1	第4层		
42	⊞ 五层	WC L005	粗装修	区域-1	第5层		
44	⊞ 六层	LC L006	粗装修	区域-1	第6层		
46	⊞ 屋面层	WMC L007	粗装修	区域-1	屋面层		
48	⊟ 幕墙						
49	⊞ 一层	YC L001	幕墙	区域-1	首层		
51	⊞ 二层	EC L002	幕墙	区域-1	第2层		
53	⊞ 三层	SC L003	幕墙	区域-1	第3层		
55	⊞ 四层	SC L004	幕墙	区域-1	第4层		
57	⊞ 五层	WC L005	幕墙	区域-1	第5层		
59	⊞ 六层	LC L006	幕墙	区域-1	第6层		

图 11 - 26　粗装修、玻璃幕墙的流水段划分

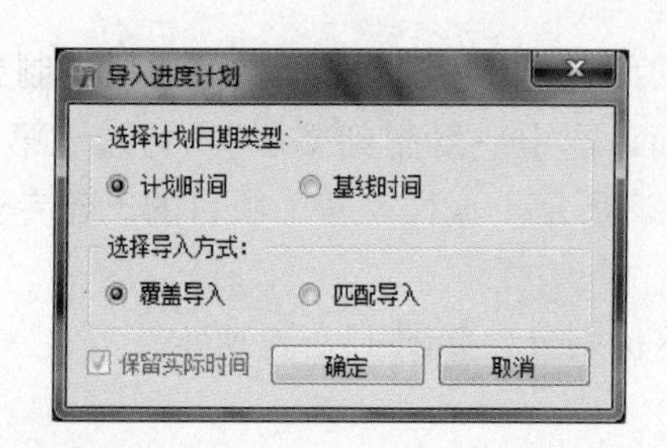

图 11 - 27　导入进度计划

第一步：单击“时间视图”按钮，打开“时间视图”界面。单击导入MSProject按钮，导入事先准备好的本地 Microsoft Project 施工进度计划文件，在弹出的“导入进度计划”对话框中选中“计划时间”和“覆盖导入”，如图 11 - 27 所示。然后单击“确定”按钮，完成导入。

第二步：首先需要选中进度计划的首条任务，即在本案例中选中点击基础层→垫层、土方，然后单击进度关联模型按钮，弹出“进度关联模型”界面，如图 11 - 28 所示。

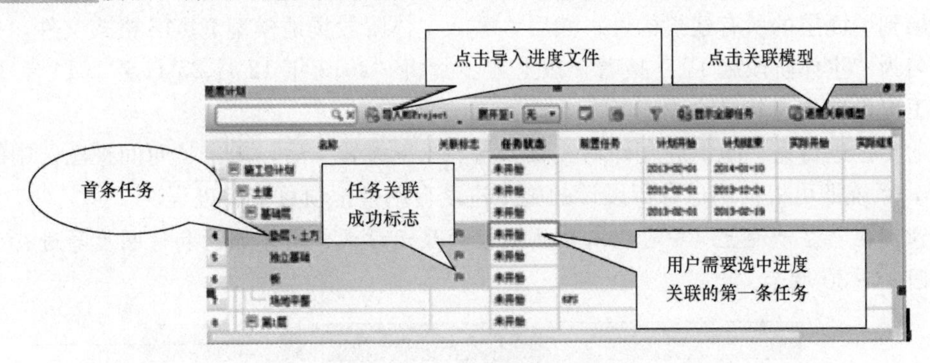

图 11 - 28　关联进度模型

第三步：将导入的 Project 文件进度计划与导入的实体模型构件逐一进行“属性关联”。按照顺序选择“基础层→土建专业→流水段基础层土建→土方、垫层构件”选项，单击关联按钮，弹出“关联成功”提示框，同时在进度计划界面中，关联成功的任务会出现绿色关联标志，如图 11 - 29 所示。此时，表示此项任务关联成功。

第四步：单击“下一条任务”按钮，根据界面上方提示的项目进度计划文件任务勾选对应的楼层、专业、流水段、构建类型，然后单击“关联”按钮，关联成功后单击“下一条任务”按钮，直至所有构件关联成功为止。

注意：除了对所建项目构件进行属性关联外，还可以对其进行手工关联，关联的方式方法与属性关联相同，这里不再详述。

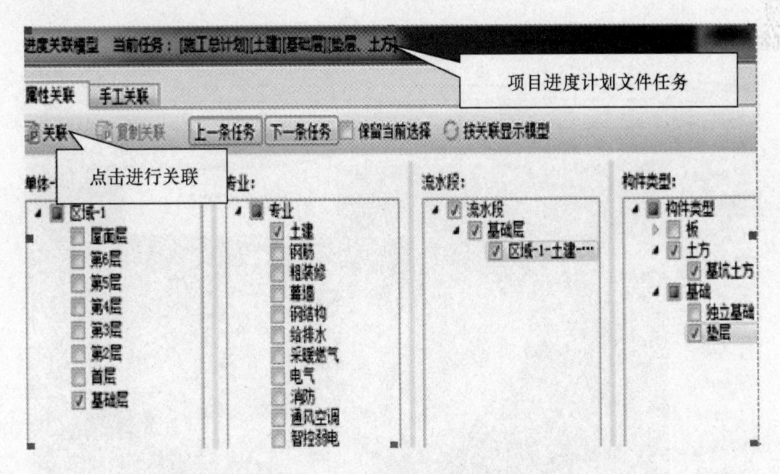

图 11 - 29　构件属性关联

第五步：工况设置。单击工况设置按钮，在弹出的“工况设置”界面上部的时间表中连续选中“2013 年 2 月 1 日至 2013 年 3 月 3 日”，然后单击“载入模型”按钮，选择“载入实体模型”选项，将实体模型的基础构件（土方、垫层、独立基础等）全部选中，然后再选择“载入场地模型”选项，将基础阶段场地模型 IGMS 文件导入到工况设置中，单击“保存”按钮，将其命名为“基础阶段施工”。

第六步：按上述步骤选中“2013 年 3 月 4 日至 2013 年 12 月 24 日”，载入实体模型的土建类一层到屋面层的所有建筑构件；然后，载入主体阶段场地模型 IGMS 格式文件，并将其保存命名为“主体阶段施工”；接着，按上述步骤将“2013 年 12 月 25 日至 2014 年 1 月 10 日”的工况设置为“装修阶段施工”。

第七步：进行完“施工进度计划关联”与“工况设置”后，单击“时间视图”中的开始按钮▶，系统即可根据用户自行设计的施工进度自动模拟项目施工进程。

注意：在“显示设置”中可以对实体模型的显示方式、实体颜色和透明度等进行手动设置，如图 11 - 30 所示。

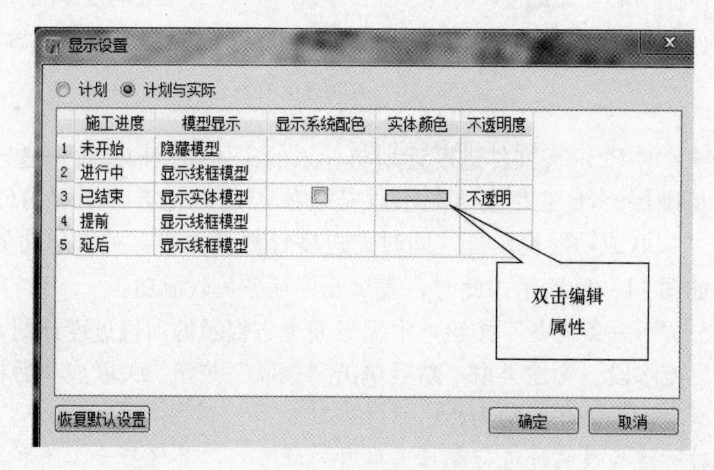

图 11 - 30 项目施工过程模拟模型显示设置

设置完成后，施工过程模拟图示如图 11 - 31 所示。

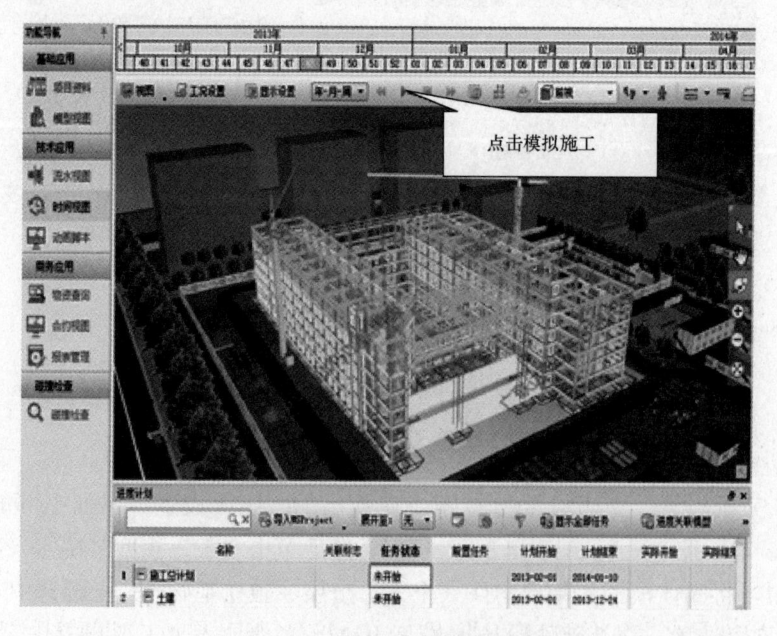

图 11 - 31 项目施工过程模拟图示

(6) 合约视图设置。

第一步：单击合约视图界面右侧的 » 图标，在弹出的菜单中选择 预算文件，单击打开预算文件按钮。

第二步：单击“新建”按钮，单击“添加预算书”按钮，弹出添加预算文件对话框，如图 11－32 所示。BIM5D2.0 软件可以添加 GBQ 预算文件、兴安 TMT 预算文件和兴安 EB3 预算文件，此次操作选择添加 GBQ 预算文件，单击“确定”按钮。

第三步：选中所添加的预算文件，单击 清单匹配 按钮，在弹出的清单匹配界面中单击 自动匹配 按钮，清单类型选择“国标清单”，匹配范围选择“匹配全部”，如图 11－33 所示。最后，单击“确定”按钮。

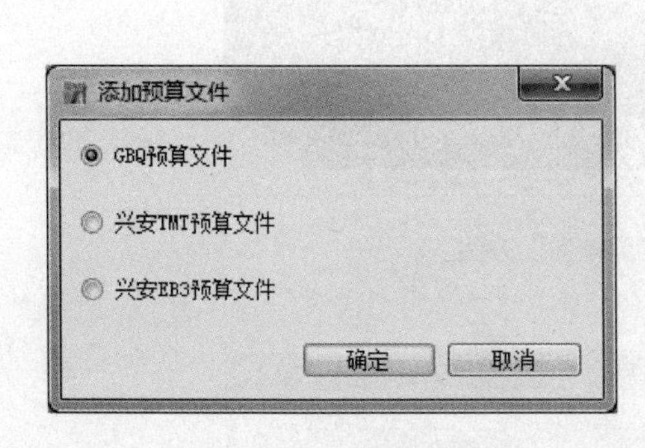

图 11－32　添加预算文件

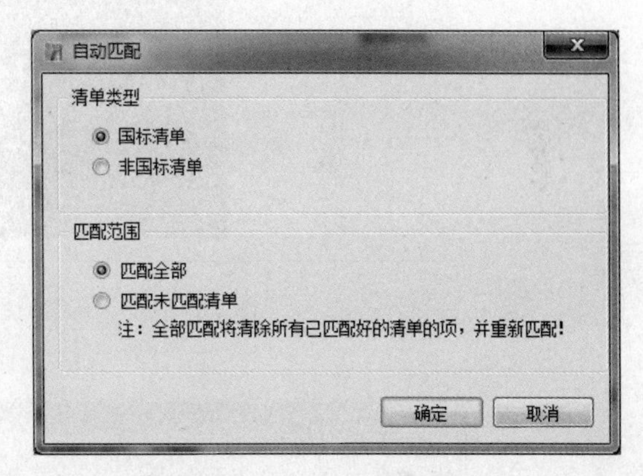

图 11－33　自动匹配设置

第四步：自动匹配完成后，文件可能会存在未匹配成功的清单文件，对此要逐一选定为成功匹配的清单构件，通过单击 手工匹配 按钮，进行手工匹配，直至将所有构件匹配成功为止。

(7) 高级工程量查询与导出。完成相应的清单关联后，可对所建项目进行构建工程量和清单工程量的高级查询，下面为大家介绍具体的查询步骤。

第一步：选择“模型视图”界面，在界面右侧单击 » 按钮，在弹出的隐藏菜单中单击 高级工程量查询 按钮，如图 11－34 所示，进入高级工程量查询界面。

第二步：在弹出的“高级查询”界面中，可以根据自己的需要，选择时间、楼层、流水段、构建类型四种查询条件进行高级查询，如图 11－35 所示勾选“全专业→构件类型→土建→墙”，然后单击“重新查询图元”按钮，进行图元查询。

第三步：在弹出的“高级查询”界面中，有“构件工程量”和“清单工程量”单击 导出工程量 按钮，分别将“构建工程量”和“清单工程量”导出 Excel 文件，完成高级工程量查询与导出操作。

(8) 工程项目文件的保存。单击系统工具栏的“BIM5D”按钮，可以通过单击“保存”或者是“另存为”按钮，将所建项目文件保存为 *.B5D 格式文件，但是此种格式的文件只能在自己的计算机中查看所建项目文件。此外，可以在通过单击“BIM5D”弹出的下拉菜单中选择“导出 5D 工程包”选项，将所建项目保存为 *.P5D 格式文件，这种格式的文件

图 11 - 34 “高级工程量查询”方法

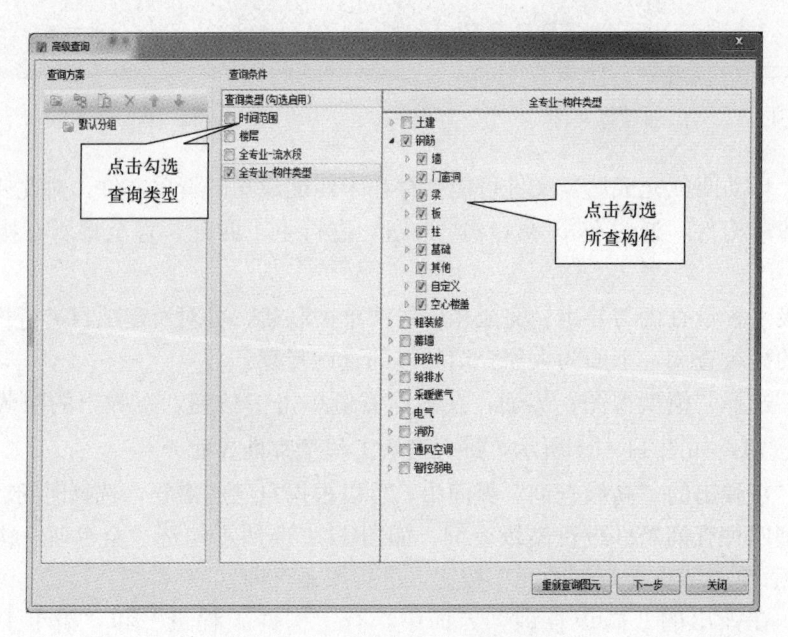

图 11 - 35 高级工程量查询设置

可以在其他计算机上的 BIM5D 软件中查看。其他计算机用户可以通过单击“导入 5D 工程包”按钮，选择 *.P5D 格式文件导入到 BIM5D2.0 中，即可查看使用，如图 11 - 37 所示。

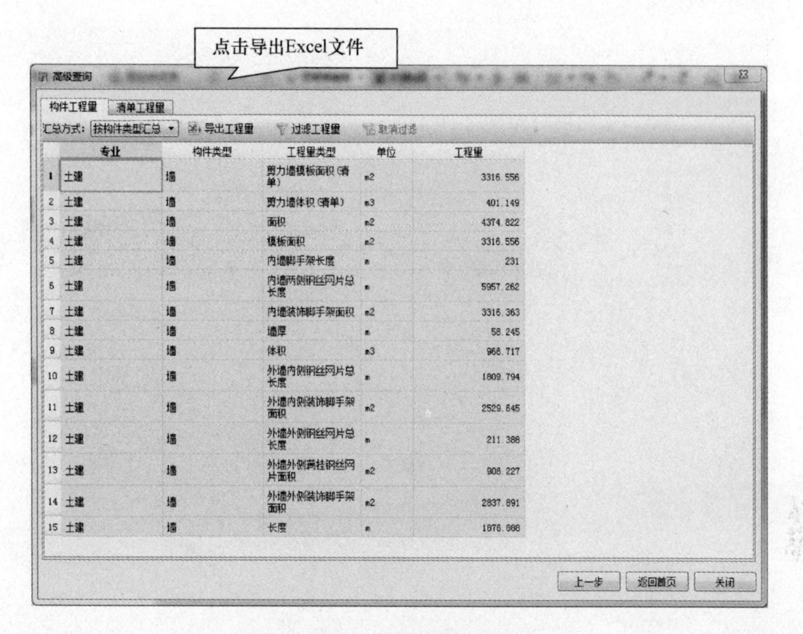

图 11-36　工程量查询与导出

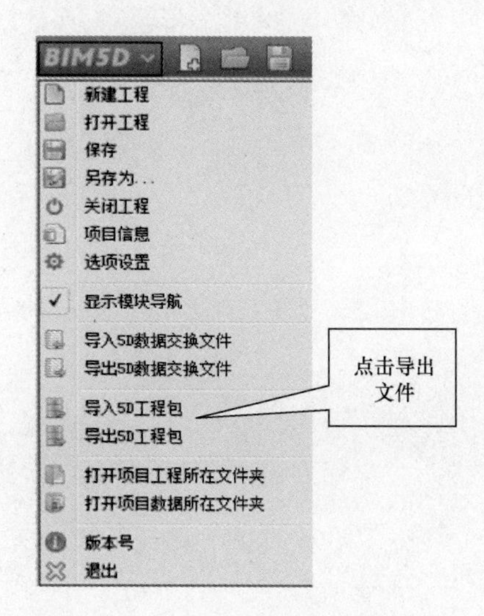

图 11-37　BIM5D 文件的保存及导出